智慧海洋理论、技术与应用

柳　林　李嘉靖　李万武　董景利　著

中国海洋大学出版社
·青岛·

图书在版编目（CIP）数据

智慧海洋理论、技术与应用／柳林等著. —青岛：
中国海洋大学出版社, 2018.3（2021.3重印）
ISBN 978-7-5670-1714-6

Ⅰ.①智…　Ⅱ.①柳…　Ⅲ.①海洋学—研究
Ⅳ.①P7

中国版本图书馆CIP数据核字（2018）第035958号

智慧海洋理论、技术与应用

出版发行	中国海洋大学出版社
社　　址	青岛市香港东路23号　　邮政编码　266071
网　　址	http://www.ouc-press.com
出 版 人	杨立敏
责任编辑	由元春
电　　话	0532-85902495
电子信箱	502169838@qq.com
印　　制	北京虎彩文化传播有限公司
版　　次	2018年3月第1版
印　　次	2021年3月第2次印刷
成品尺寸	170 mm × 230 mm
印　　张	31.25
字　　数	512千
印　　数	1 ~ 1000
定　　价	78.00元
订购电话	0532-82032573（传真）

发现印装质量问题，请致电15865352991，由印刷厂负责调换。

前言

　　智慧海洋由数字海洋发展而来，是数字海洋发展的高级阶段和最终目标，也是海洋信息化的必然趋势。近年来，随着GIS、大数据、云计算、物联网、人工智能等技术的飞速发展，必将推动数字海洋向智慧海洋发展。作者从事海洋GIS、智慧城市、数字海洋领域相关的科研、教学、软件研发与工程应用多年，积累了丰富的相关知识，提出了海洋相关模型和算法，研发了大批海洋应用系统。此专著基于作者的研究成果，既包括智慧海洋方面的基础理论，又包括智慧海洋的技术方法，还包括所研发的应用系统。其内容前沿、逻辑严谨，对于海洋测绘、海洋信息管理、资源环境、海洋遥感等相关专业老师、学生、科研工作者及管理人员，无疑可以起到很好的参考与引导作用。

　　全书共三篇18章，分为理论篇、技术篇与应用篇。

　　理论篇包括1～4章，第1章为绪论，总结、界定了海洋信息化、数字海洋、智慧海洋与透明海洋的概念、内涵和意义；第2章为数字海洋内涵与理论，以作者的研究成果为例阐述了数字海洋从基础平台构架到应用系统的相关理论和方法；第3章为智慧海洋的理论与方法，分析了智慧海洋与数字海洋的关系、智慧海洋的理论方法与体系框架；第4章为透明海洋的发展和展望，总结了透明海洋的概念、特征、规划实施与展望。

　　技术篇包括5～10章，第5章为智慧海洋信息基础，主要介绍了海洋数据的类型、特点，海洋数据模型和数据结构；第6章为智慧海洋数据获取，介绍了海洋数据的获取手段与方法，海洋数据格式的相关内容；第7章为海洋数据处理与集成，详细介绍了海洋数据处理的数学原理，阐述了数据变换和重构、融合与集成、智慧海洋制图综合方法；第8章为智慧海洋时空分析，着重论述了海洋空间统计分析、海洋时空统计分析、海洋时序分析以及海洋时空分析的相关方法和模型；第9章为智慧海洋时空建模，分析总结了智慧海洋建模方法，并展示了作者所构建的4类模型；第10章为智慧海洋信息可视化，介绍了信息可视化方法和地理信息可视化方法，分析了海洋信息二维可视化、三维可视化及动态可视化的技术方法。

应用篇包括11～18章，以作者的成果为例详细展示了各类海洋应用系统。第11章为海水养殖选址及综合利用决策支持系统；第12章为海洋地理信息服务平台；第13章为海洋溢油信息管理与预警系统；第14章为绿潮信息监测与评估系统；第15章为海岸带时空信息平台；第16章为基于粒子系统的海流三维可视化；第17章为海洋信息发布平台；第18章为海洋旅游信息服务系统。

本书是作者多年在海洋GIS、数字海洋、智慧系统领域研究成果的结晶。本书的撰写得到山东省研究生导师指导能力提升项目、青岛经济技术开发区重点科技计划项目的资助，特此鸣谢！

本书由山东科技大学的柳林、中国海洋大学的李嘉靖负责总体设计、撰写、定稿；山东科技大学的李万武、山东省地质测绘院的董景利参与本书部分章节的撰写。北京悦图遥感科技发展有限公司的董水峰工程师、泰华智慧产业集团股份有限公司的王小鹏工程师和张红玲工程师、山东科技大学的刘福才硕士、满苗苗硕士，以及北京航天宏图信息技术股份有限公司的房云峰工程师等参与书中部分软件的研发，一并致谢。

在编写本书的过程中，尽管反复斟酌、数易其稿，但由于知识更新速度快及编者水平所限，书中难免有错误和不妥之处，敬请批评指正。批评和建议请致信liulin2009@126.com。也欢迎高校师生、科研人员致信，共同探讨智慧海洋的相关问题。

柳　林

2017年10月于山东科技大学

目录

第2篇　技术篇

第3篇　应用篇

第1篇

理论篇

第1章 绪 论

1.1 海洋信息化内涵和意义

1.1.1 海洋信息化内涵

海洋信息化是国家信息化的重要组成部分，也是我国海洋事业发展的重要内容。海洋信息化是在统一的领导和组织下，在海洋开发、规划、管理、保护和合理利用等各项工作中应用现代信息技术，深入开发和广泛利用各类信息资源，最大限度发挥海洋信息在海洋经济和海洋事业发展中的基础性、公益性和战略性作用，加速实现海洋事业发展现代化的进程（林绍花，2007）。

海洋信息化是信息化在海洋领域中的具体应用和实施。当代，信息化概念已经得到了广泛认同和使用，在联合国出版的《知识社会》（1998年）一书中指出：信息化既是一个技术的进程，又是一个社会的进程。抛开社会层次，从技术层面看，信息化的首要问题是信息的数字化。所以海洋信息化首先是海洋信息的数字化，其结果使得在物理世界之外，又产生了一个数字世界，或虚拟世界。从这个角度看，海洋信息化可以理解为将海洋物理世界通过数字映射变换为海洋数字世界，再通过信息服务的形式提供所需的信息、内容和知识，使其为海洋物理世界的活动或开发服务；或者用以研究和反映其所代表的海洋物理世界，以便提供认识和改造海洋物理世界的技术和工具。当然，这个过程同样离不开信息技术的支持（周宏仁，2008）。

我国的海洋信息化是在国家信息化统一规划和组织下，逐步建立起由海洋信息源、信息传输与服务网络、信息技术、信息标准与政策、信息管理机制、信息人才等构成的国家海洋信息化体系；利用日趋成熟的海洋信息采集技术、管理技术、处理分析技术、产品制作和服务技术等，建立以海洋信息应用为驱动的海洋信息流通体系和更新体系，使海洋信息的采集、处理、管理和服务业务走向一条健康、顺畅、正规的发展道路，逐步实现国家海洋信息资源的科学化管理与应用。

随着我国海洋事业的快速发展，海洋信息的基础性作用日益突出，因此，海洋信息化建设为海洋事业的快速发展提供了强有力的支撑，实现信息化是党的十六大提出的覆盖我国现代化建设全局的战略任务。海洋信息化工作是国家海洋经济发展的需求和国家海洋管理的需要，它不仅是推动我国海洋管理科学化和现代化的重要手段，也是实施我国海洋可持续发展战略的可靠信息保障和技术支撑。

1.1.2 海洋信息化的任务

海洋信息化的任务主要包括七个方面。

（1）海洋信息的数字化

将历史与现实的、不同信息源的、不同载体的各类海洋信息进行数字化处理，形成以海洋基础地理、海洋生物、海洋物理、海洋化学、海洋环境、海洋资源、海洋经济、海洋管理等为主题的数字化海洋信息和海洋数据库，为海洋信息服务提供数据基础和支撑。

（2）海洋信息的网络化

海洋信息数字化是为海洋领域的研究和开发活动服务的，只有实现了海洋信息的共享才能达到此目的。而要实现海洋信息的共享，必须通过海洋信息的网络化。这包括两部分内容，一是海洋网络基础设施的建设，包括海洋信息实时采集网络（传感器网）、信息传输网络、移动通信网络、海洋执法专网等；二是海洋信息的网络化实施，包括海洋信息的传输、处理和共享。

（3）海洋政务系统的业务化

对与海洋相关的政府职能部门的海洋管理、行政审批、执法监察、海洋安全保障、相关决策等业务，开发和整合海洋政务系统、海洋信息管理系统、海洋决策支持系统等，以支撑实现海洋政务系统的业务化运行。

（4）海洋信息服务的社会化

在海洋信息的数字化和网络化的基础上，研制海洋基础性、公益性信息资源产品，研发面向社会公众、面向行业用户、面向市场的海洋信息服务系统，实现海洋服务的社会化，以促进海洋信息产业化进程，实现社会共享。

（5）海洋信息软环境的配套化

海洋信息化软环境具体包括信息化相关的法规制度、标准规范、人才队伍、技术储备等。海洋信息软环境建设是海洋信息化建设的重要任务之一，对海洋信息化进程起着关键的保障作用，所以需要进行海洋信息化配套的相关制度、信息标准、人才队伍、信息安全管理等软环境建设。

（6）海洋资源开发的透明化和绿色化

因为生存环境的恶劣和资源的缺乏，人类将目光投向海洋，因此海洋资源的开发和利用不能重走陆地资源盲目开发、掠夺性开发的老路。海洋资源开发和利用要做到透明化的集约规划开发、可持续性绿色开发，这不仅是海洋信息化的目的，也是海洋信息化的任务。

（7）海洋信息服务的智能化

随着IT（Information Technology）技术、智能系统技术、物联网技术、云计算技术、大数据技术、人工智能等技术的发展，海洋信息化的网络环境会不断完善、海洋数据不断积累、模型的准确性不断提升，海洋实体空间与对应虚拟空间的深度交互与融合将成为必然，从而使"虚实融合"的海洋信息化体系进一步朝着智能化的方向发展，智能化是海洋信息化的终极任务和目标。

1.1.3 海洋信息化的意义

海洋信息化是海洋自身特点对信息化发展的需求，是国家海洋战略对信息化发展的需求（程骏超和何中文，2017），是信息时代背景下海洋领域的发展潮流和必然趋势。海洋信息化的作用总体包括两方面：① 海洋信息化是管理和利用海洋的基础支撑和优化；② 海洋信息化对海洋事业发展起到先导、催化和增值作用。

海洋信息化作为国家信息化的重要基础，已在开发和利用海洋信息资源、促进海洋信息交流与共享、提升海洋各项工作效率和效益的过程中发挥着重要的作用。海洋信息化本身已不再只是一种手段，而成为营造良好的海洋信息交流与共享平台的目标和路径（许莉莉等，2015）。加强海洋信息化建设具有增强海洋软实力，发挥信息在海洋环境认知、海洋事务管理、海洋资源开发、海洋活动保障以及海洋战略决策等多方面的作用。

海洋信息化是海洋开发、管理的一项重要工作，是推动海洋事业发展的重要举措。其通过各种信息渠道、多种形式和多层面地向政府、行业部门、涉海公众全方位提供海洋信息咨询、海洋数据共享、海洋灾害预警、海洋产品安全、海洋应急救助、海洋决策支持、涉海政策法规等相关服务。海洋信息网络平台项目的实施已成为提升决策透明、优化投资环境、服务海洋经济的重要一环，海洋信息化技术的应用对沿海地市科学管海、合理用海有着重大意义（韩伟涛和于晓丽，2012）。

在当前国际形势下，海洋权益保护是我国的一项重要任务。海洋权益保护需要翔实的海洋信息和快速有效的信息处理能力，掌握极有说服力的海洋资源环境背景数据才能赢得主动；针对海上突发事件，必须有及时、精确的海洋信息获取系统和联动的快速响应维权系统的支持；国家安全和国防建设需要海洋环境信息系统的支撑，军事设施、海上航行和海上作战环境保障等方面需要大量的海洋历史观测资料、现场观测资料和信息产品（梁斌等，2011）。所以，海洋信息化对海洋权益保护具有特殊的意义和作用。

1.2 海洋信息化进程和发展

1.2.1 海洋信息化经历阶段

根据何广顺（2008）海洋信息化发展的阶段进行划分，结合海洋蓝色经济建设新时期的特征，将我国海洋信息化发展划分为以下阶段。

（1）发起阶段

20世纪80年代之前海洋信息化兴起，此阶段主要开展对海洋调查和考察数据的抢救性保存，对涉海纸质材料的数字化，记录了第一批宝贵海洋资料。

（2）基础阶段

"八五"期间为海洋信息化的基础阶段，在数据文档基础上依托商业化软件，开展专题数据库建设工作，陆续建立了海洋基础地理数据库、水深数据库等一批专题数据库，较好地解决了海量海洋数据的检索和共享使用问题，为海洋信息化工作打下了良好的基础。

（3）能力建设阶段

"九五"期间为海洋信息化能力建设阶段，依托涉海项目的实施，以专题数据库为支持，建立了海洋信息系统及各子系统，实现了软硬件设备的升级换代，培养了一批信息化技术人员，使海洋信息工作在基础设施能力、信息系统开发经验和信息化人才队伍建设等方面上了一个台阶，实现了一次质的飞跃。

（4）应用开发阶段

"十五"期间为海洋信息化的应用开发阶段，海洋信息化成果初步显现，开发的专题应用系统在海洋划界、海洋功能区划、海洋经济统计、海域使用管理、海洋环境监测、海洋预报等业务领域发挥了积极的作用。同时，制定的一系列信息化标准规范，培养的一大批信息化人才，为"十一五"海洋信息化实现跨越式发展聚集了力量。

（5）大发展阶段

"十一五"和"十二五"期间为海洋信息化的大发展阶段，海洋信息基础设施基本完善，实现了全国网络的互联互通；海洋信息获取技术得到飞速发展，海洋观测卫星逐步增多，建立了基本覆盖我国海域范围的浮标观测网络；2009年后随着智慧城市的发展，海洋信息化逐步由基础设施建设、基本体系构建逐步向智慧化阶段发展。

（6）全面智能化阶段

"十三五"以来，随着智慧城市的初见成效，智慧城市的成熟技术和经验被逐步应用到海洋信息化中；随着物联网、云计算技术、大数据处理技术的逐步成熟，其在海洋信息化领域不断深入应用；随着人工智能的兴起和在各领域的全面应用，在深度学习、大数据挖掘、人工智能等相关技术的支持下，海洋信息化将逐步向全新的全面智能化阶段发展。

1.2.2 海洋信息化现状

海洋信息化从兴起到现在经历了近40年的发展，到目前，信息基础设施已经基本建成。在海洋信息获取技术和手段方面，也取得长足进步，我国已成功发射3颗HY系列卫星、岸基观测台站、高频地波雷达、水下机器人、锚系/漂流浮标、短波通信、北斗通信、水下光纤通信等一批关键技术和设备取得技术突破，无人机、无人艇等新型装备逐步投入应用；"一带一路空间信息走廊"（胡伟等，2015）和"海底长期科学观测系统"（赵宁，2015）将分别从太空和海底两个空间维度增强我国海洋信息获取能力（程骏超和何中文，2017）。

海洋信息处理、管理和服务水平得到了较大的提高。海洋数据处理方面已经能开展常规海洋环境观测数据和诸如 CTD（Conductance Temperature Depth，温盐深仪）、ADCP（Acoustic Doppler Current Profilers，声学多普勒流速剖面仪）和海洋卫星遥感等高分辨率观测仪器所获取的海洋数据的处理和质量控制，初步建立了海洋环境要素基础数据库和我国海域小比例尺的海洋地理基础数据库；海洋基础数据信息产品开发和服务能力得到了提高，特别是多元化海洋数据同化和海洋数值再分析产品研究开发技术已经取得了较快的发展；数据共享方面，通过国家海洋局政府网站、中国海洋信息网和其他一些海洋信息专题网站发布的海洋基础信息及其产品信息，海洋电子政务信息，海洋管理和公益服务信息基本可以满足海洋发展和社会的需求（林绍花，2007）。

海洋信息化支撑软环境建设取得了一定成果。"十二五"以来，随着国家不断加大对海洋事业的投入，海洋的信息化建设也进入高速发展的黄金时期，国家和沿海省（自治区、直辖市）先后出台了一系列海洋信息化建设的发展规划，如《全国海洋观测网规划（2014—2020）》《广东省智慧海洋与渔业发展规划》《青岛市"海洋+"行动计划》等，分别从数值预报、渔业应用、环境监测等多个方面为海洋信息化建设提供了政策保障。涉海的相关标准也在逐步完善中，构建了海洋信息化标准体系框架，制定了数据管理、信息共享、信息化管理等方面的部分相关标准。

1.2.3 海洋信息化的进展

21世纪是海洋世纪，海洋资源的开发和利用已经成为沿海国家解决陆地资源日渐枯竭的主要出路之一。近几年来，全球性的海洋开发利用热潮推动了我国研究、开发和利用海洋的步伐，由此带动了对高质量海洋信息广泛和迫切的需求。与此相适应，海洋信息化进程加快，海洋信息化建设在许多方面有了长足发展：海洋电子政务工程建设进展顺利，中国近海数字海洋信息基础框架建设正式启动，国家海洋局政府网站、中国海洋信息网、各海洋专题服务网站建设不断完善，海洋综合管理信息系统建设继续深化拓展，海洋运输、港口、渔业、石油等相关行业和领域的信息化工作飞速发展，沿海省市海洋信息化工作也有了长足进步，基本满足国家海洋权益维护、海洋资源开发利用、海洋环境保护等需求。具体进展情况如下。

（1）国家海洋信息化规划的完善

根据国家信息化的统一部署和海洋事业发展的需要，修改并继续完善了《国家海洋信息化规划》，制定了国家海洋信息化的中长期目标，目标的具体内容是：建立健全海洋信息化管理机制；建成面向海洋管理和服务主题的多级信息平台；建立起高速、大容量和统一的信息交换网络系统；建设结构完整、功能齐全、技术先进、标准统一，并适应海洋事业发展要求的海洋信息化应用服务体系；提升海洋管理决策和公共服务的能力，满足国家海洋权益维护、海洋资源开发利用、海洋环境保护的需求，全面实现海洋信息化，促进我国海洋事业的快速发展。

（2）海洋信息获取、处理能力和技术的提高

近几年来，我国海洋信息获取手段已有质的飞跃，信息获取能力进一步加强，初步形成了由海洋卫星、飞机、调查船、岸基监测站、浮标和志愿船等组成的海洋环境立体监测系统，海洋动力环境观测和监测技术、海洋生态环境要素监测技术、海洋水下环境监测技术、海洋遥感技术等一批海洋数据获取技术取得了新的突破，海洋信息处理水平有了新的提高，具备了海洋信息实时、准确、安全传输的能力。

（3）多级海洋信息业务体系初步形成

在国家海洋信息化工作的统一规划下，通过构建沿海省市海洋信息管理与服务体系、推动沿海省市海洋信息化进程，沿海省市海洋信息化工作发展迅速。启动并完成了与山东、广东等省的海洋信息联建共建工作，通过国家与地方共建联建等方式，建设沿海省市海洋信息中心，形成由国家级中心为枢纽、各沿海省市中心为基础的海洋信息管理服务体系，促进国家和地方海洋信息的互联互通和共享，满足国家和地方政府履行海洋管理职能对海洋信息服务的需求；形成了覆盖国家涉海部门与沿海省市的海洋经济统一体系，并初步建立了海洋信息多级管理、服务、运行机制，为地方海洋机构提供了有效的海洋信息业务服务。

（4）基础性海洋信息工作进一步加强

近几年来，在国家重点科技攻关计划、国家重大基础性研究计划项目、国家自然科学基金及海洋"863"国家高技术研究发展计划、海洋勘测专项计划及科技兴海等一批重大的研究和开发项目的推动下，在海洋资料管理与服务、海洋信息系统网络建设与管理、海洋情报服务、海洋文献服务以及海洋档案管理等传统的信息服务领域方面均取得了突破性和跨越式的发展，初步建立了海洋空间数据协调、管理与分发体系，并开展海洋信息元数据网络服务工程建设。

（5）国家海洋综合管理信息系统的建设完善

根据我国海洋管理工作的实际需求，正在进行统筹规划，建设、完善并整合面向四个海洋管理业务的信息系统，逐步形成标准、数据、平台相统一的业务化运行海洋管理信息系统，满足海洋管理等多方面工作需要。四个海洋管理业务信息系统分别是：① 海洋环境保护综合管理信息系统在原有基础上，完善系统功能，扩充信息量。② 海域管理综合信息系统对全国海洋功能区划管理信息系统、省际海域勘界信息系统、海域使用管理信息系统等专题系统进行整合，规划设计海岛海岸带、海籍管理等业务功能。③ 海洋权益综合信息系统在现有海洋划界计算机总体支持系统的基础上，重新规划设计涵盖海洋划界决策支持、权益管理以及国际合作等管理业务功能。④ 海洋执法监察综合信息系统针对地方省市需求，开展海洋执法业务示范系统建设工作。

（6）海洋信息化工程标准体系的构建

海洋信息化标准体系和共享分类体系的规划与建设在国家相关电子政务标准体系框架的原则指导下进行，在总体标准、应用标准、应用支撑标准、信息安全标准、网络基础设施标准和管理标准等方面，研究在海洋信息领域的具体应用。海洋信息化标准体系建设包括制定海洋信息分类与编码、海洋信息交换标准格式、海洋信息数据处理和质量控制标准、海洋信息元数据标准、海洋资源和环境要素分类体系与编码及其图示图例规范、海洋资源和环境图制图标准等标准与规范。海洋信息管理和共享分类体系建设包括制定海洋信息共享服务管理办法、海洋信息共享权限与服务方法、共享数据安全分类分级管理办法、海洋资源与地理空间信息库管理办法、信息库运行标准规范和管理办法、信息库数据更新与维护规范、数字档案管理规范等。

（7）海洋信息化的推动和发展

重大海洋信息化相关项目的启动，提高了海洋信息化业务的专题支撑保障能力与技术创新水平，加大了海洋信息化工作的投入力度，推动了海洋信息化工作向纵深发展。① 海洋科学数据共享工程，完成了海洋科学数据共享工程的建设；完成了海洋自然资源与地理空间基础信息库建设，形成标准数据产品库；完成了海洋信息交换系统、网络系统、安全系统和元数据库建设；完成了海洋标准信息产品加工等规范及相关管理办法制定、运行管理培训等基础性工作。② 中国近海数字海洋信息基础框架构建（908-03项目），构建了我国近海数字海洋数据基础平台，制定了相关政策法规及标准规范，建立起多学科、多专业的数据库体系，实现了数据的整合改造和集成，制作了各类海洋信息产品。

（8）海洋信息国际交流与合作不断深入

近几年来，海洋信息领域国际合作范围和信息交换渠道进一步扩宽，我国参加了海洋学和海洋气象学联合技术委员会（JCOMM，The Joint WMO/IOC Technical Commission for Oceanography and Marine Meteorology）、东北亚海洋观测系统（NEAR-GOOS，North-East Asian Regional-Global Ocean Observing System）、国际海洋资料和情报交换委员会（IODE，International Oceanographic Data Exchange）、地转海洋学实时观测阵（Argo，Array for Real-time Geostrophic Oceanography）等一系列国际海洋信息服务领域的合作项目。通过这些海洋信息领域的国际合作与技术交流，为国家获取了大量的海洋基础资料信息，拉近了与国际海洋信息技术发展的距离，进一步扩大了我国的国际影响，确保我国获得最大的资料共享权益和海洋信息高技术。

（9）海洋信息安全工作不断加强

国家海洋局建立了海洋信息化数据安全和网络安全机制，正式发布了《海洋赤潮信息管理暂行规定》《海域勘界档案管理规定》，正在编制完善网络管理技术规范与管理办法等相关海洋信息安全管理规定，根据不同需要建立了内外网间网络防火墙系统和网络病毒防范系统，为网络系统业务运行提供了安全机制保障。

1.3 数字海洋的产生与发展

1.3.1 从数字地球到数字海洋

1998年，美国前副总统阿尔·戈尔提出了数字地球的概念，数字地球是一种可以嵌入海量地理数据、多分辨率和三维的地球表示，并可在其上添加与人们生产生活相关的各种信息（孙小礼，2000）。1999年，我国科学技术界诸多专家联合发表了著名的《数字地球北京宣言》，标志着数字地球概念在全球范围的正式推进。数字地球是把有关地球的海量、多分辨率、三维、动态的数据按地理坐标集成起来的虚拟地球，是地球科学、空间科学、信息科学的高度综合。数字地球建设是一场意义深远的科技革命，是地球科学研究的一场纵深变革（郭华东，2009）。

数字海洋是随着数字地球战略的实施而提出来的，是数字地球在海洋领域的具体应用和实施。数字海洋是由海量、多分辨率、多时相、多类型海洋立体监测数据、分析算法和模型构建而成的虚拟海洋信息系统。数字海洋通过卫星、遥感飞机、海上探测船、海底传感器等进行综合性、实时性、持续性的数据采集，把海洋物理、化学、生物、地质等基础信息装进一个"超级计算系统"，使大海转变为人类开发和保护海洋最有效的虚拟模型。

由数字地球引申出的数字海洋成为人类认知海洋的必经之路。数字海洋概念提出之后，数字海洋资源的开发和利用已成为全球沿海国家和地区解决可持续发展问题的主要出路之一。我国是海洋大国，历来重视发展海洋经济，在全球信息化的条件下，发展数字海洋是必然趋势。2007年1月，在蓝色经济发展的需求下，我国启动"908专项"，数字海洋信息基础框架构建是国家"908专项"的三大项目之一，旨在通过对"908专项"获取的海洋资料和历史海洋信息资源的整合利用，搭建标准统一的数字海洋信息平台，以便全面提高数字海洋管理与服务水平。

1.3.2 海洋信息化与数字海洋

早在数字地球理念提出之前，我国已经把信息化建设放在首要位置。邓小平同志在1984年就提出了"开发信息资源、服务四化建设"的战略构思。2006年5月8日，中国未来15年信息化发展战略《2006—2020年国家信息化发展战略》正式出台。目前，信息化建设已上升到了国家发展战略的高度，这对海洋信息化建设无疑具有权威性和指导性作用。在这个背景下，数字海洋作为海洋信息化发展战略的基础项目，已成为实现海洋信息化的必由之路。数字海洋把遥感技术、传感技术、机器人技术、地理信息系统和网络技术与可持续发展等海洋需求联系在一起，把原始的海量数据变成可理解的信息，为海洋信息化提供了一个战略基础框架。数字海洋的实质是信息化的海洋，它是充分利用信息、实现海洋信息化的有效手段。

用信息化带动工业化是国家信息化战略的指导思想，因此用海洋信息化来带动我国海洋事业的现代化是海洋强国的一条基本措施。2003年，在由国务院批准实施的我国近海资源调查专项（908专项）中，确立了建设"中国近海'数字海洋'信息基础框架"，这一重大决策也拉开了我国实施数字海洋战略的序幕。国家海洋局与上海市政府从海洋信息化建设的全局出发，决定在上海共同建设数字海洋上海示范区，为我国全面建设数字海洋铺下了第一块基石。建设"数字海洋、生态海洋、安全海洋、和谐海洋"是我国海洋强国战略的具体目标。在这四个目标中，数字海洋是基础，是国家安全建设、海洋经济开发、海洋现代化管理的必要条件。

社会发展经历了农业化、工业化和信息化的历程。特别是到了20世纪八九十年代，信息技术革命引发了全球信息化浪潮，世界加快了由传统工业社会向现代信息社会、工业经济向知识经济时代的转变（李四海，2014）。在信息化过程中，如何开发利用海量信息资源，将信息变成知识，将知识变成财富，成为信息时代的重要特征，也正是信息化推动社会变革的本质所在。按照信息化的概念，数字海洋应包括海洋物理世界的"数字化"映射和数字逆映射两个过程，这两个过程都离不开信息技术。数字海洋是海洋信息化的一种表现形式，这不仅是一个技术过程，也是一项改变工作、学习和生活的长期社会过程，核心思想是利用数字化手段统一处理海洋问题，最大限度地开发利用海洋信息资源，因此在海洋信息化中起着基础数据和基础服务平台的作用。从涉及的内容范围上看，数字海洋涵盖了海洋信息正、逆映射当中从信息获取、处理、可视化到应用服务的整个过程以信息流为主线，起着衔接各个环节的桥梁作用。因此，也就涉及数据处理、数据管理、数值模型、可视化表达、决策模型和系统集成等多种技术的集成，同时为人们认知海洋提供了工具和信息服务的手段（李四海，2014）。

数字海洋是国家海洋信息化的重要内容，是海洋信息化工作的基础支撑平台。应在正确把握两者之间内在关系的基础上，明确数字海洋在海洋信息化工作中的定位和作用，通过建立相应的机制，制定有效的措施，推动数字海洋和海洋信息化的持续发展。海洋是蔚蓝色的国土，随着信息技术的发展和充分应用，中国将积极以构建数字海洋为重点，努力提高海洋开发和管理工作的信息化水平。

1.3.3 数字海洋的产生和作用

（1）数字海洋的产生

我国海洋工作者将数字地球与海洋领域的工作和实践相结合，于1999年提出数字海洋概念以及相关建设构想，2003年9月制定了中国数字海洋总体建设方案（崔爱菊等，2013），2006年启动数字海洋系统工程一期项目——"构建中国近海数字海洋信息基础框架"，推进中国数字海洋工程建设。许多沿海城市（如上海、珠海、厦门、宁波等）围绕这一国家战略目标，制定了本市的数字海洋建设发展规划，发挥海洋科技优势，整体推动中国数字海洋建设（姜晓轶等，2013）。

数字海洋的核心是将大量复杂多变的海洋信息转变为可以度量的数字、数据，再以这些数字、数据建立适当的数字化模型，数字海洋产生和发展的必要性由以下几个方面决定。

① 数字海洋建设是海洋信息管理与建设的需要。我国海洋资源十分丰富，涉海管理内容非常广泛。但海洋信息管理与建设缺乏规划，没有专门的综合信息建设与管理部门，给海洋信息化的建设、协调和管理带来了较大的困难。由于缺乏统一的数据规范和标准、缺乏基础网络平台的支持，影响了海洋资源环境信息的应用、交流和共享，以致"海洋信息孤岛"现象严重，信息资源难以有效利用。

② 数字海洋建设是近海生态环境保护的需要。中国沿海城市现已面临严重的海洋环境问题——化肥与农药、放射性物质、溢油和泄漏等不断进入海洋，

加之不合理的捕捞与养殖，破坏了现有的海洋生态环境。如何保护海洋环境，涉及复杂的系统工程问题，而数字海洋建设正可以应对这类问题。

③ 数字海洋建设是海洋防灾减灾的需要。海洋灾害种类繁多，给海洋经济发展以及海洋与渔业管理常常造成巨大灾害，海洋灾害的发生多具有较大的随机性，很难准确地预报这些灾害发生的时间、地点和影响程度。数字海洋灾害应急管理信息系统可以在接收到气象部门、地震部门、环境保护部门的海洋灾害报告之后，依据不同灾害种类的影响程度和特点，提出相应的应急对策，为海洋安全、海洋环保、海洋经济发展保驾护航。

④ 数字海洋建设是海洋公共信息服务的需要。"信息化时代测绘的本质是服务"。社会公众对海洋信息的需要越来越迫切，但海洋环境不同于陆地，它的特殊性使得人们难以直接全面了解其各层面的现象及内部特征。数字海洋可以全面直观地表达展示海洋空间信息和海洋调查数据，辅助海洋科研人员进行解释研究工作，为大众提供接触和了解海洋的窗口。

⑤ 数字海洋是海洋科学和教育服务的需要。数字海洋对于促进海洋科学与技术的发展，加速海洋开发和利用，具有重要意义；数字海洋还是海洋相关教育的资源来源、实习案例、演示项目，可以为海洋相关教育服务。

（2）数字海洋建设目标

数字海洋建设立足为海洋经济建设、海洋管理、政府决策服务，以海洋信息基础平台建设为核心，以海洋专题信息应用系统建设为主体，建成集海洋信息采集、信息传输交换、海洋综合管理、执法与监管、行政审批、辅助决策支持与公众信息服务一体化的海洋信息化体系，使海洋信息化能力和水平适应海洋经济快速发展的需要。我国建设数字海洋建设的具体目标主要为五个方面。

① 实现覆盖300万平方千米的海洋立体观测体系，确保获取我国安全与经济所需的全球海洋综合信息数据；建设完备的基础与专题数据库体系，达到对海洋安全、经济、科研、网格、综合、虚拟的应用与服务支撑。

② 推动海洋信息技术自主创新能力和建设能力达到世界一流水平，海洋信息产品力求先进、实用、功能强大，满足海洋活动中的各方需求。

③ 海洋信息安全水平能确保国防安全、海洋经济、海洋科研方面的信息安全要求。

④ 形成完善的海洋信息化发展体制、政策环境和标准规范，实现以海洋信息化建设带动海洋各项事业的健康发展。

⑤ 用信息化手段和信息化产品，做好各项决策的保障支撑，为海洋可持续开发利用奠定基础。

（3）数字海洋的主要内容

数字海洋的主要内容包括：建设近海海洋信息基础平台、海洋综合管理信息系统和数字海洋原型系统；逐步完成数字海洋空间数据基础设施的构建，基本满足全国中比例尺（局部区域大比例尺）海洋空间数据的获取、交换、配准、集成、维护与更新要求；重点突破数字海洋建设所急需的支撑技术；完成数字海洋原型系统的开发，实现试运行，并开展应用示范研究，开发出一批可视化程度高的新型海洋信息应用产品。

（4）数字海洋的作用

① 数字海洋在海洋认知中的作用。海洋是一个多变的复杂体，依靠海洋观测站、船舶调查等传统观测方式仅能提供有限的静态和动态数据。这种观测海洋的局限性，造成了对海洋的认知是滞后的，缺乏对海洋变化过程的了解。以信息高新技术为基础的数字海洋，采用海洋立体观测方式，全面综合而持续地从海洋中采集数据。这使得科学家能够综合大量的静态与动态数据，通过实际观测掌握海洋自然演变过程，使海洋认知实现了质的飞跃。

② 数字海洋在海洋管理中的作用。信息技术应用于海洋管理后，实现了海洋管理的信息化、网络化和智能化，即在数字海洋框架下的海洋现代化管理。例如，在维护海洋权益上，数字海洋的实时立体观测体系，能够对我国沿海200海里范围内的经济专属区海域，进行全天候无遗漏的实时监视，任何违反我国法律的海洋活动和行为如非法勘探、非法排污等，都将在第一时间通过无缝高速网络系统传回我国海监指挥中心，以便及时形成维权决策，并以最快的速度调集海监执法飞机和船只赶到维权地点，确保国家的海洋权益不受侵犯。

③ 数字海洋在海洋开发中的作用。海洋开发的演进与科学技术的进步是密不可分的，海洋开发的程度受制于对海洋的认知程度，而对海洋的认知程度又取决于所采用的工具与手段。数字海洋强大的信息集成和综合展示功能，为每一个海洋开发项目提供了大范围、精确的海洋环境数据。同时，利用网格、超级计算等信息技术，将项目的需求、效益、成本以及对周边海域的影响等进行综合，向决策者展示最佳方案。数字海洋为人类真正走出海洋开发的盲目性，提供了可靠的基础保障，是可持续开发利用海洋的前提。

④ 数字海洋在公益服务中的作用。数字海洋为海洋公益服务带来革命性的

变革，通过整合气象、海洋、海事、渔政、水务等部门信息系统，数字海洋将为环境保护、海上出行、救助打捞等提供了强大的技术支撑。如建立油指纹库和管理信息系统，为溢油事故责任人的认定提供足够证据、为事故快速鉴定提供技术支持；建立船籍数据库后，可以在千里之外进行船型识别和导航，为海上出行、救助打捞提供服务。

1.4 智慧海洋和透明海洋

1.4.1 从智慧地球到智慧海洋

智慧地球是人类应对全球危机、改善全球状况的思考和思考之后的战略。随着经济的发展和人口持续增长，人类面临着"人口过度""资源紧缺""环境恶化""灾害频发"等问题，要解决以上四类问题，急需一种智能有序的方法来管理、运行和利用地球。在此基础上，智慧地球呼之欲出。

2008年金融危机之后，美国政府希望通过信息技术对经济的拉动作用，为美国经济寻找新的增长点。2008年11月，在纽约召开的外国关系理事会上，IBM（International Business Machines Corporation）发布的《智慧地球：下一代领导人议程》主题报告提出了"智慧地球"这一理念。2009年1月28日，奥巴马就任美国总统后，与美国工商业领袖举行了一次"圆桌会议"，IBM公司首席执行官彭明盛首次提出"智慧地球"的概念，建议政府投资新一代的智慧型基础设施。奥巴马政府积极回应，使得"智慧地球"战略构想上升为美国的国家级发展战略。2010年，IBM正式提出了"智慧的城市"愿景，初步提出了智慧地球的概念理论和建设技术方案。

2009年8月7日，温家宝总理在江苏无锡调研时提出"感知中国"的思路（张春红和王刚，2010）。2009年11月3日，温家宝总理在人民大会堂向首都科技界发表了题为《让科技引领中国可持续发展》的重要讲话，再次强调了感知中国的重要性（梅方权，2009），这标志着智慧地球的概念在中国落地生根。

智慧海洋是智慧地球的一个分支，是智慧地球在海洋领域的具体实施。智慧海洋是"海洋工业化+海洋信息化"深度融合的发展模式，也是"互联网+"

时代的海洋形态，更是日趋成熟的陆地智慧产业（如智慧城市、智慧交通、智慧医疗等）向海洋领域的拓展。智慧海洋依托先进的电子信息、网络通信以及海洋装备相关技术，将实现对海洋的立体全面感知、广泛互联互通、海量数据共享，形成包括智慧航运、智慧港口、智慧渔业等多种智能化服务在内的智慧海洋信息服务产业。智慧海洋是以完善的海洋信息采集与传输体系为基础，以构建自主安全可控的海洋云环境为支撑，将海洋权益、管控、开发三大领域的装备和活动进行体系性整合，运用工业大数据和互联网大数据技术，实现海洋资源共享和海洋活动协同。智慧海洋是全面提升经略海洋能力的整体解决方案。

1.4.2 智慧海洋建设的可行性

建设智慧海洋是转变海洋管理与开发方式、提升海洋经济发展质量的客观要求。智慧海洋是一个复杂的，相互作用的系统。在这个系统中，信息技术与其他资源要素优化配置并共同发生作用，促使海洋管理与开发更加智慧地运行。智慧海洋建设以信息技术应用为主线，必然涉及以物联网、云计算、移动互联和大数据等新兴热点技术为核心和代表的信息技术的创新应用。智慧海洋力求通过信息技术与传统海洋技术和方法相结合，提高各项海洋活动的效率、智能性和安全性。

我国建设数字海洋具有可行性，体现在以下几个方面。

（1）雄厚的基础设施

我国近几年经过数字城市、数字海洋、海洋信息化的发展，信息产业发展势头强劲，信息基础设施已经较完备，物联网相关领域积累了一定的基础设施；海洋观测设施也取得了长足的发展，包括海洋卫星、海洋浮标、海洋观测仪器研发等也积累了一定基础。

（2）坚实的技术基础

我国现阶段已经在云计算、物联网、大数据等方面奠定了坚实技术基础，多年来智慧城市的建设成果也为智慧海洋积累了技术基础；在信息软件方面开发了一大批信息管理系统，海洋信息管理系统也初具规模；支撑技术方面，包括信息化相关标准、法规政策、人才储备都具有良好的基础，可以为全面建设智慧海洋提供强有力的支撑。

（3）丰富的建设经验

全国的智慧城市建设示范工程，数字海洋建设示范项目，各行业的智慧系统，包括公共安全应急指挥系统、智电子政务系统、慧社区、智慧交通、智慧医疗、智慧家庭的建设与研发都为智慧海洋实施和建设提供了丰富的经验。

（4）强劲的科技支撑力

从科技支撑方面看，我们国家拥有众多掌握先进信息技术和智能系统理论的高等院校、研究所，具有科技优势；拥有研发海洋仪器设备、无人潜艇、海洋机器人的部门和企业，具有应用技术优势。国家"863"计划、"973"计划、海洋公益专项等都支持的海洋科研项目，必然激发强劲的科技创新能力。

（5）巨大的社会需求

全世界正在由陆地转向海洋，蓝色经济建设正积极开展，信息技术的发展、特别是人工智能在各个领域的深入应用，使智慧海洋建设成为社会发展的必然。我们国家海洋权益的维护、海洋环境的保护、海洋资源的开发利用、海洋生态的研究、海洋军事建设、海洋信息服务等方方面面对智慧海洋都有着强烈的社会需求。

（6）强大的综合经济实力

我国国民生产总值位居世界前列，国家综合实力日益增强，可以为智慧海洋建设提供经济支持；国家海洋局、国家海监局、国家海洋研究所、海洋渔业部门等涉海部门都会以不同的形式给予海洋研究和海洋信息化以资金投入，这都为进一步的智慧海洋建设提供了经济基础。

1.4.3 透明海洋的提出和意义

（1）透明海洋的提出

透明海洋概念是中国科学院院士、青岛海洋科学与技术国家实验室主任吴立新于2013年提出的。透明海洋从根本上讲就是构建海洋观测体系，支撑海洋的过程与机理研究，进一步预测未来海洋的变化，从而实现海洋状态"透明"、过程"透明"和变化"透明"（王晶，2015；吴立新，2015）。

透明海洋是在数字海洋的基础上提出来的，是一种海洋工程构想，是针对我国南海、西太平洋和东印度洋，实时或准实时获取和评估不同空间尺度的海洋环境信息，研究多尺度变化及气候资源效应机理，进一步预测未来特定一段时间内海洋环境、气候及资源的时空变化。透明海洋是由数字海洋向海洋环境信息应用迈出的重要一步，将大幅提升我国认知海洋的能力（程骏超和何中文，2017）。然而认知海洋只是基础，经略海洋才是目标，如何充分利用透明海洋所提供的信息提升经略海洋的能力则属于智慧海洋的范畴。

透明海洋概念的提出有着非常深刻的时代背景。随着全球环境恶化、气候变暖、海灾频发等问题的日益突出，海洋的战略意义又在关系全球可持续发展的环境、气候等重大问题上得到了进一步的体现。海洋可持续发展带给人类的一个重大科学问题就是：在全球变化背景下海洋环境多尺度变化及气候资源效应预测问题。要解决这一重大科学问题，需要将海洋变成透明海洋（吴立新，2015）。海洋是解决人类社会面临的资源、环境和气候三大问题的关键，海洋价值的充分实现，首先需要人们依靠科技手段实现对海洋的了解和认知。认知海洋就是要使海洋"透明化"，利用先进的科技手段对海洋资源、环境进行立体观测和探测，对变化状态做出科学预测，较全面准确地掌握海洋资源、环境和气候等方面的动态变化信息，在此基础上实现对海洋资源的合理开发，对海洋资源、环境、气候变化状态的科学预测预报。基于这样的战略考量，透明海洋的概念也就应机而生，透明海洋建设开始从概念走向实践（倪国江，2017）。

（2）透明海洋的意义

透明海洋的提出和实施，其意义在于以下方面（倪国江，2017）：① 加快提升海洋观测技术与装备自主创新能力；② 加速立体化海洋观测系统建设；③ 推进重大海洋科学问题研究；④ 助力国家战略实施和海洋发展；⑤ 提高海洋观测科技领域国际竞争力；⑥ 支撑和促进智慧海洋实施和发展。

透明海洋的本质是构建我国海洋观测体系，为海洋数据的实时/准实时获取提供技术基础。透明海洋的实施必然建成我国海洋全方位的智能立体观测网，必然实现我国海洋环境的实时动态观测，必然为我国海洋研究、管理和开发积累综合海洋数据。

智慧海洋是海洋信息化的最高阶段，其核心内容是对海洋地理空间数据的实时获取、智能化处理，为海洋政府部门、海洋军事部门、涉海行业部门、公众提供智能化的服务，以实现海洋的集约、绿色、可持续发展。透明海洋所构建的海洋观测体系本身就是智慧海洋建设的一部分，透明海洋所积累的数据为智慧海洋提供了丰富的数据资源，所以透明海洋作为海洋信息化的阶段工程，必将支撑和促进海洋信息化高级阶段——智慧海洋的实施和发展。

第2章 数字海洋理论和架构

2.1 数字海洋概念与内涵

2.1.1 数字海洋的概念

数字海洋在世界上还没有一个明确的概念，发达国家（如美国、日本等）从信息技术应用的角度出发，提出了海洋综合观测系统的概念，即数字海洋就是立体化、网络化、持续性的全面观测海洋，并获取海量数据。美国国家海洋大气局资助的"Sea Grant"项目对数字海洋的描述是：数字海洋计划通过海量的数字信息与模型，将海洋装进"芯片"，从而能够将海洋化学、海洋生物、海洋物理等要素数据转变成人类利用海洋、保护海洋的最有效工具。

中国许多专家、学者、有关部门在呼吁数字海洋建设的同时也对数字海洋进行了各自的描述。数字海洋是随着数字地球战略的提出应运而生的，是一项庞大复杂的系统工程，是利用3S技术、虚拟现实技术、互操作技术等现代信息技术，以数字化、可视化、动态显示等方式，把真实海洋世界的条件状况模拟重现与预测构建而成的总体海洋信息系统。数字海洋以海洋客观现象为研究对象，以国家信息基础设施为依托，以海洋空间信息基础设施为载体，以数字化、可视化等为技术方式，通过对海洋现象和过程的数字表达，展现真实海洋世界的各种状况，直接对海底、水体、海面、海岛、海岸等当前现实海洋景观和过程进行再现，以及对未来的海洋场景进行预测等，使人类加深对海洋的认知和研究，以更加合理的方式开发利用海洋，保障海洋的可持续发展（石绥祥，2011）。

数字海洋作为数字地球的重要组成，是在全球范围内建立的一个以空间位置为主线，将与海洋有关的不同空间、时间、物质和能量的多种分辨率的海量数据或信息，按地理坐标，从局部到整体，从区域到全球进行集成、融合及多维可视化，为解决复杂海洋科学实践和知识创新、技术开发与理论研究提供技术支撑。数字海洋为人类提供了一种前所未有的认识海洋的方式，即用数字化的手段来认知和处理整个海洋的自然和社会等相关活动。数字海洋是实现海洋数字化或信息化的技术系统，数字海洋是海洋科学与信息科学的高度综合（周立，2010）。

2.1.2 数字海洋的内涵

数字海洋是空间技术、信息技术、网格技术及信息化环境发展到一定阶段的产物，是一个国家经济、科技等综合实力的体现。从信息化角度看，数字海洋涵盖了三个层次：数据立体实时和持续采集、信息网格集成、知识综合应用。

（1）数字海洋数据立体实时采集

应用高科技手段全面、深入地观测和了解海洋的变化过程，在一定的时空内对海洋进行岸、陆、空、海全方位立体观测。空间观测是利用各类遥感新技术，如高分辨率高光谱卫星技术、卫星雷达技术、小卫星技术、水色卫星技术、星载或机载InSAR（Interferometric Synthetic Aperture Radar）技术等，对海面及海面下一定深度范围内的海洋特性进行全面的观测；海面观测是由岸基海洋观测站、高频地波雷达、各型浮标等组成的海面观测网，对海洋动力、大气、环境、突发事件等实行全天候观测；海底观测是由海底工作平台、海底数据和动力特殊光缆、水下滑翔器、海底机器人等智能终端组成的海底观测网，对海洋深处动力、生物、化学、地球物理要素数据进行精确而持续的采集。以上立体观测网络，具备了对海洋地球物理、化学、生物、动力变化过程不间断的观测能力，为人类全面认知海洋提供了技术支持。

（2）数字海洋信息网格集成

把浩瀚大海中的各种要素，包括历史的、动态的数据集中存储、分析和研究，是处理海洋经济发展、环境保护、灾害预防等活动中的各类问题的最有效工具。数字海洋充分利用网格计算、数据同化与融合、分布式数据库等现代信息技术手段，将分布式的立体观测终端、分布式的数据库体系、分布式的各级终端计算，通过网格技术协同数据采集、集成信息处理、统一运行计算，使网络上的所有资源合力工作，从而完成传统方式无法完成的海洋活动中的各种复杂计算，建立功能强大的各种应用与决策模型，实现对海洋的精确计算、深入建模和高效管理。

（3）数字海洋知识综合应用

数字海洋的突出作用在于从浩瀚的海洋大数据中计算、分析、挖掘出先进、丰富、实用的海洋知识。完整的数字海洋体系须在海量信息集成平台上，搭建公共性强、综合性广、功能齐全的基础海洋信息服务平台与海洋信息管理和综合应用平台，并按照资源合理开发利用的原则，实现一次采集、一次集成、统一开发、各家共用的理想目标。海洋信息服务平台既是用户根据各自的业务所需，获取相关海洋信息与知识的窗口，又是用户进行信息交换、共享、知识挖掘和二次开发的平台。

2.2 数字海洋理论和技术

2.2.1 数字海洋相关理论

以作者所承担"数字海洋信息平台构建"项目的研究成果为例，介绍数字海洋相关的理论和方法。

（1）时空动态数据模型的研究和构建

对"时空快照""基态修正"等时空数据模型进行了深入研究，在修正和整合的基础上提出了"版本—时空增量"概念模型和逻辑模型，即根据数据量变化的大小来确定数据的不同版本，在此历史版本的基础上，加上某时刻数据的时空变化量——时空增量，可以还原某时刻的现势数据库。根据海洋数据的特点，研究时空增量粒度的划分和确定方法，根据海洋数据变化量确定时间增量粒度的划分，根据多尺度表达的比例跨度确定空间增量粒度的划分，在此基础上进行时空增量库、版本库、历史库和现势库的界定和构建。研究各数据库之间的动态关联技术，在减少数据冗余的基础上，实现海洋数据的高效查询和检索。进行海洋数据结构设计，针对海洋数据的特点，进行物理存储及索引结构的研究和设计，为海洋数据平台的建立提供基础。

"版本-时空增量"模型的特点是基于"版本-增量"的数据模型，引入了基于比例尺跨度的"尺度增量"作为空间增量，和时间增量一起构成"时空增量"。"版本-时空增量"动态数据库管理模型，不仅能够实现对历史数据的动态管理，和现有的时空数据模型相比，还实现了面向多尺度表达的空间跨尺度数据的动态管理。所提出的逻辑模型如图2.1所示，当数据量的变化超过设置的阈值即设立新的数据版本，不同数据版本之间增加数据快照；要想获得某时刻的现势数据，在最近的历史版本的基础上，加上某时刻数据的时空变化量——时空增量即可。此模型和传统的基态修正模型相比，使历史数据"粒度"可变，可以更有效地还原某时刻的现势数据；和传统的时空快照数据模型相比，减少了历史数据的存储量。

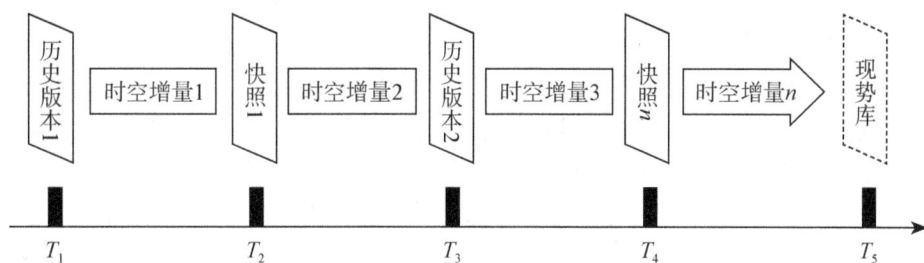

图2.1 版本-时空增量数据模型

此研究建立了多源海洋数据的动态关联技术，实现了海洋现势数据库、历史数据库、版本数据库、时空增量数据库的快速动态关联，为数据库的实时更新、动态检索提供了基础。在此基础上设计了基于"版本-时空增量"的海洋动态数据库管理模型，如图2.2所示，基于Oracle数据库构建了动态数据库管理系统，实现了海洋时空数据检索、查询等一系列功能。进行海洋时空数据结构设计，在此基础上构建了面向海洋专题的数据仓库系统；针对不同来源的海洋数据，研究数据抽取转换规则，进行数据源接口定义与开发，在此基础上进行多源海洋数据的入库和组织管理。

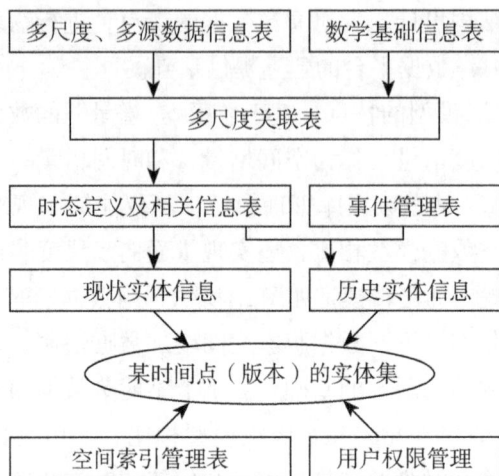

图2.2　多源数据管理模型

（2）海洋数据处理技术

针对不同来源的海洋数据，研究构建了数据抽取、清洗和转换规则，基于海洋数据特点扩充了元数据标准，构建了基于元数据的海洋数据集成和交换技术；将海洋数据划分为原始数据层、基础数据层、集成数据层、专题数据层和产品数据层，在分类的基础上建立海洋数据体系结构，如图2.3所示；基于OGC（Open Geospatial Consortium，开放地理空间信息联盟）、海洋数据元数据等相关标准构建海洋数据的处理方案，包括数据清洗转换方法、数据集成技术、数据共享标准等，给出海洋数据处理流程，如图2.4所示；研究海洋数据的共享和发布技术，进行数据源接口定义与开发，在此基础上构建多源海洋数据平台。

（3）海洋三维可视化方法

对海洋数据进行三维可视化和动态可视化的展示是数字海洋信息服务平台的主要内容之一。基于球体模型进行海洋数据三维可视化技术的研究，以构建海洋三维场景；基于粒子流等先进技术进行海流的三维可视化，基于动态可视化方法实现海洋浮标数据的分布展示和随时间的变化，如图2.5所示。设计了洋流三维可视化系统框架，如图2.5所示，基于OSG（Open Scene Graph）三维渲染引擎以及QT界面库进行系统开发，所研发的洋流三维可视化系统功能包括

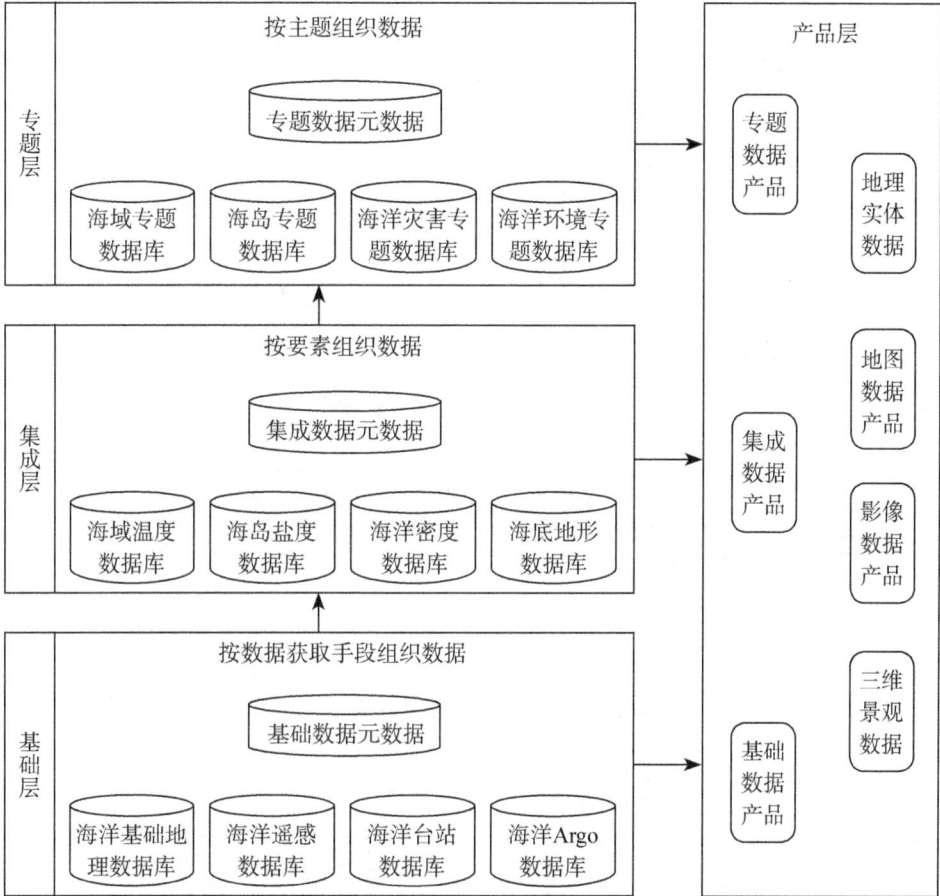

图2.3 数字海洋数据体系

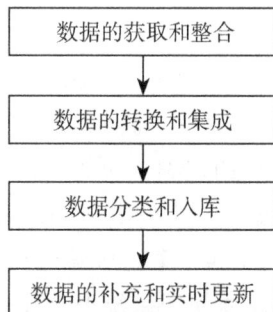

图2.4 海洋数据处理流程

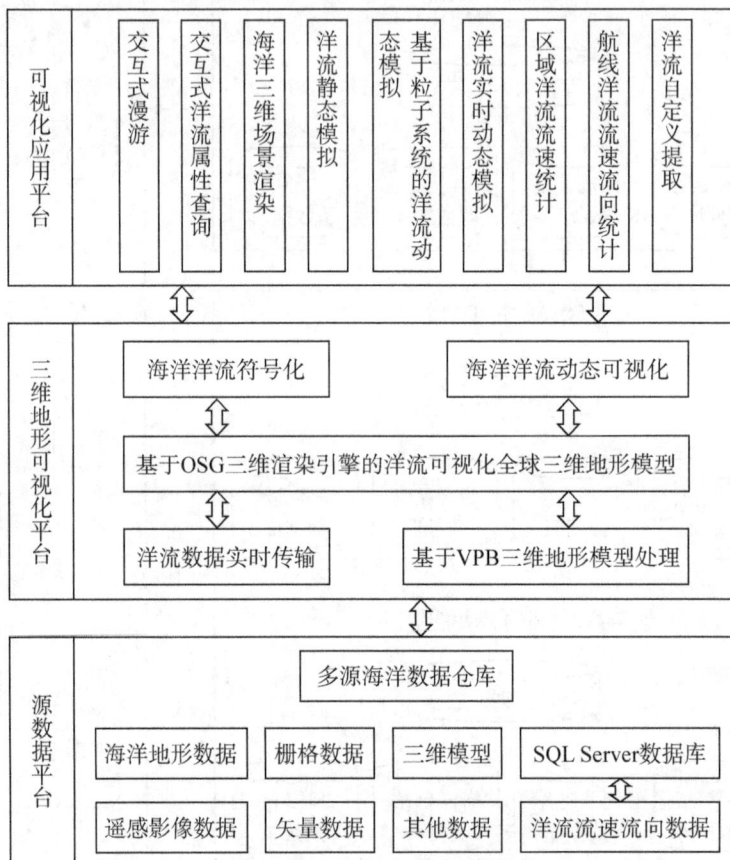

图2.5　洋流三维可视化系统框架

以下方面：自定义三维地形模型、三维地形模型空间操作、洋流数据加载、洋流数据动态模拟、洋流统计、洋流提取、洋流属性查询和其他功能。

　　基于粒子流技术实现了海流的三维可视化，在洋流动态模拟中，采用OSG三维渲染引擎中粒子系统模块，运用数据库实时传递的洋流方向与大小，控制该坐标下粒子群的运动状态实时准确表达洋流运动现象。定义粒子系统的一般方法是：首先，确定目标，需要粒子系统来干什么，粒子的状态与运动方式等；其次，粒子模版的创建，根据实际需要确定粒子的生命周期与形状等；然后利用创建的粒子模版对粒子系统进行创建，设置诸如粒子数目、纹理等在内的粒子属性；设置发射器，对发射点的形状、位置等进行设置；添加其他影响粒子群运动的因子，如风力重力等；最后将创建的粒子系统添加到场景中，持续更新即可。粒子系统的组成结构如图2.6所示。

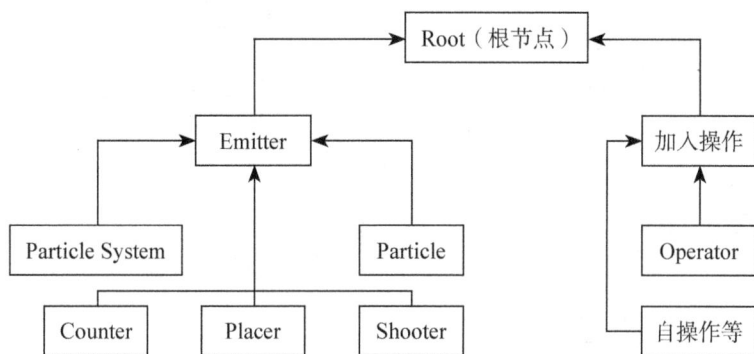

图2.6 粒子系统组成结构

在具体的系统中，洋流的动态模拟主要依据数据库中的洋流数据，实时读取洋流数据的坐标、速度大小、速度方向信息，通过继承Operator操作类，重写Operator类中的operate（）回调函数来创建自定义粒子系统，在该函数中，根据当前粒子返回的位置信息，读取数据库中当前位置范围、当前时间的洋流速度与方向，用以控制当前粒子的运动矢量。如果从数据库中读取不到当前位置范围的洋流信息，表明该坐标下的洋流没有测量数据或超出海岸线范围，则调用 kill（）函数杀死当前粒子。而operate（）函数在OSG三维渲染引擎中，每渲染一帧即自动调用一次，继而可以实时控制不同坐标下粒子的运动状态，从而达到真实模拟洋流运动的效果。其流程如图2.7所示，可视化功能如图2.8、图2.9所示。

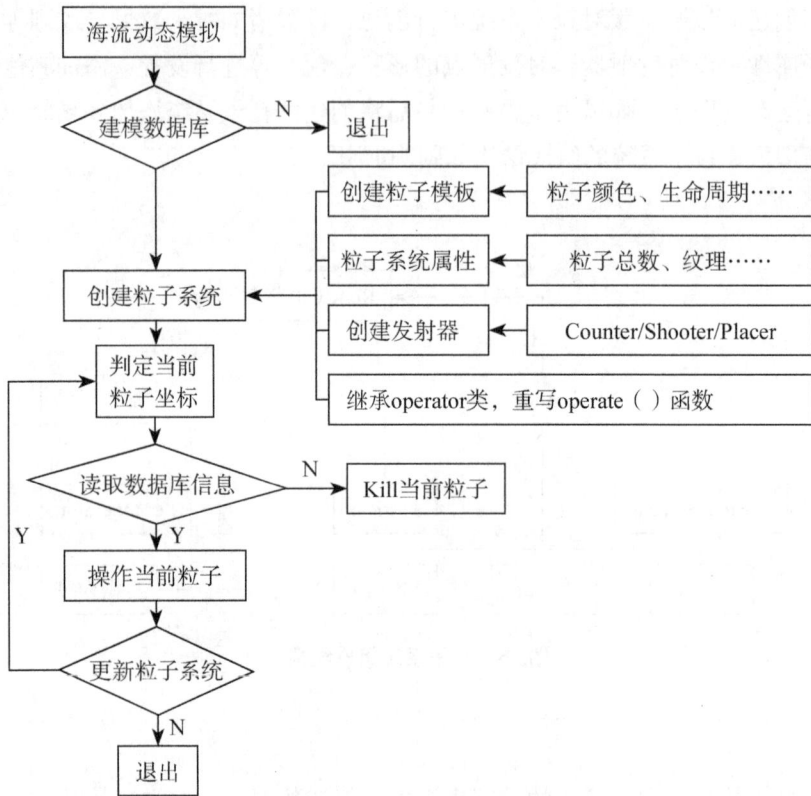

图2.7　洋流实时模拟流程

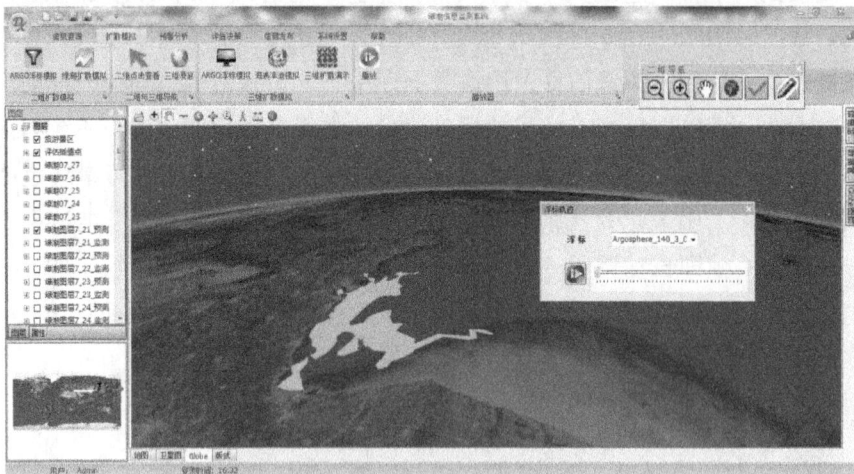

图2.8　基于球模型的海洋三维可视化

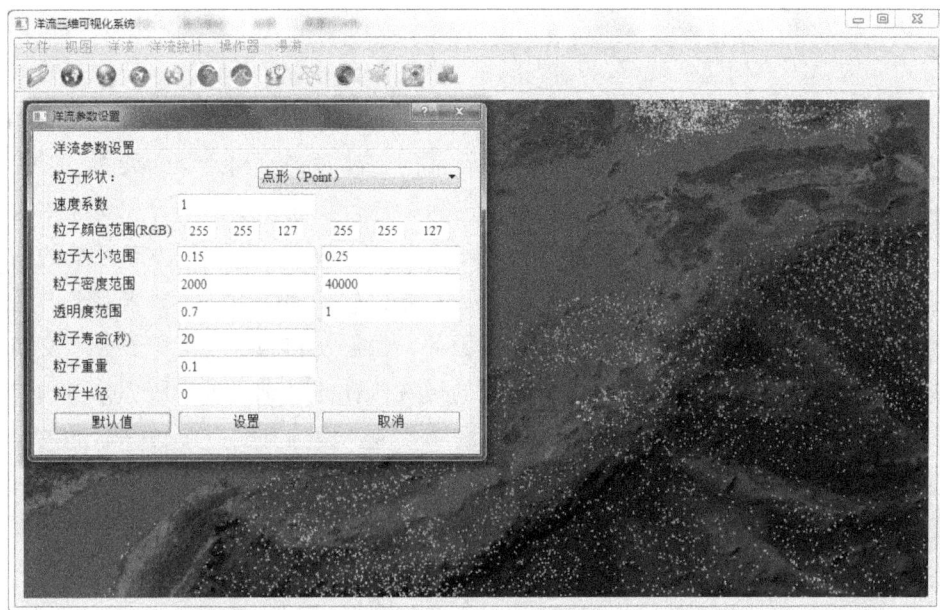

图2.9　基于粒子系统的动态洋流渲染

（4）海洋信息服务模型及数字海洋平台的构建

数字海洋以空间位置为核心关联点，整合加载各类海洋数据和信息，提供模拟、三维可视化、预测预报等信息服务；进行数字海洋信息服务模型研究，采用GIS（Geographic Information System）模型、空间分析功能和海洋专业领域模型相结合的方法，来建立海洋信息服务模型；根据应用需求，整合各种专业的技术和方法研究建立三种海洋信息服务模型——海洋溢油、绿潮监测、海洋旅游信息服务。并且，在此基础上进行服务接口的定义和软件系统的研发。

SOA（Service-Oriented Architecture）体系结构的思想是通过网络访问的软件资源和功能来实现的，基本的SOA由一组服务体系组成，它以符合Web Service标准（WSDL，Web Services Description Language；SOAP，Simple Object Access Protocol；UDDI，Universal Description Discovery and Integration）的形式存在。基于SOA的实现技术目前主要有Web Service和开放式网格服务体系（OGSA，Open Grid Services Architecture）两种。本项目采用Web Service 实现技术，在分布式计算、XML（Extensible Markup Language）等技术的基础上，采用 Http、SOAP（Simple Object Access Protocol）等Internet标准协议与分

布式Web组件，设计实现数字海洋平台框架，以解决Internet环境下松散耦合分布式异构问题，构建大规模、资源重用、松散耦合的海洋分布式、开放式的体系架构。

数字海洋信息服务平台面向海洋主管部门、涉海企业和公众三类用户。针对海洋管理系统和海洋服务系统的不同需求，进行功能模块的划分和功能结构的设计，在此基础上构建数字海洋信息服务平台；数字海洋数据发布系统的核心功能是提供和海洋相关的各种数据服务功能，包括地图服务、要素服务、数据服务、定制服务、元数据服务、目录服务、数据发布服务、下载服务、交换服务、交互服务等；研究各种信息服务的模式，在此基础上进行服务接口的定义和研发；基于Oracle构建海洋时空数据库系统，设计和研发了数字海洋信息服务平台，实现数据处理、数据分析等基本功能，实现了多源海洋数据的集成和发布等功能；研发相应软件实现了海洋平台系统的各种功能，研发了海洋溢油信息管理系统、绿潮监测与评估系统、海洋旅游信息服务系统。其功能截图如图2.10～2.15所示。

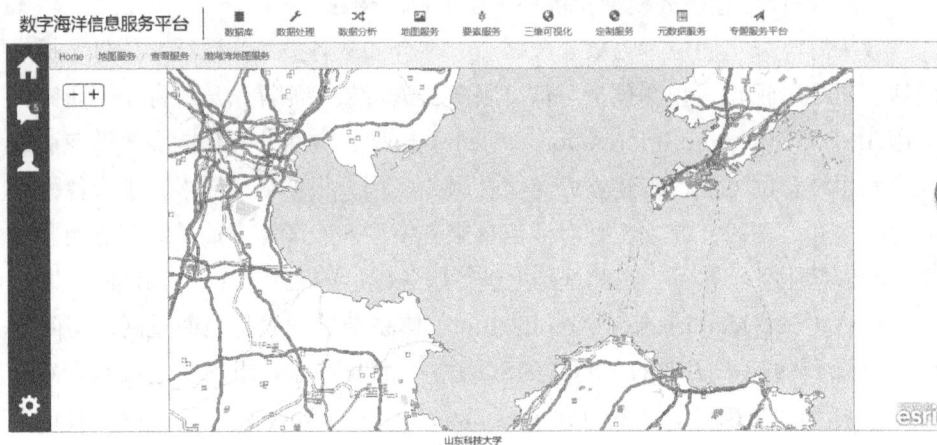

图2.10　数字海洋信息服务平台界面

图2.11 海洋数据管理功能

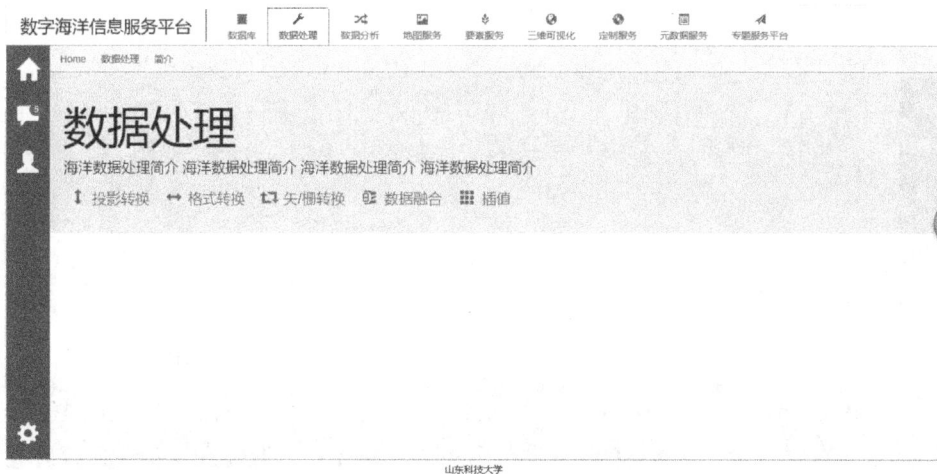

图2.12 数据处理功能

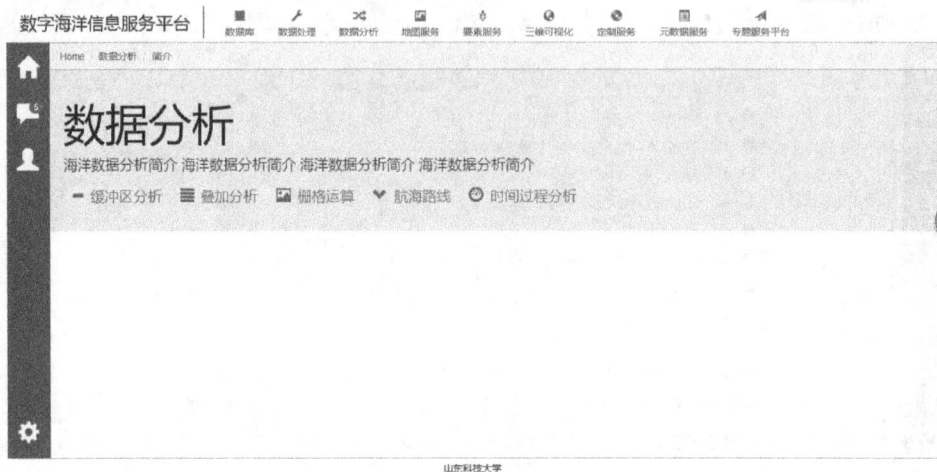

图2.13　海洋数据分析功能

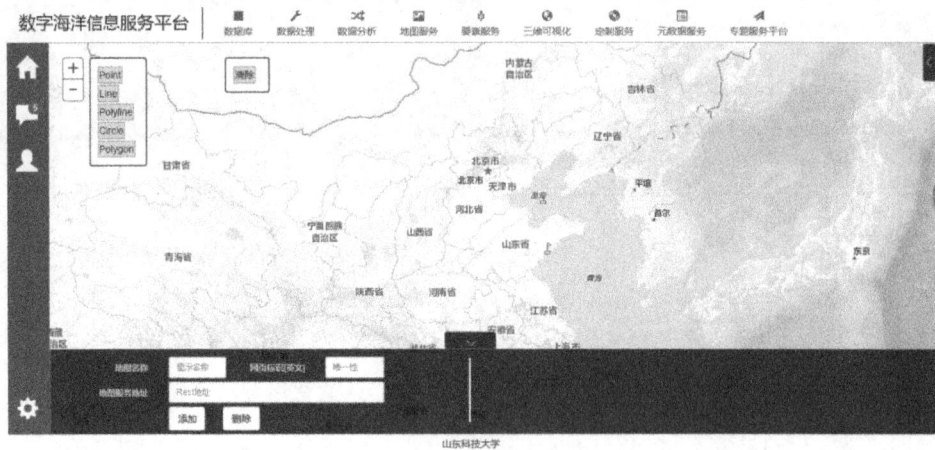

图2.14　地图发布

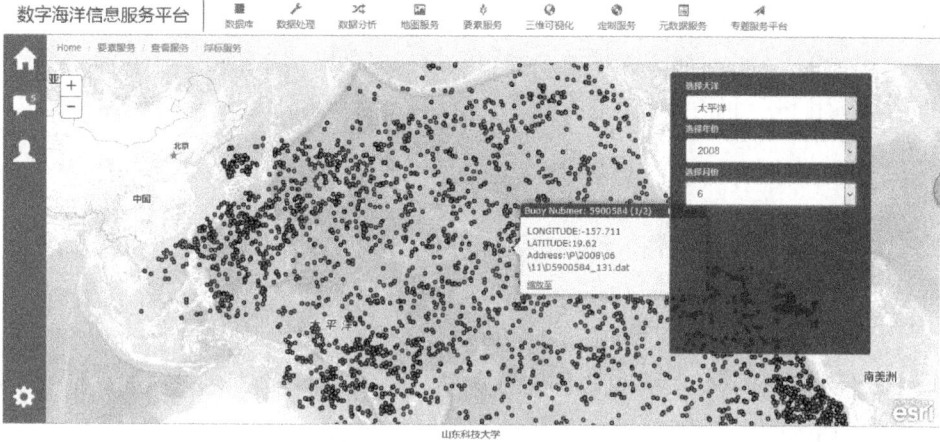

图2.15 海洋浮标可视化

（5）海洋溢油扩散模型的构建

在油膜动力学模式、油膜重心轨迹的基础上，结合油膜扩展的经验公式构建了海洋溢油扩散模型。该模型将溢油运动过程分为自身扩展和紊动扩散两个阶段，对此两个阶段进行扩散模型，前一阶段通过Fay理论修正模式计算结果，后一阶段采用油粒子方法模拟，通过油膜粒子化将两阶段进行衔接。

① 自身扩展阶段。

油膜自身扩展。根据Fay理论，油膜初期的自身扩展阶段即为溢油初期的重力惯性力平衡阶段。该阶段内重力惯性力占据主导因素，由于溢油和水的密度差距引起油膜加速塌落，形成油的初始运动，油膜的扩展直径为

$$r(t) = C_1 (\Delta g V t^2)^{\frac{1}{4}} \qquad (2.1)$$

油膜自身扩展持续时间为

$$t_f = (c_2/c_1) 4V^{\frac{1}{3}} (v \Delta g)^{-\frac{1}{3}} \qquad (2.2)$$

式中，V 为油膜体积，Δg 为约化重力加速度 $[\Delta g = (1-\rho_0/\rho_w) g$，$\rho_w$ 为海水的密度，ρ_0 为油膜的密度$]$，v 为运动黏性系数，c_1、c_2 则为经验常数，t 为时间。

Fay理论是建立在静水前提基础上的，认为油膜成近似圆形扩展；但是实际海况下油膜扩展的过程是具有明显的各向异性特征，因此本系统将Fay模式的扩展直径加以改正，改正后长轴1为

$$1 = r + cwt \qquad (2.3)$$

式中，w 为风速，c 为经验常数，与油的种类、性质有关。

油膜漂移。油膜质心漂移轨迹采用欧拉拉格朗日的追踪方法。在风和潮流的共同作用下，油膜中心初始位置 S_0，经 t 时间后漂移到了下一个新的位置 S，其中：

$$S=S_0+t_0+tV_L dt \qquad (2.4)$$

式中，V_L 为拉格朗日速度。油膜中心的漂移速度和方向则是表面风和海流所引起的流速之矢量和，即

$$V_0=V_W+D_W \qquad (2.5)$$

式中，V_0 为油膜中心漂移速度，V_W 为海面流速，V 为海面10米处风速，D 为引入漂流偏角的转换矩阵。

② 紊动扩散阶段。

首先对油膜进行粒子化，需将自身扩展阶段后的油膜转化为一系列的粒子。将油膜按规则分割成 N 个小单元，其中每个小单元代表溢油体积的一部分。根据油膜质心的所在位置（x_0，y_0），计算出每个油粒子所在的位置（x_i，y_i，$i=1$，2，…，N），如图2.16所示，根据计算机的运行能力和容量来确定粒子总数 N，采用附加体积参数方法实现对油粒子特性的模拟。

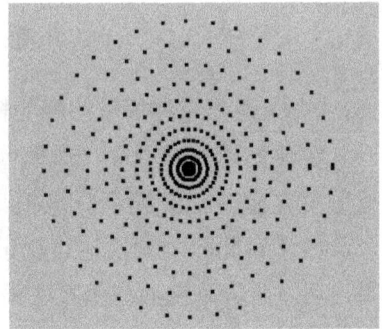

图2.16 油粒子特性的模拟

然后，根据确定的油粒子总数，采用蒙特卡罗方法的油粒子方法对紊动扩散阶段的溢油运动进行模拟。基于此，扩散模型实现的溢油扩散分析界面如图2.17所示。

图2.17 溢油扩散分析界面

（6）海洋溢油漂移模型的构建

海上发生溢油事故后，油膜除了向四周扩散外，还受到海面风力的推动作用和海流的携带作用，因此油膜一方面向四周进一步扩展，另一方面在风力和潮流的共同作用下产生漂移。在潮流的作用下，油膜初始的中心位置 S_0 经 Δt 时间后漂移到了新的位置。

$$S=S_0+\int_{t_0}^{t_0+\Delta t} V_L \mathrm{d}t \tag{2.6}$$

式中，V_L 为拉格朗日速度。近岸海域海水的流动，主要是受潮流的影响。初始位移 S_0 不一定位于网格点上，因此其速度取用与其临近的4个网格点的速度的内插值来代替，它以此速度经历1个时间步长（6 min）后移动到新的位置 S 处（有风时要考虑风力的作用）。依此类推，S 位移处的速度运用下一时刻的潮流场内插值所得到的新的速度表示，以此速度再达到下一个新的位置，这就是所谓欧拉—拉格朗日追踪。由于不同地点的潮流情况和不同时刻的潮流情况不一样，所以在不同地点不同时刻发生溢油情况所追踪到的油膜轨迹也不尽相同。在风力的影响下，油膜漂移速度的增加量为风速的2% ~ 3%，漂移的方向与风力方向成0° ~ 40°夹角。由于夹角到今天还是没有一个公认的确切值（有的工作取0°），因此油膜中心的漂移速度和方向是表面海流与风所引起的流速之矢量和，即

$$V=V_T+TV_W \tag{2.7}$$

式中，V_T 和 V_W 分别表示潮流的速度和风的速度；T 为风因子，一般取为 0.02 ~ 0.03。在两个因素的共同作用下，油膜的质心位置 S_0 经 Δt 时间后漂移到新的位置 S，即

$$X=X_0+u \Delta t+TV_W \sin\theta \Delta t$$
$$Y=Y_0+v \Delta t+TV_W \cos\theta \Delta t \tag{2.8}$$

式中，u、v 为 t 时刻的预报潮流流速；θ 为 t 时刻的风向（向北为0°）。

在所构建的模型的基础上，进行海洋溢油信息系统的设计和研发，包括四大功能模块：信息检索模块、溢油扩散模拟模块、溢油评估模块、数据管理模块，每个功能下面又有不同的子模块组成。系统总界面及部分功能实现如图2.18至图2.23所示。

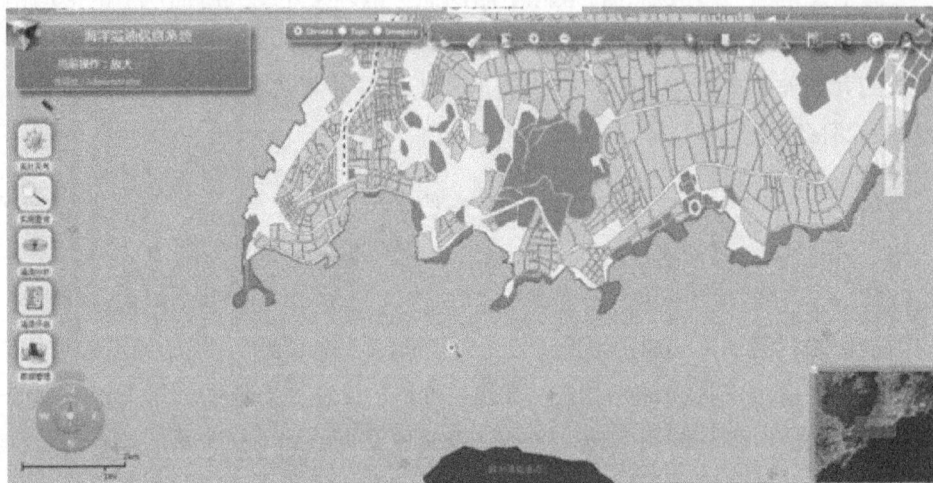

图2.18　海洋溢油信息系统总界面图

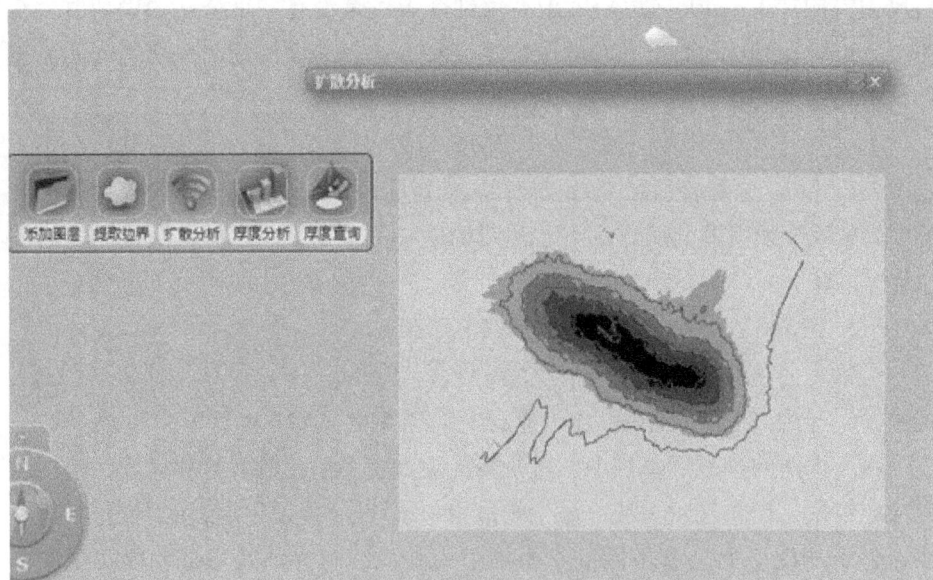

图2.19　油膜厚度分析结构

图2.20 海上溢油专题数据发布

图2.21 溢油评定工具

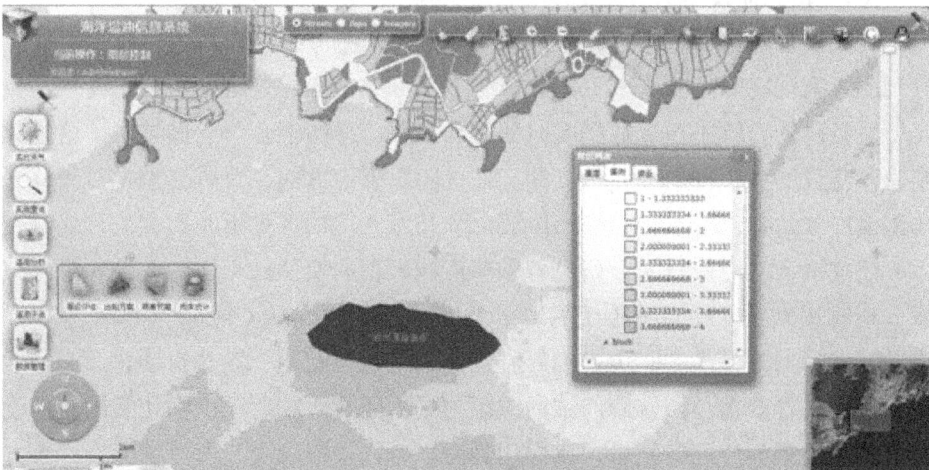

图2.22 溢油等级评定结果图

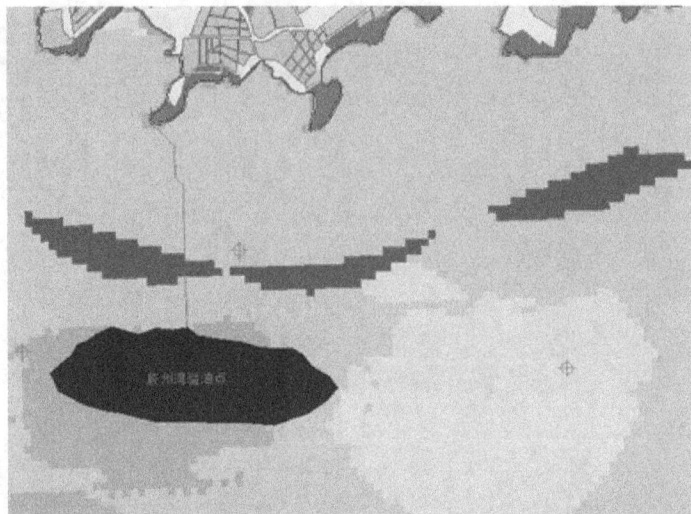

图2.23　隔离预案

2.2.2 数字海洋关键技术

数字海洋建设所涉及的关键技术如下，这些技术是数字海洋建设的原始推动力和基础技术支撑，离开这些技术，数字海洋建设就会成为一种空泛的概念，或者仅仅成为基础设施的工程建设项目。

（1）传感器技术

传感器技术包括遥感、近距离感应和嵌入式感应技术。在遥感技术上要充分利用国家现有的高分辨率卫星、资源卫星等数据源，关键是要利用高校和科研所的科研能力解决遥感数据实时处理和多源信息的融合、挖掘技术。这是数字海洋建设的源头创新和技术支撑。在近距离感应方面，要研究包括射频标识（RFID，Radio Frequency Identification）技术在内的各种近距离感应和探测技术，研究嵌入式感应技术，研究各种感应器数据的快速处理实时方法和融合技术。射频识别技术相对于传统的磁卡及IC卡（Integrated Circuit Card）技术具有非接触、阅读速度快、无磨损等特点，在工业自动化、商业自动化、交通运输控制管理等众多领域有着广阔的应用前景，因此研究射频识别相关的硬件设计、数据处理和应用等技术，以应用到海洋生物指标感应、海洋浮标设计等方面，这是数字海洋的主要组成部分。

（2）物联网技术

要有效利用现有资源、保护环境，实现数字海洋和智慧海洋建设，必须首先实现物质世界之间、信息之间、物质世界和信息之间的互联互通。这要靠物联网来实现。所谓物联网（The Internet of Things）就是通过射频识别、红外感应器、全球定位系统、激光扫描器等信息传感设备，按约定的协议，把任何物品与互联网连接起来，进行信息交换和通信，以实现智能化识别、定位、跟踪、监控和管理的一种网络。所以包括无线通信和移动通信基础设施、无线智能传感器网络通信技术、微型传感器技术等的物联网技术是数字海洋和智慧海洋的关键技术之一。

（3）云计算技术

云计算是将动态、易扩展且被虚拟化的计算资源，通过互联网提供出来的一种服务。是整合、管理、调配分布在网络各处的计算资源，通过互联网以统一界面，同时向大量的用户提供服务。云计算的特征：一是虚拟化，把包括计算、网络和存储等资源尽可能地虚拟化，使用户忽略复杂的环境，比较简单地利用这些资源来实现他们不同的任务；二是变粒度和跨粒度，云计算实现软件和任务碎片化，完成变粒度的计算和服务任务，并根据不同用户的请求把分布在网络中的各种Web服务进行重聚合。以上特点决定了云计算必将成为实现数字海洋和智慧海洋资源整合和数据分析处理的关键技术。

（4）信息的基准和标准化

信息的空间基准和标准化是数字海洋数据整合的基础。对于广袤的海洋除了采用地理坐标作为空间基准外，建议采用空间信息网格方式进行信息基准定位，即将空间范围划分为不同粗细层次的格网，每个格网以其中心点的坐标来确定其位置基准，落在每个网格内的地物对象记录与网格中心点的相对位置，以此记录与此网格密切相关的地物数据项。数字海洋数据采集、存贮与交换相关的标准、信息分类与编码标准，也是数字海洋建设不可或缺的技术条件之一。除了应制定以上相关标准外，还应该研究制定海洋信息服务相关标准以实现物联网框架下的数据和服务的集成和融合。

（5）数据挖掘技术

数字海洋的关键技术之一是对海洋相关的海量数据进行智能化处理，以便挖掘出海洋领域潜在的规律和知识。要使数据的采集、处理、分析更加智能化，离不开专家系统的支持。知识的获取是专家系统中最为困难的任务。随着数字海洋各种类型海量数据的获取和集成，从数据库中挖掘知识成为数字海洋信息服务的瓶颈问题。采用模式识别、图形识别、关联规则和时空序列分析等方式进行数据挖掘和知识发现，从海洋相关的海量数据中提取有用的知识，基于此建立决策支持和海洋信息服务专家系统，是实现数字海洋的关键技术。数据挖掘（Data Mining），又译为资料探勘、数据采矿，它是数据库知识发现（KDD，Knowledge-Discovery in Databases）中的一个步骤。数据挖掘一般是指从大量的数据中通过算法搜索隐藏于其中信息的过程。数据挖掘通常与计算机科学有关，通过数理统计、在线分析处理、情报检索、机器学习、专家系统（依靠过去的经验法则）和模式识别等诸多方法来实现相关目标。

（6）信息服务的模式和模型

数字海洋所提供的信息服务从内容上看包括硬件、软件、数据和服务，从空间上看包括宏观、中观、微观世界中方方面面的服务，从时间上包括实时和非实时的服务。这些服务全面、立体、海量但无序，为了使提供的海洋信息服务智能化，必须研究海洋信息服务的模式和模型。海洋信息服务模式包括需求牵引的空间服务任务流程建模、任务分配模式、搜索模型和海洋空间信息服务平台的体系结构等相关方面的研究。海洋信息服务模型主要指空间信息服务的语义模型，包括基于本体的空间信息语义模型、空间服务网络模型的设计等。

2.3 数字海洋基础平台架构

下面以作者所完成的"青岛市数字海洋建设"项目为例讲解数字海洋基础平台架构，包括基础平台架构、软硬件体系、数据平台、信息服务平台、海洋应用系统等内容。

2.3.1 数字海洋平台逻辑构成

青岛市数字海洋基础信息服务平台属于"一站式"海洋信息服务平台，实现海洋信息与基础地理信息、密切相关的各类经济社会信息的高效整合、交换和共享，实现海洋空间信息资源的统一管理、网络查询和网络化分发服务。青岛市数字海洋建设利用网络基础设施和技术资源，以交换共享的模式整合、集成青岛市海洋信息资源，搭建青岛市海洋信息服务平台和专业应用系统，采用开放式的架构和标准化服务模式向政府部门、社会公众、海洋相关企业提供实时在线的海洋地理信息服务和专业服务，实现海洋信息的共享和高效利用，为海洋开发和蓝色经济建设提供信息和技术支持，为山东省半岛蓝色经济区建设和全国数字海洋建设积累经验。

青岛市数字海洋平台是以海洋基础地理信息数据库和分布式海洋专题数据库为基础，以网络化海洋信息服务为表现形式，以互联网、电子政务网为依托的青岛市海洋信息公共服务平台体系，其建设可以概括为"两个1、2、3工程"，即数字海洋平台集成后将完成"1套标准体系、1套数据处理流程、2类海洋数据库集、2个运行平台、3类应用服务、3个应用示范系统"，实现全国数字海洋建设的示范。

① 1套标准体系。制定和完善海洋数据采集、处理、更新、数据平台和基础服务平台建设、运行、维护的国家标准、行业标准、地方标准等技术标准和规范，以及运行机制、操作指南、管理制度等一系列相关文档。

② 1套数据处理流程。建立多源、多尺度、多时态、异构海洋数据的采集、转换、集成、建库、存储、组织管理和更新等过程的处理流程，为海洋数据规范化处理和标准化管理提供保障。

③ 2类海洋数据库集。建成分别满足政府部门、社会公众和海洋相关企业需要的海洋基础地理信息数据库集和海洋专题数据库集。

④ 2个运行平台。建成数字海洋数据平台和数字海洋基础服务平台，数据平台提供数据集成处理、交换等海洋数据相关服务，基础服务平台提供在线的地图服务、目录服务等基本海洋地理信息服务。两个平台通过青岛市数字海洋门户网站对外服务。

⑤ 3类应用服务。数字海洋平台面向社会公众、政府部门、企事业单位分别提供海洋信息服务、海洋信息管理和海洋信息专业应用三类服务。每类服务包括不同的服务内容、种类和子系统，例如海洋地理信息服务在旅游、应急指挥、环境监测、决策支持等领域的应用子系统，借以全面推进数字海洋信息服务网络化、社会化和专业化的发展。

⑥ 3个应用示范系统。基于数字海洋基础服务层平台，在数据层的支持下，构建青岛海洋旅游信息公众服务示范系统、北海溢油事故应急反应示范系统和青岛绿潮灾害信息管理与辅助决策系统三个应用示范系统，以彰显青岛数字海洋初期建设成果。三个示范系统分别对应社会公众、政府部门和行业用户三种不同的应用类型。

数字海洋平台的总体规划是青岛市蓝色经济区建设的首要和关键问题，是青岛市数字海洋建设顺利开展和科学实施的保证。青岛市数字海洋平台建设框架如图2.24所示，包括六个逻辑层：关键技术支撑层、基础设施层、数据平台层、基础服务平台层、应用系统层以及标准规范保障层。其中基础层、数据层、服务层和应用层是数字海洋的主体结构。

（1）关键技术支撑层

数字海洋的关键技术是青岛市数字海洋建设的技术支撑，是青岛市数字海洋系统科学性的保证。数字海洋关键技术包括数据采集、数据集成和处理、数据交换和发布、多维数据可视化及服务系统构建等相关技术。一方面要积极采用国内现有的海洋数据采集和处理的先进技术，另一方面要利用高校、科研院所积极进行数字海洋建设过程中涉及的关键技术研究，以保证数字海洋建设的顺利实施。

（2）基础设施层

青岛市数字海洋基础设施包括存储设备、服务器集群系统、图形工作站、网络基础设施、安全保密设施等。存储设备实现海量数据的存储管理与备份。服务器集群系统实现海量空间数据并发处理、管理和发布服务。图形工作站实现遥感影像、海洋三维可视化等图形图像处理工作。网络基础设施包括路由器、交换机等。青岛市数字海洋平台可考虑两种联网方式，对于海洋信息服务系统不涉密服务可以直接采用互联网，对于海洋信息管理系统和专业应用系统等服务可通过电子政务网实现。安全保密设施实现整个数字海洋系统安全保密策略的统一配置和管理。

（3）数据层

数据层是指对青岛市海洋相关部门采集的海洋数据和已有的海洋数据进行转换处理、多源数据集成，依据统一技术标准和规范构建海洋地理信息数据库系统及数据库管理系统。数据层向服务层和应用层提供海洋空间数据，是数字

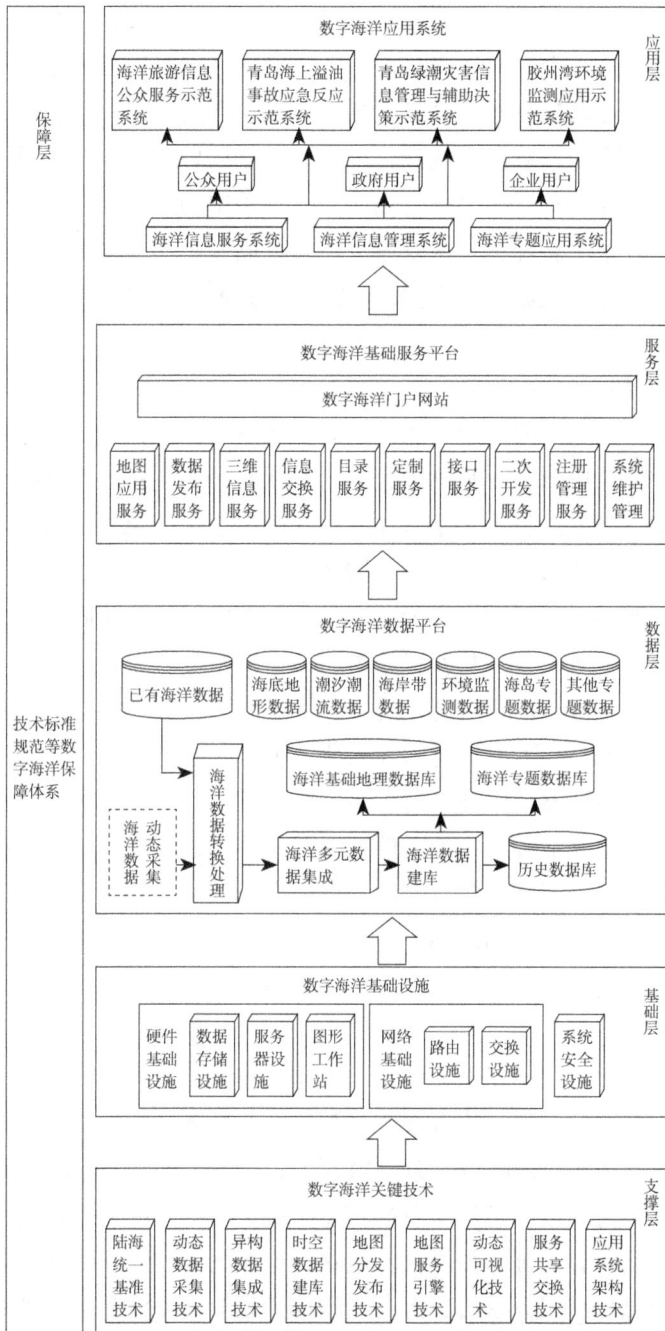

图2.24 青岛市数字海洋平台建设框架

海洋平台的核心内容。数据层在空间管理上采用分布式数据库系统，逻辑上采用统一的技术标准实现集中管理，物理上采用青岛市各行业部分和青岛市所属县市区二级分布存储与管理，并以"分建共享"方式实现协同服务。数据层在时空管理上，采用动态数据库技术，包括海洋数据现势库和海洋数据历史库。因为海洋数据具有动态性和时空过程性，所以采用动态数据库管理模式，既可以实现对历史数据的管理，又可以减少空间存储冗余。数据层实现了多源、多尺度、多时态、异构数据集成管理，由海洋基础地理信息数据库集及海洋专题数据库集构成。

（4）服务层

服务层是根据数字海洋用户的共性需求和基本需求而设计并实现的系列标准服务接口、模式以及在此基础上建立的在线服务系统和运营维护管理系统。海洋地理信息门户网站作为数字海洋的在线服务系统向用户提供所需的各种基本服务，如地图应用服务、数据发布服务、高级分析服务、信息交换服务、定制服务、认证服务、目录服务、元数据服务、接口服务、注册服务、业务访问服务、业务集成服务、二次开发服务等。每一类服务可以包含多种服务内容和类型。服务层基于Web服务构建灵活的、可互操作、基于标准的基础架构，支持XML组件的即插即用组合，适合于发现、使用、部署、注册、开发数字海洋相关的服务和应用的基础服务平台。服务层以灵活而有效的方式满足用户在线获取数字海洋信息和业务共享的需要，以及快速构建分布式专题系统的需要。服务层提供数字海洋互操作和合作的基础平台，各海洋相关部门可以充分利用此平台，组装和开发自己的应用，并且可将自己开发的服务进行发布，供其他部门、应用程序使用。

（5）应用层

应用层是以数据层提供的海洋基础地理信息和海洋专题数据为基础，基于服务层的接口和模式，经二次开发构建数字海洋的各种专题应用系统集及运行环境。海洋专题应用系统包括海洋资源管理信息系统、海洋环境保护信息系统、海域管理信息系统、海岸带管理信息系统、海洋减灾防灾辅助决策系统、海洋灾害预警和应急系统、海洋执法监察信息系统、涉海工程评估和辅助决策系统、海洋信息公众服务系统、海岛专题信息系统、海洋三维模拟和显示信息系统等。应用层的建设和完善是一个长期的过程，在青岛市数字海洋建设初期，可以选择需求迫切的行业部门，采用共建的方式建立3～4个示范性专题应用系统，比如青岛海洋旅游信息公众服务示范系统、青岛海洋灾害应急管理和辅助决策示范系统、海洋环境监测应用示范系统、青岛绿潮灾害信息管理与辅助决策示范系统、北海海上溢油事故应急管理示范系统、青岛海洋渔业信息管理示范系统等。

（6）保障层

保障层是指与数字海洋平台建设相关的技术标准、技术规范和政策机制、管理办法等。保障层的技术标准与规范贯穿到数字海洋平台的其他各层，主要包括数据规范、服务规范、应用规范、其他规范等内容。数据规范是海洋数据和公共地理框架数据的采集、转换、处理、存储及维护更新的标准。服务规范是数字海洋平台数据共享、基础服务所涉及的系列标准。应用规范是数字海洋平台扩展和专题应用的标准、规范及指导文件等。其他规范是数字海洋平台所涉及的其他软件、硬件方面的标准和规范，包括网络标准、安全规范、平台运行机制等。

2.3.2 数字海洋平台的运行模式

（1）平台对接模式

为保证青岛市数字海洋平台的顺利运行和有效维护，建议设立专门的数字海洋管理中心，挂靠在相关部门。

青岛市数字海洋平台按照多级分布式共享服务模式设计，构建青岛市数字海洋门户网站作为主节点，在横向上实现青岛市各海洋相关行业部门之间的数据交换和资源共享，同时也将与公众日常生活紧密相关的空间信息数据对社会公众开放；在纵向上可以通过分节点与青岛各县市区的基础地理信息平台或数字城市数据中心互联互通，向上应为山东省蓝色半岛经济区相关系统以及全国数字海洋平台的子节点预留接口，以便今后和省级及国家主节点对接。网络运行采用两种模式，对于向社会发布的不涉密信息可以通过普通广域网方式，即通过互联网在门户网站上发布；对于专题数据通过政务网实现各网络节点的信息共享以及向专业用户的发布。

（2）数据存储模式

青岛市数字海洋平台的数据实行分布式存储方式。数字海洋基础地理数据集存储在数字海洋管理中心，数字海洋管理中心作为唯一的权威部门负责对基础数据进行更新、对各部门上传数据的正确性和完整性进行审核、对各部门的服务权限进行设定和审批。数字海洋专题数据分布式存储在各海洋行业部门，各行业部门可以通过数字海洋平台提供的数据制作工具或者其他地理信息服务软件发布专题数据服务。数字海洋管理中心通过其维护管理的数字海洋平台注册中心，将行业部门发布的数据和服务集中注册，实现与各类异构地理信息平台发布的OGC（Open Geospatial Consortium，开放地理空间信息联盟）标准服务进行服务聚合，以统一目录的形式对外发布，政府部门、社会公众和企事业单位可以直接调用聚合后的海洋信息服务，也可以将本地的海洋专题数据叠加到基础地理底图上进行业务分析。这样，各类用户不需要关心海洋信息服务的来源，就可以在线进行海洋信息应用分析，最大程度地减少行业部门海洋GIS应用系统的重复建设。

（3）信息和服务交换模式

青岛数字海洋平台应按照能与国际接轨的标准进行建设与运营，信息和服务要按照地理信息分类编码标准、共享应用框架数据标准、OGC服务标准等测绘、海洋及互联网领域的相关标准构建，在此基础上实现数据和服务的交换和共享。通过数据交换订单，实现海洋行业部门对数字海洋数据平台中的数据的申请、审核、批准管理；利用数据交换功能实现海洋数据在平台主节点和用户分节点之间的传递和运输；通过交换日志管理，可以对交换数据实现备份、删除等操作。

2.3.3 数字海洋平台性能优化策略

数字海洋平台的性能优化策略包括平台的快速响应策略、平台的并发操作性能优化策略和平台的稳定性和可靠性策略等。数字海洋平台性能的优化策略包括很多方面，可以随着平台的建设逐步完善。下面简单介绍几种。

① 采用时空一体化编码和多级索引的高效空间数据索引技术、自适应调度技术和多尺度渐进式传输方法，实现海洋信息特别是图形图像信息的快速服务响应策略。

② 采用基于服务器缓存的地图服务策略，使用灵活多样的缓存存取技术，辅以高性能的应用服务器，动态地改进客户端用来显示复杂的地图所花

费的时间。

③ 运用异步处理方式处理耗时耗资源的任务或计算，缩短任务的响应时间；把大型任务进行分解，利用并行计算和多线程方法加快任务处理速度，提高服务响应速度。

④ 通过对平台系统的网络结构、功能结构和服务流程的分析和优化，采用先进的算法、虚拟机技术和硬件措施对服务器集群进行负载均衡处理，以提高平台系统的多用户并发操作策略。

⑤ 采用优化的软件结构、冗余的硬件设计、详细的运行日志记录，保证平台系统具有高稳定性和可靠性。

2.4 数字海洋硬件和软件体系

2.4.1 硬件体系

（1）硬件构成

青岛市数字海洋平台硬件设施的配置要符合平台的业务需求，要具有高性能、高可靠性，在满足以上要求的情况下考虑高性价比。服务器集群系统的峰值并发用户数达到100个，服务响应时间优于15秒。青岛市数字海洋平台初期建设的硬件设备包括服务器、图形工作站、存储器、交换机、安全设备等，拟配置6台服务器、1台图形工作站、2台磁盘阵列、2台光纤交换机、1台安全维护设备。6台服务器包括1台Web服务器、2台数据服务器、2台应用服务器、1台备份服务器。根据业务的扩展可以增加服务器和存储设备。其他硬件设备如大型显示屏、大幅面绘图仪、打印机、扫描仪、图像采集设备等，将在数字海洋建设实施时根据需要购置。数字海洋主要硬件设备型号、价格、性能如表2.1所示。数字海洋平台实施时可根据需要参照表格中的信息购置。

表2.1 主要硬件设备价格性能

名称	型号	价格（万元）	性能
服务器	IBM System x3650 M3（7945I01）	1.65	配备至强5600系列处理器，性能强大成本低廉，拥有双路IBM System x3650 M3服务器，支持虚拟化应用，能扩展至16个硬盘托架和192GB内存，能满足不断增长的业务应用和快速数据吞吐的需要
服务器	HP ProLiant DL360 G7	1.45	配备至强E5606处理器，集成1个HP Smart Array P410i智能阵列控制器，具有强大的远程控制性能，可提供类似现场技术支持的效果，可在内存和硬盘上进行扩展，满足虚拟化等苛刻的应用需要
服务器	DELL PowerEdge R410	1.49	支持双插槽扩展，标配主频为2.13 GHz的至强E5506处理器。搭配Intel 5500主板芯片组，保障整机性能的高可靠性和连续性，内存标配16GB ECC DDR3，通过内置的8个内存插槽可以实现最高128GB内存扩展
图形工作站台	HP Z600（Xeon E5520）	2.1	处理器为Intel Xeon E5520，主频2.26 GHz，缓存为8MB，CPU核心为Gainestown（四核心）；内存类型为DDR3 SDRAM，最大内存支持192 GB；硬盘类型为SATA II
图形工作站台	DELL Precision T3500（S620231CN）	0.9	CPU为Intel至强四核W3503，主频2.4 GHz，CPU二级缓存为1MB；内存类型为1066MHz ECC双通道DDR3 SDRAM；硬盘类型为7 200转SATA硬盘，容量为250 GB；显卡类型为nVIDIA Quadro NVS 290，显存容量达256 MB
磁盘阵列	DELL Power Vault MD3200	2.5	平均传输率6 GB/s；硬盘转速15 000 rpm；高速缓存2 GB；单机磁盘数量12个；存储采用MD1200/MD1220扩展盘柜，最多可配置96个硬盘
磁盘阵列	IBM System Storage DS3500	2.65	平均传输率6 GB/s；硬盘转速7 200 rpm；高速缓存1 GB（可扩至2 GB）单机磁盘数量：24个

（续表）

名称	型号	价格（万元）	性能
磁盘阵列	IBM System Storage DS3512	3.5	平均传输率6 Gbps；高速缓存每个控制器1 GB缓存，可升级至2 GB（电池供电）；单机磁盘数量12个
光纤交换机	Netcore NSW1824CF	0.23	应用层级二层；传输速率10/100/1 000 Mbps；交换方式存储—转发；背板带宽48 Gbps；端口数量24个；传输模式全双工/半双工自适应；网络标准支持IEEE 802.3、IEEE 802.3u、IEEE 802.3ab、IEEE 802.3x、VLAN、Port-based VLAN、IEEE 802.1Q VLAN
光纤交换机	Netcore NSW1924F	0.79	应用层级二层；传输速率10/100/1 000 Mbps；交换方式存储—转发；背板带宽68 Gbps；端口数量24个；传输模式全双工/半双工自适应；网络标准支持IEEE 802.3、IEEE 802.3u、IEEE 802.3ab、ANSI/IEEE 802.3x、VLAN、PORT VLAN、TAG VLAN
	HP ProCurve 8116fl（J8728A）	31	传输速率10/100/1 000/10 000 Mbps；交换方式存储—转发；背板带宽320 Gbps；端口结构模块化；扩展模块16个可用的模块插槽；传输模式支持全双工；网络标准支持IEEE 802.3、IEEE 802.3u、IEEE 802.3ab、VLAN

（2）硬件体系

数字海洋硬件体系结构如图2.25所示。服务器通过HBA（Host Bus Adapter）双路连接光纤交换机，进而和磁盘阵列相连，实现数据的调用和功能的响应。数据服务器和应用服务器均采用服务器集群方案和负载均衡策略，实现海量空间数据并发处理、管理和服务发布。备份服务器作为冗余提供负载均衡和灾难情况下的服务快速迁移。因为平台涉及大量图形图像的处理，所以采用图形工作站优化应用服务的功能。光纤交换机可以满足数据的高速传输及备份性能的需求，实现服务器与存储资源的整合。存储设备采用磁盘阵列，以SAN（Storage Area Network，存储区域网络）模式部署，建立独立数据存储区

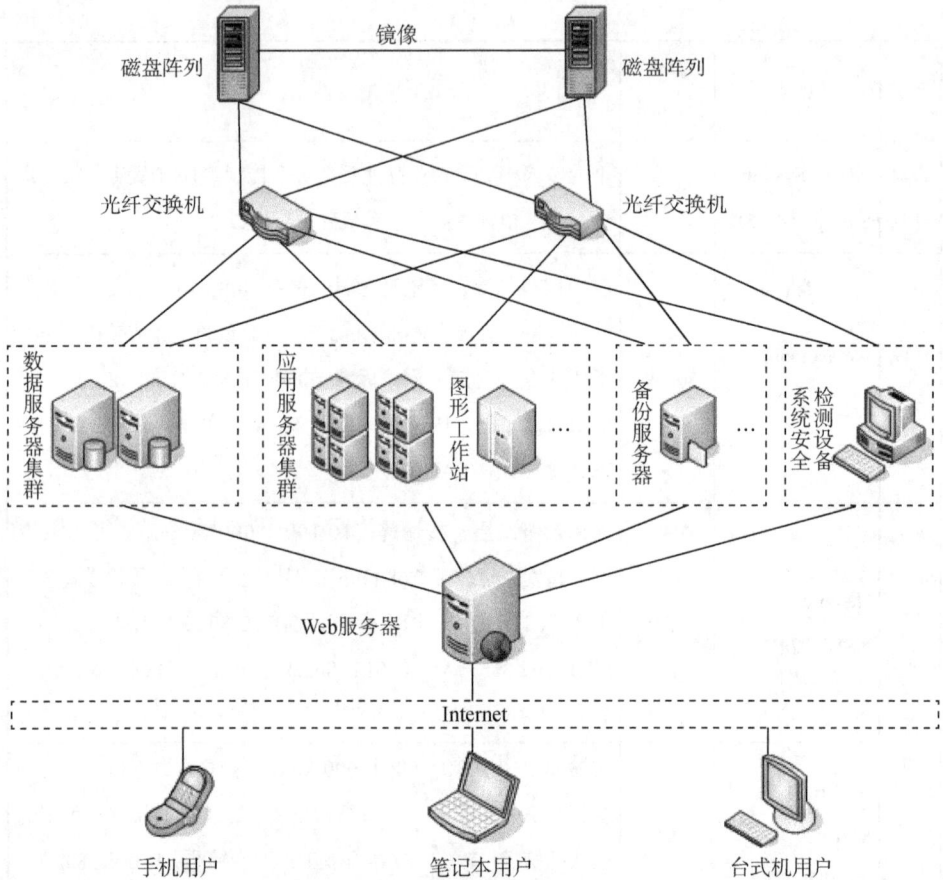

图2.25　数字海洋平台硬件体系结构

域，实现海量数据的存储管理和在线集成优化管理。同时，构建异地存储备份系统，在异地存储主要海洋基础地理数据和应用系统的拷贝，防止意外事件导致数据和应用系统的崩溃。2台磁盘阵列互为镜像、2台光纤交换机互为备份，从硬件机制上保证数据安全。安全设备实现全系统安全保密策略的统一配置、管理，采用1台主机实现系统的漏洞扫描和入侵检测功能，满足整个硬件系统安全稳定运行的需要。

（3）工作原理

Web服务器接收到客户端的服务请求后，根据服务的分类进行处理，如果是数据服务请求则把任务提交给数据服务器，数据服务器通过光纤交换机从磁盘阵列中获取数据，处理后把结果反馈给Web服务器，通过Web服务器对请求做出响应；如果是功能服务请求则把任务提交给应用服务器，应用服务器直接通过光纤交换机从磁盘阵列获取数据或者通过数据服务器获取数据服务，经过应用处理后把结果反馈给Web服务器，通过Web服务器对请求做出响应。

2.4.2 软件配置

数字海洋的软件配置包括操作系统软件、基础软件、专业平台软件、应用软件、安全维护软件。软件之间的层次结构如图2.26所示。

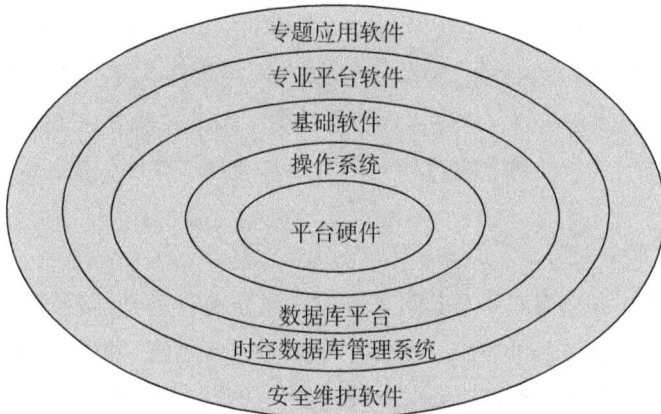

图2.26 数字海洋软件层次

操作系统软件包括服务器、工作站等的操作系统。服务器操作系统主要有Windows、NETWARE、Unix、LINUX，常用的Windows服务器操作系统有Windows Server 2003、Windows Server 2008，可以结合服务器的硬件配置选择。图形工作站主要有基于Unix/RISC的传统Unix工作站，基于Windows/Intel架构的新型NT工作站。

基础软件指网络服务软件、数据库系统、程序语言环境、图像处理软件、办公软件等。网络服务软件，采用Windows IIS；数据库平台应具有管理海量空间数据、专题数据的能力，运行稳定安全可靠，采用Oracle 10g；程序语言可以选用Net和Java等。

专业平台软件包括GIS平台软件、专业数据库管理系统、专业三维可视化软件等。主流的GIS平台软件有三种，ArcGIS、MapGIS、SuperMap，基于功能齐全和平台稳定性考虑选择美国ESRI（Environmental Systems Research Institute）公司的ArcGIS作为开发平台。数据库管理系统应具有管理业务数据的能力，能支持并发访问，运行稳定安全可靠，具备管理较大量数据的能力，为实现数据的实时动态更新并减少冗余，需采用时空数据库管理系统。三维可视化软件应具有支持多种三维数据格式以及放大、缩小、漫游、旋转、增删、量测、统计、通视、淹没和地形平整等功能，还应具有二/三维一体化管理、自动化建模、灵活场景裁切等功能。

专题应用软件需要在数字海洋平台建设过程中基于专业平台软件，根据功能需要研发形成。数字海洋平台采用SOA（Service-Oriented Architecture，面向服务的架构）和Service GIS技术搭建平台服务和应用软件系统，将系统功能封装成符合OGC标准的规范接口，构建面向服务的数字海洋共享平台软件体系结构。

安全维护软件包括防火墙、漏洞扫描和入侵检测软件、系统维护工具等。

2.4.3 网络环境

根据青岛市数字海洋平台建设的需求，结合海洋基础地理数据和专题数据的规模，考虑网络技术的发展现状和未来趋势，规划数字海洋的网络环境包括公众网和专题业务网，通过Internet网和政务专网两个不同入口，在统一的门户网站实现。网络结构如图2.27所示。

数字海洋公众网通过数字海洋门户网站向社会公众、企事业单位、政府部门等各类用户提供海洋基础地理信息相关的数据、地图和分析应用服务；用户可以通过普通的互联网访问门户网站，获取相关服务。数字海洋专题业务网通过数字海洋门户网站的专题业务网入口向海洋相关行业部门、政府海洋管理部门、海洋领域科研院所提供专题海洋信息的数据交换、服务聚合、专题分析、业务功能分发、应用二次开发等服务；各专业用户可以通过政务网获取、上传数据和服务，实现基于政务网的海洋专题信息交换和共享、专题功能的互操作以及专题应用系统的搭建等。

数字海洋网络环境的构建应充分利用青岛市现有网络的基础，包括政务网和行业部门内部的局域网等。数字海洋平台的基础海洋数据和平台运行由数字

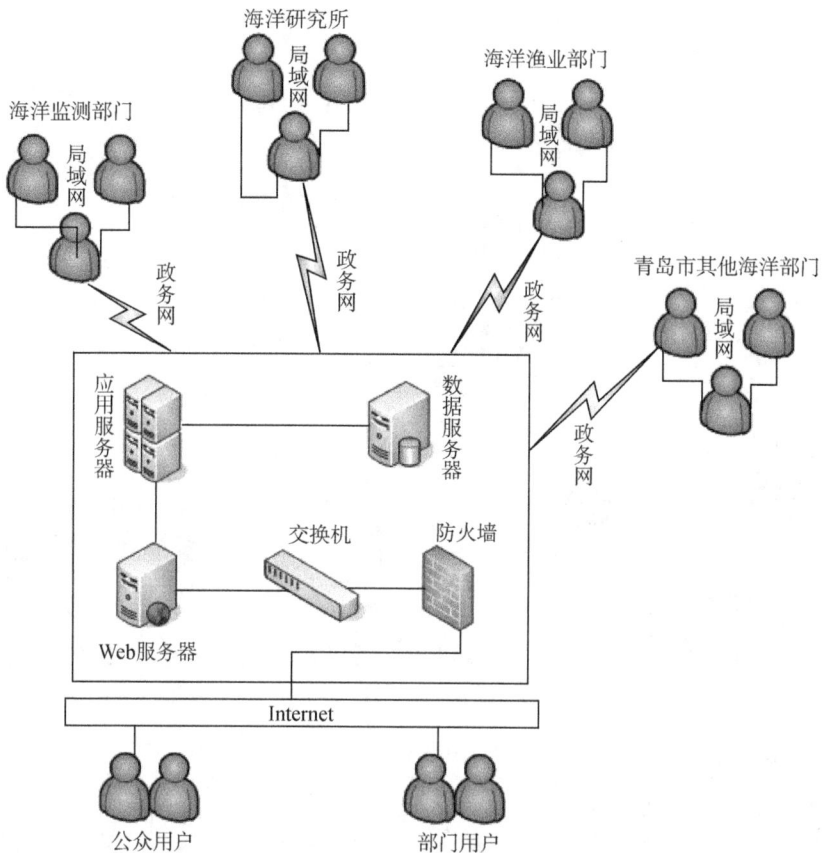

图2.27 数字海洋平台网络体系结构

海洋管理中心集中管理，所以应根据实际需要对数字海洋管理中心的局域网设备重新购置或升级改造，配置网络安全设施，如网关、网卡、防火墙等，以达到网络系统的优化，实现海洋空间数据库、共享交换与分发服务软件系统运行的最佳效果。

着眼于长远规划，数字海洋平台的网络结构要具有可扩展性，向下要能容纳低一级别的子节点，向上要能和高一级别的节点对接。青岛市数字海洋的网络环境按照标准构建，软硬件留有扩展空间，作为主节点横向上可以和青岛市的数字城市、电子政务网等其他行业平台互联；纵向上向下可以集成青岛各县市区的海洋信息平台，向上可以接入山东省蓝色经济区相关系统以及国家级数字海洋平台节点。数字海洋平台的网络环境和其他网络节点的关系如图2.28所示。

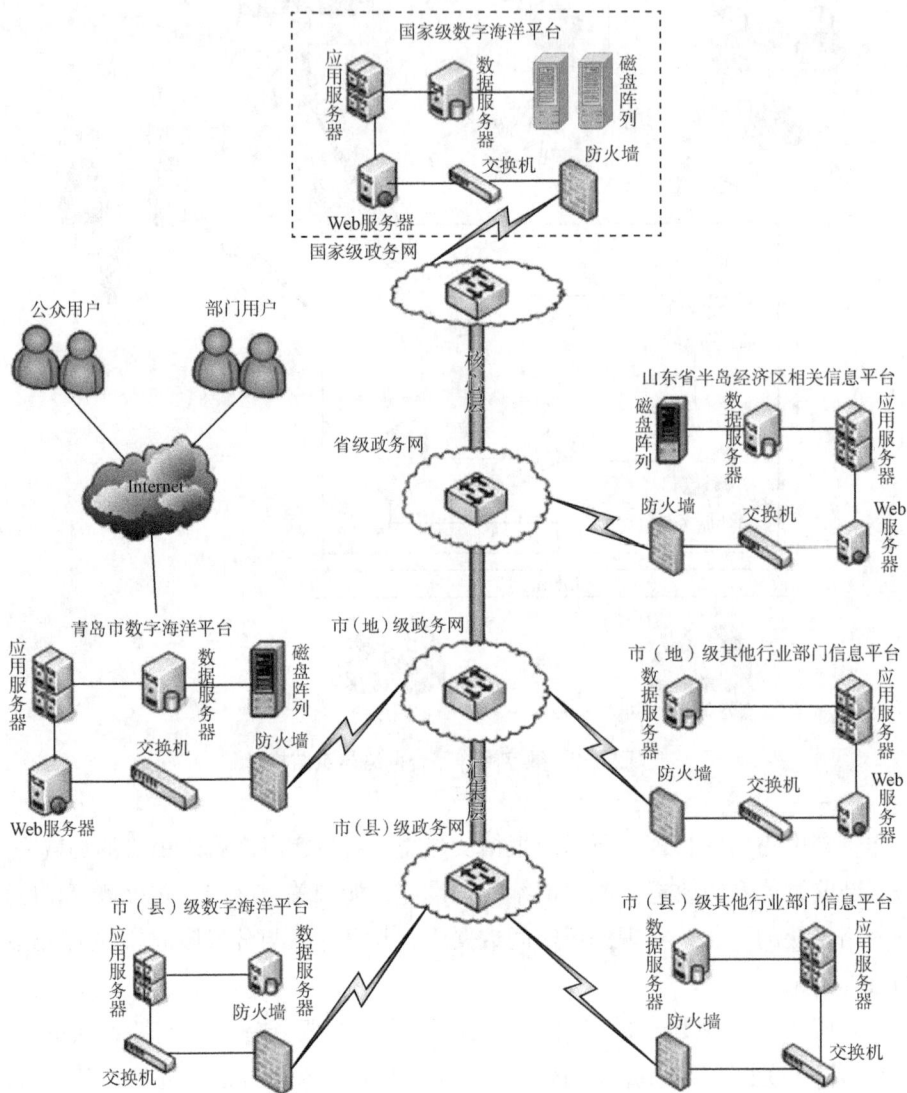

图2.28　青岛数字海洋平台纵横向网络关系

2.4.4 支撑环境建设

建立数字海洋平台的建设、运行、维护等相关的支撑环境，是青岛市数字海洋平台顺利实施、应用和成果推广的保障。建议成立以政府相关部门为主导的数字海洋组织协调机构，成立专门的数字海洋平台运行维护机构，全面支撑青岛市数字海洋平台工作的开展，如成立"数字海洋技术管理中心"，可设在青岛市勘察测绘院下。数字海洋支撑环境建设包括数字海洋关键技术、数字海洋组织协调机构、数字海洋运行机制、数字海洋共享与更新机制，以及数字海洋管理规定、数字海洋技术标准和规范等一系列软件体系建设。

数字海洋平台相关标准规范包括数据标准规范、服务标准规范、应用标准规范、其他技术规范与管理规范等。在参照和执行国际标准、国家标准、行业标准、地方标准等相关标准规范的前提下，采用直接引用和自行制定相结合的方法，为青岛市数字海洋建设提供一套符合海洋相关行业惯例和青岛市实际情况、满足数据和信息共享需求的技术标准、技术规范、运行机制以及相关管理规范等，用以保障数字海洋平台的顺利建设和共享环境的形成。

2.5 数字海洋数据平台

2.5.1 平台数据体系

数字海洋数据平台的数据采用"分建共享，联动更新"机制，以动态分布式存储与管理模式进行部署，数字海洋管理中心依据统一的数据标准和规范开展市（地）级数字海洋平台数据层建设、管理、维护和更新，海洋相关行业部门依据国家和行业标准负责本部门共享专题数据的管理、更新和维护。充分利用测绘部门、政府主管部门、各海洋行业部门、市（县）级信息平台等的数据资料，按照统一的数据标准，建设多尺度、多时相、多源的数字海洋平台数据库。所有数据资源在逻辑上规范一致，物理上分布存储，通过网络互联互通、协同共享。

数字海洋平台数据体系包含四个层次，其结构层次如图2.3所示。

（1）基础数据层

基础数据层是按数据获取手段组织数据，包括海洋基础地理数据、海洋遥感数据、台站数据、BT（Bit Torrent）数据、Argo数据等。采用不同的手段获取的海洋数据以及已有的海洋数据都具有不同格式，主要包括二进制文件、文本文件、影像数据、XML（Extensible Markup Language，可扩展标记语言）数据等，这些数据经过坐标统一、标准化处理转换为基础数据层中的数据。基础数据层还包括基础元数据，用于描述基础层海洋数据的内容、结构和访问方式等。

（2）集成数据层

集成数据层是按要素类别组织数据，包括海洋温度数据、海洋盐度数据、海洋密度数据、海底地形数据和集成元数据等。集成层保存了经过清洗、转换等处理后的基础数据，为高层的数据分析和决策提供了数据支持。元数据的使用能够在一定程度上消除数据资源之间的语义独立性和异构性，实现数据资源的整合和交换。

（3）专题数据层

专题数据层是按照应用主题组织数据，包括海域专题数据、海岛专题数据、海洋灾害专题数据、海洋环境专题数据以及专题数据元数据。海洋专题信息数据库是在海洋基础数据库和行业部门业务数据的基础上，按统一标准通过抽取、扩充和重组等加工过程和综合分析、融合处理等技术手段，面向实际应用需求建立的若干专题数据库。专题数据有两种来源，一种来源于海洋行业部门的业务数据，一种来源于基础数据的二次处理。

（4）产品数据层

产品数据层是以上三个层次数据在服务和应用过程中生成的数据产品。产品数据以扩展图层的形式提供服务，包括地理实体数据、影像数据、地图数据、三维景观数据等。地理实体数据是在数字线划图数据的基础上经过面向对象的数据重组和模型重构形成的，可挂接社会经济和自然信息的数据。三维景观数据是在影像数据、数字高程模型数据集成的基础上，扩充政府、企业和公众的兴趣信息形成，以直观形式满足政府部门、企事业单位和社会公众对地理信息的一般性需求。针对数据下载服务的产品数据可以是以上各层的数据库数据或其子集数据，如基础层的基础地理数据、集成层的海底地形数据等，相对于数据下载服务而言，它们也属于数据产品。

2.5.2 平台数据库模型

（1）版本–增量动态数据库模型

海洋现象的动态性决定海洋数据具有动态性和时空过程性特点，所以数字海洋数据平台采用时空数据库模型进行相关数据库的构建。时空数据库模型可以在保存海洋相关历史数据的同时尽可能地减少数据存储冗余。常见的时空数据模型有时空立方模型、基态修正模型等，其中基于版本–增量的动态数据库模型相比其他时空数据模型更完善和实用，其概念模型和逻辑模型如图2.29所示。

版本–增量数据模型的存储模式是按事先设定的时间间隔采样，只储存某个时间的数据状态（称版本）和相对于状态的变化量（称增量）。每个时空对象只需储存一次，变化一次，只有很小的数据量需记录；同时，只有在事件发生或对象发生变化时才存入系统中，时态分辨率刻度值与事件发生的时刻完全对应。版本–增量的存储模式需先确定数据库的版本，即地理信息在初始时刻

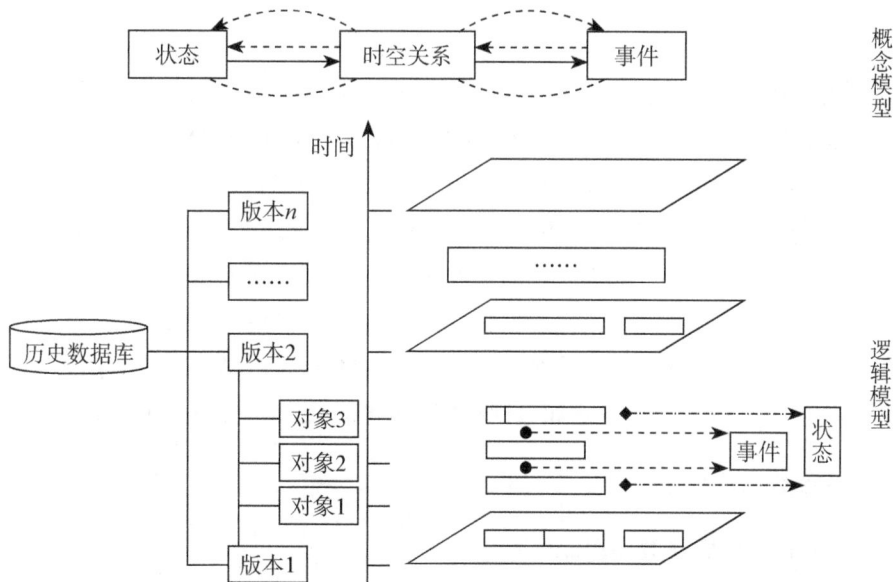

图2.29 版本–增量数据模型

的快照，然后描述数据的变化并作为动态数据库初始版本的增量。对象的变化在动态数据库中以增量形式表现和保存，出现的空间对象在数据库中增加一条记录，并将出现的时间作为生命周期的起点；对于消亡的空间对象，更新其生命周期的止点；在更替变化中，将更替作为出现与消亡的复合变化。

（2）基于Oracle的动态数据库管理系统

数字海洋的数据库管理系统可以采用成熟的动态数据库管理系统，也可以由建库单位在版本-增量数据模型基础上采用Oracle数据库平台自行研发。动态数据库管理系统是动态数据库系统的一个重要组成部分。主要功能包括以下几个方面：① 数据定义功能，DBMS（Database Management System，数据库管理系统）提供数据定义语言（DDL，Data Definition Language），用于创建、删除和修改数据库中表的定义；② 数据操纵功能，DBMS提供数据操纵语言（DML，Data Manipulation Language），用于查询、插入、删除、修改DDL中定义好的表中数据；③ 数据库的运行管理，数据库在建立、运行和维护时，由DBMS统一管理、控制，以保证数据安全性、完整性、多用户对数据的并发使用及发生故障后的系统恢复；④ 数据库的建立和维护，包括数据库初始数据的输入、转换功能，数据库的存储、恢复功能，数据库的重组织功能和性能监视、分析功能等。

（3）动态数据库引擎

动态数据库引擎是处于动态数据库管理系统与应用之间的中间件，以扩展Oracle数据库的功能实现对空间数据的管理。基于Oracle Spatial采用 ADO（Active Data Object）方式进行二次开发，建立动态数据库引擎，具有所有的时空操作功能，包括数据分区操作、数据库关联操作、数据库索引操作以及数据操作基本功能。DSDE（Data Storage and Data Engineering，数据存储与数据工程）通过系统的三个主要部分来分配其工作量：RDBMS（Relational Database Management System）服务器，DSDE服务器和DSDE客户端。每一部分都优化地去执行特定任务，如数据存储或分析。其结构如图2.30所示。

2.5.3 平台数据库构建

（1）海洋数据获取和建库

青岛数字海洋数据库建设分为以下几步：① 数据的获取和整合。从青岛市

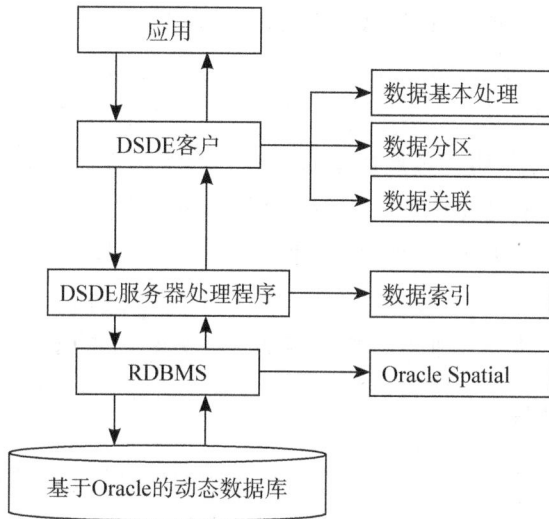

图2.30 时空数据库引擎

基础地理信息中心、政府相关部门获取相关基础地理信息数据，从海洋监测中心、海洋分局、海洋研究所等海洋相关部门获取海洋专题数据，并对数据进行整合。在数字海洋关键技术支撑下，采用先进的海洋数据获取方法补充数字海洋缺少的数据。② 数据转换和集成。采用统一坐标基准和数据标准，对数据进行坐标变换、格式转换、数据匹配、数据集成处理，得到标准的多源多尺度集成数据集。③ 数据的分类和入库。按照科学的标准对海洋数据进行分类，在分类的基础上进行海洋数据入库。④ 数据的补充和实时更新。建立长效的更新机制，利用海洋测绘数据源、海洋行业部门业务数据源，采用数据库动态关联、协同更新的方法对平台数据库进行补充和实时更新。

（2）海洋数据库的类型

数字海洋平台的数据集分为两类：海洋基础地理数据库和海洋专题数据库。海洋基础地理数据库包括海域基本比例尺地形图系列（叠加海图信息）、海域基本比例尺4D数据（DLG，Digital Line Graphic；DRG，Digital Raster Graphic；DEM，Digital Elevation Model；DOM，Digital Orthophoto Map）、海岸带数据库等。海洋专题数据库包括海洋资源数据库、海洋环境数据库、海洋经济数据库、海洋权益数据库、海洋管理信息数据库等。每一种专题数据库包括不同子数据，例如海洋环境数据库又可以分为海洋水文、海洋气象、海洋物理、海洋化学、海洋生物、海洋地质、海底地形和海洋地球物理等8类数据库。常用的海洋数据库包括：海洋基础地理信息数据库、海域规划数据库、海洋环境数据库、海洋功能区划数据库、海洋灾害数据库、海域遥感监测数据库、海域使用监察执法数据库、海域行政区划数据库、海岛（礁）保护与利用数据库、海洋管理法规数据库、海岸带数据库、三维模型数据库、海洋工程算法数据库、历史数据库、元数据库。在数字海洋建设初期，可以根据现有的数据类型和数据量以及平台业务功能的需要，建立其中的几种数据库。

2.5.4 数据保密处理

按国家相关规定和强制标准，公益性地图网站的数据内容应符合《公开地图内容表示若干规定》和《导航电子地图安全处理技术基本要求》规定，在数据发布前，必须进行空间位置技术处理。空间位置技术处理必须由国家测绘局指定的专门机构进行。所以数字海洋平台的数据在对外发布前要按照要求和规范进行数据安全相关的处理。

2.6 数字海洋基础服务平台

数字海洋基础服务平台应采用SOA（Service-Oriented Architecture，面向服务的体系结构）和Service GIS架构进行设计，实现一种松散耦合的异构式服务集成环境，海洋数据和服务功能封装成符合OGC标准规范接口，构建面向服务的数据共享和功能互操作的统一平台框架体系。在此平台中服务提供方、管理方和使用方融为一体，采用基于统一注册和分级授权的服务组织模式与运行管理机制，不同应用可以通过调用应用接口使用平台提供的海洋信息服务，实现海洋地理信息和服务功能的跨部门、跨地区的分布式共享和交换及专业应用开发。

数字海洋基础信息服务平台属于"一站式"服务平台，普通用户可以直接访问平台门户网站实现海洋信息的在线调用和分析；海洋专业用户可以通过快速组装或二次开发接口实现平台地理信息与其海洋业务信息的分布式集成，并进行图形浏览、查询检索、数据共享和应用分析等在线应用，也可利用这些接口构建相关业务应用系统。数字海洋基础服务平台通过其门户网站，面向政府、企业和公众三类用户提供海洋信息相关服务，包括系统管理功能、系统服务功能和系统应用服务接口。其服务功能结构如图2.31所示。

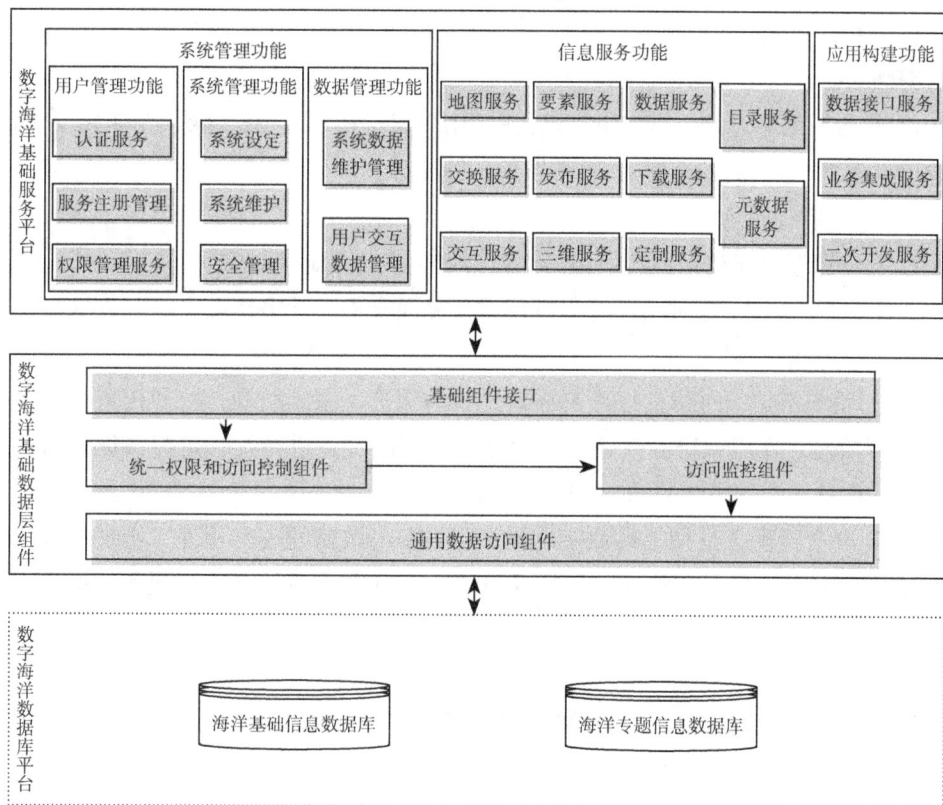

图2.31　基础服务平台功能结构

2.6.1 系统管理功能

数字海洋基础服务平台的系统管理功能包括三类。

（1）用户管理

用户管理功能由平台注册中心完成，包括认证服务、注册管理、权限管理等功能。

① 认证服务，是通过认证服务接口的调用对用户使用各项服务的资格进行验证，确认用户可否取得授权调用相关服务。账号认证服务用于管理门户网站的用户信息，提供用户注册、登录、注销、资料修改等服务。

② 服务注册管理，是通过提供对第三方服务的注册管理服务功能，支持服务的注册、查询、聚合和链接，如服务元数据采集、有效性检查、服务注册、查询、自动更新、服务状态监测、同类型服务聚合以及在线服务运行情况的统计分析等。

③ 权限管理服务，是对账号认证的用户提供权限定义\删除、角色定义\删除、账号授权\去权、设置\取消账号角色等服务。

（2）系统管理

系统管理功能包括系统设定、系统维护、安全管理等功能。

① 系统设定，是对系统的运行模式、界面布局、网络链接、交互方式等进行设定，以满足不同用户的需求。

② 系统维护，是指提供用户注册、日志管理、系统监控、服务配置、事件管理等功能，保障系统高效运行，对系统平台的服务进行实时监控，记录运行的关键信息，对突发事件进行报警处理。

③ 安全管理，是指提供数字海洋平台设备与策略的安全管理，实现安全策略的统一配置、分发和管理，包括身份验证、日志管理、事务管理和数据备份等功能。

（3）数据管理

系统数据管理功能包括系统数据维护管理和用户交互数据管理等功能。

① 系统数据维护管理，是在数据平台提供的数据管理基础组件的基础上，负责海洋数据的面向应用的高级管理功能。

② 用户交互数据管理，是指对用户在交互过程中对系统地图或数据进行纠错或编辑产生的数据、通过上传图片或文本产生的数据进行管理的功能。

2.6.2 信息服务功能

数字海洋基础服务平台提供的信息服务功能是整个平台的核心功能，包括地图服务、要素服务、数据服务、三维信息服务、定制服务、元数据服务、目录服务、数据发布服务、下载服务、交换服务、交互服务等。

（1）地图服务

地图服务提供地图浏览、定位、量测、属性查询、标注、统计、空间分析以及专题地图等功能，为用户提供在线的、实时的地图服务。公共服务平台中网络地图服务数据来源可分为两类：一类是存储在数据平台数据库中的原始海洋数据；另一类是原始数据通过数据管理工具处理后，存储在栅格数据分块发布库中的金字塔分级分块形式的影像数据。

（2）要素服务

基础服务平台中网络要素服务数据来源于存储在数据平台数据库中的矢量数据，要素服务可根据属性或范围进行数据检索，将数据查询结果以GML（Geography Markup Language，地理标记语言）的方式返回给客户。

（3）数据服务

基于HTTP（Hyper Text Transfer Protocol）协议，在海洋基础数据库基础上，提供网络环境下的海量地形数据、影像数据、三维模型数据服务。

（4）三维信息服务

数字海洋基础服务平台提供的三维信息服务，侧重于多源、多尺度海洋信息的三维浏览和查询功能。其主要形式是三维地图服务，三维地图服务以分块栅格服务和分块要素服务为基础，通过三维地图服务发布包的发布和部署，为服务客户提供海洋信息的三维浏览、查询功能。三维地图使用分块栅格服务进行影像瓦片库和地形瓦片库的发布。使用分块要素服务进行模型瓦片库的发布，用户通过标准的Web Service接口访问应用服务器上的分块栅格服务和分块要素服务，实现三维地形、景观和模型的获取。

（5）定制服务

根据用户在线提出的个性化、非标准的服务申请，通过整理、加工、提取、分析等技术过程，形成结果并反馈的过程与功能。定制服务为非专业用户提供了快速搭建海洋GIS业务系统的工具，包括系统定制、数据定制和风格定制等模块。用户可以定制业务系统的功能模块，可以定制业务系统使用的数据，也可以定制服务的显示风格。

（6）元数据服务

通过提供元数据注册，按标题、摘要、关键词、全文、空间范围、时间范围、数据类型等方式的元数据查询以及元数据下载、元数据在线编辑、数据的图形预览等功能，方便用户准确、全面地了解数据集情况。

（7）目录服务

目录是基于元数据面向不同类型需要自动生成的树形结构信息，用于展现信息资源之间的相互关系。目录服务提供了网络发布、发现海洋数据和海洋服务元数据的功能，将数据与服务的元数据注册到目录服务中以方便管理和查询。OGC CSW（Open Geospatial Consortium Channel Status Word）是行业公认的、开放的标准在线目录服务接口，它提供了用于发布与访问地理空间数据、服务以及相关资源信息的元数据的网络目录服务接口。OGC CSW服务访问接口支持HTTP协议，在服务平台的客户端和服务端之间就是采取标准HTTP协议的"请求—响应"机制进行交互的。

（8）数据发布服务

数据发布服务通过提供专题数据的发布服务功能，以支持海洋行业部门将可共享的专题信息以规定的形式在海洋基础服务平台上发布为共享数据，供其他用户访问调用。将海洋基础信息或专题信息以统一的标准格式基于HTTP协议上传到基础服务平台的数据临时交换区中，系统管理员的发布审批后，系统将数据存储到数据交换区中，并将共享数据服务信息发布到公共服务平台的门户网站中，以供其他用户共享。

（9）下载服务

下载服务使用标准的Web Service服务，服务接收到数据下载请求后，首先进行下载权限审核。审核通过后，将存放于公共服务平台的数据交换区中的相关数据进行相应的格式转换或投影变换，将数据转换为用户指定格式的数据。数据转换完成后即传递数据给用户。

（10）交换服务

交换服务实现数据和服务在不同部门、不同节点间的交换，支持集中交换和分布式交换模式，支持文件交换、目录交换。服务交换，在各级平台上注册其他平台发布的服务，使得注册服务平台支撑的系统可以调用其他平台发布的服务。行业数据交换，是指在各级平台之间交换各类行业的专题数据，将行业数据交换到本辖区节点进行发布和使用。交换管理系统是实现面向服务的产品数据和专题数据的集中管理以及相互之间交换的软件，具备目录与元数据注册、数据连接、数据发送、数据接收和数据同步等交换功能。

（11）交互服务

交互服务实现平台用户和系统之间动态交互功能，包括数据或地图纠错、图片上传等功能。纠错功能是指修改、移动、插入、删除空间目标等图形编辑，也包括对数据库中的数据进行修改、编辑和补充。有权限的用户可以通过交互功能进行纠错或图片上传等操作。

2.6.3 应用构建功能

应用服务构建功能包括接口服务、业务集成服务、二次开发服务。

（1）数据接口服务

通过提供标准数据接口服务，如网络地图服务、网络要素服务、网络覆盖服务以及网络坐标转换服务等，便捷用户分布式数据在线调用，以便在其上叠加用户的专业应用。

（2）业务集成服务

海洋相关行业用户可以通过快速组装或二次开发实现平台地理信息与其自身业务信息的分布式集成，并进行图形浏览、查询检索、数据共享和应用分析等在线应用。用户可以将定制好的业务系统源代码打包下载到本地，集成自己的业务就可以快速搭建本部门基于海洋业务系统。

（3）二次开发服务

数字海洋基础服务平台能够提供基于标准的XML语句和WSDL（Web Services Description Language，网络服务描述语言）描述文件的二次开发标准接口，用于支持海洋行业部门用户在基础服务平台已有服务基础上扩展功能，进行专题应用系统的开发。

此外，为了满足用户方便快捷地建立自己的基本地理信息业务应用系统，平台提供快速搭建WebGIS的业务应用定制功能。同时，还提供JavaScript API、客户端二次开发包等，以满足不同的开发用户群需要。

2.7 数字海洋应用系统

数字海洋应用层是面向各级政府、专业部门和社会公众等不同应用层面，利用数字海洋数据平台提供的数据、数字海洋基础服务平台提供的服务和接口所构建的专题应用系统集及运行环境。

2.7.1 数字海洋应用系统体系

数字海洋平台以门户网站和服务接口两种形式为不同用户提供海洋基础信息服务，数字海洋基础服务平台的主要功能在门户网站中集中展示，包括用户管理、系统管理、地图服务、目录服务、数据服务等。门户网站是用户登录、访问数据和调用服务的唯一入口，服务接口相关内容放在门户网站的用户指南栏目中，供用户参照使用。

（1）青岛市数字海洋门户网站

数字海洋平台通过门户网站实现"一站式"服务，普通用户通过门户网站，可以接入互联网方便地实现各级、各类海洋基础信息数据的二三维浏览、要素服务等基础服务平台提供的各种服务；行业用户通过门户网站可以接入专题业务网，根据权限设定进行目录服务、专题数据下载、专题业务集成等海洋专题信息服务。门户网站的建设按照主流网站开发方案，考虑其兼容性、扩展性和开放性。门户网站基于通用浏览器采用SOA架构进行构建，以Web Service的方式提供服务，所有的服务功能都具有明确的可调用接口，具有标准、通用、松耦合和重用性好等特点。

（2）海洋专题应用系统

海洋专题应用系统的构建需要利用数字海洋基础服务平台提供的二次开发接口实现。海洋行业部门经过授权，可以参照门户网站提供的二次开发相关内容，利用数据接口调用平台相关资源，并将其嵌入应用系统中；也可以利用标准API（Application Programming Interface，应用程序编程接口）搭建新的海洋专题应用系统。海洋专题应用系统构建方法包括以下三个方面。

① OGC数据调用。将发布的数据以OGC标准接口（主要以WMS，Warehouse Management System；WFS，Web Feature Service）的方式进行在线发布，提供数据服务调用示例代码，供给开发人员进行数据调用方式的开发。

② 功能接口。在数据服务的基础上，提供平台功能服务接口，以WebService、Serverlet、WPS等接口方式对外进行发布和介绍，可以用于C/S结构和B/S结构的调用。

③ API接口。面向通用的语言环境，向海洋行业用户提供地图功能和业务功能API（Application Programming Interface，应用程序编程接口），供行业用户基于平台提供的函数类库和功能组件，构建海洋专题应用系统。平台应提供接口使用API文档、API示例、类参考等，供开发人员基于这些示例代码来完成业务系统的搭建。

2.7.2 数字海洋应用系统类型

海洋专题应用系统的类别很多，如表2.2所示，各海洋行业部门可根据具体业务特点和实际需求，构建相应的专题应用系统。

表2.2　海洋专题应用系统类型及内容

专题系统	子系统	内容
海域管理信息系统	海洋功能区划管理	功能区划GIS辅助划分 功能区划评估定级
	海域使用管理	海域使用管理工作流模块 海域使用申请审批业务管理 海洋开发资质申报管理
	海底电缆管道管理	提供海底电缆管道的综合管理
	海岛（礁）管理	海岛（礁）法律法规信息查询 海岛（礁）自然资源环境信息查询 海岛（礁）经济资源信息查询
	海岸带管理	海岸带环境信息的查询与可视化 海岸带经济资源类信息的查询与可视化统计分析 港口的布局、腹地范围与辐射影响分析 典型河口与海湾生态环境评价 海岸线修测管理

（续表）

专题系统	子系统	内容
海洋资源环境保护信息系统	海洋环境监测网点管理	海洋环境监测站管理 海洋环境监测点位管理
	海洋资源环境信息管理	海洋资源信息管理 海洋环境信息管理 环境质量信息管理 海洋灾害信息管理 海洋自然保护区信息管理
	海洋环境影响和评价管理	涉海工程海洋环境影响监督管理 海洋功能区环境管理 主要排污口和排污口总量控制管理 海洋环境评价跟踪监视监测管理
海洋执法监察信息系统	海洋执法监察	海域使用执法 违法用海案件的调查取证信息管理 违法用海案件的立案查处信息管理 违法用海案件的执法通报 海洋环境保护执法 海洋环境保护案件的申报 海洋环境保护案件的调查取证信息管理 海洋环境保护案件的立案查处信息管理 海洋环境保护案件的执法通报
	海岛（礁）执法管理	对海岛（礁）的违法案件的数据采集、取证、立案调查、处罚、通报、归档等全过程进行动态管理，实现对海岛（礁）执法管理
	海洋执法日常监视管理	海监执法力量管理 海洋执法监察 执法案例管理 执法监察辅助决策
防灾减灾辅助决策系统	海洋环境日常预报	海洋环境日常预报对象包含潮汐、波浪、潮流、海流、海温、水质等要素，系统支持实时预报和间隔预报等多种预报

（续表）

专题系统	子系统	内容
防灾减灾辅助决策系统	海洋灾害预报警报及辅助决策	灾害性海洋环境实时监测信息 海浪预报预警 风暴潮灾害预报预警及辅助决策
	海域赤潮灾害辅助决策	系统提供赤潮灾害信息的数据归档、可视化查询、赤潮灾害漂移扩散模拟、养殖损失评估、统计报表生成等功能，为赤潮灾害动态管理提供网络化、信息化管理平台，为赤潮灾害的应急处理提供科学辅助决策支持
	海域污染事故应急辅助决策	利用海域三维海洋动力环境数值模型系统，以地理信息系统、信息可视化为支撑，实现海洋环境动力模型支持下的污染物扩展模拟和可视化显示，为污染事故应急处理提供模拟分析、灾害预测、灾害快速评估等辅助决策支持
涉海工程评估及辅助决策系统系统		主要通过对毗邻海域和重点海域海洋动力环境关键参数的研究，利用海洋数值模拟技术，在建立毗邻海域和重点海域三维海洋动力环境数值模型的基础上，利用数据库、信息可视化、地理信息系统等技术实现海洋动力环境过程的多维动态演示；通过模拟计算涉海工程建设前、运营期海洋动力环境，预测和评估涉海工程对海洋动力环境的影响，为海洋行政审批、海洋规划和海洋管理提供辅助决策支持
海洋信息公众服务系统		系统以海洋基础数据、预报数据、管理数据等相关数据为基础，以地理信息门户网站为服务支撑，为各类用户提供相关海洋信息；是一个基于公众信息服务的平台，面向所有社会公众以及相关用户，提供海洋管理政务公开信息、海洋资源环境信息服务的综合性信息发布系统。

2.7.3 数字海洋应用示范系统

针对青岛市的特点，基于数字海洋所构建的基础服务平台，选择旅游、海洋紧急事故处理、海洋灾害监测三个领域开展应用示范。以应用部门为主导，建立海洋旅游信息公众服务示范系统、青岛海上溢油事故应急反应示范系统、青岛绿潮灾害信息管理与辅助决策示范系统，并总结平台的应用模式，在政府及海洋行业部门进行推广。

（1）青岛绿潮灾害信息管理与辅助决策示范系统

①示范系统构建目标。

分析监测船、水质浮标、航空遥感等手段获得的绿潮监测数据，确定影响绿潮生消的关键因子，建立绿潮生态动力学模型、生消过程模型、预测预警模型、应急模型和危害评估等模型，利用实时动态检测数据对模型进行优化，以实现绿潮发生、发展、消亡和治理全过程的模型化。通过关联规则等数据挖掘方法从绿潮灾害数据仓库中挖掘出绿潮预测和防治的知识和规则建立专家知识库，从而为绿潮灾害管理提供决策支持。系统框架如图2.32所示。

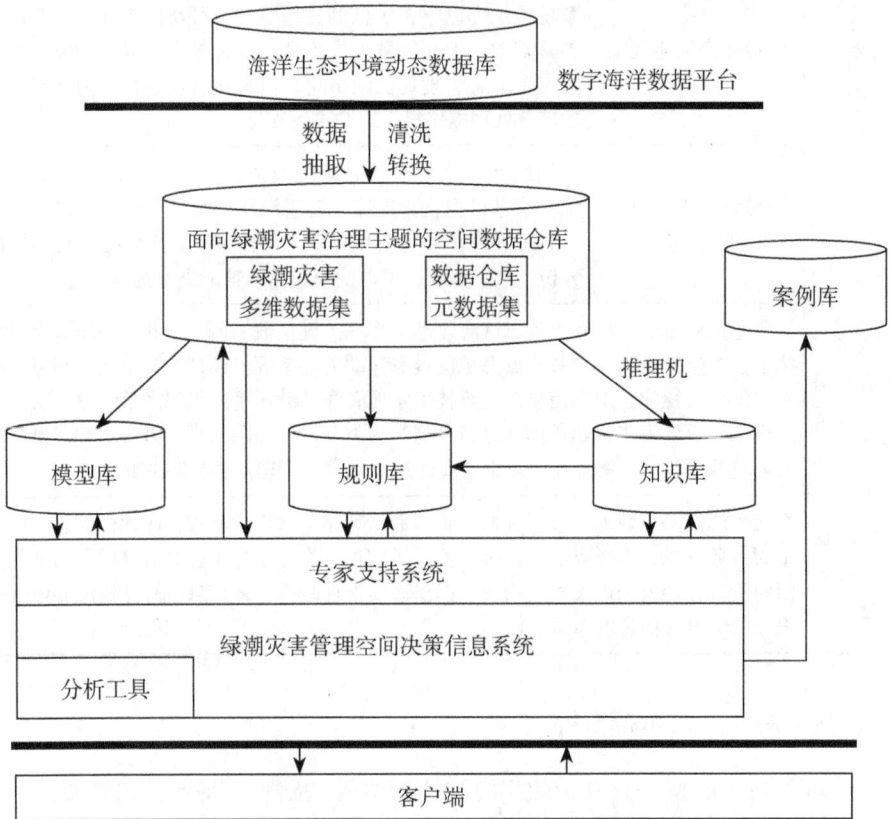

图2.32　绿潮灾害信息管理与辅助决策示范系统框架

② 示范系统建设内容。

a. 绿潮环境影响因子的提取。

对监测船、水质浮标、航空遥感等多种手段获得的绿潮监测数据进行预处理，提取影响绿潮发生的环境因子。从生态因子、化学因子、气象条件、海洋过程等方面，对环境因子进行分类研究，建立绿潮灾害环境因子指标体系。从环境影响因子中确定出绿潮暴发的典型表征因子和影响绿潮生消的关键因子。

b.绿潮生消过程中环境因子分析。

研究不同种类的绿潮生消过程中气象、水动力、营养盐、海温、盐度等环境因子的变化规律及其与绿潮藻类生长的关系，深入认识环境因子对绿潮的影响。在绿潮生消过程数据分析的基础上，分析绿潮诱发因子的关联度，确定其相关阈值，为绿潮的监测预警提供依据。

c.绿潮灾害模型库的建立。

分析赤潮发生发展全过程的环境因子的变化，建立绿潮发生时的海域变化模型。

根据多元统计分析和地统计分析原理，建立绿潮统计分析模型。

运用人工神经网络预测、遗传算法和模糊逻辑预测等方法建立绿潮预测模型。

将绿潮发生的过程看成为一个动力学系统，通过分析浒苔等典型藻类的生物量以及影响其增殖和聚集的各种因素的时间变化函数，建立生态动力学模型。

从灾变和灾度两个方面研究绿潮灾害分级，确定各个灾害级别的标准。在此基础上结合多种监测手段，研究建立绿潮预警模型。

根据绿潮灾害应急需要，建立绿潮灾害应急措施优化模型、绿潮清除策略生成模型、绿潮灾害应急管理资源调配模型。

从渔业经济损失、养殖业经济损失、旅游业经济损失等方面，建立绿潮危害评估模型来评估绿潮灾害造成的经济损失。

d.绿潮灾害知识库的建立。

根据所建立的面向绿潮灾害主题的数据仓库，通过关联规则等数据挖掘方法建立绿潮灾害管理专家知识库。利用数据库专家系统，根据各种绿潮藻类的生态动力学模型、海洋动力学模型以及渤海湾海域富营养化状况变化规律和该海域的水文、气象变化规律等信息建立生物、化学、物理因素相耦合的绿潮灾害规则库，为绿潮的预测预警、应急、灾害防治提供决策依据。

e.系统的研发。

在以上所建立的绿潮灾害模型库、绿潮灾害知识库和规则库的基础上，结合面向绿潮灾害主题的数据仓库，以专家系统为核心研发绿潮灾害管理辅助决策支持系统。绿潮灾害管理辅助决策支持系统采用C/S结构，可对绿潮灾害案例进行分析得到决策结果，并将已分析案例存放到案例库中。

（2）海洋旅游信息公众服务示范系统

结合青岛市旅游城市和海滨城市的特点，研发青岛市海洋旅游信息公众服务示范系统。基于数字海洋平台的海洋数据，为用户提供详尽、独特的海洋相关景点信息，这是该系统区别于其他旅游系统的主要特色。在旅游地图服务和信息查询的基础上，挖掘海洋旅游要素深度属性数据，以保证系统的实用性和易用性；增加旅游景点的图片、360度全景图片、实景影像、多媒体信息等，以保证系统的形象性和趣味性；采用三维景观模型、虚拟旅游、智能旅游等方式，使得旅游信息系统的表现形式更加丰富、灵活，界面更加友好，对用户有更强的吸引力。

系统的功能框架如图2.33所示。

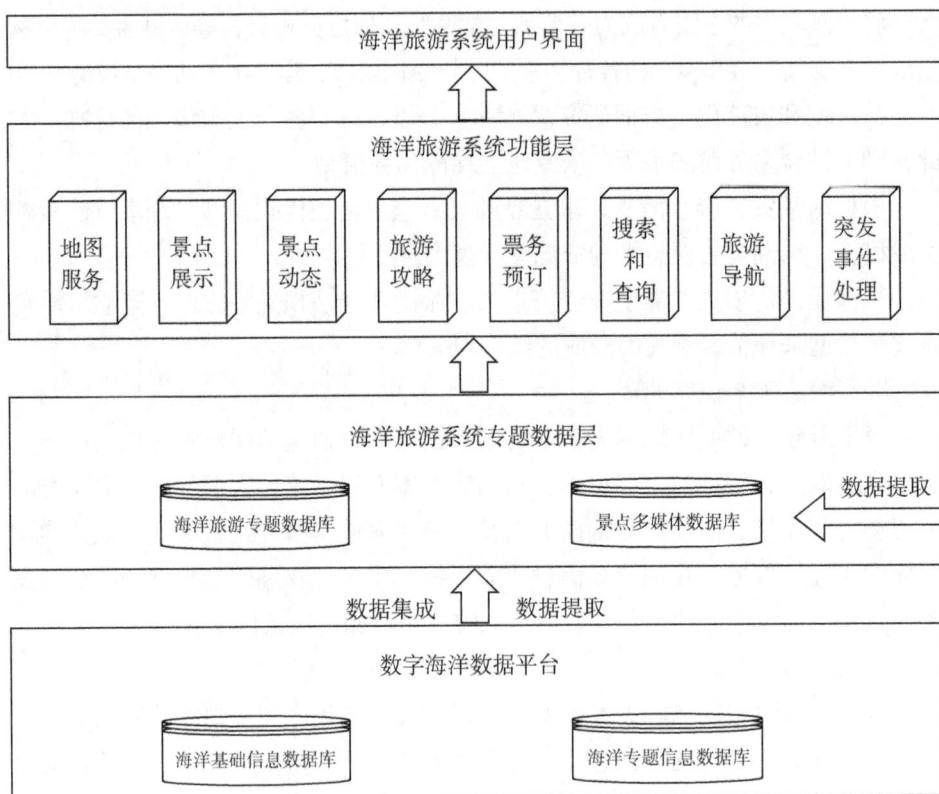

图2.33　海洋旅游示范系统功能框架

① 地图服务。提供包括沿海地带和海中岛屿等信息的青岛市地图的浏览、放大、缩小等功能，提供地图纠错和标注功能。

② 景点展示。通过旅游景点图片、360度全景图片、实景影像、多媒体信息等信息展示青岛市旅游景点的特色，特别突出海洋旅游的特色。

③ 景点动态。主要介绍旅游景区各景点处最新发生的事件、新增加的活动内容，例如旅游社团、招商、折扣等一系列内容。

④ 旅游攻略。帮助游客进行旅游景点及路线的规划，为旅游出行提供合理优化的方案，让游客用最有效率的方法来统筹安排自己的旅游时间和路线；提供默认旅游方案，并提供和方案相关的宾馆、饭店、订票等一条龙服务。

⑤ 票务预订。为游客提供预订门票、车票、机票等服务，具体方式有网上预订、手机预订等。

⑥ 搜索和查询。进行旅游景点、宾馆、餐饮、车站等游客感兴趣的旅游相关兴趣点的搜索和查询，并在地图上进行高亮显示，根据查询结果提供景点图片、景点视频等资料。提供周边查询功能，根据用户选择的地点和范围，查询出其周围一定范围的景点、宾馆酒店等兴趣点信息。

⑦ 旅游导航。根据用户输入或在图形上选择的起止地点，提供公交路线查询，查询两景点之间的最优旅游路线，提供时间最短、行程最短、费用最少等方式；提供自驾车旅游导航，用户可以根据自己的喜好，选择精品自驾游路线，系统将对旅游路线提供全程模拟。

⑧ 突发事件处理。对旅游过程出现的突发事故，可通过此功能添加事故的发生地点，并利用缓冲区分析，确定事故影响范围内的人群或设施，并可查询周围的医院、救援点、应急指挥中心、人群分散地点等，并提供到这些地点的最短路径查询。

（3）北海海上溢油事故应急反应示范系统

海洋溢油事件时有发生，对海洋生态环境带来严重危害。溢油应急行动是一项较复杂的工程，涉及较多的信息和部门，人工指挥和协调效率低，不能做出有效的、及时的处理。海上溢油事故应急反应系统，可以充分发挥数字海洋平台的数据和信息资源的作用，对海上溢油事件做出及时反应。北海海上溢油事故应急反应示范系统框架如图2.34所示。

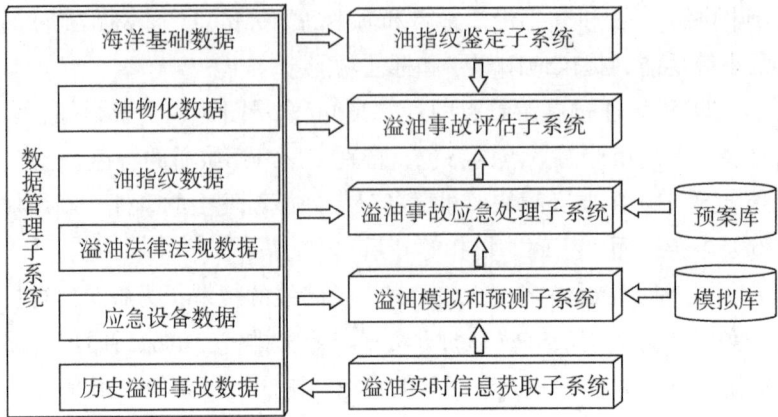

图2.34　北海海上溢油事故应急反应示范系统体系结构图

① 数据管理子系统。溢油相关数据包括海洋基础数据、油物化数据、油指纹数据、溢油法律法规数据、应急设备数据、历史溢油事故数据。海洋基础信息包括：a. 海域气象和水文资料，如风向、风速、气温、水温、盐度、潮流、波浪等。b. 环境敏感区信息，主要有重要海洋生物海区、自然保护区、养殖场、海滨浴场、沿岸旅游区、盐田和水源等。油物化性质数据，主要包括油的组分、比重、黏性、溶解性、挥发性、表面张力和毒性等。应急设备数据，主要包括各种设备的种类、数量、适用条件、存储位置以及人员配备情况等。历史溢油事故数据，包括国内外若干典型溢油事故发生的原因、处理方法、监测手段、污染损害评价等。该系统基于数字海洋数据平台，对海洋基础数据进行抽取、转换处理，与行业部门的海洋专题数据集成，如建立环境敏感区分布图、电子海图、溢油处理设备存储分布图等，为整个系统提供数据支持。

② 溢油信息获取子系统。该系统用于快速获取海上溢油事件的实时信息，包括事故发生的时间、地点、油种、溢油速率、溢油量、油膜位置、油膜面积、油膜漂移方向和速度等。溢油信息可以通过多种手段进行收集，如通过对实时卫星遥感影像的处理获取，或通过对港口码头、海上船舶、巡航飞机溢油现场的观测获取，也可以通过相关部门的报警获取。

③ 溢油模拟和预测子系统。溢油模拟子系统在模型库和实时气象水文数据的支持下对海上溢油的运动进行预测模拟和预测，为应急反应提供科学依据。系统的关键是建立科学准确的溢油模拟模型和预测模型。该子系统为应急反应

提供模拟和预测报告，如油膜位置、漂移轨迹、运动方向、污染范围、水体中油浓度以及溢油到达海岸的位置和时间等。另外，还可提供溢油漂移过程的动态可视化显示。

④ 溢油事故应急处理子系统。根据溢油模拟和预测报告，制定可行的处理方案，并通知相关部门进行海上溢油的回收、清除等处理。处理方案的制定要参照历史溢油事故相关信息。该子系统为处理方案的制定提供专业可视化分析工具和分析模型，并通过预案库提供预案模型。

⑤ 油指纹鉴定子系统。该子系统在油指纹数据库的支持下，提供对海上溢油的鉴定，以找出溢油事故责任部门，为后续索赔和惩罚提供依据。

⑥ 溢油事故评估子系统。该子系统提供溢油事故损失评估、索赔等功能，并参照有关法规、惯例和溢油事故典型案例等制定对清污费用和溢油损失进行索赔的方案。

2.8 数字海洋安全保障

2.8.1 数字海洋安全保障体系

从技术角度看，数字海洋安全保障体系包括物理层、网络层、系统层、应用层四个层次的安全保障措施。

（1）物理层安全保障

物理层安全保障措施包括屏蔽机柜、门禁系统、监控系统、报警系统等。

（2）网络层安全保障措施

网络层安全保障措施包括安全域划分、入侵检测、主机监控等。

（3）系统层安全保障措施

系统层安全保障措施包括安全加固、漏斗扫描等。

（4）应用层安全保障措施

应用层安全保障措施包括网络审计、防病毒措施、主机监控、数据加密、系统检查工具等。

青岛市数字海洋平台安全保障方案如图2.35所示。

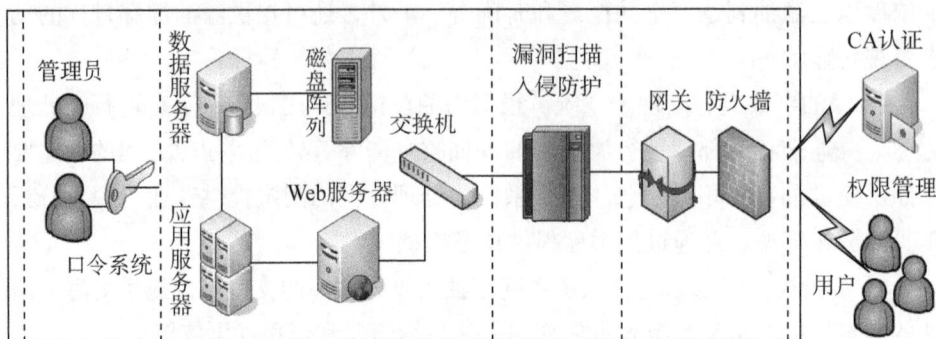

图2.35　青岛市数字海洋平台安全保障方案

2.8.2 数字海洋安全保障内容

数字海洋安全保障体系包括以下主要内容。

（1）安全域管理策略

统一规划部门终端的IP地址，各个部门单独形成一个VLAN（Virtual Local Area Network，虚拟局域网）；通过核心交换机ACL（Access Control List，访问控制列表）策略实现安全管理域、控制终端域和服务器域，服务器域只能被终端域中的授权用户访问。

（2）中心主机监控

控制终端端口使用，不可非法更改；对移动存储介质进行软件注册管理；监控终端硬件和软件变化，离线后网卡禁用；监控终端非法外联；禁止非法终端接入等。

（3）网络入侵检测系统

入侵检测系统作为防火墙之后的第二道安全闸门，对网络进行检测，提供对内部攻击、外部攻击和误操作的实时监控，提供动态保护性能。入侵检测系统能够很好地帮助网络管理员完成对网络状态的把握和安全评价。

（4）漏洞管理

漏洞管理是一套能够有效避免由漏洞攻击导致的安全问题的解决方案，它从漏洞的整个生命周期着手，在周期的不同阶段采取不同的措施，是一个循环、周期执行的工作流程。漏洞管理系统根据评估结果定性、定量分析网络资产风险，反映用户网络安全问题，并把问题的重要性和优先级进行分类，方便用户有效地落实漏洞修补和风险规避的工作流程，并为补丁管理产品提供相应的接口。漏洞管理系统能够提供完整的漏洞管理机制，方便管理者跟踪、记录和验证评估的成效。

（5）网络安全审计系统

安全审计系统（Security Audit System）是在一个特定的企事业单位的网络环境下，为了保障业务系统和网络信息数据不受来自用户的破坏、泄密、窃取，而运用各种技术手段实时监控网络环境中的网络行为、通信内容，以便集中收集、分析、报警、处理的一种技术手段。平台在综合运用防护工具（如防火墙、操作系统身份认证、加密等手段）、检测工具（如漏洞评估、入侵检测等系统）的同时，必须通过安全审计收集、分析、评估安全信息，掌握安全状态，制定安全策略，确保整个安全体系的完备性、合理性和适用性。

（6）数据保密措施

在空间数据交换过程中，需要对数据访问用户进行管理及监控，解决数据在访问、传输等方面的安全保密问题，保障地理信息数据安全可靠。采用空间数据水印等技术对空间数据进行加密，实现空间数据的安全保护。

（7）服务接口安全措施

通过用户身份验证、IP验证、日志管理和用户权限管理等措施保证服务接口的安全使用，防止用户访问超权限的服务。

第3章 智慧海洋理论和方法

3.1 从数字海洋到智慧海洋

3.1.1 从数字海洋到智慧海洋

（1）智慧海洋的产生

智慧海洋是由数字海洋发展而来，是数字海洋发展的高级阶段和最终目标；另一方面，智慧海洋是在智慧地球的基础上提出来的，是智慧地球的重要组成部分。近年来，CPS（Cyber-Physical System，即网络实体融合系统）、大数据、云计算、物联网等新一代信息技术飞速发展，推动人类社会逐步由工业社会向信息社会转型，海洋作为对信息具有高度依赖性的特殊领域，更是迎来了划时代的发展机遇；物联网、大数据、人工智能等技术的飞速发展并渗透到社会生活的各方面，在信息化走向智能化的技术背景下，在整个社会全面要求智能化的社会背景下，海洋信息化由数字海洋走向智慧海洋是必然的发展趋势。

从技术背景看，新一代信息技术体系已经具备构建与人类所在物理空间相对应的虚拟空间的能力。凭借海洋物联网获取的与日俱增的海量数据，加上长期积累的各类历史数据，通过以云计算平台为支撑的工业大数据（李杰和邱伯华，2015）、社会大数据、科学大数据（王辉等，2015）的分析处理，可在虚拟空间中构建海洋环境演变模型、海上设备运行模型、涉海人员活动模型。在此基础上，利用大量实时真实数据驱动虚拟空间中的各类模型，可实现在虚拟海洋空间中模拟和预测实体海洋空间的发展变化情况。由此，一方面可利用模拟预测结果对实体海洋空间的活动和决策进行指导；另一方面可利用实体空间产生的大量数据促进虚拟空间的成长，提升模型的准确程度和预测能力，从而形成实体海洋空间与虚拟海洋空间相互指导、相互映射的智慧海洋系统（李杰，2015）。

"数据丰富，但信息匮乏"是当今人们面临的尴尬，在海洋数据管理和应用领域同样存在这类问题。在物联网时代，这种趋势将更加明显，如何在数据的海洋中快速发现所需要的信息是数字海洋面临的重要问题。因此，数据挖掘、智能分析是新时期数字海洋的关键技术，这就是智慧海洋的问题，当然，智慧海洋不仅是数据智能化分析，更主要的是在数据智能化分析的基础上获得海洋规律和知识，以及基于此知识和规律的海洋智能化服务。海洋信息化的最终目标是构建智慧海洋，新的时代背景下，应该顺应海洋信息化发展的趋势，着力推动大数据、云计算技术、人工智能等技术的深入应用，加强海洋数据分析挖掘能力，完善信息交互传输网络，提升虚拟信息空间运行真实程度，真正实现"虚实融合""智能自治"的智慧海洋。

（2）数字海洋和智慧海洋关系

数字海洋和智慧海洋不是对立的，而是随着信息技术的飞速发展，实现海洋信息化的不同发展阶段，是两者相互依存、共同推进的一个演进过程。数字海洋是智慧海洋的信息基础，智慧海洋是基于物联网理念的数字海洋（石绥祥和雷波，2011）。数字海洋和智慧海洋是海洋信息化的不同阶段，智慧海洋是数字海洋的延续和发展。海洋信息化的历程可以分为三个阶段，第一阶段为对海洋物理世界的透彻感知，这是海洋信息化的初始阶段；第二阶段是对海洋信息的可靠传输和互联，即对海洋进行数字化描述，构成虚拟海洋世界，这是数字海洋所处的阶段；第三阶段是海洋信息的智能化应用，即通过海洋可视化和再现、海洋建模、海洋预测等，达到合理规划海洋、高效管理海洋、绿色开发海洋的目标，这正是智慧海洋阶段。智慧海洋阶段才刚刚起步，而且没有终极，随着人工智能、模糊控制、深度学习等现代信息技术的进步，智慧海洋的发展程度要远远超过人类的想象。由此可见，智慧海洋和数字海洋是海洋信息化的不同阶段，智慧海洋是数字海洋发展的高级阶段，也是数字海洋发展的必然趋势。

3.1.2 智慧海洋的概念和内容

（1）智慧海洋的概念

作者给出智慧海洋的概念框架：智慧海洋就是实时的海洋数据获取、普适的海洋数据通信和集成、智能化海洋数据处理及面向需求的海洋智能化服务。具体是指采用智能传感器网络技术，对海洋地理空间环境进行认知和量测，获得物体的静态数据和实时动态数据，通过互联互通的网络（包括移动互联）进行数据的通信和传输，基于云计算进行数据的集成，并采用海洋专业模型进行数据的处理、分析、挖掘和预测，最终实现面向政府海洋管理、海洋行业应用和个人生活的海洋信息智能化服务系统。这是一个由海洋物理世界到海洋数据、由海洋数据到海洋信息、由海洋信息到海洋知识、由海洋知识到海洋决策和服务的过程。其核心是海洋信息处理，技术载体是信息技术，关键是智能化，目标是海洋服务，即实现以最方便快捷的方式、给最需要的人或部门提供最需要的灵性服务。

智慧海洋是以透彻感知为条件，以智能化服务为目标。所谓透彻感知，是指比数字海洋数据的获取更全面、立体、实时和高效，这需要借助于智能的传感器网络、高带宽的数据传输网络、基于云计算的高性能数据处理中心来实现。透彻感知分为三个阶段：信息汇集阶段、协同感知阶段和泛在聚合阶段（石绥祥和雷波，2011）。所谓智慧化服务是4A（Anybody，Anytime，Anywhere，Anything）服务，是实时的、高可靠性的、个性化的、具有交互性的、自适应的泛在服务，具体是指再现海洋环境和运动状态，模拟特定海洋变化，预测海洋的变化和发展，合理高效地管理海洋，绿色可持续地开发利用海洋。

（2）智慧海洋的内涵

广义上讲，智慧海洋的内涵分两个层面。一是科学技术层面的，又称智能海洋，就是把感应器嵌入和安放到海岸、海岛、海面、海底和不同深度层面，形成海洋感知物联网，并将其与现有的互联网整合起来，在海洋全面感知的前提下实现海洋的智能化管理和开发。二是社会层面，称为和谐海洋，涵盖海洋政治文明、海洋军事文明、海洋经济文明、海洋科技文明、海洋生态文明、海洋环境文明、海洋安全文明、海洋生活文明、海洋生产与开发文明、海洋外交与交流文明等，旨在实现海洋的可持续和谐发展。

（3）智慧海洋建设内容

① 构建智能传感器网络。将海洋生态环境监测系统、海洋卫星遥感系统、海洋浮标监测系统、海监飞机与船舶监视网、海岛监测网、海域动态监视监测

网、海洋信息产品分发网络、数字海洋信息网等进行统一规划、合理布局、智能控制，构建智能传感器网络，以提高海洋信息的获取和传输效能。

② 深度开发海洋信息适用技术。加强现代信息技术在海洋领域的引进、消化和吸收，提高海洋信息技术的自主开发能力。开展海量信息处理、知识挖掘、环境仿真、科学视算、可视分析、虚拟现实、增强现实、人工智能、深度学习等海洋信息适用技术研究，以及计算机图形学、控制学、数据科学、多元统计分析、数据库和数据仓库、实时分布系统和多媒体技术等多学科融合技术的研究；重点研究和开发海洋3S技术、海洋数据同化处理技术、海洋数据挖掘技术、可视化模型构建技术、虚拟现实技术、分布式海洋空间决策支持技术和网格GIS体系信息共享技术等关键技术；把海洋信息技术广泛应用于智慧海洋的海洋调查、监测、规划、管理、评价和科研等各项工作中。

③ 增强海洋信息智能化处理能力。利用虚拟仿真技术、增强现实技术和可视化技术等，深度开发海洋基础地理、海洋资源、海洋环境和海洋经济等信息产品。梳理现有海洋业务体系数据资源，开展全局海洋资料摸底，编制海洋资料目录清单；管理和充分利用智能传感器网络获取的实时动态海洋数据，建立数据统一管理和共享机制；完善海洋数据传输、汇交与报送机制，制定海洋数据资源汇集管理标准规范；优化设计海洋数据资源交换体系，发布数据共享目录；整合优化数字海洋的存储计算设施，开展服务器和存储等资源集约化整合建设；建立标准统一、安全开放的海洋云计算平台，提升海洋大数据并行计算、智能分析和并发访问能力，为智慧海洋大数据共享服务提供资源支持。

④ 研发建设海洋智能应用系统。研发海洋综合管理专题应用系统，并实现业务化、智能化运行；按照统一设计和统一标准规范的原则，建设面向海域管理、海岛管理、海洋环境保护、海洋防灾减灾、海洋经济与规划、海洋执法监察、海洋权益维护、海上紧急救助、海洋生态研究等主题的智能化应用系统。重点建设海洋管理基础信息平台、重点海区环境保护信息系统、海洋区域灾害防治决策支持系统、海上应急和救助系统、海洋科学研究和公众信息服务等智能系统，提供实时信息获取、智能化信息处理、海洋信息查询、信息共享和发布、海洋业务办理、元数据服务、海洋数据下载、智能信息服务、海洋信息动态和三维可视化等功能。实现现有海洋电子政务工程向集语音功能、移动App、自动自动控制、人工智能等为一体的智能化政务系统发展。完善海洋政

务管理在线申请、审批等功能，进一步建设和完善各级海洋政府网站，加快沿海地区各级政府海洋电子政务建设。

（4）智慧海洋作用和意义

科技是第一生产力，在信息化社会的今天，智慧海洋建设已经成为海洋事业发展的趋势和历史必然。智慧海洋建设对于我国经济社会的发展的意义在于：从短期效果看，可以使政府投资于诸如海上智慧旅游、海洋紧急救援、海洋灾害防治等领域的建设，智能地管理海洋、刺激短期经济增长；从长远看，新一代的智能基础设施和海洋传感器网络的建设必将为未来的海洋科技创新开拓巨大的空间，有利于增强我国海洋领域的长期竞争力；从最终效果看，能够提高对于海洋资源的利用率，有助于海洋环境保护，有利于海洋经济的可持续发展。

智慧海洋的具体作用和意义体现在以下几方面。

① 智慧海洋是海洋管理能力的提升器。我国是一个海洋大国，海域辽阔、活动主体高度分散、信息掌握难、沟通难的特点决定了不能沿用传统陆地的管控模式。依托强大的智慧海洋信息系统，才能获得足够的海洋信息，及时全面地了解海洋情况，才能针对各种海洋自然灾害、突发事件、违法活动及时采取正确的对策，确保海洋的安全和和谐。

② 智慧海洋是海洋经济活动的增值器。作为世界经济大国，我国海洋经济活动日益增多，完善的智慧海洋信息系统将为各种海洋经济活动提供安全保障，同时，又可以为各种经济活动提质增效，使其智能、高效、绿色、透明、可持续地运行。将智能系统、人工智能、"互联网+"等技术应用于海洋领域，通过智慧海洋建设创造新模式、创造新价值将进一步促进海洋蓝色经济的发展和增长。

③ 智慧海洋是海洋相关活动的"协调器"。参与海洋活动的有政府、民间众多主体，海洋活动又有政治、经济、外交、文化、科研、生态、社会等多种性质，活动的规模和范围又有诸多层次。因此，协调多种主体、多类性质、多个层次的海洋活动，使之有机整合，达到整体效能和效益最大化、成本和代价最小化，就成为经略海洋能力最重要的追求。"智慧海洋"提供的融合和共享的信息服务，成为实现这种协调的最重要的支撑。

④ 智慧海洋在"一带一路"建设中的作用。新的历史时期，智慧海洋在

"一带一路"建设中发挥了不可替代的作用。提供海洋信息基础设施，提供海洋信息交流渠道，提供跨国"互联网+海洋"平台，以"智慧海洋"工程所掌握的沿岸各国海量信息为基础，以大数据和云计算能力为支撑，为各国开展"互联网+海洋"提供一个统一的服务平台，带动各国经济以创新模式发展。

⑤ 智慧海洋是现代化发展最前沿的赶超。智慧海洋将成为下一步海洋经济发展最前沿的赶超，因此，在智慧海洋发展的初期，我们应该重视人工智能、大数据、深度学习等技术的研发和应用，将海洋信息智能化与海洋科学、经济活动密切融合，在海洋观测平台、海洋数据处理与共享、海洋通信系统、导航系统、应急救援系统、海洋信息服务系统等方面全力以赴，全面构建智慧海洋，走在世界的前列。

③.② 智慧海洋理论和方法

3.2.1 版本–增量数据模型

时空数据模型的研究是支撑智慧海洋和海洋GIS的最底层的理论。

现有的时空数据模型可以归纳为以下几类：时空立方体（Space-time Cube）、时空快照模型（Sequent Snapshots）、基态修正模型（Base State with Amendments）、时空复合模型（Space-time Composite）、时空域模型（Spatial Temporal Domain）以及基于特征的时空模型（Feature-based Spatio-temporal Data Model）等。

作者在传统时空数据模型的基础上，对时空快照序列与基态修正模型进行改进，提出版本–时空增量数据模型（见第二章）。因此，下面首先介绍时空快照模型和基态修正模型。

（1）时空快照模型

时空快照模型也称连续快照模型（Time-slice Snapshots），如图3.1所示，其基本思想是将某一时间段内地理现象的变化过程，用其中间的序列快照来表达，快照间的时间间隔不一定相同。序列快照模型的优点是非常直观和简单，是地理现象随时间变化的原始表达。在这种模型下确定 T_i 状态下的地理现象特征是很简单的，但是要确定 T_i 状态到 T_j 状态下地理现象包含的某个空间对象的局部特征变化则必须要经过大量的快照特征比较才能实现。问题的根源在于这种模型只描述了地理现象的状态，而没有表达地理现象中空间对象快照间的联系，其对数据的内部逻辑或完整性错误的捕获能力较差，它实际上是一种基于位置或要素时变特征建模方式。再者，由于序列快照模型是对每个状态下地理现象的完整存储，故其数据的冗余是相当巨大的。

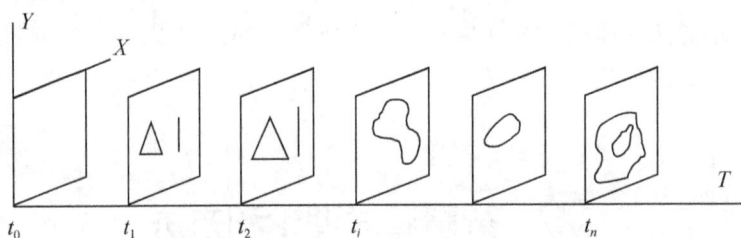

图3.1　时序快照模型

（2）基态修正模型

基态修正模型的基本思想是先确定出地理现象的初始状态，然后按一定的时间间隔记录发生变化的区域，通过对每次变化内容的叠加，即可得到每次变化的状态（快照）。增加了时间维的时空数据要比没有时间维的纯空间数据要庞大的多，只存储地理现象变化过的区域而不是整个地理现象的快照，可以显著地减少这种庞大的时空数据负担，大大地节约计算机的存储空间，而且查询变化比较方便。但该模型存在两方面不足：历史过程查询十分烦琐和较难处理给定时刻的时空对象间的空间关系。如图3.2所示。

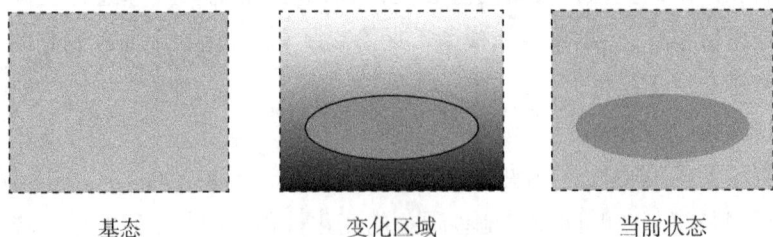

基态　　　　　　　　变化区域　　　　　　　当前状态

图3.2　基态修正模型

（3）版本–增量模型

版本–增量模型是基于时空快照序列与基态修正模型改进提出的，版本–增量模型按事先设定的时间间隔采样，只储存某个时间的数据状态（称基态）和相对于基态的变化量。只有在事件发生或对象发生变化时才存入系统中，时态分辨率刻度值与事件发生的时刻完全对应。此外，模型考虑到对象变更的亲缘继承关系，形成对时空对象的"版本管理–动态关联"。

事件和状态是时空数据库中最重要的一对基本概念。一个对象在其生命周期内有不同的状态，事件将对象从一个状态变化到另一状态。状态和事件有两种形式的数据库模型，即基于状态的数据库模型和基于事件的数据模型。时空数据库模型描述状态、事件以及时空关系，其中时空关系表现为状态之间的时空关系、事件之间的时空关系及状态与事件之间的时空关系。

① DSDE（Data Storage and Data Engineering，数据存储与数据工程）体系结构。

时空索引是时空数据库引擎的关键技术之一。地理信息动态数据的索引包括静态的空间索引、时间索引和时空索引三个方面，地理信息系统需要对动态数据建立独立的时空索引。动态数据库时空索引原则采用"版本管理—动态连

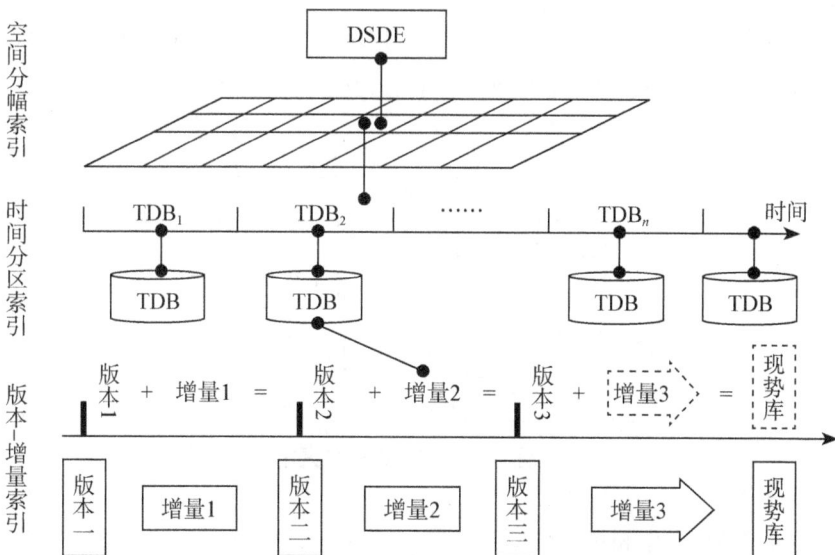

图3.3 空间分幅—时间分区—版本–时空对象管理模式与索引

接"的思路，建立起"空间分幅—时间分区—版本—时空对象"的四级数据管理模式，在这些数据之间建立起动态连接，如图3.3所示。时空索引包括图幅级索引、数据库级索引、版本与对象级索引。

动态数据以图幅作为空间划分单位，以要素类型作为分层依据，以版本-增量方法组织动态数据，并进行关联。"版本-增量"方法，版本=前一版本+前一增量。图幅之间的关联，图幅之间通过图幅号进行关联。动态数据库的关联，同一图幅的动态数据库通过时间序列进行关联。动态数据的关联，同一动态数据库的数据，通过版本-增量进行组织和关联。动态数据的索引，动态数据的索引四叉树或R树的索引方式对特定时刻版本（快照）的空间几何所进行的索引。时空索引，采用"空间分幅—时间分区"的索引机制。DSDE按照空间条件检索到一个或多个图幅；从每一图幅的时间序列动态数据库中，采用时间约束条件找到一个或多个动态数据库；根据要素类型，找到对应的要素层和版本；按照特定时刻形成快照或特定时间段的候选时空对象；通过候选时空对象空间的索引，将候选对象与查询条件进行比较，获得查找的结果。

② 历史数据和现势数据的分区。

为了满足国家基础地理信息持续更新不断产生大量数据存储的需要，提出一种逻辑存储结构——时间范围分区，生成一系列的历史数据库，如图3.4所示。分区的维护操作有：增加分区、合并分区、删除分区、交换分区、融合分区、修改分区（增加值、删除值）、移动分区、更名分区、分割分区与舍弃分区等。

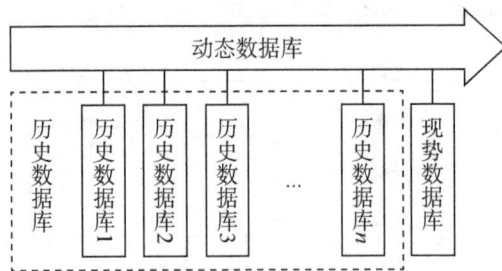

图3.4　动态数据的分区图

③ 基于版本-增量的时空索引。

版本-增量的数据模型的基本思想是先确定数据库的版本，即地理信息在初始时刻的快照，然后对变化进行描述。变化类型包括出现、消亡和更替，其他任何复杂变化都可以看成是这三种基本类型的组合。对象的变化在动态数据库中以增量形式表现和保存。出现的空间对象在数据库中增加一条记录，并将出现的时间作为生命周期的起点。消亡的空间对象，更新生命周期的止点；在更替变化中，将更替作为出现与消亡的复合变化。

在图3.5中描述了要素的空间几何变化，空间几何作为时空原子不可再分，只能以出现、消亡和更替等进行变化。版本中有两个空间几何对象原子，一个是椭圆，一个是矩形。在 T_1 时刻，出现了三角形，用实线表示；在 T_2 时刻，椭圆消亡，用虚线表示；在 T_3 时刻，矩形更替为五边形，矩形消亡且用虚线表示，五边形出现且用实线表示。

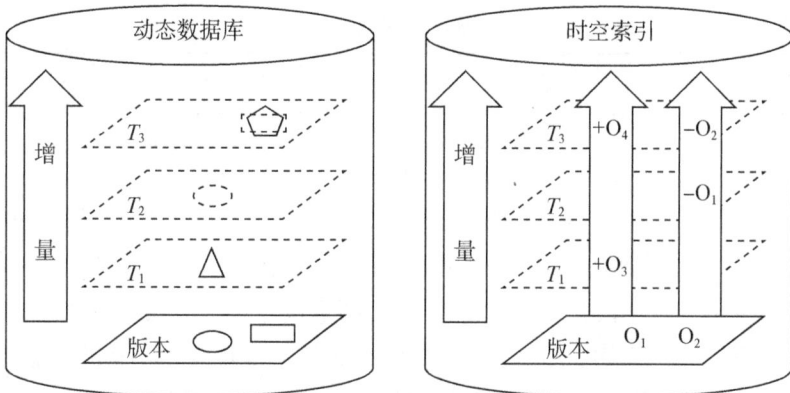

图3.5 版本—增量时空数据模型与时空索引

索引结构。要素的变化包括空间几何变化和属性变化，为了便于时空数据存储，将建立三个表保存地理信息，即空间几何表、属性表与要素表（表3.1至表3.3）。空间几何表包括空间几何标识符、空间几何形状、空间几何生命周期与要素标识符。属性表包括要素标识符、属性名、属性生命周期。要素表包括要素标识符、第一个空间几何标识符、要素生命周期。

表3.1 空间几何表

空间几何标识符	空间几何形状	空间几何生命周期	要素标识符
Geometry 1	Shape 1	Time 1	Feature 1

（续表）

空间几何标识符	空间几何形状	空间几何生命周期	要素标识符
Geometry 2	Shape 2	Time 2	Feature 1
Geometry 3	Shape 3	Time 3	Feature 2

表3.2　要素表

要素标识符	第一个空间几何标识符	要素生命周期
Feature 1	Geometry 1	Time 1
Feature 2	Geometry 2	Time 2

表3.3　属性表

要素标识符	属性名1	属性生命周期1	……	属性名n	属性生命周期n
Feature 1	Attr 1	Time 1		Attrn	Time n

　　当一个要素有多个时间序列的空间几何时，在要素表中只记录第一次出现的空间几何对象，其他的几何对象通过空间几何表的"要素标识符"和"空间几何生命周期"两字段分析获得。当一个要素的空间几何发生变化的次数很大时，并不改变要素表的大小。通过要素标识符，查找到该要素的所有空间几何对象，然后对这些空间几何生命周期的起点时刻进行排序。具有相同起点的空间几何对象同时出现；具有相同终点的空间几何对象同时消亡；终点和起点相同的空间几何对象发生更替变化。这种关联机制同时也适用于复合要素，即一个要素同时具有多个空间几何对象。为了快速查找到同一要素的空间几何对象，在物理存储上，将同一要素的空间几何按照时间序列顺序进行存储。

　　索引机制。一个要素在要素生命周期中，可以发生多次空间几何变化和属性变化。时空索引的基本原子为空间几何，在其生命周期中只发生两次变化，第一次变化为出现或更替，第二次变化为消亡或被更替。空间几何具有正负号特性，出现为正号（＋），消亡为负号（－），被更新为负号，更新为正号。版本中的空间几何默认为无符号。因此同一空间几何对象在增量中将有一次正原子和一次负原子两种形式出现。任何时刻的快照等于前一快照加上增量，表现为空间几何标识符的集合，即：快照=前一快照+增量，版本是最初的快照。如图3.6所示。

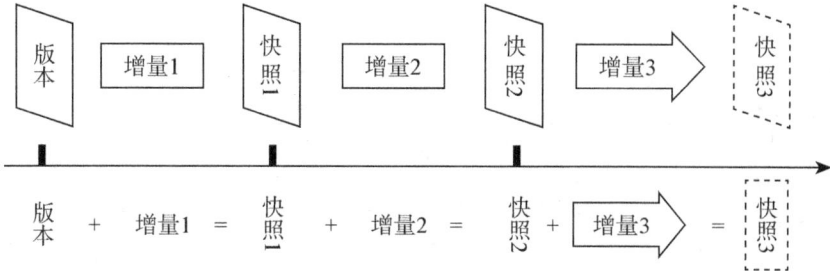

图3.6 同一版本的增量与快照之间的关系

索引树。基于快照—增量的时空索引采用时空双域节点。节点包括两个域：一个是空间几何集，另一个是时间区间，节点体现了时空特性，如图3.7所示。空间几何集分为在时间区间内出现的空间几何标识符的集合、消亡的空间几何标识符集合以及该时间区间开始时刻的快照。其中更替变化的前后两个空间几何分别对应于消亡集合与出现集合。时间区间内的空间几何增量通过出现集合和消亡集合表示。

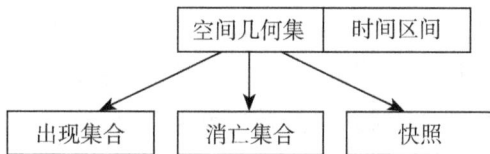

图3.7 时空双域节点

利用时空双域节点，能快速获得时间区间内任何时刻的快照，并能进行时间点查询，时间段查询，基于时间点的空间查询，基于时间段的空间查询，如图3.8所示。

④ 时空数据引擎模型

时空关系计算，包括空间关系计算、时间关系计算和时空关系计算。空间关系计算：DSDE（Dynamic Time and Space Database Engine，即时空数据引擎）应用程序接口（API）能够用来计算空间几何之间的关系。比较函数是布尔操作，该操作检查一个关系的真和假。关系类型包括：相等、不相连、包含/被包

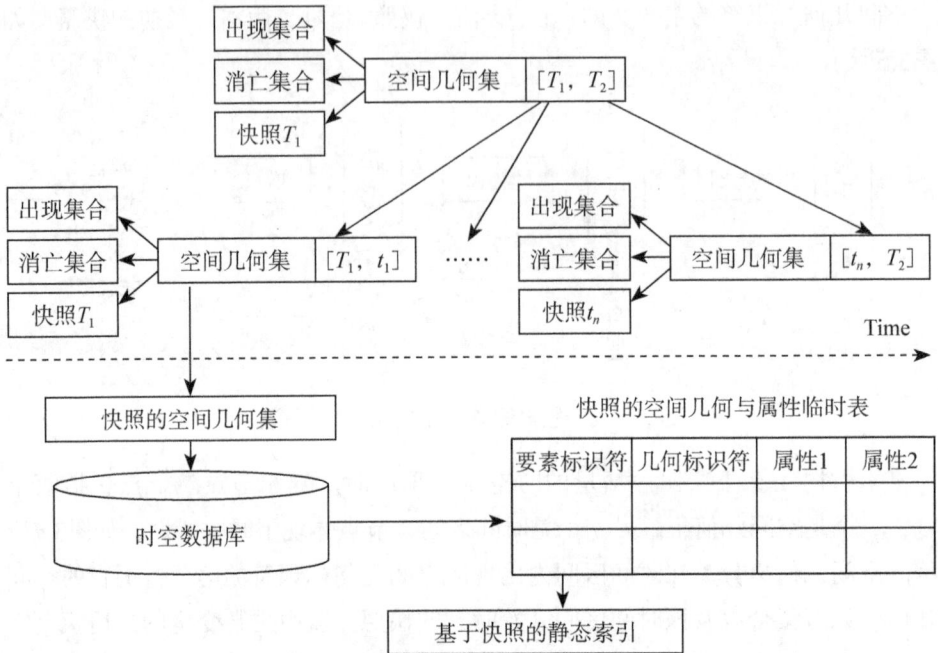

图3.8　快照—增量时空索引结构

含、相接、叠置和交叉。时间关系计算：DSDE应用程序接口（API）能够用来计算时间几何之间的关系。比较函数是布尔操作，该操作检查一个关系的真和假。关系类型包括：事件—事件：之前、同时、之后；状态—状态：之前、之后、相等、同时开始、同时结束、重叠、包含、相邻；状态—事件：之前、之后、开始、结束、相邻。一切复杂的时间关系可以由这些基本时间关系衍生而来。时空关系计算：DSDE应用程序接口（API）能够用来计算要素变化之间的关系。比较函数是布尔操作，该操作检查一个关系的真和假。关系类型包括：单个实体基本变化、转变、移动的表达；多实体间时空过程的关系；多空间实体时空过程组成的空间结构表达。确定相邻空间状态的基本拓扑关系：扩展、收缩、放大、缩小、相连、移动、相等、重叠。

时空操作函数，DSDE应用程序接口（API）能够用来表达时空要素及其状态—事件之间的关系。时空操作函数包括：① 时间操作函数。其中包含时间操作符：有效时间、操作时间、事件时间等；与时间关系操作符，如：start、started by、finish、finishedby、contain、containedby、overlap、overlapedby、 meet、metby、equal、intersect、during等；和时间相交操作符：T-join、TE-join等；② 空间操作函数。③ 基本空间操作函数。④ 时空操作函数。其中包含时空操作符：shrink、expand、reduce、enlarge、connect、disjoint、equal、overlap；与选择操作符。

版本生成函数，生成版本T时刻版本的函数：在相邻时间T_1版本基础上，将$[T_1，T]$时间区间内的增量进行逻辑"加"，从而获得新的版本。其中$[T_1，T]$时间区间内的增量表示在$[T_1，T]$产生的状态、消亡的状态与更新的状态。

其他分析函数，通过API还可对DSDE要素执行几个其他的分析操作。如缓冲区操作包括空间缓冲区操作和时间缓冲区操作。

（4）版本–时空增量模型

版本–时空增量模型综合分析了立方模型、时序快照模型、时空复合模型等时空数据模型的优缺点和适用范围，针对多源海洋数据的特点，在改进基态修正模型的基础上，结合时序快照模型和面向对象的时空数据模型而提出，建立了其逻辑和物理模型。

通过综合分析现有时空数据模型可知，序列快照模型是地理现象随时间变化的原始表达，非常直观和简单，但其数据的冗余是相当巨大的，基态修正模型可以显著地减少这种庞大的时空数据负担，但历史过程查询十分烦琐。所以，结合序列快照模型和基态修正模型，借鉴面向对象的数据模型的优势，针对海洋数据的特点，进行版本–时空增量数据模型的设计，为海洋数据动态管理提供基础。

根据海洋数据的特点，进行时空增量粒度的划分和确定方法，根据海洋数据变化量确定时间增量粒度的划分，根据多尺度表达的比例跨度确定空间增量粒度的划分，在此基础上进行了时空增量库、版本库、历史库和现势库的界定和构建。采用商用Oracle数据库，根据版本–时空增量动态数据库物理模型，以图幅作为空间划分单位，以要素类型作为分层依据，以版本–时空增量作为数据组织方法，进行海洋动态数据库的结构设计；根据不同传感器获取的海岛礁数据的特点和格式，研究数据抽取转换规则，进行数据源接口定义与开发。采用DSDE应用程序接口（API），通过比较函数的布尔操作进行时空关系计算，包括时间关系计算、空间关系计算和时空关系计算；根据时态属性字典的变化和

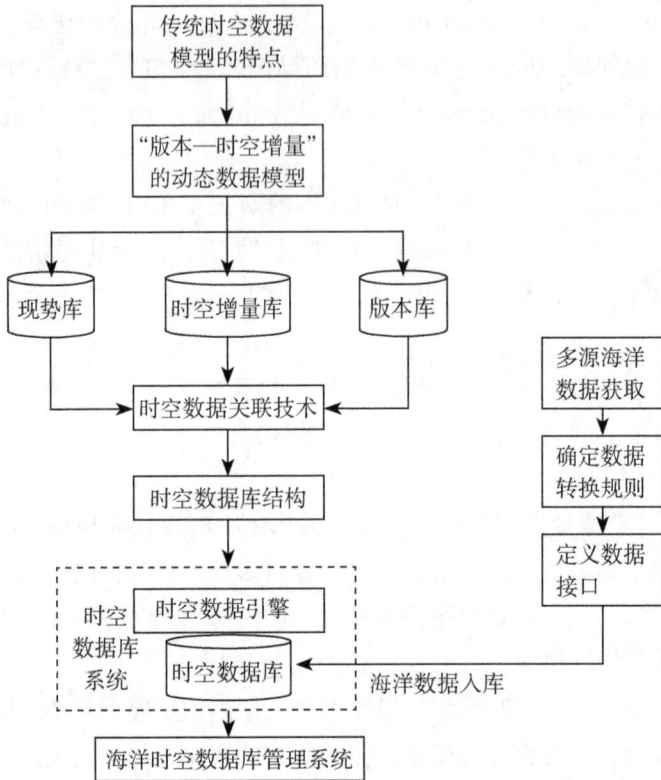

图3.9　版本-时空增量海洋数据管理

多条件的自主历史关联包括空间位置、几何特征、拓扑关系、属性特征、时态信息、比例跨度，实现现势库、历史库、增量库、属性库之间的动态关联。采用C#、Java高级语言进行数据库管理系统的研发，实现海洋时空数据管理、检索、查询等功能。基于版本-时空增量的海洋数据管理如图3.9所示。

3.2.2 本体论

（1）本体论

本体论（Ontology）最早起源于古希腊，原本是一个哲学上的概念，它体现了物质自身的方法逻辑和架构特性。本体论最初被应用到人工智能领域（Hayes，1978；Hayes，1985；Guarino，1998），后逐渐深入到多个研究领域，如知识工程、知识描述、定性建模、数据库设计、信息系统建模、面向对象分析、信息检索和获取、地理信息系统等（Guarino，1998）。本体论主要研究物体的本质属性、存在方式以及如何被剖分、在一定的空间如何分布等（Smith，1982）。本体论、拓扑学、方法论是紧密结合在一起的（Smith 1995；张立国，2006）。

目前研究者比较公认的本体定义是Tom Gruber1994年提出的，概念化是从特定目的出发对所表达的世界所进行的一种抽象的、简化的观察。每一个知识库、基于知识库的信息系统以及基于知识共享的智能都内含一个概念化的世界，或是显式的或是隐式的，本体论是对某一概念化所做的一种显式的解释说明。本体中的对象以及它们之间的关系是通过知识表达语言的词汇来描述的。因此，可以通过定义一套知识表达的专门术语来定义一个本体，以人可以理解的术语描述领域世界的实体、对象、关系以及过程等，并通过形式化的公理来限制和规范这些术语的解释和使用。Borst对此定义进行了修改，认为：本体是共享概念模型的形式化规范的说明。Studer等对上述两个定义进行了深入研究，认为本体是共享概念模型的明确的形式化的规范说明。在国内，陆汝钤院士等从实用的角度出发，对本体定义如下：本体是关于某个主题的形式化和说明性表示，包括它的论域、论域中诸对象的名称、定义及相互关系（杨骏，2007）。

（2）本体的特点

① 详尽性（Exhaustivity），本体描述的广度，即论域内所有的概念和关系是否都能被本体所涵盖。

② 专业性（Specificity），本体描述的深度，即概念和关系从专业角度被精确定义的程度。

③ 描述粒度（Granularity），本体中的概念定义的详细程度，即用词汇对概念和关系进行精确描述的程度。

④ 形式化，本体的形式化程度有四个级别，分别是高度非形式化（自然语言形式）、半非形式化（受限的结构化自然语言形式）、半形式化（人工的、形式定义的语言形式）、严格形式化（形式化的语义、定理和证明）（吴乃鑫，2008）。

（3）本体的类型

依据本体表达的形式化程度对本体进行分类，主要包括以下四个方面：

① 完全非形式化的本体，主要通过人类语言来表现的本体。

② 非形式化的本体，通过结构化受限的自然语言形式表示，减少了概念的

含糊性，从而使概念描述更加清楚。

③形式化的本体，利用事先形式化定义的语言来描述。

④全形式化本体，通过使用形式化的术语、法则和语义来描述，这样就在一定程度上确保了完整性和一致性方面的要求（张上，2014）。

（4）地理本体论

本体论被引入地理信息科学始于Egenhofer和Mark。地理信息本体论研究的是地理信息的概念模型、表达、提取、分析与互操作，是当前地理信息科学中新出现的一个基础和热点问题（杨骏，2007）。地理本体论是研究地理信息科学领域内不同层次和不同应用方向上的地理空间信息概念的详细内涵和层次关系，并给出概念的语义标识（孙敏等，2004）。地理本体理论研究主要包括地理本体的构成理论、基于地理本体空间信息科学，描述地理本体的形式化语言，构造、发布、共享地理本体的工具和方法等内容。这些研究成果都应用于了地理信息集成、检索、和智能体系统设计与开发等多个领域（张上，2014）。

地理学本体论的内涵至少应该包括两个层面，一是某个地理学家或者某个地理学流派的哲学本体论信仰。哲学本体论研究总体性的存在，是对总体性存在的本质和规律的把握，不同的地理学家和地理学流派的世界观信念与本体论信仰是不同的。二是某个地理学理论的本体论预设，即该理论预设了什么样的地理存在（哪些实体），它们具有什么样的性质、构成因素之间具有什么样的关系、如何演化发展等。前者是地理学哲学本体论，后者是地理学科学本体论，而且传统上哲学本体论被认为从逻辑上和认识论上都优先于科学的本体论，地理学科学本体论是在哲学本体论的基本立场之上，是对地理学理论的基本假设（刘凯等，2017）。

本体论的引入，将使人类从"本体"和"本源"上认知客观世界和认识空间数据特征，有效地解决空间数据表达语义的歧义问题，从而更人性地模拟、表达和再现空间对象、空间过程及其相关关系（吴立新等，2005）。近几年，本体论在海洋信息语义表达、海洋数据集成等方面得到一定的研究，并取得了初步成果。

3.2.3 大数据及数据挖掘

2008年9月Nature出版*Big Data*专刊，2011年2月Science出版*Dealing With*

*Data*专刊，指出大数据时代已到来；2012年3月，美国奥巴马政府正式发布了《大数据研究和发展倡议》并启动了该计划，标志着大数据时代的来临（李德仁等，2014）。

（1）大数据的特点

从数据的表现形式看，业界普遍认为大数据具有如下的"4V"特点。

① volume，数据体量巨大，从TB（Tera Byte）级别跃升到PB（Peta Bytes）级别。

② variety，数据类型繁多，如网络日志、视频、图片、地理位置信息等。

③ velocity，处理速度快，实时分析，这也是和传统的数据挖掘技术在本质上的不同。

④ value，价值密度低，蕴含有效价值高，合理利用低密度价值的数据并对其进行准确的分析，将会带来巨大的商业和社会价值（李涛等，2015）。

（2）数据挖掘的概念和特征

在大数据时代，数据的产生和收集是基础，数据挖掘是关键。数据挖掘是大数据中最关键也最有价值的工作。通常，数据挖掘或知识发现泛指从大量的、不完全的、有噪声的、模糊的、随机的数据中，提取隐含在其中的、人们事先不知道的、但又是潜在有用的信息和知识的过程（张引等，2013）。数据挖掘是统计学、数据库技术和人工智能技术的综合运用，是通过在数据库管理系统上综合运用统计和机器学习的方法从大数据集中提取模式的一组技术（张锋军，2014）。

数据挖掘具有以下4个特性（张引等，2013）。

① 应用性，数据挖掘是理论算法和应用实践的完美结合。数据挖掘源于实际生产生活中的应用需求，挖掘的数据来自于具体应用，同时，通过数据挖掘发现的知识又要运用到实践中去，辅助实际决策。所以，数据挖掘来自于应用实践，同时也服务于应用实践。

② 工程性，数据挖掘是一个由多个步骤组成的工程化过程。数据挖掘的应用特性决定了数据挖掘不仅仅是算法分析和应用，也是一个包含数据准备和管理、数据预处理和转换、挖掘算法开发和应用、结果展示和验证以及知识积累和使用的完整过程。而且在实际应用中，典型的数据挖掘过程还是一个交互和循环的过程。

③ 集合性，数据挖掘是多种功能的集合。常用的数据挖掘功能包括数据探索分析、关联规则挖掘、时间序列模式挖掘、分类预测、聚类分析、异常检测、数据可视化和链接分析等。一个具体的应用案例往往涉及多个不同的功能。不同的功能通常有不同的理论和技术基础，而且每一个功能都有不同的算法支撑。

④ 交叉性，数据挖掘是一个交叉学科，它利用了来自统计分析、模式识别、机器学习、人工智能、信息检索、数据库等诸多不同领域的研究成果和学术思想。

（3）数据挖掘的任务和方法

数据挖掘主要用于完成以下6种不同任务，同时也对应着不同的分析方法：分类（Classification）、估值（Estimation）、预测（Prediction）、相关性分组或关联规则（Affinity Grouping or Association Rules）、聚集（Clustering）、描述和可视化（Description and Visualization）。一般地，数据挖掘的功能有两类，即描述和预测。描述性挖掘用于展现集体数据的一般特性，而预测性挖掘用于推算处理数据，完成预测目的。数据挖掘功能同目标数据的类型有关，有些功能适用于不同类型的数据，有些功能则只适用于某种特定数据（程陈，2014）。

挖掘方法大致分为：机器学习方法、神经网络方法和数据库方法。机器学习可细分为：归纳学习方法、基于范例学习、遗传算法等。神经网络方法可细分为：前向神经网络、自组织神经网络等。数据库方法主要是多维数据分析或联机分析处理（on-line analytical processing，OLAP）方法，另外还有面向属性的归纳方法（张引等，2013）。

（4）大数据时代数据挖掘热点和挑战

大数据时代数据挖掘的焦点集中在以下几个方面：

① 寻求数据挖掘过程中的可视化方法，使知识发现过程能够被用户理解，便于在知识发现过程中的人机交互。

② 研究在网络环境下的数据挖掘技术，特别是在Internet上建立数据挖掘和知识发现（DMKD，Data Mining and Knowledge Discovery）服务器，与数据库服务器配合，实现数据挖掘。

③ 加强对各种非结构化或半结构化数据的挖掘，如多媒体数据、文本数据

和图像数据等（陶雪娇等，2013）。

大数据时代的来临使得数据的规模和复杂性都出现爆炸式的增长，促使了不同应用领域对数据挖掘技术的需求。在应用领域中，如海洋领域、医疗保健、出行模式、位置服务等，一个典型的数据挖掘任务往往需要复杂的子任务配置，需要整合多种不同类型的挖掘算法以及在分布式计算环境中高效运行。因此，在大数据时代进行数据挖掘应用的一个当务之急是要开发和建立计算平台和工具，支持应用领域的数据分析人员能够有效地执行数据分析任务。现有的数据挖掘工具（如Weka、SPSS和SQL Server等）提供了友好的界面，方便用户进行分析。然而，这些工具并不适合实现真正的大数据分析。同时使用这些工具时，用户很难添加新的算法程序（李涛，2015）。

3.2.4 人工智能

（1）人工智能的概念和内涵

人工智能（Artificial Intelligence，简称AI），作为计算机学科的一个重要分支，由McCarthy于1956年在Dartmouth学会上正式提出，在当前被人们称为世界三大尖端技术之一。美国斯坦福大学著名的人工智能研究中心尼尔逊（Nilson）教授这样定义人工智能：人工智能是关于知识的学科——怎样表示知识以及怎样获得知识并使用知识的学科。另一名著名的美国大学麻省理工大学（MIT）的Winston教授认为：人工智能就是研究如何使计算机去做过去只有人才能做的智能工作。除此之外，还有很多关于人工智能的定义，至今尚未统一，但这些说法均反映了人工智能学科的基本思想和内容，由此可以将人工智能概括为研究人类智能活动的规律，构造具有一定智能行为的人工系统（邹蕾和张先锋，2012）。

人工智能是研究、开发用于模拟、延伸和扩展人的智能的理论、方法、技术及应用系统的一门新的技术科学。它是计算机科学的一个分支，企图了解智能的实质，并生产出一种新的能以与人类智能相似的方式做出反应的智能机器。该领域的研究包括机器人、语言识别、图像识别、自然语言处理和专家系统等。人工智能从诞生以来，理论和技术日益成熟，应用领域也不断扩大，可以设想，未来人工智能带来的科技产品，将会是人类智慧的"容器"。人工智能可以对人的意识、思维的信息过程进行模拟，人工智能不是人的智能，但能像人那样思考、也可能超过人的智能。

人工智能是一门极富挑战性的科学，从事这项工作的人必须懂得计算机知识、心理学和哲学。人工智能包括十分广泛的科学领域，如机器学习、计算机视觉等，总的说来，人工智能研究的一个主要目标是使机器能够胜任一些通常需要人类智能才能完成的复杂工作。但不同的时代、不同的人对这种"复杂工作"的理解是不同的。

（2）人工智能的发展态势

① 人工智能发展进入新阶段。经过60多年的演进，特别是在移动互联网、大数据、超级计算、传感网、脑科学等新理论新技术以及经济社会发展强烈需求的共同驱动下，人工智能加速发展，呈现出深度学习、跨界融合、人机协同、群智开放、自主操控等新特征。大数据驱动知识学习、跨媒体协同处理、人机协同增强智能、群体集成智能、自主智能系统成为人工智能的发展重点。受脑科学研究成果启发的类脑智能蓄势待发，芯片化、硬件化、平台化趋势更加明显，人工智能发展进入新阶段。当前，新一代人工智能相关学科发展、理论建模、技术创新、软硬件升级等整体推进，正在引发链式突破，推动经济社会各领域从数字化、网络化向智能化加速跃升。

② 人工智能成为国际竞争的新焦点。人工智能是引领未来的战略性技术，世界主要发达国家把发展人工智能作为提升国家竞争力、维护国家安全的重大战略，加紧出台规划和政策，围绕核心技术、顶尖人才、标准规范等强化部署，力图在新一轮国际科技竞争中掌握主导权。当前，我国国家安全和国际竞争形势更加复杂，必须放眼全球，把人工智能发展放在国家战略层面系统布局、主动谋划，牢牢把握人工智能发展新阶段国际竞争的战略主动，打造竞争新优势、开拓发展新空间，有效保障国家安全。

③ 人工智能成为经济发展的新引擎。人工智能作为新一轮产业变革的核心驱动力，将进一步释放历次科技革命和产业变革积蓄的巨大能量，并创造新的强大引擎，重构生产、分配、交换、消费等经济活动各环节，形成从宏观到微观各领域的智能化新需求，催生新技术、新产品、新产业、新业态、新模式，引发经济结构重大变革，深刻改变人类生产生活方式和思维模式，实现社会生产力的整体跃升。我国经济发展进入新常态，深化供给侧结构性改革任务非常艰巨，必须加快人工智能深度应用，培育壮大人工智能产业，为我国经济发展

注入新动能。

④ 人工智能带来社会建设的新机遇。我国正处于全面建成小康社会的决胜阶段，人口老龄化、资源环境约束等挑战依然严峻，人工智能在教育、医疗、养老、环境保护、智慧海洋、信息服务等领域广泛应用，将极大提高公共服务精准化水平，全面提升人民生活品质。人工智能技术可准确感知、预测、预警基础设施和社会安全运行的重大态势，及时把握群体认知及心理变化，主动决策反应，这将显著提高社会治理的能力和水平，对有效维护社会稳定具有不可替代的作用。

⑤ 人工智能发展的不确定性带来新挑战。人工智能是影响面广的颠覆性技术，可能带来改变就业结构、冲击法律与社会伦理、侵犯个人隐私、挑战国际关系准则等问题，将对政府管理、经济安全和社会稳定乃至全球治理产生深远影响。在大力发展人工智能的同时，必须高度重视可能带来的安全风险挑战，加强前瞻预防与约束引导，最大限度降低风险，确保人工智能安全、可靠、可控发展（摘自《新一代人工智能发展规划》，2017）。

3.2.5 粒子流理论

（1）粒子系统概述

粒子系统是由Reeves在1983年定义的用以表达运动模糊、外形不规则对象的理论方法。该理论的核心思想是用众多的微小颗粒表达模糊对象。众多小颗粒均有自己的属性信息，研究者可以根据被表达对象的物理特征、运动规律等对粒子的大小、形状、生命周期、重量密度等进行设置，在模拟过程中通过外部影响因子控制粒子的宏观运动以达到逼真模拟模糊对象的目的。

粒子系统采用了一套完全不同于以往造型、绘制系统的方法来构造、绘制景物，它由成千上万个不规则的随机分布的粒子所组成，而每个粒子均有一定的生命周期，它们不断地改变形状、不断运动，都将经历出生、活动、死亡的过程。同时，为使粒子系统所表示的景物具有良好的随机性，粒子的属性均要受到一个随机过程的控制。一般而言，粒子系统描述物体的过程如下：

① 分析模拟对象的静态状态和静态属性，初始化粒子的属性。

② 分析模拟对象的动态状态和动态属性，建立粒子属性的动态变化特性。

③ 向系统中加入一定数量的粒子，赋予每一新粒子一定的属性。

④ 删除已经超过生命周期的粒子，即死亡的粒子。

⑤ 根据粒子的动态属性对粒子进行移动、变换和更新。

⑥ 绘制并显示有生命的粒子组成的图形。

上述步骤③、④、⑤、⑥的循环就生成了模拟物体的动态变化过程。

（2）采用粒子系统实现可视化

粒子流系统在海洋领域一般应用于海流、海浪等海洋要素的可视化，其实现过程如下。

① 粒子流的属性，包括初始位置和大小、初始运动速度和方向、初始颜色、初始透明度、初始形状、生命周期等。一般粒子的初始位置和大小、初始运动方向由粒子发射器的形状决定，常用的基本形状有：球面、平面、长方形等。

初始速度　$v(f_0)=$ 平均速度v_m*rand（）*速度方差v_v

初始颜色　$c(f_0)=$ 平均颜色c_m*rand（）*颜色方差v_c

初始透明度　$t(f_0)=$ 平均透明度m_t*rand（）*透明度方差t_v

生存期　$l(f_0)=$ 平均生存期l_m*rand（）*生存期方差l_v。

② 粒子流的产生，粒子流的产生用随机函数来控制，对每一粒子属性参数均确定其变化范围，在该范围内随机地确定它的属性值，而其变化范围则由给定的平均期望值和最大方差来确定，基本表达式为

$$np_p(f_i)=mp_p(f_i)+\text{rand（）}*vp_p(f_i) \tag{3.1}$$

式中，rand（）是 $[-1,1]$ 上均匀分布的随机函数，$mp_p(f_i)$ 和 $vp_p(f_i)$ 是第 f_i 帧新产生粒子数目的均值和方差。一般，方差定义为事先给定的常数；均值 $mp_p(f_i)$ 可以采用较简单的线性函数：

$$mp_p(f_i)=mp_p(f_0)+\Delta m_p*(f_i-f_0) \tag{3.2}$$

式中，f_0 是粒子系统被激活的帧号，$mp_p(f_0)$ 是第 f_0 帧新产生粒子数目的平均值，Δm_p 是粒子变化率（变化或常量）。

③ 粒子流的活动，一旦粒子产生，被赋予初始属性，粒子开始进行活动，形成粒子流直至死亡。已知第 f_{i-1} 帧时粒子的属性值，则第 f_i 帧时粒子的属性值可由下式计算得到：

粒子位置　$p(f_i)=p(f_{i-1})+v(f_{i-1})*(f_i-f_{i-1})$

粒子速度　$v(f_i)=v(f_{i-1})+a*(f_i-f_{i-1})$

粒子颜色　$c(f_i)=c(f_{i-1})+\Delta c*(f_i-f_{i-1})$

粒子透明度　$t(f_i)=t(f_{i-1})+\Delta t*(f_i-f_{i-1})$

粒子生存期　$l(f_i)=l(f_{i-1})-1$

式中，f_i 为帧号，$i=0$，1，2，$\cdots$，n，当 $i=0$ 时为粒子的初始属性，a、Δc、Δt 为粒子的加速度、颜色alpha变化率、透明度变化率。

④ 粒子的死亡，一般粒子死亡有两种情况：粒子的生存周期结束；粒子属性或运动超出了给定的阈值。

⑤ 纹理映射，一般的纹理映射方法中，主要是正向纹理映射方法和反向纹理映射方法（王治刚等，2002）。

3.3 智慧海洋体系框架

智慧海洋物理框架，如图3.10所示，包括四部分。

① 海洋数据感知系统，是由海洋化学、海洋物理、海洋生物、海洋水文等传感器组成的智能海洋传感器网络，智慧海洋数据感知和数字海洋的数据获取不同，是指实时/准实时海洋全方位立体感知。

② 海洋数据通信和集成系统，是由卫星通信、有线通信、无线通信、移动通信、海洋专用通信网组成的网络系统，包括Internet网、无线局域网、3G/4G移动通信网、P2P（Peer-To-Peer）网络等数据传输网和程序通信网络，如格网计算和云计算网络等。智慧海洋是以数字海洋为基础，这部分也包括数字海洋建设所形成的海洋通信网络和数据传输网络，智慧海洋是在整合数字海洋通信基础设施基础的基础上，增减新的信息传输系统。

③ 智能数据处理系统，是在大数据技术、数据仓库技术、人工智能、深度学习、数据挖掘算法、专业模型等支持下的对海洋数据和海洋大数据所进行深入的、分析性的、以发现规律为目的的智能化处理。

④ 海洋智能信息服务系统，在智能数据处理系统的支持下，研发海洋信息服务平台、海洋灾害应急管理系统、海洋环境保护系统、智慧海洋旅游系统等海洋系统，面向涉海政府部门、海洋研究院所、海洋行业部门、公众等用

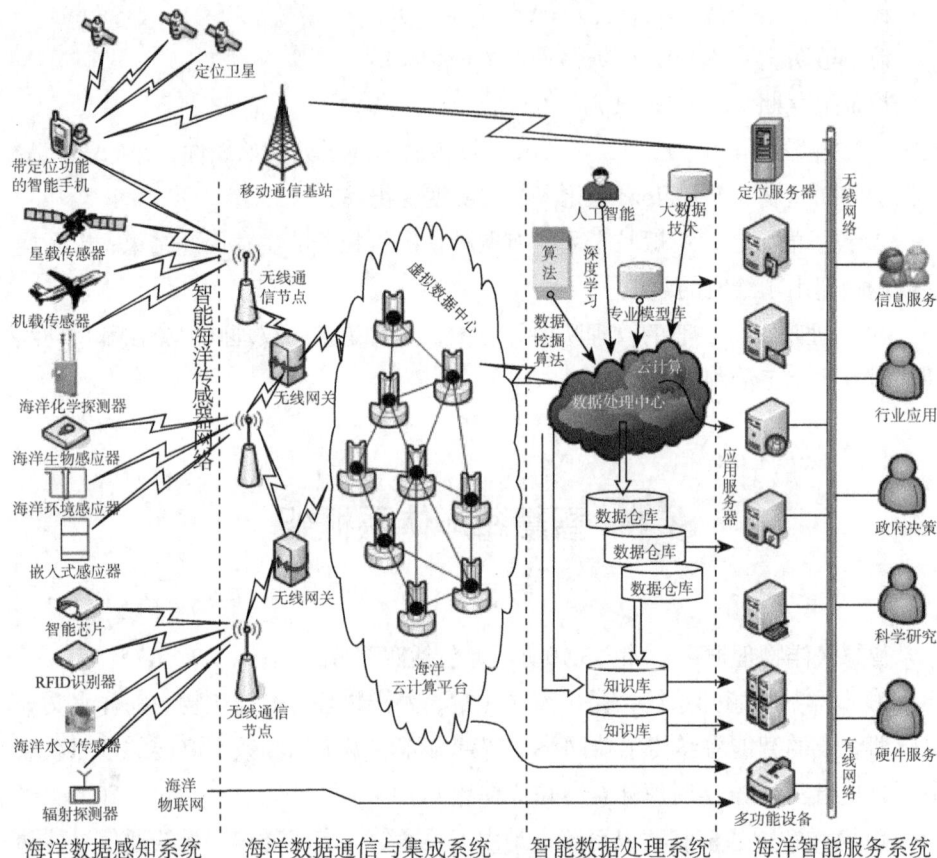

图3.10 智慧海洋框架

户提供智能化的信息服务。所谓智能化信息服务，是指实时的、虚拟化的（不关心服务的提供者）、灵性的服务。即于万千服务中挑选最恰当的服务（Right Service）、在最恰当的时间（Right Time）、最恰当的地点（Right Location）、提供给最需要的人（Right People），即4R服务。

智慧海洋逻辑结构是在数字海洋逻辑结构基础上增加了智能支撑层，分为五个层次，如图3.11所示，分别是基础支撑层、数据集成平台、基础服务平台、数字海洋应用系统和智能支撑平台。基础支撑层包括技术基础、硬件设施和政策法规、标准等保障基础；数据集成平台、基础服务平台和应用系统都是在智能支撑平台所提供的大数据处理技术、数据挖掘技术、人工智能、深度学习、可视分析技术、智能服务模式等技术支撑下具有智能性，充分体现了智慧海洋的特点。

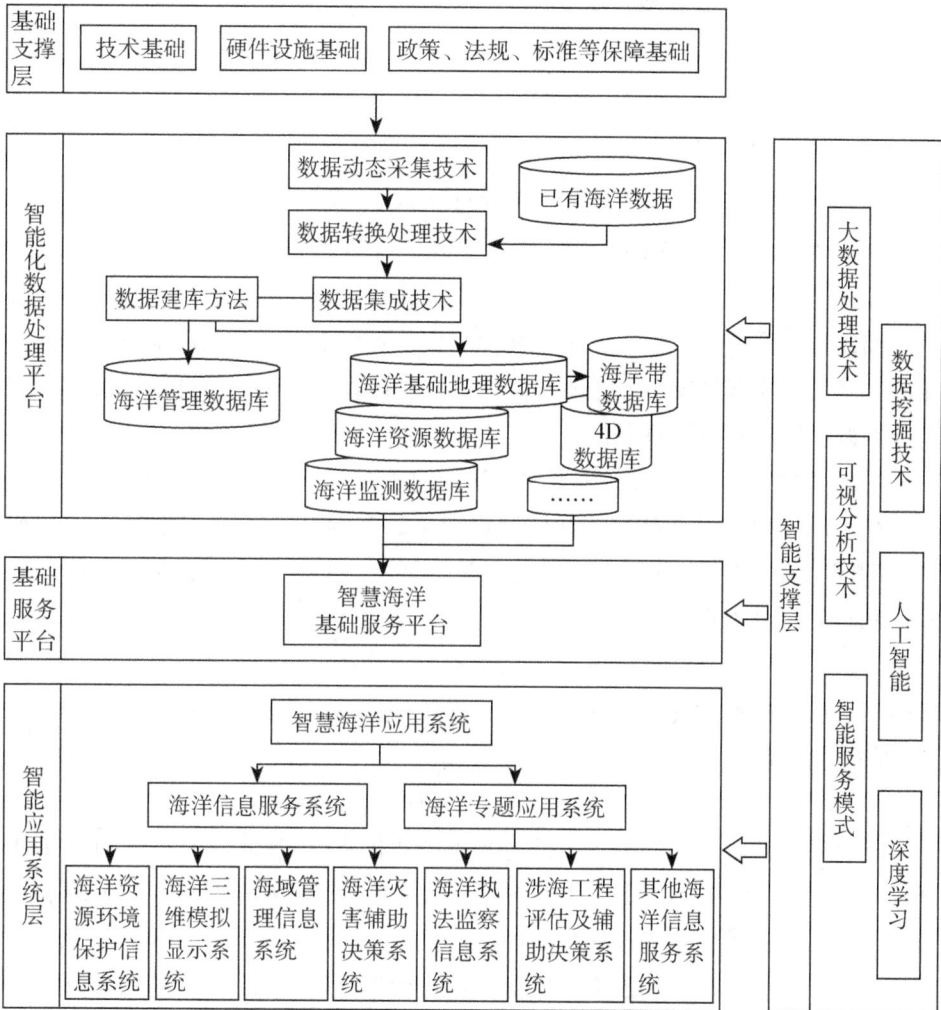

图3.11　智慧海洋逻辑结构

3.4 智慧海洋的建设

3.4.1 智慧海洋建设方案

我国智慧海洋建设应从以下几个方面着手。

（1）整合已有信息基础设施

近几年我国数字海洋、智慧城市建设中建立了较完善的硬件基础设施和信息基础设施，采用互利共享、统一管理等方法对以上信息基础设施进行整合，在此基础上增建部分智慧海洋所急需的专业基础设施和专用信息基础设施，构建智慧海洋信息基础设施。

（2）加强海洋传感器网络等硬件设施的建设

智慧海洋建设是在数字海洋的建设成果的基础上进行的，"数字"和"智慧"的区别首先在"感知"，感知要通过物联网，所谓物联网就是对互联网的延伸和扩展，将用户端延伸和扩展到了任何物理世界的事务之间。所以，在数字海洋成果基础上增加海洋信息获取相关的传感器，特别是增加具有智能性的符合信息时代标准的先进传感器，以及构建智慧海洋传感器网络，是实现智慧海洋的首要问题。

（3）促进智慧海洋基础理论和技术的创新

智慧海洋建设应该与新一代信息技术产业发展形成良性互动，要注重人工智能、深度学习、数据挖掘、可视分析等理论模型和基础技术的研究和创新，促进智慧城市基础的原创性成果的涌现，使智慧海洋建设建立在坚实的理论技术基础之上。智慧海洋建设应借鉴智慧城市初期建设时的经验，避免出现注重形式、流于概念操作、追大流、重复建设等混乱局面，应踏踏实实走技术支撑的路子。

（4）注重走产学研相结合的道路

不仅要鼓励智慧海洋基础理论和技术的创新，而且要注重科研成果的转化，走产学研相结合的道路。因为智慧海洋建设不能停留于研究领域，更多偏重于工程项目。通过国家海洋主管部门、科技部门、海洋行业部门等投资以科研项目规划引导等方式，加强智慧海洋理论模型和基础技术成果的转发，真正为解决智慧海洋建设中出现的问题、为智慧海洋应用服务。

（5）强调海洋信息系统的集成

利用数字海洋迅猛发展所带来的成果——各种相对孤立的海洋信息系统，从系统论的角度进行集成，使之达到有机结合、在线连接、实时处理、具有整体性和智能性。这样既节省重建的资金和时间，也符合智慧海洋发展的趋势，避免只为短暂利益的"信息孤岛"的存在。

（6）培养智慧海洋领域高端人才

科技的发展重在人才，智慧海洋建设是当前信息技术、传感网络技术、物联网技术、大数据技术等先进技术在海洋领域应用的集中体现，是当前科技界的潮流和前沿。要实现智慧海洋的长远发展，必须注重智慧海洋高端人才的培养，着重培养既懂海洋专业知识、又掌握现代信息技术的复合人才和具有信息化时代创新思维和技术的高端人才。

（7）强化公众的智慧海洋科普教育

在大数据时代，公众不仅是智慧海洋建设的受益者，同时也是智慧海洋建设的参与者，特别在数据获取方面，在"人人都是传感器"的时代，众源数据已经成为空间信息服务领域的重要的、不可或缺的数据源。由于海洋的自然特性、人类主要在陆地活动等原因，智慧海洋领域缺乏众源数据、更谈不上众源数据的利用，所以应强化公众的与智慧海洋相关的科普教育，引导公众参与到智慧海洋建设中。只有提高公众对智慧海洋的认知度，才能真正全面挖掘公众参与智慧海洋建设的潜力。

（8）选择优先发展的领域展开实践

选择海洋急救信息系统、智慧海洋旅游、海洋灾害应急决策支持系统、海洋环境保护信息管理系统等智慧海洋急需和见效快的领域进行优先发展，在此基础上全面建设智慧海洋。

3.4.2 建设中面临的问题

总结数字海洋、智慧城市建设中出现的问题，结合智慧海洋建设本身的条件和特点，我国智慧海洋建设需要注意的问题如下。

（1）智慧海洋的规划与整合问题

智慧海洋因强调智慧性，所以比数字海洋更具有"软"特点，只靠硬性指标、短期考核很难正确衡量。智慧海洋是一个只有起点没有终点的长期持续的系统工程，只有做好顶层设计，才能推进系统工程。智慧海洋要在规划中整合数字海洋和智慧城市已有信息基础设施和信息系统，在整合中要结合时代需要和技术背景进行合理规划。

（2）智慧海洋的标准规范问题

数字城市和智慧城市建设中都存在重复建设、各自为政、很难统一管理的问题，要从根本上克服智慧海洋出现类似问题，首先必须建立智慧海洋相关标准，包括相关的海洋数据标准、海洋服务规范等。在市场经济形势下仅仅依靠行政的手段对智慧海洋进行约束和管理已不能解决以上问题，只有依靠技术标准和规范来对智慧海洋的硬件、软件、数据、服务等进行约束才能从根本上解决此类问题。要在数字海洋已有标准体系下，加强智能系统、信息服务模型等标准和规范的制定。

（3）智慧海洋的信息安全问题

海洋相关信息部分属于涉密信息，关系到国家的安全和权益，所以建设智慧海洋首先需要解决网络安全问题、确保海洋信息安全，这是智慧海洋最终得以全面实现的保障。可以从两个方面着手进行研究解决，一是从技术角度，即研究数据加密、服务认证和访问权限技术，研究查杀病毒、防止黑客、清除垃圾文件的相关技术；另一方面就是通过出台相关的法律法规来约束和保障信息安全。利用云计算技术在海量数据统计分析的基础上实现云安全是未来海洋信息安全领域的一个重要方向。

（4）智慧海洋系统的智能性和可扩展性

智慧海洋和数字海洋的区别在于是否具有智能性，所谓智能性是指集约、绿色、透明、可持续地认知海洋、管理海洋、开发海洋。反映在具体技术领域，就是海洋数据的智能提取和处理、海洋相关信息服务的智能化等，这离不开现代信息技术和人工智能等技术的支持。另一方面，智慧海洋建设要在良好的顶层设计的基础上，从可持续发展的高度规划智慧海洋信息系统，使其具有可扩展性和长效性。

第4章 透明海洋发展和展望

4.1 透明海洋概念和内涵

4.1.1 透明海洋的概念

透明海洋是指针对特定海区，实时或准实时地获取和评估不同空间尺度海洋环境信息，研究其多尺度变化及其气候资源效应机理，并以此为基础，预测未来特定一段时间内海洋环境、气候及资源的时空变化，使海洋"透明化"（李剑桥，2015；吴立新，2015）。透明海洋中的特定海区主要指关乎我国资源、环境、气候和国防安全的核心战略海区，即西太平洋—南海—印度洋。该海区不仅对我国海洋资源开发、海洋经济发展、海洋防灾减灾、海防安全和通道安全、海洋生态文明建设构成直接影响，还是我国海洋强国战略、21世纪海上丝绸之路倡议实施的重要空间载体，是我国海洋事业发展的核心利益所在。

从技术角度看，透明海洋是通过建立集卫星遥感平台、水下观测平台和台站观测平台为一体的，覆盖西太平洋、南海、印度洋的海洋观测系统，实时或准实时获取这一海区不同空间尺度的海洋环境综合信息，研究其物质能量运输过程中多尺度变化和气候变化的预报和预测系统，服务于国家海防安全与航道安全、海洋生态环境与资源安全、海洋防灾减灾以及应对气候变化（王晶，2015）。

4.1.2 透明海洋的内涵

透明海洋在空间上是一个拓展的概念，即以西太平洋—南海—印度洋观测系统和科研体系建设为基本载体，逐步实现从透明陆架海、透明南海、透明西太平洋、透明印度洋向南大洋和两极的拓展。此外，还将通过海洋观测预测国际合作机制的构建，实现国际海洋观测体系的有机整合和协同发展，推动建立可持续的、综合性的全球海洋观测系统，对全球海洋的未来发展给予诊断、预测及应对，维护全球海洋生态系统的可持续发展。透明海洋主要由三部分组成：一是海洋观测工作；二是对海洋过程及其变化机理的理解；三是在观测及机理研究的基础上预测海洋（吴立新，2014）。

4.2 透明海洋特征和功能

4.2.1 透明海洋的特征

透明海洋的特征有以下几点（倪国江，2017）。

（1）高科技性

高科技性主要体现在立体化海洋观测系统建设和海洋资源环境信息开发利用两个方面。立体化海洋观测系统是用于海洋资源环境要素观测的一系列高技术与装备集合，主要由卫星、飞机、船舶、观测站、雷达、浮标、水下滑翔器、水下机器人等构成。海洋资源环境信息的开发利用是一个包含信息获取、传输、处理、分析、利用等多个环节的价值创造链条，现代信息技术在其中发挥着穿针引线作用，将每个环节紧密相连，最终将海洋资源环境信息"透明化"，服务海洋开发与发展。

（2）高系统性

透明海洋的高系统性，表现为运行过程、参与要素、参与学科等的系统性。海洋资源环境信息的采集、处理与应用，是一个完整的且不断循环往复的过程，由此构成一个复杂庞大的系统，为海洋开发与持续发展提供必要的信息资源。在海洋观测和海洋资源环境信息处理系统中，现代高端专业人才和高科技海洋技术装备等必不可少，形成了高科技支撑体系，通过发挥各要素的协同作用，保障系统的有效运行并创造价值。透明海洋的系统性还表现为支撑学科的多样性，海洋科学、海洋技术以及数学科学、网络技术、信息技术、通信技术、材料科学、经济学、管理学、法学等多个学科的共同参与和交叉融合，构成了透明海洋的学科支撑基石。

（3）高信息化

信息技术在海洋领域的创造性应用，带来海洋资源环境状况的高度信息化、资源化，这是透明海洋的一个重要特征。海洋资源环境信息是指人们通过科技手段获取的关于海洋资源环境运动状态、方式的知识和情报。海洋信息化则是指利用信息技术，开发利用海洋资源环境信息，通过信息交流和共享机制的运作，发挥信息作用，提高海洋科研和生产能力，改善沿海居民生活质量。

（4）高价值性

透明海洋的建设和运行过程，是一个系统性的高价值创造过程，其价值体现在信息资源创造、人才培养、高科技装备创新以及海洋科学发展等多个方面。透明海洋带来的海洋资源环境信息，使得海洋的状态透明、过程透明及变化透明，为海洋经济发展、海洋防灾减灾、海洋权益维护等提供信息保障；透明海洋的建设和运行，离不开专业型人才，因此能够培养一大批海洋观测、海洋信息加工处理、海洋科学研究等领域的高精尖人才；透明海洋建设的深入实施，需要高科技装备支撑，由此可激发人们的创新意愿和动力，推动观测技术与装备的不断创新和应用；海洋资源环境信息的不断完善和充分利用，也为海洋科学研究提供了重要的信息资料，带动海洋科学不断创新发展。

4.2.2 透明海洋的功能

透明海洋的功能和作用如下（倪国江，2017）。

（1）经济功能

透明海洋的经济功能是指其在海洋资源开发和海洋经济发展中所体现的能力。主要包括四个方面：① 供给海洋资源开发状况和开发潜力信息，为实现海洋资源开发合理有序的目标提供科学依据；② 供给海洋环境和气候信息，为港口运输、海上捕捞、海上油气开发等作业活动提供安全生产保障；③ 伴随立体化海洋观测系统与海洋信息管理系统建设，带动海洋观测技术与装备及海洋信息技术创新，促进海洋观测与海洋信息产业发展；④ 通过对海洋资源环境信息的综合运用，对海洋经济发展前景做出预测。

（2）社会功能

透明海洋的一项重要功能是服务社会发展，是社会安全保障体系的重要组成部分，主要通过提供海洋环境信息预报来实现。通过透明海洋系统的建设和运行，采集和应用海洋环境和气候信息，可以及早预测气候变化、异常海况、海洋灾害及海洋污染情况，并据此做出应急决策，实施预防措施，降低灾害损害强度，保证沿海居民生产、生活安全，促进沿海社会可持续发展。同时，海洋环境信息预报还为人们安排日常生产生活提供了重要指南，有利于社会的稳定和发展。

（3）科技功能

透明海洋的科技功能包括促进海洋观测技术与装备创新和海洋科学研究发展两个方面。海洋观测技术与装备是目前发达沿海国家重点发展的高新技术领域，不仅为立体化海洋观测系统提供了高端技术与装备条件，同时还带动海洋观测产业的形成与发展，成为具有国际竞争力的高技术海洋产业部门。透明海洋建设带来的大量海洋资源环境信息为海洋科学研究提供了必要的数据资料，为科学家深入开展海洋动力过程与气候、海洋生态系统演变、海洋环境与海底资源效应等重大科学问题研究提供了可能。

（4）安全功能

海洋安全是一个包含海洋资源安全、海洋经济安全、海洋环境安全以及海防与通道安全等的综合性概念，透明海洋建设的一个重要目的即是维护海洋安全，尤其是海洋环境安全及海防与通道安全。当前，我国海洋灾害发生频率增多，南海、东海主权争端激烈，海上石油和贸易通道威胁增强，海防安全系数减弱。保障海洋安全，需要加强对海洋资源环境状态的了解、分析和研究，因此需要建立一个完善的海洋观测预报体系，实现海洋透明化，为海洋安全服务。

（5）竞争功能

海洋观测与预报能力建设是当前国际海洋科技竞争的焦点，发达沿海国家在海洋观测技术与装备创新、海洋观测系统建设及海洋科学研究等方面已取得领先优势，相比之下，我国具有明显差距，海洋观测预报能力严重不足，国际竞争力薄弱，不能满足需求。我国是一个海洋大国，海洋对国家经济社会长远发展具有战略性影响。随着海洋强国和21世纪海上丝绸之路建设的推进，海洋观测预报能力建设必然成为我国取得海洋竞争优势的关键领域，透明海洋建设已急不可待。

4.3 透明海洋建设和展望

4.3.1 透明海洋建设目标

透明海洋实施目标主要是四个方面。

① 形成一批海洋观测、探测和预测的关键设备的研制技术，带动我国海洋仪器产业的发展。

② 构建西太平洋—南海—印度洋观测和预测系统，建成"透明西太平洋—南海—印度洋"，形成支撑海洋科学与国家重大海洋战略需求的能力。

③ 建立西太平洋—南海—印度洋多尺度能量、物质输运和交换的重大基础理论，形成具有国际水平的海洋环境、资源与气候新的前沿交叉学科体系，引领我国深海科技的发展。

④ 建立3～5个世界一流的深海研究创新团队，创建培养深海复合型人才的新模式，形成满足海洋科学与技术协同创新需求的人员聘用、人才培养新模式，成为国际海洋领域交流与合作最为活跃的平台之一（吴立新，2015）。

4.3.2 透明海洋的展望

透明海洋从空间区域看，包括南海、西太平洋和印度洋，对于实施范围为我国全部海域、甚至全球海洋的智慧海洋来说，透明海洋可以作为智慧海洋的一部分；透明海洋从建设任务看，着重在构建特定海域的海洋观测系统上，对于以数据获取系统、数据智能处理系统、智能应用系统为建设目标的智慧海洋，透明海洋可以作为智慧海洋的一个阶段。所以，可以把透明海洋的实施和建设纳入到国家智慧海洋建设中，透明海洋将随着智慧海洋的实施和建设而蓬勃发展。

今后，将海洋科学发展中对服务社会需求有重要意义的新的研究和成果，纳入已有的透明海洋观测体系中，不仅能获取更多的数据，加强海洋与气候响应模式的发展，还将增加对已有观测系统的支撑与投入。全国的科研力量应对海洋资源的可持续利用问题进行探索和协作，通过建立一个可持续的、综合的海洋观测系统，对全国乃至全球海洋的长期未来发展给予诊断、预测及应对，维护地球系统的可持续发展；应围绕中国海洋科学发展观问题，通过与国际研究机构的合作，构建和平、和谐、合作关系，将透明海洋计划推向更深更远的层次（吴立新，2015）。

我国是海洋大国，海洋在国家战略中占有重要的地位，在信息革命和大数据时代，要抓住人工智能、智能控制等新一代信息技术的发展机遇，促进透明海洋、智慧海洋的发展，实现海洋信息获取从宏观到微观的普及化，从天空到深海、从陆架到远海的一体化；实现超海量海洋时空信息处理的实时化、自动化、高效化和智能化；实现海洋信息管理的集成化和虚拟化；实现包括计算资源、海洋数据和服务高度共享的格网化和智能化；实现海洋信息服务的实时、快速、精确和智能化。

第2篇

技术篇

第5章 智慧海洋信息基础

5.1 海洋数据类型和特点

5.1.1 海洋数据类型

按照数据内容可以将海洋数据分为以下几类。

（1）海洋水文物理数据，包括海洋温度、盐度、密度、水深等数据。

（2）海洋动力数据，包括潮汐、海流、波浪相关数据，海洋气象数据，季节性数据。

（3）海洋化学数据，包括海水氯度、盐度、溶解氧、pH、硅酸盐、磷酸盐、硝酸盐等要素的含量数据。

（4）海洋生物数据，包括鱼类、鸟类（包括候鸟迁移路线、繁殖场、海岸鸟类、潜水鸟类）、哺乳动物（海洋哺乳动物、海岸哺乳动物）、海洋微生物、海洋无脊椎动物和植被等。

（5）海洋地貌数据，包括海岸线、高程、流域范围、水深，沉积物和泥沙、沿海土壤，海洋与海岸地质，含水层资料。

（6）海洋政界数据，包括管辖边界、行政边界、立法边界、地籍边界，领海、内海、大陆架、专属经济区、专属渔区，海洋划界等相关数据。

（7）海洋经济数据，海岸带及近海开发利用（包括商业捕捞、水产养殖、渔业加工、废物处理），土地覆盖、建筑许可证、区域规划，突发事件、废物排放和废物处理，渔业和其他旅游业等相关数据。

5.1.2 海洋数据特点

受制于海洋物理世界的特点，海洋数据具有以下特点：

（1）全局动态性

海洋无时无刻不处于动态变化之中，海洋数据也不可避免地具有动态性的特征。海洋数据的动态性特征表现最明显的是海洋现象的动态性。海洋现象的动态性不同于陆上的动态性，每时每刻都是变化的，而且都是全局性的变化。

（2）模糊性

海洋数据的模糊性主要表现在概念的界定、边界划分和现象描述，海洋领域研究起步晚，加之海洋现象的模糊性和动态变化性，其相关概念很难明确界定；海洋现象是动态变化的自然现象，其边界是模糊和渐进式的，不易明确划分；对大区域、模糊的、非显性表现的海洋现象，难以明确而精准地描述。

（3）时空过程性

海洋数据的时空过程性主要体现在海洋现象表达方面。海洋现象具有时空过程性，表现在空间范围延展性、时间的持续性和变化的连续性，也就是具有时空过程性。因此，描述海洋现象的数据表达也应该具有时空过程性的特点。

（4）时空尺度差异性

海洋现象从宏观（全球）到中观（特定海域）再到微观（几千米甚至几米的小区域），尺度变化大，加之描述海洋现象的时空粒度差别很大，决定海洋数据的时空尺度存在很大的差异。海洋数据空间分辨率从几千千米到几米，海洋数据时间分辨率从几百万年（海洋古生物学等）到几十年再到小时、分、甚至秒（海浪和海洋潮汐的研究），差异性明显。

5.2 智慧海洋数据模型

5.2.1 传统海洋时空数据模型

（1）基于场的时空格网数据模型

基于场的时空快照格网模型是将陆地GIS的时空数据快照模型与海洋场的时空格网模型相集成的一类时空数据模型，其在一定程度上解决了数据集的时间属性问题（李昭，2001），如图5.1所示。基于场的时空快照格网模型具有以下优势：

①符合海洋环境数据获取及存储规律。

②格网形式简单直观、高效灵活，主要表现在图形运算处理、时间变化等方面。

③可充分利用现有技术条件，满足海洋主题的实用化需求。

但是基于场的时空快照格网模型在数据冗余和时空查询方面有一定的缺陷，缺少了矢量构图的精确性。

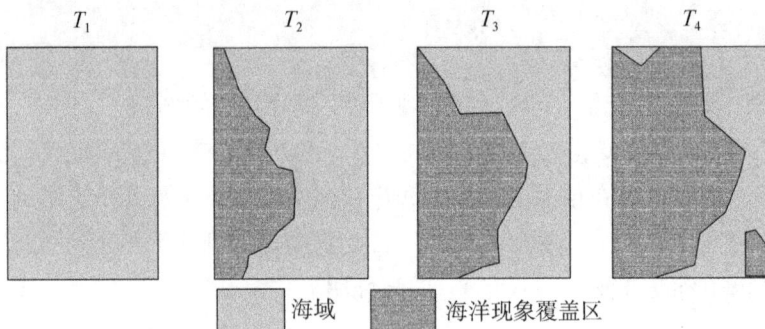

图5.1　基于场的时空快照格网模型

（2）快照格网的基态修正模型

1992年，Langran（1992）提出了快照格网的基态修正模型，以便解决时空快照格网模型的数据冗余和时空查询问题。快照格网的基态修正模型将格网单元及其变化以变长列表形式存储，列表中的每个内容记录了该特定位置的变化，这种变化由新值和发生变化的时间来标识，因此，格网单元的列表存储了对应于该单元位置的真实世界状态的完整序列。快照格网的基态修正模型仅存储与特定位置相关的变化，解决了快照格网模型的数据冗余问题；对于整个区域的当前状态也容易获取，可以通过变化的累加，恢复变化过程；还可以将海洋要素或现象动态变化的过程直观地体现在差文件中，为海洋要素或现象的特征的迅速识别或提取提供方便。其原理如图5.2所示。

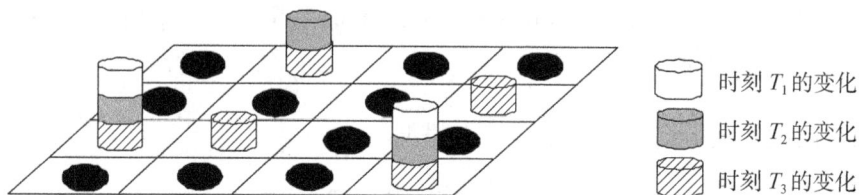

图5.2　快照格网的基态修正模型

（3）基于特征的时空过程数据模型

基于特征的数据模型和以过程为对象的时空数据组织方式，在时空数据的

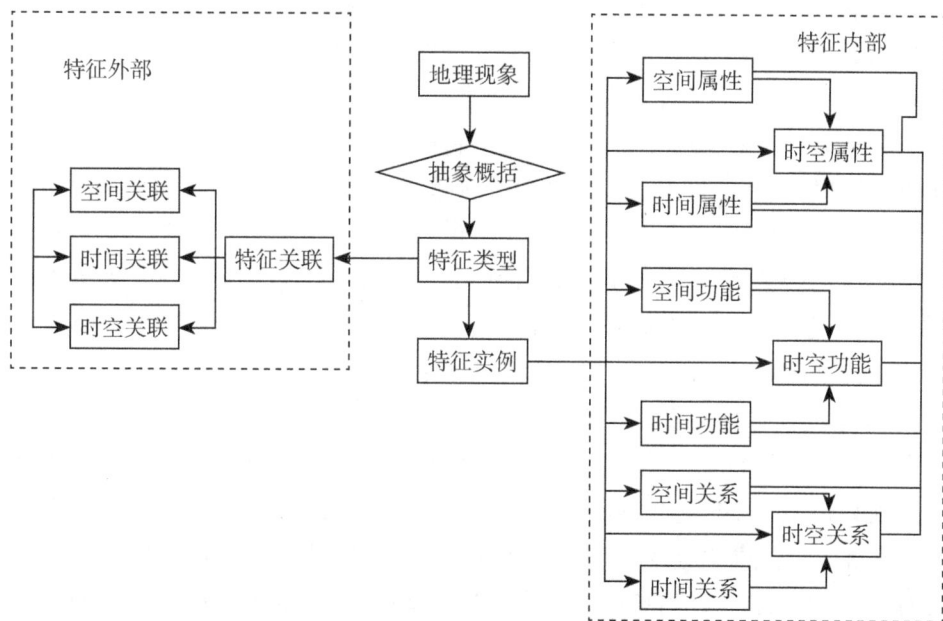

图5.3　基于特征的时空数据模型框架

117

描述与表达方面具有优势。其基本思想是把特征看作基本单元，采用面向对象技术设计特征的空间、时间和时空的属性、功能和关系及其实例间的关联（李昭，2001），如图5.3所示。

苏奋振等人将过程作为属性、功能和关系在空间、时间和时空上的统一体提出了基于特征的海洋时空过程数据模型（苏奋振、周成虎，2006；周成虎等，2013），该模型将海洋时空过程现象作为研究对象，进一步抽象为地理特征，采用面向对象技术对时空过程数据（点、线、面、体）进行描述、表达、组织与存储，并以UML（Unified Modeling Language，统一建模语言或标准建模语言）构建特征对象逻辑关系。

5.2.2 面向对象的海洋时空数据概念模型

作者在分析总结海洋时空模型特点的基础上，借鉴面向对象的思想构建面向对象的海洋时空数据模型，可以为智慧海洋数据组织和表达提供底层的模型基础。

（1）面向时空对象的海洋数据概念模型

将地理对象（要素）模型和场模型以面向对象的思想进行统一，构建面向时空对象的海洋数据概念模型。将场模型的模糊边界进行定义，则可以将场（域）范围视为几何图形；将连续、动态的场数值变化定义为特征序列值。由此，具有唯一标识、几何图形、位置、特征的场模型可以转化为对象（要素）模型。海岸带数据的时空变化可以抽象为地理对象的时空变化，由此构建面向时空对象的新模型。

将海岸带管理中设计的要素用面向时空对象的思想进行抽象，抽离出道路、海岸线、浮标、渔场四类对象，用对象的时空状态变化表达上述时空现象变化。如图5.4 ~ 5.6所示，T_b 时刻对象状态相对 T_a 时刻，"道路1"公路延长（几何特征、空间关系）、"漂流浮标1"改变位置（几何特征）、"海岸线"形状改变（几何特征）、所有浮标监测数据改变（专题属性）、渔场信息改变（专题属性）。T_c 时刻对象状态相对 T_b 时刻，"道路2"公路延长（几何特征、空间关系）、新建"道路4"公路（几何特征、空间关系、专题属性）、"漂流浮标1"改变位置（几何特征）、"渔场2"区域改变（几何特征）、"渔场3"区域改变（几何特征）、所有浮标监测数据改变（专题属性）、渔场信息（专题属性）改变。

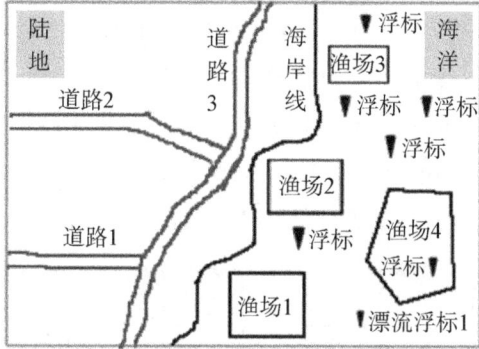

图5.4 T_a 时刻海岸带要素对象

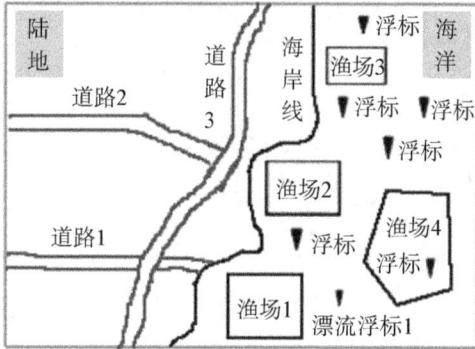

图5.5 T_b 时刻海岸带要素对象

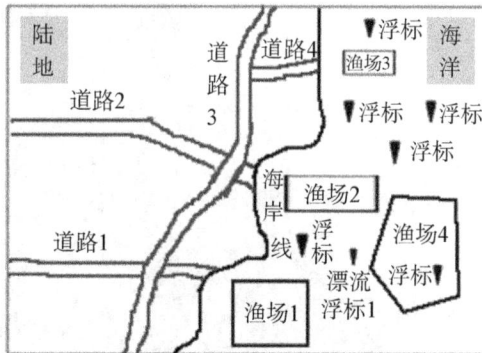

图5.6 T_c 时刻海岸带要素对象

（2）基于位置的场模型

为了便于海岸带和海洋场数据时空表达，根据面向对象的思想和设计理念，构建基于位置的场——海洋对象时空模型。将研究区域海岸带矢量场（如海水流场、风场等）、标量场（如温度场、叶绿素场等）抽象为场区域固定的几何特征不变的场时空对象。如图5.7表达了海岸带陆地场时空对象，可以研究天气质量、温度、湿度等；图5.8表达了海岸带海洋场时空对象，可以研究海洋的水质、洋流等；图5.9表达了整体海岸带场时空对象。

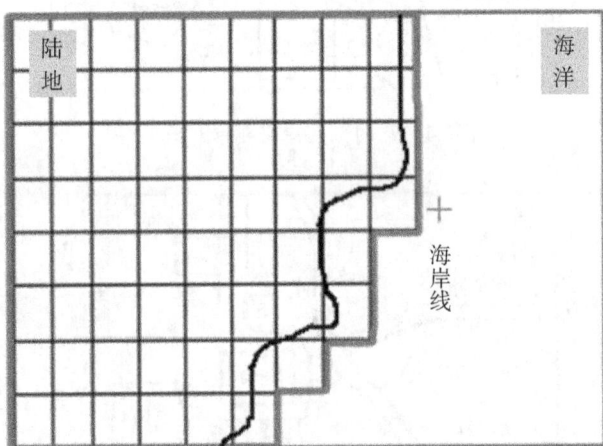

图5.7　海岸带陆地场时空对象

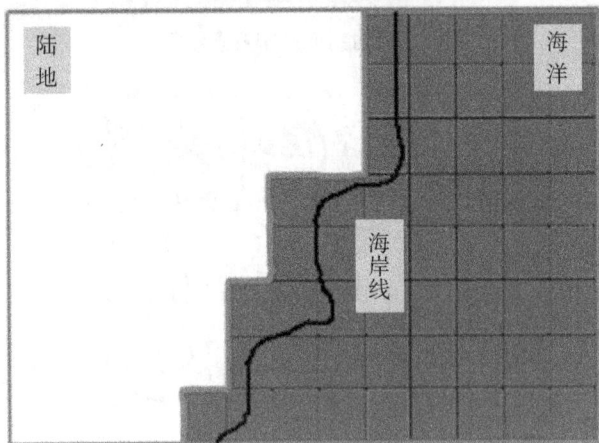

图5.8　海岸带海洋场时空对象

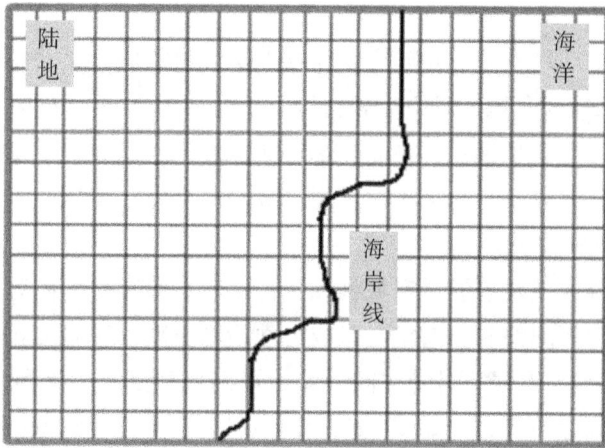

图5.9 海岸带场时空对象

　　位置场要素中的分辨率、水、风、温度、叶绿素等作为场时空对象的专题属性，位置场模型数据的时空变化等价为场时空对象的生命状态变化。根据需求，针对特定区域可创建时空研究对象，自定义位置场时空对象几何特征、专题属性。如图5.10所示，定义了3个场时空对象，A区域场（域）时空对象主要研究专题属性包含鱼资源分布、含氧量、水质、洋流、气压等；B区域场（域）时空对象主要研究专题属性包含海岸带陆地天气、空气质量、湿度、拥挤度等；C区域场（域）时空对象主要研究专题属性包含海岸带海洋绿潮、水

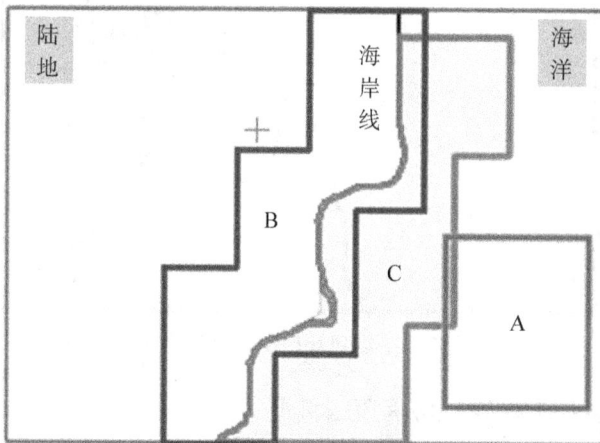

图5.10 自定义场时空对象研究区域

质、潮汐、海浪、天气等。

溢油、气旋、台风等边界非固定的场需要构建几何特征变化的位置场时空对象模型，图5.11为台风场时空对象轨迹，描述了 T_0 时刻、T_1 时刻、T_2 时刻的台风状态A、B、C（格网单元颜色代表风力大小）。以面向对象的思想将台风现象抽象为场时空对象，三个时段发生三次事件导致对象发生三次状态（几何特征、专题属性）变化。

由于海岸带地理现象的时空数据的特征不同、研究对象内容不同，将地理现象可以抽象为不同的时空对象，采取分而治之策略，综合分析得出结果。利用对象的自身特征和对象间的空间关系，可以优势互补，有利于地理现象的数据组织、可视化与研究。如图5.11中台风的时空对象Cyclone-TSO（Cyclone-Temporal and Spatial Object），可以抽象为几何图形特性固定为点的地理时空对象G-TSO（Geometry-Temporal and Spatial Object）和几何特征不定的场时空对象模型F-TSO（Field-Temporal and Spatial Object）。G-TSO有利于地理现象的主体研究，F-TSO有利于地理现象的细节研究。Cyclone-TSO整合G-TSO和F-TSO的优势特点，发挥面向对象的组合能力。

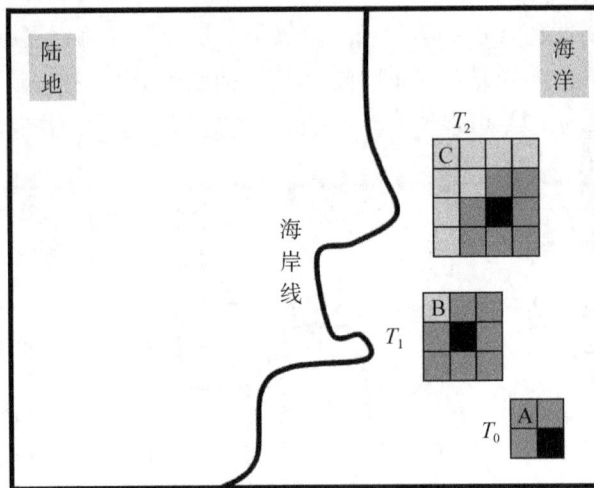

图5.11　台风场时空对象轨迹

5.2.3 面向对象的海洋时空数据逻辑模型

逻辑模型是概念模型与物理模型之间的承接表达方式，逻辑模型将概念模型具体化，描述实现概念模型表达信息所需要的具体内容。面向时空对象的海洋数据逻辑模型主要表达时空对象概念模型中几何特征、空间关系、专题属性、驱动事件的组织等。由于时空对象模型类图可以描述时空对象模型的逻辑表达，所以可以采用时空对象类图进行表达。

根据时空对象概念模型的论述，面向时空对象的海洋数据逻辑模型构建包括以下几个类：时空类（Temporal Spatial Class）、几何特征类（Feature Class）、要素几何特征类（Geo Feature Class）、场几何特征类（Field Feature Class）、空间关系类（Spatial Relation Class）专题属性类（Thematic Attr Class）、二维属性类（T-Dimension Attr Class）、多维属性类（M-Dimension Attr Class）、属性预测类（Attr Value Pre Class）、驱动事件类（Drive Event Class）、元数据类（Metadata Class）等。其类关系说明如表5.1所示，类设计说明如表5.2所示。

表5.1 类图关系说明

Legend（图例）	
———————▷	继承
———————▶	关联
- - - - - - - ▶	依赖
◇———————▶	聚合
◆———————▶	组合

表5.2 类设计说明

Legend（图例）		
+	Put（仅能赋值）	属性
-	Get（仅能读取）	
±	Put/Get（赋值读取都可）	
●	Public Method（内外部皆可访问）	方法
○	Inner Method（仅内部可以访问）	

123

（1）时空类

时空类是时空对象的主栈，负责时空对象内容的组织与调用。时空类与几何特征类、驱动事件类具有组合关系，与空间关系类、专题属性类、元数据类具有聚合关系，如图5.12所示。时空类提供数据属性值预测相关设置（预测时间、空间、属性域等）、空间关系类别设置和时空状态（几何、关系、属性、事件、元数据等）查询。时空类设计如表5.3所示，时空枚举如表5.4所示。

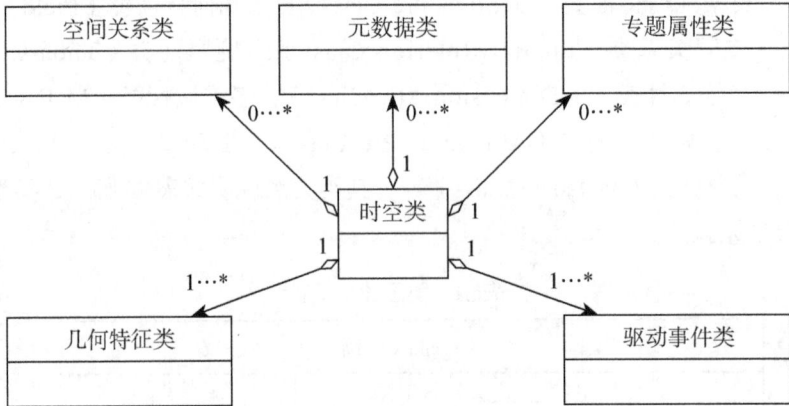

图5.12 时空类关系图

表5.3 时空类设计

TemporalSpatialClass（时空类）	
± Option：TSEnum	时空类型：时空枚举
± PreForecast：Boolean	预测：布尔
± PreTimeGrainSize：List	预测时间粒度：列表
± PreSpaceGrainSize：List	预测空间粒度：列表
± PreTheAttributes：List	预测专题属性：列表
± SpatialRelations：List	空间关系类别：列表
± FC：FeatureClass	几何：几何特征类
± DE：DriveEventClass	事件：驱动事件类
± SR：SpatialRelationClass	关系：空间关系类
± TA：ThematicAttrClass	属性：专题属性类
± MC：MetadataClass	元数据：元数据类

（续表）

TemporalSpatialClass（时空类）	
● QueryCurrentState（…）	获取当前时空状态
● QueryHistoryState（…）	获取历史时空状态
● UpPreTGrainSize（…）	修改预测时间粒度
● UpPreSGrainSize（…）	修改预测空间粒度
● UpPreTheAttrList（…）	修改预测属性序列
● UpSpaRelationList（…）	修改空间关系序列

表5.4 时空枚举

TSEnum（时空枚举）	
GeoFeature	地理要素时空
MixFieldFeature	混合场时空
RasterFieldFeature	矢量场时空
ScalarFieldFeature	标量场时空

（2）驱动事件类

驱动事件类是时空对象的记录类、检索类，内含时间要素。时空对象状态元素的更新必定伴随驱动事件类的更新。驱动事件类与空间关系类、专题属性类、元数据类具有关联关系，与时空类具有组合关系，如图5.13所示。状态枚举如表5.5所示。驱动事件类包含事件类型、名称、起始时间、终止时间、事件说明、对象状态、父事件、子事件等，设计如表5.6所示，事件枚举如表5.7所示。

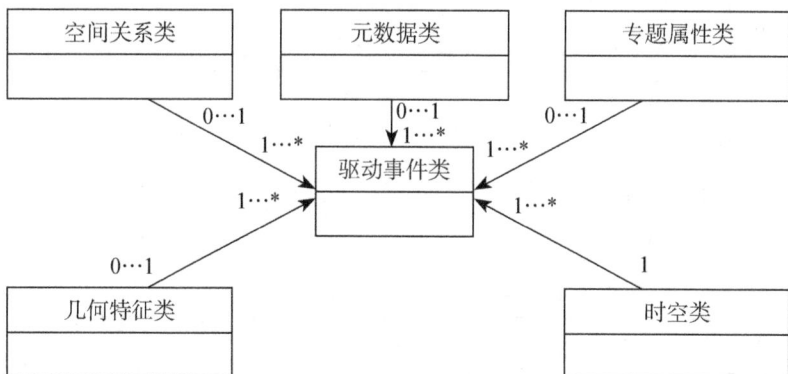

图5.13 驱动事件类关系图

表5.5　状态枚举

StateEnum（状态枚举）	
BornBegin	出生（开始）
Mutiply	繁衍
Grow	成长（过程）
Mature	成熟
SlowDeath	衰老
Aggregation	聚合
Divide	分裂
DeathOver	死亡消失（结束）

表5.6　驱动事件类设计

	Drive Event Class（驱动事件类）	
±	Option：EventEnum	事件类型：事件枚举
±	Name：string	事件名称：字符串
±	TimeA：DateTime	事件起始时间：时间
±	TimeB：DateTime	事件结束时间：时间
±	Introduce：Text	事件说明：文本
±	ObjectState：StateEnum	对象状态：状态枚举
−	PreEventIDArray：List	父事件：集合
−	NextEventIDArray：List	子事件：集合
●	CreateCurrentEvent（…）	创建当前事件
●	QueryCurrentEvent（…）	获取当前事件
●	QueryPreEvent（…）	获取之前事件
●	QueryNextEvent（…）	获取之后事件
●	QueryHistorysEvent（…）	获取历史事件集合

表5.7　事件枚举

EventEnum（事件枚举）	
ManMade	人为因素
Nature	自然因素
Mix	混合因素
Monitor	监测因素
Forecast	预测因素

（3）几何特征类

几何特征类是对海洋地理要素的抽象可视化表达。由于海岸带时空信息有实体事物作为载体，所以能抽象出几何特征。几何特征类与时空类具有组合关系，与驱动事件类具有关联关系。海洋地理的要素几何特征类和场几何特征类继承几何特征类，如图5.14所示。要素几何特征类中以规则坐标序列点显性存储坐标数据，参照要素几何类别生成目标表达几何。场几何特征类中以规则单元格隐性存储坐标数据，根据左上点坐标、右下角坐标与单元大小计算具体坐标。非规则记录格网则记录格网单元点从左至右、从上至下的坐标序列值。根据场几何类别进行计算、转换为目标表达几何数据。几何特征类设计如表5.8所示，要素几何特征类设计如表5.9所示，场几何特征类设计如表5.10所示，要素几何类别枚举如表5.11所示，场类别枚举如表5.12所示。

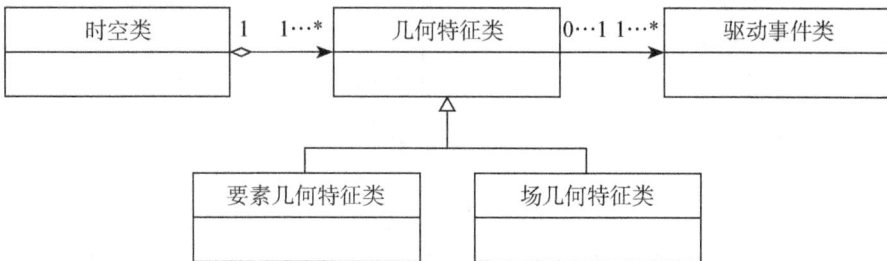

图5.14　几何特征类关系图

表5.8　几何特征类设计

GeoFeatureClass（几何特征类）		
±	Event：DriveEventClass	事件：驱动事件类
±	PointsSeries：Points	几何点序列：点序列

127

（续表）

GeoFeatureClass（几何特征类）		
−	CenterCoor：Point	几何中心点：点
−	MinExtRectLB：Point	最小矩形左下：点
−	MinExtRectRT：Point	最小矩形右上：点
−	PointCount：int	节点数：整数
−	GeoStyle：Set	几何样式：集合
−	AnnotationText：Set	注记信息：集合
●	QueryCurrentFeature（…）	获取当前时空几何
●	QueryHistoryFeature（…）	获取历史时空几何
●	AddAnnoText（…）	添加注记文本信息
●	UpdateAnnoText（…）	更新注记文本信息
●	AdGeographicStyle（…）	添加几何样式
●	UpGeographicStyle（…）	更新几何样式

表5.9　要素几何特征类设计

GeoFeatureClass（要素几何特征类）		
±	GeoOption：GeoFeaEnum	要素几何类别：枚举
●	CreateGeoFeature（…）	创建要素几何特征
●	AddPoints（…）	添加序列坐标点
●	QueryPartPointS（…）	查询部分序列坐标点
●	ReadPartPoints（…）	读取部分序列坐标点
●	InsertPoints（…）	插入坐标点

表5.10　场几何特征类设计

FieldFeatureClass（场几何特征类）		
±	FieldOption：FieldEnum	场几何类别：枚举
±	RowCount：int	行数：整数

（续表）

FieldFeatureClass（场几何特征类）		
±	CowCount：int	列数：整数
±	CellSize：int	单元格大小：整数
±	UnitOption：UnitEnum	单位：枚举
±	LTPosition：Point	左上坐标：点
±	RBPosition：Point	右下坐标：点
±	pointSeries：PointS	起点坐标：点序列
●	CreateFieldFeature（…）	创建场几何特征
●	ChangeCellSize（…）	改变单元格大小
●	ChangeRowCow（…）	改变行列数
●	ChangePoints（…）	改变节点序列值
●	QueryCellsSeries（…）	查单元格标识集合
●	ConvertEFieldOut（…）	转换场枚举数据

表5.11　要素几何类别枚举

GeoFeaEnum（几何类别枚举）	
Point	点
PolyLine	折线
Polygon	多边形
Ellipse	椭圆
Circle	圆形
PathLine	路径线
PathSurface	路径面
Solid	体

表5.12　场类别枚举

FieldEnum（场类别枚举）	
RegularNet	规则网格
Contour	等值线
ScaleneTriangle	不规则三角形
IrregularPolygon	不规则多边形

（4）空间关系类

空间关系类是对海洋时空对象几何特征之间的表达，有利于时空数据检索与时空逻辑表达。可根据海洋时空对象的具体需求，设置并记录符合空间关系类别的相关时空对象。空间关系类依赖几何特征类，与时空类为聚合关系，与驱动事件类为关联关系，如图5.15所示。空间关系类设计如表5.13所示，空间关系枚举如表5.14所示。

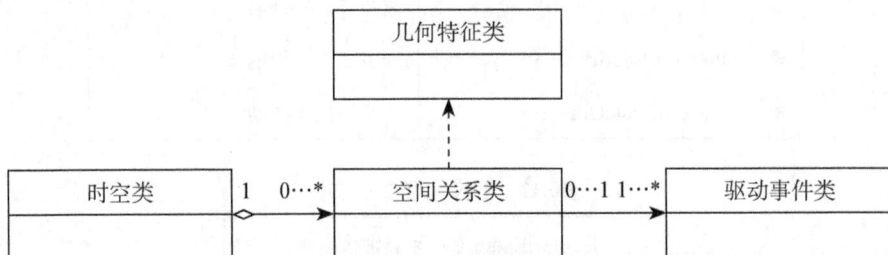

图5.15　空间关系类关系图

表5.13　空间关系类设计

SpatialRelationClass（空间关系类）		
±	SROption：SREnum	空间关系类别：枚举
−	SRObjectID：List	关联对象标识：列表
±	SREvent：DriveEventClass	事件：驱动事件类
●	CreateSR（…）	创建空间关系
●	AddSR（…）	添加空间关系
●	RemoveSR（…）	移除空间关系
●	QuerySR（…）	查询空间关系

表5.14 空间关系枚举

SREnum（空间关系枚举）	
Intersect	相交
Adjacent	相切（相邻）
Contain	包含
Included	被包含

（5）专题属性类

专题属性类主要记录时空对象的专题属性信息，是时空信息的主要存储类。二维属性类、多维属性类和属性预测类继承专题属性类。专题属性类依赖于几何特征类，与时空类具有聚合关系，与驱动事件类具有关联关系。属性预测类依赖于二维属性类、多维属性类，如图5.16所示。二维属性类主要指要素属性值（Key：Value）或者单层场属性数据（RowCow：Value），多维属性类主要指多层场属性数据（RowCowZ：Value 或 RowCow：Values）。海洋温、盐、密、风等场数据用多维属性类表达较好，地理要素用二维属性类表达较好，矢量方向数据可采用U/V方式表达。专题属性类设计如表5.15所示，二维属性类设计如表5.16所示，多维属性类设计如表5.17所示，属性预测类设计如表5.18所示。

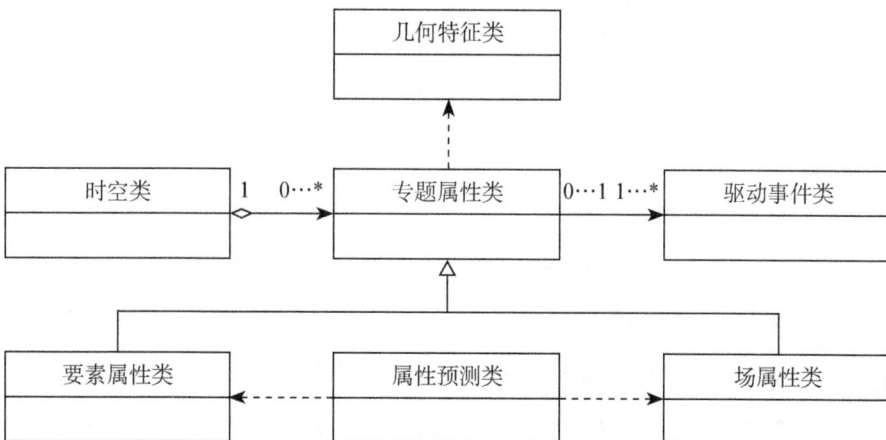

图5.16 专题属性类关系图

131

表5.15　专题属性类设计

ThematicAttrClass（专题属性类）		
±	KeyS：List	属性名：列表
±	KeyCount：int	属性数量：整数
±	KeyValues：List	属性值：列表
±	Event：DriveEventClass	事件：驱动事件类
●	AddKey（…）	添加属性名
●	DeleteKey（…）	删除属性名

表5.16　二维属性类设计

TDimensionAttrClass（二维属性类）	
● CreateValues（…）	创建属性值
● QueryValueS（…）	查询属性值列表
● QueryHistoryValue（…）	查询历史属性值
● ReturnCurrValues（…）	返回当前属性值

表5.17　多维属性类设计

MDimensionAttrClass（多维属性类）		
±	ZDepths：List	Z粒度：列表
±	ZDepthsCount：int	Z粒度数量：整数
±	ZDepthsUnit：List	Z粒度单位：列表
●	CreateMDValues（…）	创建多维属性值
●	QueryMDValueS（…）	查询多维属性值列表
●	QueryValByRowCow（…）	区域查询属性值列表
●	QueryValByTS（…）	时空查询属性值列表
●	QueryHistoryMDValue（…）	查询历史多维属性值
●	ReturnCurrMDValues（…）	返回当前多维属性值

表5.18 属性预测类设计

AttrValuePreClass（属性预测类）		
−	PreTimeGrainSize：List	预测时间粒度：列表
−	PTGSCount：int	时间粒度数量：整数
−	PreSpaceGrainSize：List	预测空间粒度：列表
−	PSGSCount：int	空间粒度数量：整数
−	ThAt：ThematicAttrClass	属性：专题属性类
●	CreatePreValues（…）	创建属性预测值
●	QueryPreValueS（…）	查询属性预测值列表
●	QueryHistoryPreValue（…）	查询历史属性预测值
●	ReturnCurrPreValues（…）	返回当前属性预测值

（6）元数据类

元数据是海洋时空对象数据的描述数据，根据元数据可以查看海洋时空对象的基本信息、检索历史数据。元数据类与时空类具有聚合关系，与驱动事件类具有关联关系，如图5.17所示。元数据类设计如表5.19所示。

图5.17 元数据类关系图

表5.19 元数据类设计

MetadataClass（元数据类）		
±	Precision：Float	精度：浮点型
±	ResponsiblePeo：String	负责人：字符串
±	KeyWords：Dstring	关键字：字符串
±	AbstractInfo：Text	摘要：文本
±	CoorSys：Text	坐标系：文本
−	CreatTime：DateTime	创建时间：时间

（续表）

MetadataClass（元数据类）		
−	SpaceDataAttri： List	数据属性：列表
±	Event： DriveEventClass	事件：驱动事件类
±	TSObjectID： int	时空对象标识：整数
●	CreateTSMeta（…）	创建元数据
●	QueryMeta（…）	查询元数据
●	QueryEvent（…）	查询事件
●	QueryTSObject（…）	查询时空对象

5.3 智慧海洋数据结构

　　为适应智慧海洋数据组织管理的需要，作者在5.2.2和5.2.3所设计的面向对象的海洋时空数据概念模型和物理模型的基础上，根据面向对象的设计思想，设计海洋、海岸带时空数据物理模型，即面向对象的海洋时空数据结构。

　　面向对象的海洋时空数据结构以几何特征为载体，面向时空对象的状态变化，在时间轴上进行数据组织表达，存储表达海洋相关对象的特征数据，旨在实现几何特征的可视化与时空要素、专题属性要素的综合状态存储与可视化数据表达。文件型数据结构有利于数据在数据库与客户端之间的传输与表达，有利于针对数据频繁操作时的缓存，有利于数据的格式交换、应用与备份。文档型数据库存储结构有利于数据的管理与维护，有利于面向对象数据的存储与扩展，有利于基于位置要素的索引构建。作者所提出的面向对象的海洋时空数据结构，在兼顾文件型时空数据存储结构和文档型数据库存储结构优势的基础上，设计时空数据存储结构文件——TGeoJSON。

5.3.1 语法规则

　　采用海洋时空对象模型和可视化表达的设计理念，文件型存储结构思路是在JSON（JavaScript Object Notation，JavaScript对象标记语言）格式语法规则基础上，构建海洋时空数据存储组织结构（TGeoJSON）。TGeoJSON文件易于阅读、编写和修改，易于机器解析和生成，也易于网络传输速度和网页JavaScript解析。文档型数据库存储结构也是基于JSON结构存储，因此TGeoJSON语法规则完全适应文件型和文档型MongoDB数据规范。利用JSON对象和数组两种结构，可以表示各种复杂的结构。

（1）对象

对象的数据结构为{key1：value1， key2：value2，...}的键值对的结构。在面向对象的语言中，key为对象的属性，value为对应的属性值，取值方法为【对象.key】获取属性值。属性值的类型可以是数字、字符串、数组、对象几种。

（2）数组

数组属性值是中括号"［ ］"的字段值内容，数据结构为［"value1"，"value2"，"value3"，…］，取值方式为索引获取。字段值的类型可以是数字、字符串、数组、对象几种。当需要表示一组值时，JSON不但能够提高可读性，而且可以减少复杂性。

5.3.2 数据组织结构

TGeoJSON数据组织由事件对象、关系对象、时空对象组成。事件对象和关系对象主要负责时空对象索引。时空对象主要包括摘要信息、空间参考信息、时空对象数据三部分。

```
{
  "_id"：  ObjectId（ ""），
    "metadata"：{}，
  "coordinate"：{}，
  "geometryObject"：{
      "geometry"：{}，"properties"： {}，"events"： [{}]，"relations"：{}
  }
}
```

_id为时空对象标识；metadata元素对象包含时空对象的元数据，如摘要信息等；coordinate元素对象包含时空对象集合数据的空间参考信息，如坐标系统名称、参数等；geometryObject元素对象包含时空对象的具体信息，包含几何表达、属性表达、相关事件表达、相关关系表达数据信息。根据这些语法规则定义可以存储、管理和表达时空对象数据信息。时空对象都有_id键值作为唯一标志。图5.18给出几何区域变化，可以验证所提出的数据存储结构设计的可行性。

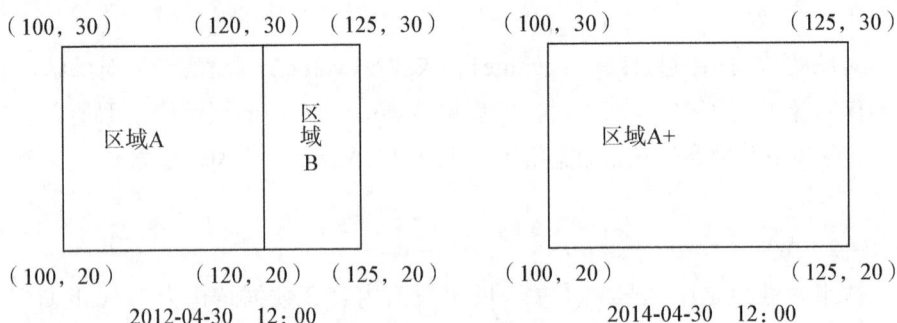

图5.18　几何区域变化

5.3.3 事件表达

TGeoJSON事件表达语法规则定义：events元素数组定义事件，eventEnum键值表达事件类型，stateEnum键值表达对象状态类型，#id表达受影响的时空对象标识，epoch键值表达事件时间，使用ISO 8601的标准格式时间。对于频繁变更数次事件可以继承上一次事件，用#：TimeUnit表达。Time为整数，表达距离父事件发生的时间数值。Unit为数值单位，可以使用S（秒）M（分钟）H（小时）D（天）L（月）Y（年）表达。如#：30M 表达父事件30分钟后发生改变；#：60S表达父事件60秒后发生改变。

① eventEnum事件类型如下：

ManMade：人为因素

Nature：自然因素

Mix：混合因素

Monitor：监测因素

Forecast：预测因素

G=Geometry几何变化

P=Property属性变化

R=Relation关系变化。

② stateEnum对象状态类型如下：

B=BornBegin：出生（开始）

M=Mutiply：繁衍

G=Grow：成长（过程）

U=Mature：成熟

S=SlowDeath：衰老

A=Aggregation：聚合

D=Divide：分裂

V=DeathOver：死亡消失（结束）。

③ 图5.18几何区域变化事件表达如下：

```
{
    "events"：[
{
        "id"：100，
        "eventEnum"："ManMade|G"，
        "stateEnum"："D #110 #111"，
        "epoch"："2012-04-30 12：00"
    }，{
        "id"：101，
        "eventEnum"："ManMade|G"，
        "stateEnum"："A #110 V #111"，
 "epoch"："2014-04-30 12：00"
    }
  ]
}
```

5.3.4 几何表达

TGeoJSON几何表达语法规则定义：geometry名称表达时空对象几何特征

对象。几何特征表达主要由几何图形表达、几何样式表达和几何注记文本表达组成。

（1）几何图形表达

① type元素名称用于定义一个几何类别，下面的字段值可用于几何类型表达：

Point：点或多点

PolyLine：折线或多线

Polygon：多边形

Ellipse：椭圆

Circle：圆形

PathLine：路径线

PathSurface：路径面

Soli：体

RegularNet：规则网格

② position元素名称用于定义一个几何形状，下面的命令字段值可用于几何数据形状描述：

M=moveto：移到

L=lineto：连接到

H=horizontal line to：水平连接到

V=vertical lineto：垂直连接到

R=row：行数

N=column：列数

C=curveto：弯曲到

S=smooth curveto：平滑弯曲到

Q=quadratic Bézier curve to：二次方贝塞尔曲线到

T=smooth quadratic Bézier curveto：平滑二次方贝塞尔曲线到

A=elliptical Arc：椭圆弧

Z=closepath：封闭路径

以上所有命令关键字均允许小写字母，大写表示绝对定位，小写表示相对定位。

③ 图5.18表达几何"区域A"应用：

```
{
    "_id"：110，
    "geometry"：{
        "type"："Polygon"，
        "position"：〔"#eventID-100"，"M 100.0 20 H 120.0 V 30 H 100.0
Z"，"#eventID-101"，"M 100.0 20 H 125.0 V 30 H 100 Z"〕
    }
}
```

④ 表达一个快速移动数据每60S采集一次坐标数据，如坐标序列110.1，
23.21（起始点）；110.1，23.22；110.2，23.22；110.3，23.23；110.4，23.24；
110.4，23.25；110.5，23.25（终止点）。

```
{
    "_id"：25001，
    "geometry"：{
        "type"："Point"，
        "position"：〔"#eventID-200"，"M110.123.21"，"#eventID-201"，
"M 110.123.22"，"#：60S"，"M 110.2 23.22"，"#：120S"，"M 110.3 23.23"，
"#：180S"，"M 110.4 23.24"，"#：240S"，"M 110.4 23.25"，"#eventID-202"，
"M 110.5 23.25"〕
    }
}
```

表达100乘以100的规则网格应用：

```
{
    "_id"：35001，
    "geometry"：{
        "type"："RegularNet"，
        "position"：〔"#eventID-300"，"M 120.0 30.0R 100N100L 110.0 20.0"〕
    }
}
```

（2）几何样式表达

① render元素名称用于定义几何样式，@代表时空对象属性字段。下面的命令字段值关键字可用于几何样式描述：

S=size（粗度）：点、线

C=color：点、线颜色

F=fill（填充颜色）

O=opacity（透明度）

K=stroke-color（轮廓颜色）

W=stroke-width（轮廓宽度）

以上所有命令关键字均允许大小写字母，颜色应用0~255，0~255，0~255表达，透明度应用0至1表达。

② type元素名称用于定义一个样式类别，下面的字段值可用于样式类别表达：

E=EventChange：代表事件驱动

B=ColorBands：颜色带（指定字段属性进行颜色匹配）

BU=ColorBandsUnique：字段唯一值归类渲染

BS=ColorBandsSection：分段渲染

③ 图5.18"区域A"利用事件驱动，表达样式应用：

{

"style"：{ "#eventID-100"：{ "type"："E"，"render"：[

"#eventID-100"，"S 20 F 243 232 15 O 1 S 2 W 10"，"#eventID-101"，"F 18210176"]}}

}

④ 按某一字段属性进行唯一值归类渲染，应用范例如下：

{

"style"：{ "#eventID-100"：{ "type"："BU"，"render"：[

"@rank"，"C 243 232 15 O 1 S 2 W 10"，"C 233 212 155 O 1 S 2 W 10"，"C 230 123 155 O 1 S 2 W 10"]}}

}

⑤ 按某一字段属性进行分段渲染，应用范例如下：

```
{
    "style"：{ "#eventID-100"：{ "type"："BS"，"render"：[
    "@rank：1-50"，"C 243 232 15 O 1  S 2  W 10"，"@rank：51-100"，"C
233 212 155 O 1  S 2  W 10"，"C 230 123 155 O 1  S 2  W 10"]}}
}
```

（3）几何注记文本表达

① markText元素名称用于定义注记文本，下面的命令字段值关键字可用于几何注记文本描述：

T=text（文本）

F=font（文本大小）

H=horizontal（水平放置）

V=vertical（垂直放置）

R=rotate（旋转）

C=fill-color（颜色）

O=opacity（透明度）

P=path（路径）

S=stroke（轮廓颜色）

W=stroke-width（轮廓宽度）

以上所有命令关键字均允许大小写字母，颜色应用0～255， 0～255，0～255表达；透明度应用0至1表达；T文本应用\star\和\end\表达；P路径应用几何position关键字表达即可，默认中间位置。

② 图5.18 "区域A"表达注记应用：

```
{
    "markText"：[
    "#eventID-100"，"T\star\区域A\end\ F 20 C 5 32 91H 1"，"#eventID-101"，
"T \star\区域A+\end\"
    ]
}
```

5.3.5 属性表达

① TGeoJSON属性表达语法规则定义：

properties元素对象用于定义几何属性，属性名称自定义即可。

```
{
    "properties": { "#eventID-100": {
        "name": "青岛",
        "population": 146520000,
        "area": "11282千米"
    }, "#eventID-101": {
        "population": 147520000
    }}
}
```

表5.20　规则格网数据

Level 1 — PM2.5

T_1:

6	6	4	4
6	6	6	4
7	4	4	5
7	7	6	6

T_2:

6	5	5	4
7	5	5	5
7	7	6	5
6	6	6	5

T_3:

7	7	6	6
7	6	6	5
6	6	5	5
6	5	4	4

Level 2 — PM10

T_1:

30	32	32	32
30	30	32	32
30	30	32	32
32	32	31	31

T_2:

30	30	31	31
31	32	32	31
31	31	31	32
31	31	32	32

T_3:

31	31	32	32
32	32	32	32
31	31	31	32
30	31	31	32

Level 3 — TEMP

T_1:

12	12	14	14
12	12	14	14
13	13	15	15
13	13	15	15

T_2:

13	13	13	14
13	13	13	13
12	12	13	13
12	12	12	13

T_3:

13	13	14	14
13	13	14	14
13	13	13	13
13	13	13	13

② 关于规则格网数据属性定义键值以Grid-作为标识，每行用";"号结束，下面的命令字段值关键字可用于网格编码属性描述：

RLC=Run Length Coding（游程编码）：逐行记录每个游程的长度

DC=Direct Coding（直接编码，默认）：每行从左到右逐个记录

CC=Chain Codes（链式编码）：顺时针表达方向

BC= Blocky Codes（块状编码）

表5.20规则格网数据存储结构表达如下：

```
{
    "properties" : { "#eventID-200" : {
  "name" : "环境质量检测",
      "Grid-PM25" : "RLC 6 242; 6 3 4 1; 7 1 4 2 5 1; 7 2 6 2",
      "Grid-PM10" : "RLC 30 1 32 3; 302 32 2; 30 2 32 2; 32 2 31 2",
      "Grid-Temp" : "BC1 1 2 12; 1 3 2 14; 3 1 2 13; 3 3 2 15"
}, "#: 60M" : {
      "Grid-PM25" : "RLC6152 4 1; 7 1 5 3; 7 2 6 1 5 1; 6 3 5 1",
      "Grid-PM10" : "RLC 30 2 312; 31 1 32 2 31 1; 31 3 32 1; 31 2 32 2",
  "Grid-Temp" : "BC 1 1 2 13; 1 3 1 13; 1 4 1 14; 2 3 2 13; 3 1 2 12; 4 3 1 12; 4 4 1 13"
}, "#: 120M" : {
      "Grid-PM25" : "RLC72 6 2; 7 1 6 2 5 1; 6 2 5 2; 6 1 5 1 4 2",
      "Grid-PM10" : "RLC 31 2 32 2; 32 4; 31 3 32 1; 301 31 2 32 1",
  "Grid-Temp" : "BC11 2 13; 1 3 2 14; 3 1 2 13; 3 3 2 13"
    }}
}
```

5.3.6 关系表达

（1）TGeoJSON关系表达语法规则定义

relations元素对象定义空间关系，值为对象关系数组，数组中type键值表达关系类型，geometry键值对应的内容表达对象id标识，用#id表达。下面的命令字段值关键字可用于关系类型描述：

I=Intersect：相交

A=Adjacent：相切（相邻）

R=Cross：穿越

C=Contain：包含

D=Included：被包含

（2）TGeoJSON关系表达应用

```
{
    "relations"：{ "#eventID-100"：[
     {
        "type"："A"，
        "geometry"："#111"
     }
], "#eventID-101"：[{}] }
}
```

通过关系表达可以查找公共边、临近几何、几何网络关系等。

第6章 智慧海洋数据获取

6.1 海洋数据获取手段和方法

人们在海洋领域的应用研究，就是借助现场观测、物理试验、数值模拟和遥感反演等手段获取海洋数据，并通过对海洋数据的分析、综合、归纳、演绎及科学抽象等方法，研究海洋系统的结构和功能。海洋观测技术实质上就是对发生在海洋中的时空过程以一定的时空间隔进行数据采样，以便获取海洋原始过程并对其进行解析、统计或其他描述性研究的基础数据，这是研究海洋、开发海洋、利用海洋的基础。海洋观测技术包括海洋遥感观测、台站自动观测、声呐探测、海洋调查等，以卫星、飞机、船舶、潜器、浮标、平台及岸站为观测平台，实现对海洋的立体观测和对海洋资源的快速探查（刘长东，2008）。

6.1.1 海洋卫星遥感观测

1978年美国发射了世界上第一颗海洋卫星SEASAT-1，它标志着对海洋的观测已进入了空间遥感时代。卫星遥感广泛应用于海洋环境、海岸带、海面和海底地形、海洋重力场、海洋水色及渔场环境的调查和监测，形成了从海洋状态波谱分析到海洋现象判读等一套完整的理论与方法。

目前常用的海洋卫星遥感仪器主要有雷达散射计、雷达高度计、合成孔径雷达、微波辐射计、可见光／红外辐射计、海洋水色扫描仪等（部分仪器图片来源于网络和实物拍照）。

（1）雷达散射计

雷达散射计（图6.1）是一种主动式斜视观测的微波装置，利用特定频率的雷达波脉冲照射到粗糙海面后产生的布拉格后向散射回波信号，可以反演出海面风速、风向和风应力以及海面波浪场。利用散射计测得的风浪场资料，为海况预报提供了丰富可靠的依据，为海岸和近海工程设计提供了科学的设计标准。

Ka波段雷达散射计　　　　　　X波段的雷达散射计

图6.1　雷达散射计

（2）雷达高度计

星载雷达高度计（图6.2）也是一种主动式微波传感器，测量脉冲经海面反射之后的往返时间可得出卫星的高度，可对大地水准面、海冰、潮汐、水深、海面风强度和有效波高、"厄尔尼诺"现象、海洋大中尺度环流等进行监测和预报。

图6.2　雷达高度计

（3）合成孔径雷达

合成孔径雷达（SAR，Synthetic Aperture Radar）（图6.3）是一种高方位分辨率的成像雷达。它利用了相位和振幅信息，是一种准全息系统，可分为侧视、斜视、多普勒锐化和聚束测绘等工作方式。SAR利用合成天线技术获取良好的方位分辨率，利用脉冲压技术获得良好的距离分辨。通过对SAR图像做快速傅里叶变

图6.3　微型合成孔径雷达

换，可确定二维的海浪谱及海表面波的波长、波向和内波。根据SAR图像亮暗分布的差异，可以提取海冰的冰岭、厚度、分布、水与冰的边界、冰山高度等重要信息。利用SAR图像不仅可以及时发现海洋中较大面积的石油污染，而且可以监测突发性污染事件。由于SAR图像上的亮暗分布与海底地形、地貌有一种直接相关性，在一定的风浪条件下，可以进行浅海水深、水下地形测绘，为专属经济区的勘查与划界提供科学依据。

（4）微波辐射计

微波辐射计（图6.4）是被动微波传感器，通过测量由海面发射的温度辐射的微波来感应海面的温度。以美国NOAA-10、11、12卫星上的高分辨率辐射仪（AVHRR，The Advanced Very High Resolution Radiometer）为代表的传感器，可以精确地绘制出海面分辨率为1KM、温度精度优于1℃的海面温度图像。

图6.4 地基多通道微波辐射计

（5）多光谱扫描仪和水色扫描仪

可见光/近红外波段中的多光谱扫描仪（MSS，Multi Spectrum Scanner）（图6.5）和海岸带水色扫描仪（CZCS，The Coastal Zone Color Scanner）均为

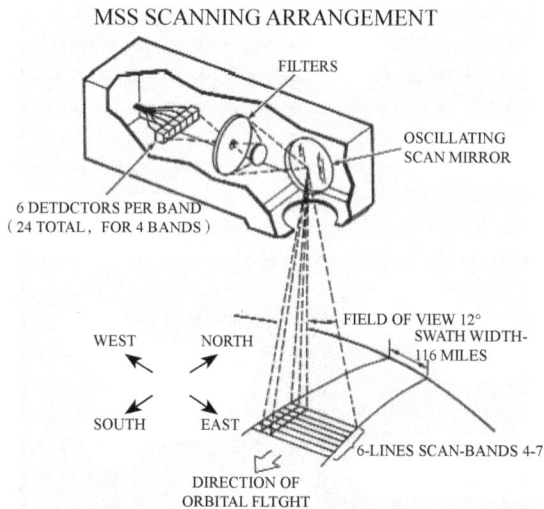

图6.5 多光谱扫描仪原理图

被动式传感器，它们能测量海洋水色、悬浮泥沙、水质等。水色遥感是唯一可穿透海水一定深度的卫星海洋遥感技术，可用于赤潮监测，可提取悬移质浓度及其运移的信息；在水色卫星遥感图像中，可以显示锋面、涡旋、海流、水团等大中尺度海洋现象，与其他卫星资料结合研究，可揭示许多海洋现象的动力机制和过程。

6.1.2 海洋自动观测

（1）海洋台站自动观测

海洋台站是建立在沿海、岛屿、海上平台或其他海上建筑物上的海洋观测站的统称，其主要任务是在人类经济活动最活跃、最集中的滨海区域进行水文气象要素的观测和资料处理，以便获取能反映观测海区环境基本特征和变化规律的基础资料，为沿岸和陆架水域的科学研究、环境预报、资源开发、工程建设、军事活动和环境保护提供可靠的依据。台站观测具有连续性、准确性、时效性的特点，将现场观测的数据采用快速、准确、可靠的通信手段实时传送到海洋预报等部门，以便及时掌握海洋环境特性和演变过程。

（2）水下自航式观测平台

水下自航式海洋观测平台是20世纪80年代末90年代初在载人潜器和无人有缆遥控潜器（ROV，Remote Operated Vehicles）技术的基础上迅速发展起来的一种新型海洋观测平台。主要用于无人、大范围、长时间水下环境监测，包括物理学参数、海洋地质学和地球物理学参数、海洋化学参数、海洋生物学参数及海洋工程方面的现场接近观测。

（3）浮标自动观测

海洋浮标是一种现代化的海洋观测设施，具有全天候、全天时稳定可靠的收集海洋环境资料的能力，并能实现数据的自动采集、自动标示和自动发送。海洋浮标与卫星、飞机、调查船、潜水器及声波探测设备一起，组成了现代海洋环境主体监测系统。海洋浮标是无人值守自动观测平台，在海洋观测系统中起着重要作用，海上各项活动都将从浮标所获得的数据中受益。海洋浮标的种类主要有锚定类型浮标和漂流类型浮标。前者包括气象资料浮标（图6.6左图）、海水水质监测浮标、波浪浮标（图6.6右图）等；后者有表面漂流浮标、中性浮标、各种小型漂流器等。海洋浮标是测量波高、海流、海温、潮位、风速、气压等水文气象要素的重要工具，将对人类生活、海洋研究、海洋经济等起到重要作用。

海洋气象浮标 海洋波浪浮标（荷兰Datawell）

图6.6 海洋浮标

（4）海洋声探测

水声探测技术在海洋观测和水下目标探测中占有重要的地位，是实现水下目标遥测的主要手段（朱光文，1997）。目前，国际上比较成熟的海洋声探测技术有海洋剖面测量技术、声成像技术、鱼群探测技术、声层析技术、声学多波束测深技术及声通信技术。合成孔径声呐如图6.7所示，是利用接收基阵在拖曳过程中对海洋中目标反射信号的时间采样，经延时补偿构成目标的空间图像，它以小孔径的基阵，获得大孔径基阵才具有的分辨率。声层析技术通过测量声速传播的时间来计算传播路径上的平均温度，通过测量声音在双声线传播的时间差来测量上升流、通量、涡流等动力参数。水声探测鱼群和渔业资源评估技术，是通过探测鱼群的群体和个体回波信息，经过积分处理，可以得到鱼群总量及分类鱼量，在渔业资源评估中起到重要作用。多波束测深技术主要由多波束测深声呐、卫星导航、成图计算机和若干外设组成，在航行过程中实时获取海底丰富信息，提供多种表示海底地形地貌的图件，用于海底地形地貌的高精度绘制。

图6.7 合成孔径声呐

6.2 海洋数据格式

6.2.1 通用数据格式

（1）通用ArcGIS格式

ESRI公司的ArcGIS软件平台，包括很多通用GIS数据格式，Shapefile文件格式、Coverage数据格式、Grid数据格式等均可用于海洋相关数据的表达。

（2）MIF通用数据格式

MIF文件是MapInfo通用数据交换格式，这种格式是ASCⅡ码，可以编辑，容易生成，且可以应用于MapInfo支持的所有平台上。它将MapInfo数据保存在两个文件中：图形数据保存在 .MIF文件中，而文本（属性）数据保存在 .MID文件中。其中，.MIF文件有两个区域：文件头区域和数据节，文件头中保存了如何创建MapInfo表的信息，数据节中则是所有图形对象的定义。

（3）通用图像数据格式

遥感图像数据格式可以用来描述海洋栅格数据，如海岸带地形数据、海底地形数据。通用图像数据格式包括TIF、BSQ、IMG、BMP等。

6.2.2 专用数据格式

（1）HDF数据格式

HDF（Hierarchical Data Format）是一种分层式数据管理结构，是一种能够自我描述、多目标、用于科学数据存储和分发的数据格式。在海洋GIS中应用广泛，可以用来描述矢量场数据，如风场；也可用来描述标量场数据，如SST场、盐度场、高度场等。HDF是可以存储不同类型的图像和数码数据的文件格式，并且可以在不同类型的机器上传输，同时还有统一处理这种文件格式的函数库，它针对存储和分发科学数据的各种要求提供解决方法。

一个HDF文件中可以包含多种类型的数据，如栅格图像数据、科学数据集、信息说明数据。这种数据结构，方便信息提取。例如，当打开一个HDF图像文件时，除了可以读取图像信息，还可以很容易地查取其地理定位、轨道参数、图像噪声等各种信息参数。

HDF设计特点如下：

① 自我描述。一个HDF文件中可以包含关于该数据的全部信息。

② 多样性。一个HDF文件中可以包含多种类型的数据。例如，可以利用适当的HDF文件结构，在某个HDF文件中存储符号、数值和图形数据。

③ 灵活性。可以让用户把相关数据目标集中到一个HDF文件的某个分层结构中，并对其加以描述。同时，可以给数据目标进行标记，方便查取，用户也可以把科学数据存储到多个HDF文件中。

④ 可扩展性。在HDF中可以加入新数据模式，增强了与其他标准格式的兼容性。

⑤ 独立性。HDF是一种同平台无关的格式，可以在不同平台间传递而不用转换格式。

（2）NetCDF数据格式

NetCDF（Network Common Data Form）网络通用数据格式是由美国大学大气研究协会（University Corporation for Atmospheric Research，UCAR）的Unidata项目科学家针对科学数据的特点开发的，是一种面向数组型并适用于网络共享的数据的描述和编码标准。NetCDF是以二进制的矩阵形式存储的数据格式，开始的目的是用于存储气象科学中的数据，现已成为许多数据采集软件的生成文件的格式。利用NetCDF可以对网格数据进行高效地存储、管理、获取和分发等操作。由于其灵活性，能够传输海量的面向阵列（Array Oriented）数据，目前广泛应用于大气科学、水文、海洋学、环境模拟、地球物理等诸多领域。例如，美国国家环境预报中心（NCEP，National Centers for Environmental Prediction）发布的再分析资料、NO（National Oceanic and Atmospheric Administration）的气候数据中心（CDC，Climatic Data Centre）发布的海洋与大气综合数据集（COADS，Comprehensive Ocean Atmosphere Dataset）均采用NetCDF作为标准；现有的Argo浮标数据的格式包括txt、dat、NetCDF三种，NetCDF是其中重要的一种数据格式。

① NetCDF的数据结构。NetCDF数据集（文件名后缀为.nc）的格式不是固定的，它是使用者根据需求自定义的。一个NetCDF数据集包含维

（Dimensions）、变量（Variables）和属性（Attributes）三种描述类型，每种类型都会被分配一个名字和一个ID，这些类型共同描述了一个数据集。NetCDF库可以同时访问多个数据集，用ID来识别不同数据集。变量存储实际数据，维给出了变量维度信息；属性则给出了变量或数据集本身的辅助信息属性，又可以分为适用于整个文件的全局属性和适用于特定变量的局部属性，全局属性描述了数据集的基本属性以及数据集的来源。

一个NetCDF文件的结构包括以下对象：

netCDF name {

Dimensions：… //定义维数

Variables：… //定义变量

Attributes：… //属性

Data：…//数据

}

② NetCDF数据的主要特点。自描述性，它是一种自描述的二进制数据格式，包含自身的描述信息；易用性，它是网络透明的，可以使用多种方式管理和操作这些数据；高可用性，可以高效访问该数据，在读取大数据集中的子数据集时不用按顺序读取，可以直接读取需要访问的数据；可追加性，对于新数据，可沿某一维进行追加，不用复制数据集和重新定义数据结构；平台无关性，NetCDF数据集支持在异构的网络平台间进行数据传输和数据共享。其可以由多种软件读取并使用多种语言编写，其中包括C语言，C++、Fortran、IDL、Python、Perl和Java语言等。

另外海洋GIS中还有XML（Extensible Markup Language）、ASCII（American Standard Code for Information Interchange）码、二进制格式、burf（气象数据格式）、grib（通常在气象学中用来存储的历史和预测的天气数据）等数据格式。

第7章 海洋数据处理与集成

7.1 海洋数据处理的数学原理

海洋数据是海洋调查和观测的初步成果，包含了海洋要素空间分布和时间变化的重要信息，是建立智慧海洋的重要基础，也是海洋科学研究、开发利用、环境保护、环境预报和科学管理的必要依据。对海洋数据进行预处理、压缩、提取、变换、空间插值、集成、数据挖掘等处理，发现数据背后所隐藏的海洋规律，是智慧海洋建设的一项重要任务。

智慧海洋数据处理依托数理统计、模糊数学、形态学、集合论等数学原理和方法。

7.1.1 数学形态学

数学形态学是分析几何形状和结构的数学方法，是建立在集合代数基础上，用集合论方法定量描述几何形状的科学。数学形态学是由一组形态学的代数运算子组成的，最基本的形态学算子有：腐蚀、膨胀、开和闭运算。可以使用这些算子及其组合来进行图像形状和结构的分析与处理，包括图像分割、特征提取、图像滤波、图像增强和恢复等方面的工作（高亚辉等，2008）。它可应用于各类海洋图像形状和结构的分析与处理，方便人们研究海洋生态系统的物质循环和能量流动，例如，在对海洋浮游植物显微图像进行分析与处理时，应用此学科中的算法可自动识别微小浮游植物的细胞形状，鉴定其种类，获取它们的数量和繁殖等信息；海洋锋的时空变化对中心渔场、渔期、渔获量和渔业资源评估都有重要影响，在海洋锋形态特征提取中应用形态学可探索结构元素尺寸与海洋锋横断面宽度和海流流幅空间尺度之间的最佳定量关系，确保海洋产业良好发展。

7.1.2 傅里叶变换

傅里叶变换（Fourier Transform）是一种对连续时间函数的积分变换，即通过某种积分变换，把一个函数转化成另一个函数，同时还具有对称形式的逆变换。它通过对函数的分析来达到对复杂函数的深入理解和研究。它既能简化计算，如求解微分方程、化卷积为乘积等，同时具有非常特殊的物理意义（文亮，2008）。傅里叶变换被广泛应用于海洋卫星图像配准领域，该技术很好地解决了图像配准中平移参数的确定问题，从而可以准确地对两个仅存在平移的图像进行配准。基于傅里叶变换的海洋遥感图像配准方法具有以下优点：① 精度高。相位相关技术能准确地检测两海洋卫星影像之间的平移关系，通过一个脉冲函数，很容易找到脉冲函数的峰值，这个峰值所处的位置恰好就是两图像存在的平移量，而该脉冲函数在其他地方都接近于零。② 鲁棒性强。对于一些光照强度不同照相机成像时所产生的各种噪声，基于傅里叶变换域的配准方法都可以很好地处理。噪声在傅里叶变换域中影响不大，因此这种方法可以克服空间域中难以克服的噪声问题。③ 卷积理论说明傅里叶变换域配准方法对一些模糊的海洋影像配准效果也较好（李振红，2013）。

7.1.3 小波变换

小波变换的基本思想是将原始信号通过伸缩和平移后，分解为一系列具有不同空间分辨率、不同频率特性和方向特性的子带信号，这些子带信号具有良好的时域、频域等局部特征。这些特征可用来表示原始信号的局部特征，进而实现对信号时间、频率的局部化分析，从而克服了傅里叶分析在处理非平稳信号和复杂图像时所存在的局限性（郭彤颖等，2004）。它在空域和频域同时具有良好的局部化特性，突出局部特征，检测瞬态突变，是获得图像边缘在各个频段的分量以及保留边缘位置信息的有力手段，应用领域越来越广泛。例如在检测SAR海洋图像船舶目标时，可利用图像灰度直方图小波变换检测信号突变点来分割图像，能有效地检测出舰船目标。

7.1.4 马尔科夫链模型

马尔科夫过程是随机过程理论中的一种，其主要原理是：若系统的随机过程 X（*t*）在时刻 *t* 的状态用*E*表示，则在时刻 τ（τ>*t*）系统所处状态与 *t* 以前所处状态无关。根据柯尔莫哥洛夫—开普曼定理，某一状态经过*n*步转移后到其他状态的概率是一阶转移概率矩阵的*n*次自乘，当*n*趋向于无穷大时，各状态的出现概率处于某一稳定值，即为下一时刻出现该状态的概率。并非任何状态序列均可用马尔科夫链模型进行分析，若非独立事件，其可构成一个状态之间有联系随机状态序列，并可用马尔科夫链模型进行分析（张振锋等，2010）。马尔科夫链模型必须建立在大量的统计数据的基础之上，才能保证预测的精度与准确性。根据大量往年的数据，可以利用马尔科夫链模型模拟出海面各级温区所占比例的变化情况。运用相同的方法，可以预测各级温区所占的比例，从而对海面厄尔尼诺现象进行预测与防范。

7.1.5 支持向量机

支持向量机（Support Vector Machine，SVM）算法是一种可以进行训练的机器学习（Machine Learning）方法，是以统计学习理论（Statistical Learning Theory）作为其自身理论研究基础的一种模式分类算法。SVM通过引入核函数，将样本向量映射到高维特征空间，然后在高维空间中构造最优分类面，获得线性最优决策函数。SVM可以通过控制超平面的间隔度量来抑制函数的过拟合，通过采用核函数巧妙解决了维数问题，避免了学习算法计算复杂度与样本维数的直接相关（郎宇宁和蔺娟如，2010）。由于支持向量机分类算法同神经网络方法一样具有很强的非线性学习特性，并且很多时候支持向量机分类算法具有更强的学习能力和推广能力，所以支持向量机分类算法的出现为海洋石油泄露、海洋环境保护等事故诊断问题的解决提供了一种很好的途径，特别是对于难以建立数学模型的复杂系统。应用支持向量机分类算法进行海洋事故诊断，不仅可以处理复杂的非线性系统，而且支持向量机的多类别分类算法还可以进行多模式的海洋事故诊断。此外，应用支持向量机算法进行海洋事故诊断还有一个突出的优点：在处理实际问题时，海洋事故数据往往是很难获得的，这就决定了学习样本集不可能很大，而支持向量机分类算法是针对小样本的机器学习分类算法，即便是非常少量的故障样本，支持向量机分类算法也能表现出优秀的模式识别性能（朱珍，2013）。

7.1.6 贝叶斯定理

贝叶斯定理是由条件概率推导而来，用来描述两个条件概率之间的关系，其公式如下：

$$P（B/A）=\frac{P（A/B）P（B）}{p（A）}\propto P（A/B）P（B） \tag{7.1}$$

可以表示为

后验概率=（似然度*先验概率）/标准化常量

其含义是后验概率与先验概率和似然度的乘积成正比。后验概率是基于一定条件对先验概率的修正，对统计更有意义，一般基于似然度进行修正。对于给定观测数据，一个推测是好是坏，取决于这个推断本身独立的可能性大小——先验概率（Prior）和这个猜测生成观测到的数据的可能性大小——似然性（Likelihood）的乘积。

如此简洁的原理，蕴藏着高深的智慧，在诸多领域得到广泛应用。基于贝叶斯理论的方法在海难空难搜救实践中多次成功应用，现已成为该领域的通行做法。

天蝎号核潜艇搜救就是应用的贝叶斯定理。1968年5月，美国海军的天蝎号核潜艇在大西洋亚速海海域突然失踪，为了寻找天蝎号的位置，美国海军特别计划部首席科学家John Craven提出使用基于贝叶斯公式的搜救方案。他召集了数学家、潜艇专家、海事搜救等各个领域的专家，让各位专家按照自己的知识和经验对潜艇向哪一方向发展进行猜测，并评估每种情境出现的可能性，然后把各位专家的意见综合到一起，得到了一张20英里海域的概率图。如图7.1所示，整个海域被划分成很多个小格子，每个小格子有两个概率值p和q，p是潜艇在这个格子里的概率，q是如果潜艇在这个格子里，它被搜索到的概率。按照经验，第二个概率值主要与海域的水深有关，在深海区域搜索失事潜艇的"漏网"可能性会更大。如果一个格子被搜索后，没有发现潜艇的踪迹，那么按照贝叶斯公式，这个格子潜艇存在的概率就会降低，由于所有格子概率的总和是1，这时其他格子潜艇存在的概率值就会上升。每次寻找时，先挑选整个区域内潜艇存在概率值最高的一个格子进行搜索，如果没有发现，概率分布图会被"洗牌"一次，搜寻船只就会驶向新的"最可能格子"进行搜索，这样一直下去，直到找到天蝎号为止。

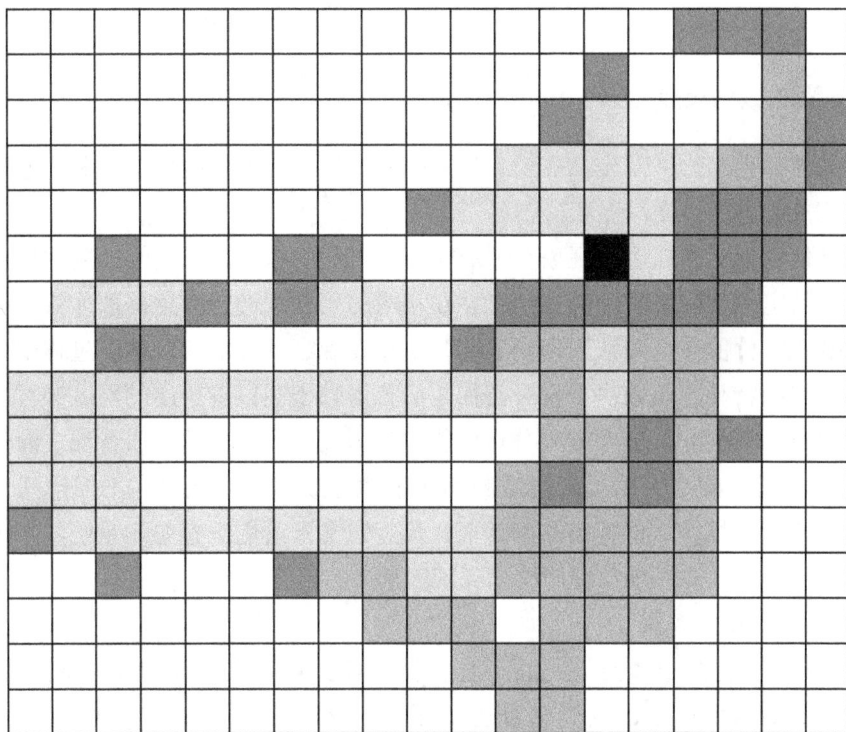

图7.1　海难搜救中的海域概率图

贝叶斯理论还用于分类中，朴素贝叶斯分类的思想基础是，对于给出的待分类项，求解在此项出现的条件下各个类别出现的概率，哪个最大就认为此待分类项属于哪个类别。除此之外，基于贝叶斯理论还发展出了更复杂的分类算法，如树增强型贝叶斯算法（TAN，Tree Augmented Bayes Network）、贝叶斯分类算法ARCS（Association Rule Clustering System）、网络贝叶斯分类算法（Bayesian networks）、贝叶斯神经网络算法等。

7.2 海洋数据变换和重构

7.2.1 海洋数据尺度变换

海洋数据变换涉及坐标变换、投影变换、尺度变换，这里论述和智慧海洋密切相关的海洋数据尺度变换。

任何地理实体或客观现象在形成信息的过程中都依赖于空间尺度的特征，只有在特定的空间尺度下描述信息并在相应的尺度下进行信息提取才具有科学意义和现实价值。空间认知理论表明，信息在观察、理解和传播的过程中，其表现出来的特征不仅取决于自身特征，而且依赖于观察者所用的尺度和方向，因而进行一系列的尺度和方向分析则能有效地反映出信息的本质特征。海洋要素的空间属性在特定的尺度内观测和测量才有效，海洋现象在不同空间尺度下遵循不同的规律、体现不同的特征，尺度定义了人们观察海洋系统的一种约束，是人类揭示海洋现象规律性的关键因素。

（1）尺度的含义

从广义来讲，尺度（Scale）是实体、模式或过程在空间或时间上的基准尺寸。GIS中尺度的内涵包括：① 广度，覆盖、延展、存在的范围、区间和领域；② 粒度，记录、表达的最小阈值，如对象的大小、特征的分辨率；③ 间隙度，采样、选取的频率。GIS尺度的外延包括空间尺度、时间尺度和语义尺度。

（2）尺度变换方法

尺度变换（Scaling），也称作尺度推演，是指海洋信息在不同尺度范围（相邻尺度或多个尺度）之间的变换，包括尺度上推（Scaling Up）和尺度下推（Scaling Down）。其变换原理如图7.2所示。

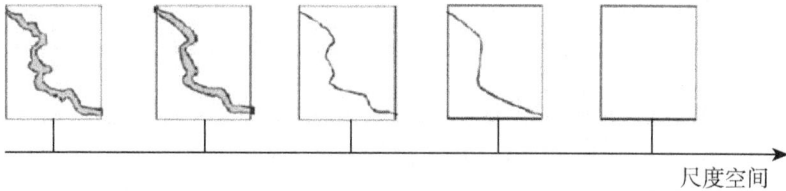

尺度空间

图7.2 尺度变换

尺度变换方法包括以下几种。

① 自动综合，是为了改进数据的易读性和易理解性而对空间目标的几何或语义表示所施行的一组量度变换。它包括空间变换和属性变换，一般通过模型综合和制图综合方法实现。

② 小波变换，具有时域和频域的良好局部化性质，通过伸缩平移运算对信号（函数）逐步进行多尺度细化，最终达到高频处时间细分、低频处频率细分，以自动适应时频信号分析的要求，从而可聚焦到信号的任意细节，解决了傅里叶变换的困难问题。借助小波分析理论，可以检测和提取多源、多尺度、海量数据集的基本特征，并通过小波系数来表达，再做相应的处理和重构，从而可以获得数据集的优化表示。

③ 无级比例尺变换，是以一个大比例尺数据库为基础数据源，在一定区域内海洋对象的信息量随着比例尺的变化自动增减，实现海洋空间信息的综合和表达与要求尺度（比例尺）的自适应。无级比例尺数据处理技术的实质是数字制图综合。

海洋数据重构是指对海洋相关数据从一种格式到另一种格式的转换，从一种几何形态到另一种几何形态的转换，包括结构转换、格式转换、类型替换（数据截取、数据裁剪、数据压缩等）等，以实现海洋空间数据在结构、格式、类型上的统一，实现多源和异构海洋数据的连接与融合。

7.2.2 海洋数据压缩

数据压缩属于数据重构的一种，指从所取得的数据集合中抽出一个子集，这个子集作为一个新的信息源，在规定的精度范围内最好地逼近原集合，而又取得尽可能大的压缩比。压缩的目的是为了简化数据记录，减少存储空间，提高访问与处理效率。在大数据时代，数据压缩对于智慧海洋显得尤为重要。

（1）矢量数据压缩

常用矢量数据的压缩方法主要有垂距限值法、光栅法、道格拉斯−普克（Douglas-Peucker）算法等。

Douglas-Peucker 算法具有平移、旋转不变性，给定曲线限差后，抽样结果一致，且编程简单，执行效率较高，尤其是针对弯曲起伏较小的曲线，速度较快（巨正平等，2009）。

该算法的原理是对给定曲线的首末点虚连一条直线，求中间所有点与直线间的距离，并找出最大距离 d_{max}，用 d_{max} 与限差 L 比较。若 $d_{max} \geq L$，则保留对应点，以该点为界将曲线分为两段，对每一段重复使用该方法。若 $d_{max} < L$，则舍去所有中间点。图7.3中曲线经压缩后 P_7 和 P_8 点被舍去，其余点保留。

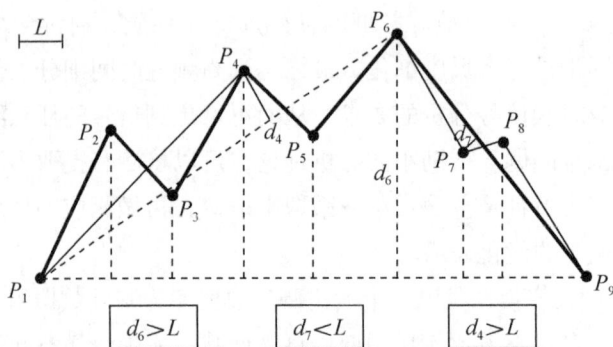

图7.3　道格拉斯−普克法原理

（2）字典数据压缩方法

基于字典数据压缩的过程：① 在原始地图上指定直线或多边形矢量，把矢量的坐标转换成一连串的微分矢量描述的点 $\Delta_{i,\,i-1}$（x_i-x_{i-1}，y_i-y_{i-1}）。② 对微分矢量编码进行数据压缩。首先，应用聚类方法（K-mean聚类）对上述微分矢量数据构造容量确定的字典；其次，根据字典对原始数据编码，得到压缩后的数据。③ 解码：对压缩后的数据解码并进行误差分析计算。基于字典数据压缩可用于海洋矢量数据的压缩（吴开兴等，2006）。

（3）Huffman编码压缩

Huffman编码压缩是针对ASCII码的数据压缩方法，可以用于矢量数据压缩。它是一种比较有效的编码方法，最高压缩效率可达到8∶1。它也是一种长度不均匀的、平均码率可以接近信息源熵值的编码方法，其编码基本思想是对于出现概率大的信息采用短字长的码，对于出现概率小的信息用长字长的码，以达到缩短平均码长，从而实现数据压缩的目的（黄雪梅，2005）。

（4）栅格数据压缩

栅格数据结构是海洋科学资料存储交换的重要形式，随着智慧海洋传感器网络体系的构建，海洋数据量呈现爆炸性增长，所以海洋栅格数据压缩势在必行。

常用的栅格图像数据压缩算法有JPEG-2000、离散余弦变换（DCT for Discrete Cosine Transform）、小波变换等方法。

DCT的算法流程包含编码和解码过程，编码过程执行四种操作：子图分解、变换、量化、编码，解码器执行的步骤（除了量化函数以外）与编码器是相反的。DCT算法是目前广泛应用于多媒体数据压缩的技术，其优点是信息压缩能力强，其信息压缩能力超过了DFT（离散傅里叶变换）和WHT（沃尔什变换），接近于最佳KL（正交变化）变换方法的能力；在信息压缩能力和计算复杂性之间提供了一种很好的平衡，DCT变换允许使用各种快速算法，且编码简单；对比其他输入独立的变换方法，DCT变换具有使用单一的集成电路就可以实现，可以将最多的信息包含在最少的系数中。其缺点是复原图像存在方块效应，比特率不能严格控制；在高压缩比时，DCT方法的图像质量急剧下降（柳林等，2012）。

（5）人工神经网络编码

人工神经网络编码（Artificial Neural Network Coding）是一种模仿及延伸人脑功能的信息处理系统，它具有许多优良特性，如自学习特性、大规模并行处理、非线性处理特性和分布式存储特性等。人工神经网络在图像压缩编码中已经获得了初步研究和应用，主要用于实现变换编码、非线性预测编码和矢量量化中的码书设计。由于现实图像内容变化的随机性，对图像的分割以及平稳区域与非平稳区域的数学描述还没有有效的手段和方法，试图用一种图像模型来描述自然界千奇百怪的图像是不现实的，而人工神经网络在解决类似的黑箱上特别有效，故可以用神经学习图像中规律性的东西，通过神经网络自适应机制，如结构自适应、学习率参数的变化和连接权值的变化等进行调整。因此，可以利用神经网络的特点对图像信息进行有效的分解、表征和编码，从而取得传统方法无法比拟的结果。基于神经网络的数据压缩方法的一个显著特点是可以获得较高的数据压缩比，且解压速度快，但它的一个弱点是对网络的训练需要一定的时间，且对数据需要两次扫描，这给实时数据压缩造成了困难（黄雪梅，2005；陶长武和蔡自兴，2007）。

（6）图像分形压缩方法

图像分形压缩方法基本的原理是根据迭代函数系统理论，找到其吸引子或不变集，并用某个吸引子以任意的精度逼近。该方法的任务就是寻找求出迭代函数系统参数的方法及图像的分形码。图像分形压缩的过程包括两个部分：基于拼贴定理的编码过程和基于随机迭代的解码过程（云娇娇，2011）。由于图像分形压缩方法有新奇的视角和巨大的压缩比潜力，因此图像分形压缩方法被尝试与其他图像压缩法相结合，如小波理论、变换编码方法、神经网络模型、遗传算法等。许多数学工具都能与图像分形压缩方法进行较好的结合，既保留了图像分形压缩方法的优良特性，又在一定程度上弥补了图像分形压缩方法的一些缺陷，最终可以得到较好的整体压缩效果（国兴，2013）。图像分形压缩算法压缩比通常很高，但是在处理非确定性分形结构时，重构图像质量会很差，且编码时间过长（孙日明，2013）。

（7）基于三元组压缩算法

基于三元组（3-Tuples）的压缩算法是用三元〈row，col，data〉来记录存储稀疏矩阵中的一个非0元素〈data〉，即记录该非0元素在原矩阵中的行、列位置和元素的值，从而压缩掉了所有值为0数据。因为压缩过程中，每个有效数据又要增加两个元的空间来记录，因而0元越多，压缩比越高。由于海洋遥感数据文件通常以矩阵方式存储，因天气等原因缺失相对较大，0值元素所占比例大，因而具有稀疏矩阵的特点，故可利用三元组方式实现数据文件的压缩（付东洋等，2012）。

（8）算术编码方法

算术压缩方法与Huffman压缩方法相似，都是利用比较短的代码取代图像数据中出现比较频繁的数据，而利用比较长的代码取代图像数据中出现频率较低的数据从而达到数据压缩的目的。其基本原理是任何一个数据序列均可表示成0和1之间的一个间隔，该间隔的位置与输入数据的概率分布有关。算术编码是图像压缩的主要算法之一，是一种无损数据压缩方法，也是一种熵编码的方法。和其他熵编码方法不同的地方在于，其他的熵编码方法通常是把输入的消息分割为符号，然后对每个符号进行编码，而算术编码是直接把整个输入的消息编码为一个数，一个满足$0.0 \leqslant n < 1.0$的小数。使用算术编码的压缩算法通常先要对输入符号的概率进行估计，然后再编码，估计越准，编码结果就越接近最优的结果。算术编码的优点在给定符号集和符号概率的情况下，可以给出接近最优的编码结果；压缩比高，可以达到100：1。

以下方法为有损压缩。

（9）预测编码方法

预测编码方法基于图像数据的空间和时间冗余特性，用相邻的已知像素（或图像块）来预测当前像素（或图像块）的取值，然后再对预测误差进行量化和编码。如果预测比较准确，误差就会很小，在同等精度要求的条件下，就可以用比较少的比特进行编码，达到压缩数据的目的。预测编码是根据离散信号之间存在着一定关联性的特点，利用前面一个或多个信号预测下一个信号进行，包括线性预测、自适应预测、DPCM（Differential Pulse Code Modulation，差分脉冲编码调制）等。这种方法通常属于有损压缩，但此方法也能实现无损压缩。基于预测的压缩方法得到的图像的整个压缩比较小，因此该方法在海洋高光谱图像无损压缩方面得到一定应用。

（10）子带编码

子带编码（SBC，Subband Coding），是一种以信号频谱为依据的编码方法，即将信号分解成不同频带分量来去除信号相关性，再将分量分别进行取样、量化、编码，从而得到一组互不相关的码字合并在一起后进行传输。子带编码是先将原始图像用若干数字滤波器（分解滤波器）分解成不同频率成分的分量，再对这些分量进行亚抽样，形成子带图像，最后对不同的子带图像分别用与其相匹配的方法进行编码，在接收端将解码后的子带图像补零、放大，并经合成滤波器的内插，将各子带信号相加，进行图像复原。子带编码与离散余弦变换编码相比的最大优点是复原图像无方块效应，因此得到了广泛的研究，是一种有潜力的图像编码方法。子带编码可以利用人耳对不同频率信号感知灵敏度不同的特性，在人的听觉不敏感的部位采用较粗糙的量化，在敏感部位采用较细的量化，从而可以充分地压缩语音数据（黄雪梅，2005）。

（11）矢量量化编码

矢量量化编码（VQ，Vector Quantization）是在图像、语音信号编码技术应用中的新型量化编码方法，它的出现不仅仅是作为量化器设计，更多的是作为压缩编码方法。在传统的预测和变换编码中，首先将信号经某种映射变换变成一个数的序列，然后对其逐个地进行标量量化编码。而在矢量量化编码中，则是把输入数据分成组，成组地量化编码，即将这些数看成一个k维矢量，然后以矢量为单位逐个矢量进行量化，从而压缩了数据而不损失多少信息。矢量量化编码指从N维空间RN到RN中L个离散矢量的映射，也可称为分组量化，标量量化是矢量量化在维数为1时的特例。基于矢量量化的光谱图像压缩基本思路是将图像的数据分解为一个矢量的集合，最后对矢量集合里的每一个矢量进行量化编码的过程。对于图像压缩，矢量量化的方法是不需要对光谱图像进行去相关性的处理。由于高光谱图像相似的地表具有相似的光谱曲线，因此矢量量化是高光谱图像压缩的一种理想压缩方法（韩勇，2014；王成，2014）。矢量量化可以充分利用各分量间的统计依赖性，包括线性的和非线性的依赖关系，并可以充分利用信号概率分布密度函数形状中存在的剩余度，还可以充分利用信号空间维数增加所带来的益处。在维数足够高时，可以任意接近失真理论所给出的极限，而在标量量化时是无法实现的。即使对无记忆信源，矢量量化编码也总是优于标量量化。

（12）拉普拉斯金字塔变换

拉普拉斯金字塔变换（Laplacian Pyramid Blending）原理和方法为：① 对源图像分别进行拉普拉斯金字塔分解；② 对分解后的各层图像采用不同的融合准则进行融合；③ 最后对融合金字塔作拉普拉斯金字塔反变换得到最终的融合图像。基于金字塔分解的图像融合算法的融合过程是在不同尺度、不同空间分辨率和不同分解层上分别进行的，与简单图像融合算法相比能够获得更好的融合效果，同时能够在更广泛的场合使用。离散傅里叶变换、离散余弦变换、奇异值分解和小波变换都是以拉普拉斯金字塔和其他采样变换为基础的（陈浩和王延杰，2009）。

7.3 海洋数据融合与集成

数据集成是把不同来源、格式、性质和特点的数据在逻辑上或物理上有机地集中，从而提供全面的数据共享服务。数据集成的核心任务是要将互相关联的分布式异构数据源集成到一起，使用户能够以透明的方式访问这些数据源。集成是指维护数据源整体上的数据一致性、提高信息共享利用的效率；透明的方式是指用户无须关心如何实现对异构数据源数据的访问，只关心以何种方式访问何种数据。

在海洋数据集成过程中要考虑海洋空间数据的属性、时间和空间特征，考虑海洋空间数据自身及其表达的地理特征和过程的准确性等。需要对海洋数据的形式特征（如单位、格式、比例尺等）与海洋空间数据的内部特征（如属性等）进行全部或者部分变换、调整、分解、合并等操作，使其形成充分兼容的无缝海洋空间数据集。智慧海洋数据集成主要关注信息源集成过程中的语义异构性的解决，所以研究的重点是采用智能集成的方式并运用知识领域的技术来解决数据集成中的各种语义不一致问题。目前。本体论是最有前景的方法之一。

7.3.1 海洋数据融合方法

遥感影像的数据融合方法分为三类：基于像元（Pixel）级的融合、基于特征（Feature）级的融合、基于决策（Decision）级的融合。融合的水平依次从低到高。如表7.1所示。

表7.1 三级融合层次的特点

融合框架	信息损失	实时性	精度	容错性	抗干扰力	工作量	融合水平
像元级	小	差	高	差	差	小	低
特征级	中	中	中	中	中	中	中
决策级	大	优	低	优	优	大	高

常用的融合算法有Brovey变换、图像回归法、主成分变换、K-T变换、小波变换、IHS变换等。

（1）Brovey变换

Brovey变换融合（色彩标准化变换融合）是较为简单的融合方法。它是将多光谱图像的像元分解为色彩和亮度，其特点是简化了图像转换过程，又保留了多光谱数据的信息，同时提高了融合图像的视觉效果；其缺点是存在一定的光谱扭曲，且没有解决光谱范围不一致的全色影像和多光谱影像融合的问题。

（2）图像回归法

图像回归法（Image Regression）是首先假定影像的像元值是另一影像的一个线性函数，通过最小二乘法来进行回归，然后再用回归方程计算出的预测值减去影像的原始像元值，从而获得二影像的回归残差图像。经过回归处理后的遥感数据在一定程度上类似于进行了相对辐射校正，因而能减弱多时相影像中由于大气条件和太阳高度角的不同所带来的影响。

（3）主成分变换

主成分变换也称为W-L（Karhunen-Loeve）变换，数学上称为主成分变换（Principal Components Analysis，PCA）。PCA是应用于遥感诸多领域的一种方法，包括高光谱数据压缩、信息提取与融合及变化监测等。PCA的本质是通过去除冗余，将其余信息转入少数几幅影像（即主成分）的方法，对大量影像进行概括和消除相关性。PCA使用相关系数阵或协方差阵来消除原始影像数据的相关性，以达到去除冗余的目的。对于融合后的新图像来说各波段的信息所做出的贡献能最大限度地表现出来。PCA的优点是能够分离信息，减少相关，从而突出不同的地物目标。另外，它对辐射差异具有自动校正的功能，因此无须再做相对辐射校正处理。

（4）K-T变换

K-T变换，即Kauth-Thomas变换，又形象地称为"缨帽变换"。它是线性变换的一种，能使坐标空间发生旋转，但旋转后的坐标轴不是指向主成分的方向，而是指向另外的方向。目前对这个变换在多源遥感数据融合方面的研究应用主要集中在MSS与TM两种遥感数据的应用分析方面。

（5）小波变换

小波变换是一种全局变换，在时间域和频率域同时具有良好的定位能力，对高频分量采用逐渐精细的时域和空域步长，可以聚焦到被处理图像的任何细节，从而被誉为"数学显微镜"。小波变换常用于雷达影像SAR与TM影像的融合，它具有在提高影像空间分辨率的同时又保持色调和饱和度不变的优越性。

（6）IHS变换

3个波段合成的RGB颜色空间是一个对物体颜色属性描述系统，而HIS（Intensity、Hue、Saturation）色度空间提取出物体的亮度I、色度H、饱和度S，它们分别对应3个波段的平均辐射强度、3个波段的数据向量和的方向及3个波段等量数据的大小。RGB颜色空间和IHS色度空间有着精确的转换关系。

7.3.2 海洋数据集成模式

（1）联邦数据库系统集成模式

联邦数据库系统（FDBS，Federated Database）由半自治数据库系统构成，相互之间分享数据，联盟各数据源之间相互提供访问接口，同时联盟数据库系统可以是集中数据库系统或分布式数据库系统及其他联邦式系统。在这种模式下又分为紧耦合和松耦合两种情况，紧耦合提供统一的访问模式，一般是静态的，在增加数据源上比较困难；而松耦合则不提供统一的接口，但可以通过统一的语言访问数据源，其中核心的是必须解决所有数据源语义上的问题。典型的联邦数据库系统结构如图7.4所示。

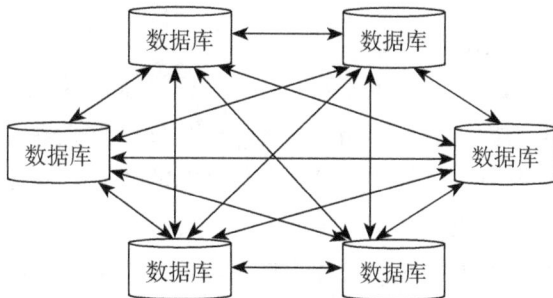

图7.4 联邦数据库集成模式

（2）中间件数据集成模式

中间件集成模式通过统一的全局数据模型来访问异构的数据库、Web资源等。中间件位于异构数据源系统和应用程序之间，向下协调各数据源系统，向上为访问集成数据的应用，提供统一数据模式和数据访问通用接口。中间件主要作用是集中为异构数据源提供一个高层次检索服务。中间件模式是比较流行的数据集成方法，其结构如图7.5所示，它通过在中间层提供一个统一的数据逻辑视图来隐藏底层的数据细节，使得用户可以把集成数据源看为一个统一的整体。这种模型下的关键问题是如何构造这个逻辑视图并使得不同数据源之间能映射到中间层。

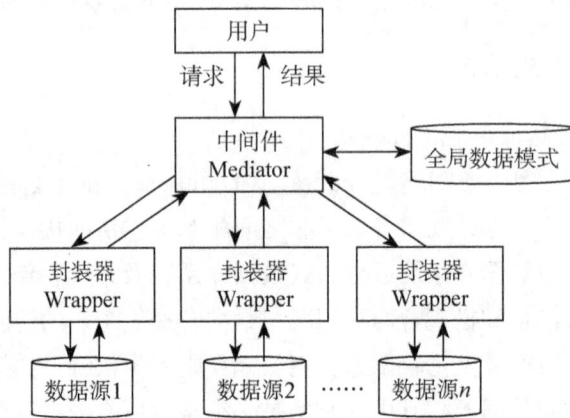

图7.5 基于中间件的数据集成模式

（3）数据仓库数据集成模式

数据仓库是面向主题的、集成的、与时间相关的和不可修改的数据集合。其中，数据被归类为广义的、功能独立的、没有重叠的主题。数据仓库方法是一种典型的数据复制方法，该方法将各个数据源的数据复制到同一处，即数据仓库。用户则像访问普通数据库一样直接访问数据仓库，如图7.6所示。数据仓库是在数据库已经存在的情况下，为了进一步挖掘数据资源和决策需要而产生的。数据仓库是一个环境，而不是一件产品，提供用户用于决策支持的当前和历史数据，这些数据在传统的操作型数据库中很难或不能得到。数据仓库集成技术是为了有效地把操作型数据集成到统一的环境中以提供决策型数据访问的各种技术和模块的总称，是为了让用户更快、更方便地查询所需要的信息，提供决策支持。

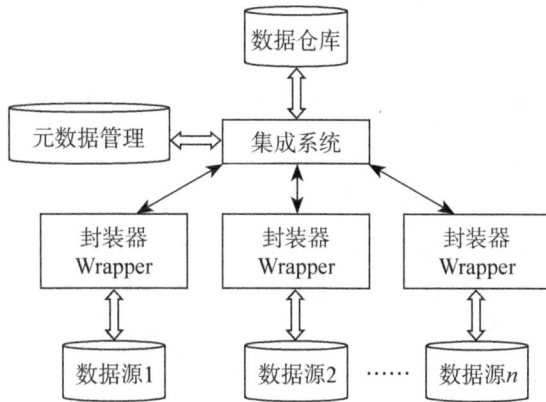

图7.6　基于数据仓库的数据集成模式

7.3.3 海洋数据集成方法

（1）基于数据格式转换的集成

海洋数据包括海面高度、海流、海浪、温度、盐度、密度、湿度、气温、潮流、气压等信息。这些信息对研究海水的物理特性和化学特性、分析水团和跃层等海洋水文状况有重要的作用。但数据在存储的时候采用不用的存储方式和逻辑结构，阻碍了信息的交流与共享。因此，对海洋数据的存储特点和逻辑结构进行分析，建立标准统一的格式描述规范和数据格式是海洋数据格式转换的基础。

数据格式转换的基本过程是（袁立成，2009）：用户根据数据源文件的存储信息制定格式描述文件；根据格式描述文件的描述信息和标准格式信息生成转换规则文件；根据源文件格式描述信息以及规则信息将数据转换为标准格式的数据。这种标准格式也可以被叫作交换格式，适用于多种不同原始数据格式之间的转换，方便实现数据共享，消除冗余数据，更快捷、高效地进行数据交换。大多GIS软件为了实现与其他系统交换数据，制定了明码的交换格式，例如ESRI公司的E00格式。为了促进数据交换，美国国家空间数据协会（NSDI，National Spatial Data Infrastructure）制定了统一的空间数据格式规范SDTS（Spatial Data Transformation Standard），许多软件利用SDTS提供了标准的空间数据交换格式（李杨等，2009）。

（2）借助中间件的数据集成

使用中间件主要是为了解决分布式系统的复杂性和异构性问题，它是一种位于客户机/服务器的操作系统之上的独立系统软件或服务程序，分布式应用软件借助这种软件在不同的技术之间共享资源。中间件的显著特征就是实现资源共享、功能共享，使得空间数据处理可以跨平台或OS环境计算和管理、多用户空间数据同步处理、异构系统的互操作以及多级分布式系统协同工作等成为可能。即使相连接的系统具有不同的接口，但通过中间件相互之间仍能交换信息。GIS中间件是在遵循OGC（Open GIS Consortium，开放GIS组织）标准的前提下，能够嵌入各类GIS系统的软件。采用GIS数据中间件技术可有效屏蔽掉GIS空间数据各种复杂的结构和模型，向数据用户提供统一的操作接口，直接访问和操作其他GIS数据源，使GIS软件开发人员面对一个简单统一的开发环境不必考虑数据源结构的变动和新数据源的出现，减少了软件开发的代价，避免进行多番数据格式转换的工作。

（3）基于数据互操作的数据集成

互操作是GIS集成的基础，这种模式是OGC指定的规范，是指异构环境下两个或两个以上的实体，尽管它们实现的语言、执行的环境和基于的模型不同，但它们可以相互通信和协作，以完成某一特定任务。这些实体包括应用程序、对象、系统运行环境等（易善桢等，2000）。实际研究中，不同的学科和部门对地理真实世界的不同侧面感兴趣，对其信息的认知以及在系统中的表示有所不同，可将不同的学科间及其采用不同的GIS系统间的互操作概括为4种情况（易善桢等，2000）。

① 相同领域采用相同的GIS软件，但是对地理信息的数据定义使用了不同句法，也就是不同的分类等级，包括不同的数据项及其编码。这种句法和外延上的异构性可以通过制定行业内的标准加以解决。例如海底植被分类标准、设施内容标准、地址内容标准等。

② 相同领域采用不同的GIS软件，除了上面的句法异构外，主要是不同软件采用了不同的空间数据结构，为了解决这种系统间的集成和互操作，需要制定空间数据转换标准，例如空间数据传输的标准等。

③ 不同领域采用相同的GIS软件，由于不同领域对同一区域或对象的不同

侧面感兴趣，对同一对象给予不同的名称，这可以通过建立基础空间信息框架，对各领域共用的基础信息给予永久标识代码，在此基础上建立各专业领域信息，各领域间的集成是垂直片段的集成。但在集成中，存在不同领域的对某一类别语义外延的不同。

（4）直接数据访问的数据集成

直接数据访问是利用空间数据引擎的方法实现多源数据的无缝集成，即在一个GIS软件中实现对其他软件数据格式的直接访问、存取和空间分析。直接数据访问不仅避免了烦琐的数据转换，而且在一个GIS软件中访问某种软件的数据格式不要求用户拥有该数据格式的宿主软件，也不需要运行该软件。从上述角度来看，直接数据访问提供了一种更为经济实用的多源数据共享模式（李杨等，2009）。

由于针对每一种要直接访问的数据格式，客户软件都要编写被访问的宿主软件数据格式的读写驱动，即数据引擎，所以直接数据访问必须建立在对宿主软件数据格式的充分了解之上。如果宿主软件数据格式不公开，或者宿主软件数据格式发生变化，为了获得对该数据格式的直接访问，客户软件就不得不研究该宿主软件的数据格式，这使得客户软件在开发过程中的难度大大增加，并且限制了软件的可扩展性，使得客户软件可直接访问的数据格式种类受限。更为重要的是，当每个GIS软件都实现了对其他流行GIS软件格式数据的直接访问时，则每一个GIS软件都要在其内部实现读取相应数据的驱动程序。这样，从整个GIS行业来看，这样的数据集成模式必然要耗费大量的人力物力。

7.3.4 基于本体的数据集成

本体论在数据集成中的应用方式主要有三种：单一本体、多本体、混合本体（张峰，2008）。

（1）单一本体集成

单一本体信息系统集成是多个数据源共用一个全局本体，如图7.7所示。这种集成方法简单，系统中的每个数据源是独立的模型，并且每个数据源的对象与全局领域模型关联，关联关系声明了源对象的语

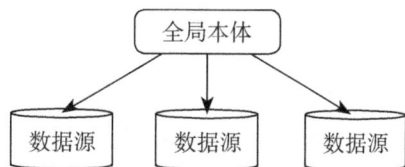

图7.7 单一本体集成方式

义并帮助找到语义上相对应的对象。但此方法集成的数据源都是几乎相同的领域视图，所以集成后系统对信息源的变化敏感，一个信息源变化会引起全局的改变，难以添加新的信息源。

（2）多本体集成

多本体的信息系统集成是不同信息源有自己本地的本体，如图7.8所示，实例有"BOSERVER"和"SKC"系统。该方法的优点是各个本体彼此独立，单一本体的改变不会造成其他本体的改变，并且每个数据源都由各自的本体进行描述，提供本

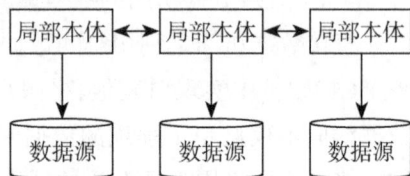

图7.8　多本体集成方式

体之间映射的附加表示形式。单一本体都使用各自的词汇库，不需要一个统一所有源的公关本体，数据源的语义就是由不同的本体进行描述，可以使数据源的改变对集成过程的影响减少，易于增加/删除数据源。但由于不同本体各自完全独立地建立，缺乏公共词汇库会使比较不同的源本体变得困难，而且彼此之间没有显式联系，难于有效地集成系统。当本体数量很大时，要形成和存储两两本体间的内部映射关系，是非常庞大的任务。

（3）混合本体集成

混合方法是前面两种方法的综合，如图7.9所示，保留了单一本体集成和多本体集成两种集成方式的优点，克服了其缺点。一方面，不同的用户团体建立的本地本体与各自数据源相连，避免了局部结构改变对全局的影响；另一方面，在各个本地本体之上，存在一个共享的本体，该本体的概念被各个本体认可并作为构造本地本体的基础，使不同数据源的集成相对容易。领域中有一个

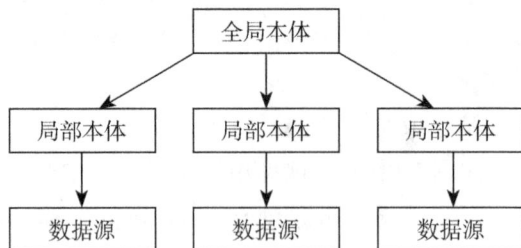

图7.9　混合本体集成方式

公共本体来描述共享词汇库，每个数据源都根据这个全局共享的词汇库来建立描述自身语义的局部本体，这样局部本体之间就具有可比性。混合方法可以容易地增加新源，而不需要修改映射或者共享词汇库，同时也支持本体的获取和进化。但是由于所有的局部本体都必须指向共享词汇库，所以已存本体的重用不太容易。

混合方法综合了前两者的优点，易于本体的进化和维护，最适用于处理语义集成问题，在面向语义的信息集成中得到广泛应用，如BUSTER系统Ittl就是采用混合本体的部署结构。

7.4 智慧海洋制图综合

制图综合是海图学的核心理论与技术之一，基于对制图综合认识的不同，很多学者对制图综合给出不同的概念。国际制图学协会（ICA，International Cartographic Association）把制图综合定义为"适合于地图比例尺或用途的碎部的选取和化简表示"。也就是说传统的制图综合就是由某一大比例尺地图经过选取、化简和综合得到另一较小比例尺地图的过程。

7.4.1 海图制图综合新内涵

海图发展到信息化阶段，制图综合的内涵也发生了很大变化。信息化时代海洋数据库是海图信息的载体，所以与某一比例尺的海图相对应的是特定的空间信息集合，设制图综合前的空间信息集合为SI_1，制图综合后所得到的空间信息集合为SI_2，则从信息集合的观点制图综合就是按一定算子的空间信息集合的映射，即

$$SI_1 \xrightarrow{\ g\ } SI_2 \tag{7.2}$$

从信息集合的观点给出海图制图综合的函数形式数学定义：

$$SI_2 = g\,(\,SI_1\,) \tag{7.3}$$

映射g为制图综合算子，算子选取的约束条件集合为

$$g\,(\,ys\,) = \{制图目的、数据量、表达尺度、地物特征，……\} \tag{7.4}$$

设 O 为空间信息所表达的空间对象，则有

$$SI_1=f_1(O) \tag{7.5}$$

$$SI_2=f_2(O) \tag{7.6}$$

所以（7.3）式可表示为

$$SI_2=g(f_1(O))=f_2(f_1^{-1}(SI_1)) \tag{7.7}$$

制图综合本质上就是抽象概括的认知方法在空间信息处理中的一种应用，把制图综合的过程看成空间信息变换的过程，则由式（7.7）可知，影响制图综合结果 SI_2 的因素包括：信息所表达的空间对象 O，初始空间信息集合 SI_1，空间对象到空间信息的算子 f_1、f_2，以及制图综合算子 g。算子 f_1 指由空间目标到计算机能表达的空间信息的过程以及特定尺度地图可视化，所以 f_1 包括空间信息采集和符号化。算子 g 是传统制图综合意义上的算子，但随着制图综合方法研究取得新进展，算子 g 也会不断扩充。

以上所提海图制图综合新概念，淡化了比例尺的概念，数据库是信息的载体，而海图只是一定尺度下的信息表达，所以海图制图综合内涵也发生了变化，称之为智能海图制图综合。

7.4.2 广义空间信息综合

将传统的面向比例尺的地图综合称为空间信息综合，而新的基于海图数据库的空间信息综合，是指由特定区域的空间数据集（全集数据库）到特定表达尺度和符号化的面向可视化的数据集的空间信息变换，以提供与特定尺度、应用目的和区域地理特征相适应的信息量和表现形式。其包括两方面的内容：信息综合和图形综合，前者侧重信息内容和信息量，应从语义概括角度实现；后者是从信息的表达角度，侧重于可视化表达。

传统的制图综合是指由大比例尺到小比例尺的概括和化简过程，即"信息按比例压缩（郑义东，1998）"，所以制图综合前信息集合 SI_1 的信息量 QI 大于综合后信息集合 SI_2 的信息量，即

$$QI(SI_1)>QI(SI_2) \tag{7.8}$$

但由式（7.7），选择合适的空间算子 g，比如空间分析算法，那么信息综合过程中可以获取新的海图信息。与传统制图综合不同，这种综合增加了信息量，即

$$QL\ (SI_1\ ) > QI\ (SI_1\ ) \tag{7.9}$$

称这样的综合为广义空间信息综合，其中信息量增加的综合类似于"数据挖掘"的概念。空间信息综合由传统的制图综合扩展到广义空间信息综合符合信息化时代海图制图发展的趋势。所以从数据结构底层建立面向空间信息综合的海洋数据组织，不仅有利于实现传统意义的制图综合，更有立于实现广义的"空间信息综合"功能。

7.4.3 智能海图制图综合实现

为实现智能海图制图综合，海洋数据管理应构建面向广义信息综合的全要素数据库，全要素数据库存储最大比例尺下的海洋形态数据。对全要素数据库进行逻辑分层，逻辑分层数据库存储比例缩小时的海洋形态变化数据（比例差量数据），这就将广义信息综合和动态数据联系起来，在版本-时空增量动态数据的基础上实现智能海图制图综合。

智能海图制图综合包括选取、化简、概括、位移等过程，把这些过程概括为两种变化，分别是：消失和产生，移位可以表示为在旧位置的消失和在新位置的产生。采用的基本综合操作算子有：选取、收缩、聚类（合并、融合等）、位移、典型化、重构形（包括光滑、化简、夸大、增强）等（应申等，2005）。

海洋智能综合和自动综合不仅依赖于对综合问题的理解以及有效方法的使用，而且取决于空间信息的表达形式。目前的数据库中，地理要素通常是用点、线和多边形来进行存储的，可具有（或不具有）拓扑关系信息和属性信息，但并不具有支持多用途、多比例尺输出的结构化信息，而制图综合工具的开发不仅需要这些几何信息，而且需要像结构化信息那样更加丰富的信息。丰富空间数据库的信息将会大大减轻自动综合的难度，建立要素与比例尺的联系以及在要素中增加智能化的信息也会使自动综合变得容易。

对于海洋地理要素（如海岛、海礁等）形状综合的实现也应建立与特定表达尺度相适应的数据模型和数据结构，对于数据模型而言可以增加特定逻辑层，以存储智能综合相关数据；对于物理层的数据结构，可以按综合的尺度表达增加相应字段。例如，在属性中建立一个字段，对于消逝的要素，其属性字段设为不可见；对已变更的要素给出查找新要素的ID号。

目前信息化发展已经进入大数据时代，王家耀院士认为，时空大数据给我国海洋数据获取和海图智能制图带来以下的转变：

① 从着重数据获取向着重数据集成、融合与同化转变。

② 从专业化规范化制图向多样化制图转变。

③ 从按尺度构建更新空间数据库向多尺度时空数据库自动生成转变。

④ 从基于模型、算法等的海图向基于人类自然智能与计算机人工智能深度融合的智能化海图转变。

第8章 智慧海洋时空分析

8.1 海洋时空分析概述

8.1.1 海洋时空特点

传统GIS是建立在二维或二点五维的基础上，主要集中于对空间数据的分析、处理。传统GIS通常把时间作为一种属性，进行时空分析时是在若干个动态界面下分析静态地理现象之间的动态关系。因此，传统GIS中时态和空间往往是分离的，这种"分离"不能反映时空统一的地理现象，更难以承担对海洋现象的时空分析、动态监测、动态仿真与模拟的需要（崔伟宏和张显峰，2006）。海洋现象和环境永远处于不断变化中，需要处理的是海洋动态现象，要完整地表达和分析海洋动态现象的特征与变化规律，必须使GIS具备对海洋现象时空过程的管理、处理和分析的能力，即智慧海洋需要将"时间"纳入其研究范围，而不是仅把时间作为一个属性。这仅仅利用传统GIS和TGIS（Temporal Geographic Information System，时态地理信息系统）的理论和技术是不够的，有必要对海洋GIS中若干概念、理论和方法进行必要的分析和改进，作为智慧海洋理论和技术的构建基础（周成虎和苏奋振，2013）。

8.1.2 海洋时空分析内涵

海洋时空分析是将传统空间分析和时序分析有机结合起来，是对海洋现象的时空定位、空间分布和格局、数量的比例和变化、时间上的联系以及随时间的发展变化、时空模式等进行分析、预测和模拟。智慧海洋时空分析是改变传统GIS将时间作为一种属性对空间状态进行静态分析的状况，将时间和空间作为动态变量，来分析时空状态下地理现象的分布、格局、模式、发展和变化规律。智慧海洋时空分析的目的是从时空数据中发现规律和异常、分析关联和探究机理，并进行预警和预测，其必须以时空数据为基础，其输入的是时空数据，分析结果也必然是时空数据。海洋时空分析可以表示为式8.1所示的过程，其含义为根据时空和属性有限集合所对应的海洋对象的时空分布、时空格局、时空模式等，采用时空分析方法Alm溯源、探究、分析出特定时空规律 X，根据此规律可以推断出具体时空条件下的地理对象的时空分布、时空模式、时空格局和时空规律。

$$\{X|s_i,\ t_j,\ a_k\} \xrightarrow{\text{Alm}} X_m\ (s,\ t,\ a) \tag{8.1}$$

式中，X 为地理现象的时空分布、时空格局、时空模式、时空规律等，S_i 为地理对象所对应的特定空间，t_i 为地理对象所对应的特定时间，a_k 为与特定时空相对应的地理对象的属性。a_k 从某种意义上讲是时空要素的函数，可以表示为 $a_k=f(s,\ t)$，当时空条件发生变化时属性值随之发生变化，属性值变化累积到一定程度后，由量变到质变，地理现象的状态、分布、格局等就会发生变化。

从以上过程可以看出，传统的空间分析是固定时间t时所进行的静态空间分布分析，可以表示为

$$\{X|s_i,\ t,\ a_k\} \xrightarrow{\text{Alm}} X_m\ (s,\ a) \tag{8.2}$$

同样道理，传统时序分析可以表示为

$$\{X|s,\ t_j,\ a_k\} \xrightarrow{\text{Alm}} X_m\ (t,\ a) \tag{8.3}$$

所以，传统空间分析或时间序列分析是时空分析的特例。

8.1.3 海洋时空分析原理

海洋时空分析过程是以海洋时空数据为基础的，是从海洋时空数据中分析、区分出海洋时空规律（包括时空分布、时空格局、时空模式、时空变化等的时空规律）、海洋时空异常和海洋时空噪声，如图8.1所示；海洋时空规律是人类已经认知和掌握的有关海洋现象的规律，从海洋时空数据中发现已有时空规律，以进行海洋时空现象模拟预测以及指导海洋实际应用；海洋时空异常是指不符合已有规律的部分，但不能忽略，可以通过分析海洋时空异常来发现新的时空规律，很多伟大的发现是从异常分析开始的；对于海洋时空噪声可以通过平差理论、统计模型等进行分析，以便发现海洋时空异常或者直接发现海洋

时空规律。

$$\text{时空数据} \xrightarrow{\text{ans}} \text{时空规律(时空分布、时空格局、时空模式)}+\text{时空异常}+\text{时空噪声}$$

（图中标注：上方 DM Alm_1，下方 Alm_2）

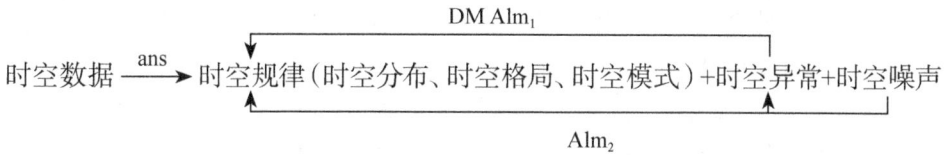

图8.1　时空分析过程

8.1.4 海洋时空分析方法

时空分析方法的研究可以从以下方面着手。

（1）应用数理统计方法进行时空分析

① 时空分布分析，如用平均值、方差、标准差、变异系数、峰度、偏度等统计量描述海洋环境要素的分布特征；运用概率函数研究海洋环境要素的分布规律等。

② 分类与聚类分析，如运用模式识别方法、判别分析方法、聚类分析方法等定量研究海洋环境的类型和各种水质区域的定量划分问题，在此基础上进行更高层次时空分析。

③ 趋势面分析，运用适当的数学方法计算出时空曲面，并以这个时空曲面去拟合各要素分布的时空形态，展示其时空分布规律。趋势面分析通常采用回归分析方法。

④ 时空扩散分析，可以定量地揭示各种环境现象在地理空间上随时间推移的扩散规律。经常采用的方法有微分建模方法、数学物理方法、蒙卡罗模拟方法等。

⑤ 过程模拟与预测，通过对发生、发展过程的模拟与时空拟合，定量地揭示海洋各要素及现象随时间变化的规律，从而对其未来发展趋势做出预测。过程模拟与预测，经常采用的数学方法有回归分析法、马尔可夫方法、灰色建模方法、系统动力学方法等。

（2）应用GIS技术进行时空分析

GIS可用于海洋环境时空分析的技术主要包括三个方面。

① 时空缓冲区分析，是将GIS的空间缓冲区分析方法进行扩展，以实现海洋数据在时空维度扩展的分析方法。例如研究海洋溢油的时空影响范围，可以采用时空缓冲区的方法进行分析，即考虑不同时间周期中其空间缓冲区。相对于空间缓冲区是一个平面带状区或圆，时空缓冲区是立体管状区或球。

②时空叠加分析，将同一地区、同一比例尺、不同时期的两组或两组以上的海洋数据文件进行叠加，以分析时空变化规律。例如对黄海特定区域相同比例尺的不同时间标签的浒苔分布图进行叠加分析，可以发现浒苔分布随时间的变化规律，借此可以进一步进行浒苔分布的预测。

③时空数据插值，在传统海洋空间数据插值方法的基础上，研究对数据的时间插值方法，构建海洋数据的时空插值方法。时间插值对于数据采集时间粒度大、时间分辨率低的海洋数据是重要的时空分析方法，可以弥补时间稀疏数据的缺陷。时空插值方法对于空间尺度跨度大、时间粒度差异大、时空分辨率高低不同的海洋数据具有重要的作用和意义。

（3）数理统计与地理信息系统的结合进行时空分析

数理统计分析可以从大量的数据集中挖掘信息，遗憾的是，数理分析往往不考虑空间位置，使空间信息难以定量定位表达。GIS以其强大的管理空间数据的能力而著名，然而它对属性数据的分析功能的局限，在很大程度上限制了其应用。数理统计分析与GIS的有机结合，会成为管理、处理、分析和可视化表达时空数据和信息的强大手段（张勇，2008）。

不同的时空分析方法的着重点不同，其应用目的也不相同，实际应用中需根据研究需要和分析目的选择不同的时空分析方法。空间统计指标的时序分析，反映空间格局随时间变化；时空变化指标，体现时空变化的综合统计量；时空格局和异常探测，揭示时空过程的不变和变化部分；时空插值，获得未抽样点的数值；时空回归，建立因变量和解释变量之间的统计关系；时空过程建模，建立时空过程的机理数学模型；时空演化树，利用空间数据重建时空演化路径；时空数据可视化，通过视觉启发假设和选择分析模型（王劲峰等，2014）。

8.2 海洋空间统计分析

8.2.1 海洋数据统计方法

对于海洋属性数据、海洋经济数据、海洋普查文本数据等非空间数据可以采用一般数字统计的方法进行处理；对于海洋空间数据和非空间数据可以采用统计图表进行分析处理。图表分析，有时比其他方法更能反映空间数据的特点和本质，关键问题是找到适合各类数据的图表。

（1）数字统计方法

数字统计分析主要应用于属性数据的分析处理，和一般数字分析方法类似，关键是找出属性数据集的特征数。① 表示数据集的集中分布位置的特征数包括平均数和数学期望、中位数和众数、频数和频率。② 表示属性数据离散程度的特征数包括极差和离差、方差与标准差、变差系数。

（2）静态数据统计图表

① 统计表格是详尽地表示非空间数据的方法，不直观，但可提供详细数据，便于对数据进行再处理，能使用户直观地观察和理解数据。

② 饼状图（Sector Graph或Pie Graph），显示一个数据系列中各项的大小与各项总和的比例。数据系列是在图表中绘制的相关数据点，这些数据源自数据表的行或列。图表中的每个数据系列具有唯一的颜色或图案并且在图表的图例中表示。除了普通饼状图外还有三维饼状图、堆叠饼状图、分离型饼状图等。图8.2是用饼状图表现的Argo浮标类型分布情况（截至2004年）。

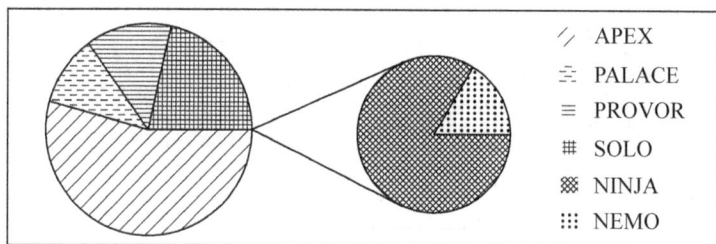

图8.2 Argo浮标类型分布图

③ 柱状图（Bar Chart），是一种以长方形的长度为变量表达数据的统计报告图，由一系列高度不等的纵向条纹表示数据分布的情况，用来比较两个或两个以上变量的价值（不同时间或者不同条件）。柱状图亦可横向排列，或用多维方式表达。如图8.3所示，是用柱状图表示的2005年全球Argo浮标中各国家浮标布放数量，从图表中可以清楚地看出美国布放浮标的数量远远超过其他国家。

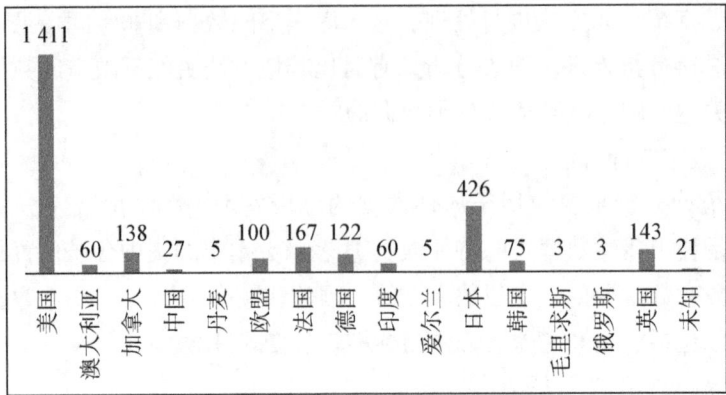

图8.3　各国浮标数量柱状图

④ 折线图（Line Chart），可以显示随时间（根据常用比例设置）而变化的连续数据，因此非常适用于显示在相等间隔下的数据趋势。在折线图中，类别数据沿水平轴均匀分布，所有值数据沿垂直轴均匀分布。如图8.4所示，利用折线图清楚地表示了不同潮时对应的潮高（潮汐折线图数据来源自中国海事服务网：http：//ocean.cnss.com.cn/，请见原图）。

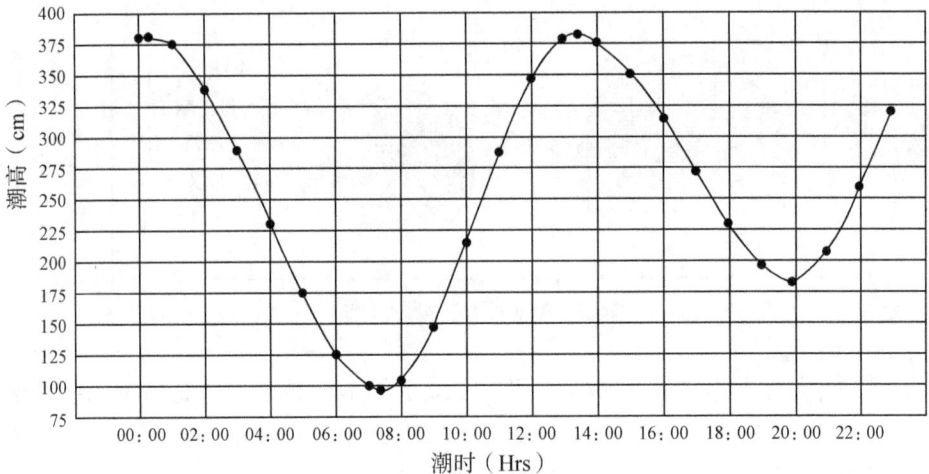

图8.4　潮汐折线图

⑤ 盒须图（Boxplot），是表示定量变量所常用的图形之一。如图8.5所示，采用盒须图表示2017年6月22日至2017年6月23日渤海的海浪高度，从图中

182

可以看出最高海浪达到1.8米，最低海浪高度为1.3米，海浪高度中位数为1.55米。根据该盒须图可以将大于1.8米与小于1.3米的海浪异常值进行筛选删除。

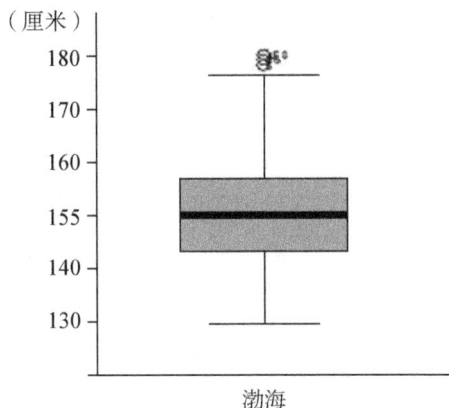

图8.5 盒须图

⑥ 直方图（Histogram），又称质量分布图，是一种统计报告图，由一系列高度不等的纵向条纹或线段表示数据分布的情况，如图8.6所示。一般用横轴表示数据类型，纵轴表示分布情况。在智慧海洋中可以用直方图来表示一天中海面温度随时间变化的分布。

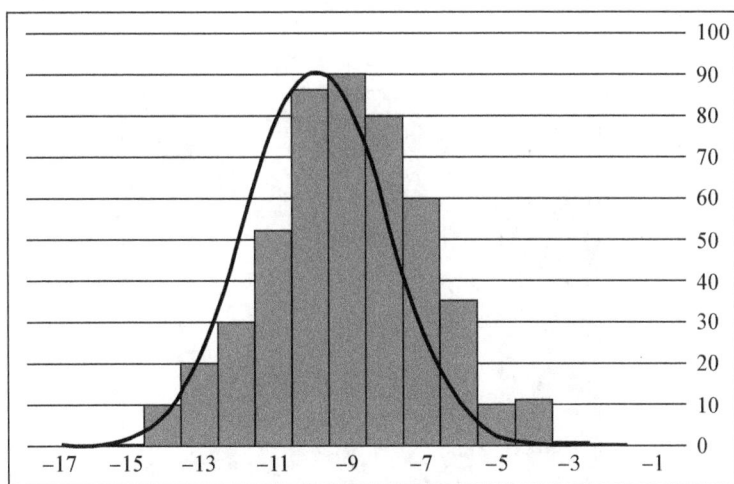

图8.6 直方图

⑦ 散点图（Scatter Diagram），是在回归分析中数据点在直角坐标系平面

上的分布图。如图8.7所示，利用散点图表示黄海海域某地潮汐一天内特定时段随时间的变化。

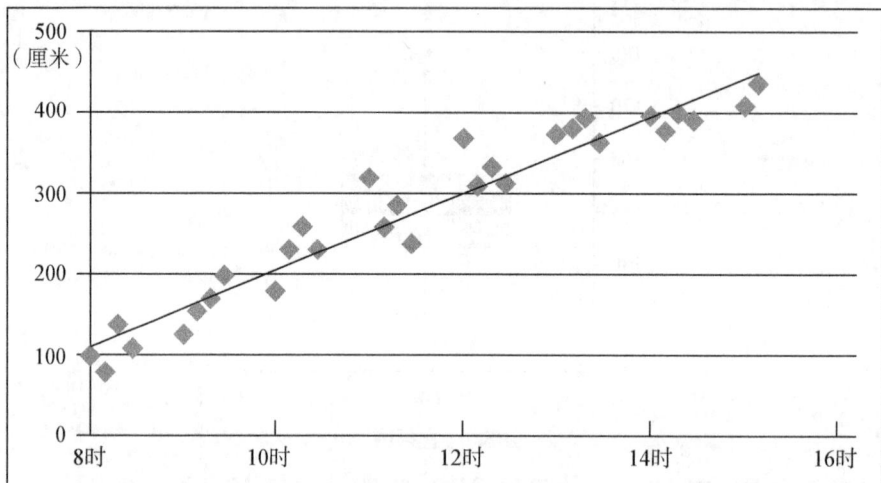

图8.7　潮汐变化散点图

⑧ 数据分布图，是表现一些现象空间分布位置与范围的图形。如图8.8所示，可以用数据分布图展示2017年6月24日至2017年6月30日海区表层水温分布状况（数据和图片来源自国家海洋环境预报中心：http://www.nmefc.gov.cn/haiwen/zhoudetail.aspx）。

图8.8　海区表层水温分布图

（3）时序数据统计图

时序数据除了可以用上述统计图表统计分析外，还可以用特定图表进行分析处理，以突出数据的时序特征。具体方法见第10章。

8.2.2 海洋数据聚类分析

聚类分析（Cluster Analysis）是将数据集中的数据聚集为相对同质的群组（Clusters）的统计分析技术。聚类分析的作用：一是根据数据本身的相似性得到类别，二是将数据分到上述类别中。聚类在数学、计算机科学、统计学、生物学和经济学等领域均有应用。聚类分析是一种探索性的分析处理，在分类的过程中，人们不必事先给出一个分类的标准，聚类分析能够从样本数据出发，自动进行分类。从统计学的观点看，聚类分析是通过数据建模简化数据的一种方法；从机器学习的角度讲，簇相当于隐藏模式，聚类是搜索簇的无监督学习过程；从实际应用的角度看，聚类分析是数据挖掘的主要任务之一，聚类分析能够作为一个独立的工具获得数据的分布状况，观察每一簇数据的特征，集中对特定的聚簇集合作进一步分析。

聚类分析的关键是差异性指标的定义和选择。在由 m 个变量组成的 m 维空间中可以用多种方法定义样本之间的相似性和差异性统计量。例如，用 x_{ik} 表示第 i 个样本第 k 个指标的数据，x_{jk} 表示第 j 个样本第 k 个指标数据；d_{ij} 表示第 i 个样本和第 j 个样本之间的距离。根据不同的需要，距离可以定义为许多类型，最常见、最直观的距离是欧几里得距离。依次求出任何两个点的距离系数 d_{ij}（i, j=1, 2, …, n），则可形成一个距离矩阵。

$$D=\left(d_{ij}\right)=\begin{bmatrix} d_{11} & d_{12} & \cdots & d_{1n} \\ d_{21} & d_{22} & \cdots & d_{2n} \\ \vdots & \vdots & & \vdots \\ d_{n1} & d_{n2} & \cdots & d_{nn} \end{bmatrix} \tag{8.4}$$

距离矩阵反映了单元的差异情况，在此基础上可以根据最短距离法或最长距离法或中位线法等，进行逐步归类，最后形成一张聚类分析谱系图。

最优分割分级法是针对有序样本或可变为有序（排序）的样本进行的。n 个数据按大小顺序排列后，有（$n-1$）个"空隙"，如分成 k 个等级，则需（$k-1$）个分级界线。因此，n 个数据分成 k 级的可能分法有 C_{n-1}^{k-1} 种。对于每种分级，可按定义为各级内数据的离差平方和的误差函数公式来计算分级误差的大小，选择级内离差平方和最小、而级间离差平方和最大的一种分级方法为最优。

传统的聚类算法包括以下几种：

（1）划分方法（PAM，Partitioning Around Method）

首先创建 k 个划分，k 为要创建的划分个数；然后利用循环定位技术通过将对象从一个划分移到另一个划分来帮助改善划分质量。常用的k-means、k-medoids属于此类方法。

（2）层次方法（Hierarchical Method）

创建一个层次以分解给定的数据集，该方法可以分为自上而下（分解）和自下而上（合并）两种操作方式。为弥补分解与合并的不足，层次合并经常要与其他聚类方法相结合，如循环定位。典型的这类方法包括：BIRCH（Balanced Iterative Reducing and Clustering using Hierarchies）方法、ROCK（RObust Clustering using linKs）方法等。

（3）基于密度的方法

根据对象周围的密度不断增长聚类，典型的基于密度的方法包括：DBSCAN（Density-Based Spatial Clustering of Applications with Noise）方法、OPTICS（Ordering Points To Identify Clustering Structure）方法等。

（4）基于网格的方法

首先将对象空间划分为有限个单元以构成网格结构，然后利用网格结构完成聚类。STING（STatistical INformation Grid）就是一种利用网格单元保存的统计信息进行基于网格聚类的方法。

（5）基于模型的方法

它假设每个聚类的模型并发现适合相应模型的数据。统计方法COBWEB（蜘蛛网聚类方法）是一个常用且简单的增量式概念聚类方法。它的输入对象是采用符号量（属性-值）来加以描述的，采用分类树的形式来创建一个层次聚类。

聚类分析作为探索性数据分析处理方法在海洋数据处理中发挥着重要的作用。例如，利用聚类分析可以较准确地求出水团的核心和显示特征值，尤其在入海径流交集大的浅海水团的边界划定中，聚类分析方法有助于了解水团的运动和消长过程。聚类分析还可以用来研究海洋生物种群分布，与其他分析方法结合可以探索渔场的分布同对应的温度、盐度等环境因子之间的关系，并预测渔场随着季节变化的动态情况等。

8.2.3 海洋数据判别分析

判别分析方法又称"分辨法"，是在分类确定的条件下，根据某一研究对象的各种特征值判别其类型归属问题的一种多变量统计分析方法。其基本原理是按照一定的判别准则，建立一个或多个判别函数，用研究对象的大量资料确定判别函数中的待定系数，并计算判别指标，据此即可确定某一样本属于何类。判别分析方法中，判别函数的建立是关键，建立判别函数的方法一般有四种：全模型法、向前选择法、向后选择法和逐步选择法。判别分析根据判别标准不同，可以分为最大似然法、距离判别法、Fisher判别法、Bayes判别法等。

（1）最大似然法

用于自变量均为分类变量的情况，该方法建立在独立事件概率乘法定理的基础上，根据训练样品信息求得自变量各种组合情况下样品被称为任何一类的概率。当新样品进入时，则计算它被分到每一类中的条件概率（似然值），概率最大的那一类就是最终评定的归类。

（2）距离判别法

其基本思想是由训练样品得出每个分类的重心坐标，然后对新样品求出它们离各个类别重心的距离远近，从而归入离得最近的类，也就是根据个案离母体远近进行判别，最常用的距离是马氏距离。距离判别的特点是直观、简单，适合于对自变量均为连续变量的情况下进行分类，且它对变量的分布类型无严格要求，特别是并不严格要求总体协方差阵相等。

（3）Fisher判别法

Fisher判别法亦称典则判别，是根据线性Fisher函数值进行判别，使用此准则要求各组变量的均值有显著性差异。该方法的基本思想是投影，即将原来在R维空间的自变量组合投影到维度较低的D维空间，然后在D维空间中再进行分类。投影的原则是使每一类的差异尽可能小、不同类之间投影的离差尽可能大。

（4）Bayes判别法

利用对各类别的比例分布的先验信息，也就是用样本所属分类的先验概率进行分析。Bayes判别就是根据总体的先验概率，使误判的平均损失达到最小而进行的判别。其最大优势是可以用于多组判别问题，但是适用此方法必须满足三个假设条件，即各种变量必须服从多元正态分布、各组协方差矩阵必须相等、各组变量均值均有显著性差异。

在智慧海洋中，根据实测海洋数据可对海洋沉积物的物质来源、岩体成因、含矿和含油层分布类型进行评价，并根据沉积物的矿物组成，判断分析沿岸泥沙回淤规律。判别分析方法可用于海洋生物种群、区系分布和环境条件的关系分析，以便对海洋渔场等的开发环境做出评价；也可用在海洋水文气象预报中，根据所测气象影响因子的实测数据，进行海洋气候区划，海风、海雾等灾害天气的统计预报，台风路径活动规律和登陆可能性的预测，水温的趋势预报，上升流出现可能性的推测等。

8.2.4 海洋数据PCA分析

PCA（Principal Component Analysis，主成分分析），通过正交变换将一组可能存在相关性的变量转换为一组线性不相关的变量的多元统计方法，是一种降维的统计方法。主成分分子的主要作用包括：降低所研究的数据空间的维数；通过因子负荷结论弄清变量间的某些关系；进行多维数据的图形表示；把各主成分作为新自变量代替原来自变量构造回归模型；筛选回归变量。主成分分析作为基础的数学分析方法，在人口统计学、数量地理学、分子动力学模拟、数学建模、数理分析等学科中均有应用。

（1）主成分分析原理

设有 n 个样本，p 个变量，要将原始数据转换成一组新的特征值——主成分，主成分是原变量的线性组合且具有正交特征。即将 x_1，x_2，$\cdots$，x_p 综合成 m（$m<p$）个指标 z_1，z_2，$\cdots$，z_m，即有：

$$
\begin{aligned}
&Z_1=L_{11}\times x_1+L_{12}\times x_2+\cdots+L_{1p}\times x_p\\
&Z_2=L_{21}\times x_1+L_{22}\times x_2+\cdots+L_{2p}\times x_p\\
&\cdots\cdots\\
&Z_m=L_{m1}\times x_1+L_{m2}\times x_2+\cdots+L_{mp}\times x_p
\end{aligned}
\tag{8.5}
$$

综合指标 z_1，z_2，$\cdots$，z_m 分别称作原指标的第一、第二、$\cdots$、第 m 主成分，且 z_1，z_2，$\cdots$，z_m 在总方差中占的比例依次递减，实际工作中常挑选前几个方差比例最大的主成分，从而简化指标间的关系，抓住主要矛盾。

（2）主成分分析几何解析

设y_1和y_2为空间数据的主成分，如图8.9所示，将坐标系进行正交旋转一个角度θ，使其椭圆长轴方向取坐标y_1，在椭圆短轴方向取坐标y_2，旋转公式为

$$\begin{cases} y_1 = x_1\cos\theta + x_2\sin\theta \\ y_2 = -x_1\sin\theta + x_2\cos\theta \end{cases} \tag{8.6}$$

矩阵形式为

$$\begin{bmatrix} y_1 \\ y_2 \end{bmatrix} = \begin{bmatrix} \cos\theta & \sin\theta \\ -\sin\theta & -\cos\theta \end{bmatrix} \begin{bmatrix} x_1 \\ x_2 \end{bmatrix} = U'x \tag{8.7}$$

其中，U'为旋转变换矩阵，是正交矩阵。$U' = U^{-1}$，$U'U = I$

两主成分满足的条件是：① y_1、y_2互不相关；② 样本点在y_1方向上方差最大。

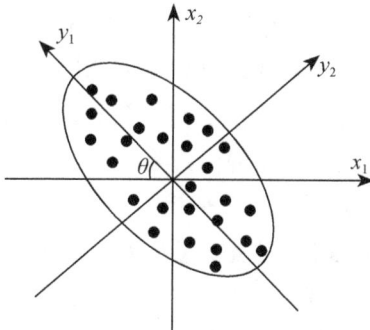

图8.9　主成分分析原理图

经过旋转变换后得到如图8.10所示的新坐标：

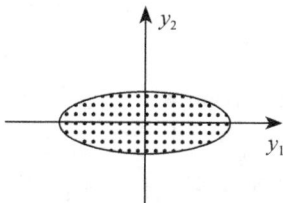

图8.10　主成分几何解释图

新坐标y_1、y_2有如下性质：

① n个点的坐标y_1和y_2的相关几乎为零。

② 二维平面上的n个点的方差大部分都归结为y_1轴上，而y_2轴上的方差较小。y_1和y_2称为原始变量x_1和x_2的综合变量。由于n个点在y_1轴上的方差最大，因而将二维空间的点用在y_1轴上的一维综合变量来代替，所损失的信息量最小，由此称y_1轴为第一主成分，y_2轴与y_1轴正交，有较小的方差，称它为第二主成分。

随着研究的深入，传统的统计方法和地学空间数据相结合，产生新的地学统计方法。要注意加强统计方法在地学和智慧海洋中的应用，特别当智慧海洋进入到大数据时代后，探索性统计方法在海洋数据分析处理中可以发挥前所未有的作用。

8.2.5 海洋空间相关分析

相关分析（Correlation Analysis），是研究现象之间是否存在某种依存关系，并对具体有依存关系的现象探讨其相关方向以及相关程度，这是研究随机变量之间的相关关系的一种统计方法。相关关系是一种非确定性的关系，分为线性相关、非线性相关、复相关和偏相关等。

① 线性相关分析是比较常见的一种相关关系分析，分为正相关、负相关和零相关。一般用相关系数来计算相关关系，对定距连续变量数据采用Pearson相关系数计算；对离散顺序变量（等级变量）数据或变量值的分布明显非正态或分布不明时，采用Spearman和Kendall相关系数进行计算。

② 复相关分析研究一个变量与另一组变量之间的相关程度，例如，南海海域的风暴潮和台风、温带气旋、高潮水位等因素之间的相关关系即为复相关。

③ 偏相关分析研究在多变量的情况下，当控制其他变量的影响后，剩下的一个变量和另一变量间的相关程度。例如，南海海域的风暴潮研究中，控制其他影响因素，其和台风要素之间的相关关系即为单相关。

④ 回归分析（Regression Analysis）是确定两种或两种以上变量间相互依赖的定量关系的一种统计分析方法。在智慧海洋大数据分析中，回归分析是一种预测性的建模技术，它研究的是因变量（目标）和自变量（预测器）之间的关系，可用来进行预测、时间序列建模以及发现变量之间的因果关系。

⑤ 空间相关关系，智慧海洋中常用的是空间相关分析，莫兰指数（Moran's I）是用来度量空间相关性的一个重要指标。莫兰指数是一个位于［-1.0，1.0］区间的有理数，当Moran's I>0表示空间正相关性，其值越大，空间相关性越明显；当Moran's I<0表示空间负相关性，其值越小，空间差异越大；当Moran's I=0，空间呈随机性。空间正相关，就是指随着空间分布位置（距离）的聚集，相关性也就越发显著；空间负相关正好相反，随着空间分布位置的离散，相关性变得显著。

海洋现象之间的关系错综复杂，有些关系是隐性关系，有些关系是长实效的短时间内难以确定的，所以相关关系分析和回归分析在智慧海洋数据分析中大有用途。对海洋要素数据进行相关性分析，可以得出反映要素之间关系的数学模型。例如，海水温度与太阳辐射、风级与波级和流速、海雾的形成与气温差等之间的相关性，这种相关性反映出海洋变量之间的客观规律。对于已经明确知道具有确定关系的海洋要素之间可以采用回归分析方法进行数据分析处理，这样不仅能够得到海洋要素和现象之间确定的函数模型，而且还可以预测海洋现象的发展变化规律；对于尚不明确是否存在关联或存在怎样关联的要素之间可以采用相关分析方法对其数据进行分析处理，以寻找和发现要素之间的依存关系。

8.3 海洋时空统计分析

海洋时空统计是指空间统计量随时间的变化序列，将时空变化看作是空间分布随时间的变化，在每个时间点分别做空间统计，将其按时间先后次序连接起来，反映空间统计指标的变化。已有的空间统计指标，如几何重心、最邻近距离（Pei Tet al.，2010）、BW统计、全局和局域的Moran's I 和Getis G、Ripley K、半变异系数、空间回归系数等（王劲峰，2006；Fischer MM and Getis A，2010），均可做时间维度分析。

智慧海洋分析立足于数据，通过数据分析揭示海洋空间格局和过程，讨论海洋地理要素的规律和机理。统计学立足于变量，由变量推断总体，反演超总体的参数和性质。海洋分析和统计分析之间的对应关系为：海洋数据（Data）—统计学样本（Sample），海洋格局（Pattern）—统计学总体（Population），海洋过程（Process）—统计学超总体（Superpopulation）（王劲峰等，2014）。

8.3.1 海洋时空聚类分析

时空聚类分析旨在从时空数据库中发现具有相似特征的时空实体集合（即时空簇），亦是传统的聚类分析从空间域到时空域的进一步扩展。时空聚类分析有助于更好地发现和分析海洋地理现象发展变化的趋势、规律与本质特征，在全球海洋气候变化、海洋灾害监测分析等领域具有重要的应用价值。

在地理空间中，时间和空间上的相关性是时空实体的基本特征，也是进行时空聚类分析的前提。若实体间没有相关性，则不会产生明显的聚集现象。时空聚类旨在将时空相关性较强的时空实体聚在同一簇，时空聚类过程中必须充分考虑实体间的相关性。时空聚类分析可以归纳为4个步骤：

（1）对时空数据进行探索性分析，掌握时空数据的特性，其主要包括：① 时空相关性分析，判断时空数据是否可以进行时空聚类分析；② 时空平稳性分析，分析时空数据的时空异质特征。

（2）根据时空数据的具体特点发展专门性的时空聚类方法。

（3）采用新的时空聚类方法或已有时空聚类方法进行聚类分析。

（4）对时空聚类分析的结果进行分析和评价。

时空聚类方法研究的核心问题是如何确定时空邻近域，可以借助Delaunay三角网与时空自回归移动平均模型（STARIMA，Space-Time Autoregressive Integrated Moving Average）中时空延迟算子来构建一体化的时空邻近域。由于STARIMA模型仅是针对时空平稳数据，而对时空非平稳的时空数据，需要剔除非线性的时空趋势获得平稳的时空序列后，再构建时空邻近域。进而，借助基于密度聚类的思想完成时空聚类，并对结果进行可视化分析。整个时空聚类分析的理论方法框架如图8.11所示（邓敏等，2012）。

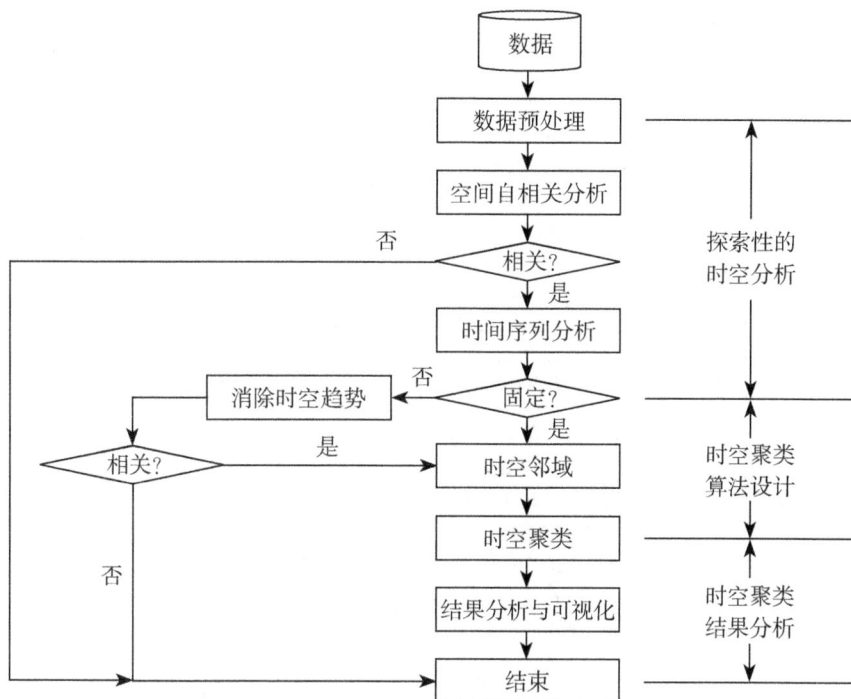

图8.11 时空聚类分析的理论方法框架

8.3.2 海洋EMD时空分析

经验模态分解法（Empirical Mode Decomposition，EMD）分析的目的是提取出基本模式函数，它的原观测数可表示为不同固有模式函数的和，即

$$Y=\sum_{i=1}^{p} \mathrm{IMF}_i+e \qquad （8.8）$$

式中，e往往接近于0或一个常量，IMF是固有模式函数，它满足两个条件：

① 信号极值点的数量与过零点的数量相等或最多相差一个；

② 在任一时间点上，信号的局部最大值与局部最小值定义的包络的均值是0或接近于0。EMD分解就是按照这两个标准不断提取IMF，其计算过程如图8.12所示（贾民平等，2004）。

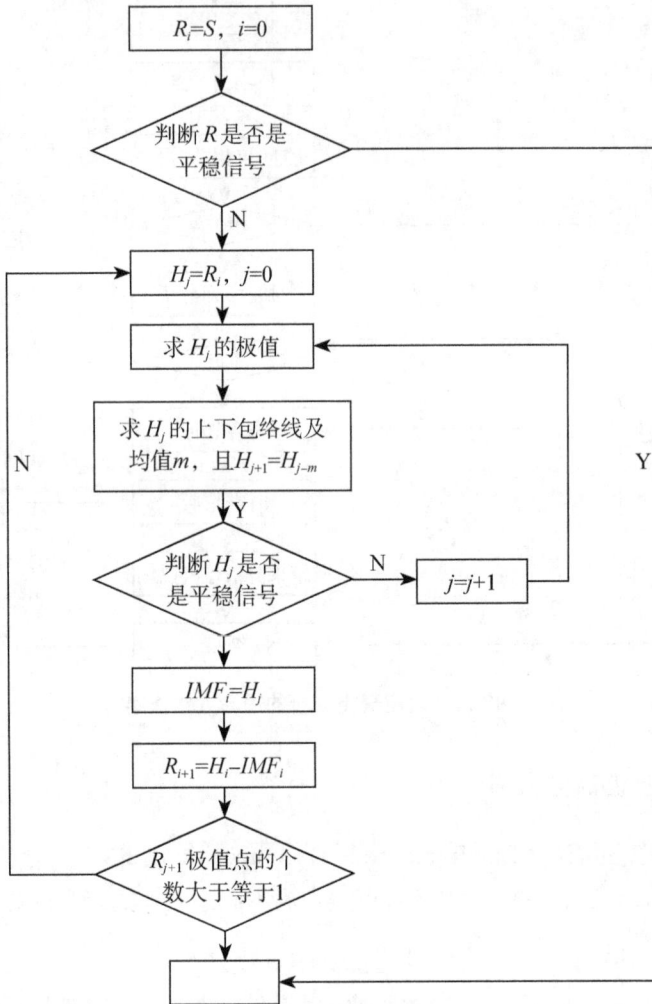

图8.12 EMD计算过程

8.3.3 海洋EOF时空分析

经验正交函数分解（Experiencal Orthogonal Function，EOF），在提取海洋物理场时空变化的信息特征方面具有明显的优势，具有降维和获取主成分的作用。其基本原理是把资料场（包含 m 个空间点）随时间变化进行分解。设原资

料场为 X_{mn}，它可以看成 m 个空间函数 v_{ik} 和时间函数 y_{kj} 的线性组合，表示成

$$X_{ij}=\sum_{k=i}^{m}V_{ik}y_{kj}=V_{i1}y_{1j}+\cdots+V_{im}y_{mj} \qquad (8.9)$$

上述分解表示为矩阵形式

$$X=VY \qquad (8.10)$$

X 是原资料场数据距平后的矩阵，V 是空间函数矩阵，Y 是时间函数矩阵。Y 的个数 $p \leqslant n$，V 是 $p*m$ 的矩阵。在海洋大气领域一般小于10，V 是提取的主要物理场，当 p 小于 n 时，EOF可达到降维的作用。

8.3.4 自回归时空统计分析

自回归模型主要研究在不同时间间隔之间自身的相关关系，滑动平均模型注重的是连续时间范围内数据间的相互影响。自回归滑动平均模型兼具以上两个模型的思想，所以在多数情况下其模型的准确度更高。拟合及多元回归均属回归分析的范畴。拟合时空分析是分析一个预报因子与预报量之间的关系，而多元回归则常用于分析多个预报因子与预报量之间的关系。回归分析无论在GIS中还是在海洋气象方面都有应用，在GIS中常辅助统计表得到更直观的信息，在海洋气象方面多用于预报估计。

回归模型可以统一写成：

$$y'=\beta x'+\varepsilon \qquad (8.11)$$

但具体到不同的方法，其公式各不相同，具体如表8.1所示。

表8.1 回归函数模型

名称	原函数	在回归公式中各量的含义
多元回归、线性拟合	$y=\beta x+\varepsilon$	$y'=y,\ x'=x$
多项式拟合	$y=\beta_1+\beta_2x^2+\cdots+\beta_nx^n+\varepsilon$	$y'=y,\ x'=\{x,\ x^2,\ \cdots,\ x^n\}$
抛物线拟合	$y=\beta_1x+\beta_2x^2+\varepsilon$	$y'=y,\ x'=\{x,\ x^2\}$
指数拟合	$y=db^x$	$y'=\ln y,\ x'=x,\ \beta=\ln b,\ \varepsilon=\ln b$
对数拟合	$y=\beta\ln x+\varepsilon$	$y'=y,\ x'=\lg x$
双曲拟合	$\dfrac{1}{y}=\dfrac{\beta}{x}+\varepsilon$	$y'=\dfrac{1}{y},\ x'=\dfrac{1}{x}$
球形拟合	$y=\beta_1x+\beta_2x^3+\varepsilon$	$y'=y,\ x'=\{x,\ x^3\}$

8.4 海洋时序分析

8.4.1 自适应时序分析

自适应时序模型的基本原理是将自适应滤波理论应用于自回归模型中，该模型在一定程度上可以根据观测数据和估计结果自行调整模型参数，并通过递推自动地对模型参数加以修正，使其接近最佳值。自回归模型以及滑动平均模型在使用者掌握时序特性的情况下，往往可以得到很满意的结果，而自适应时序模型在一定程度上更适合未知规律的探索。自适应时序模型的原理如下。

设一个 n 阶自回归时序，它的参数 $\varphi(t)$ 是海洋测量数据在 $1 \leq i \leq t$ 范围内模型的最小二乘意义下的最优解。i 时刻模型的预报误差为

$$\varepsilon(i) = x(i) - \varphi^{\mathrm{T}}(t) x_n(i-1) \quad (1 \leq i \leq t) \tag{8.12}$$

经过推导，可以得到 n 阶时序在最小二乘意义下的自适应递推公式为

$$P(t) = \lambda^{-1} P(t-1) - \lambda^{-1} K(t) x_n^{\mathrm{T}}(t-1) P(t-1) \tag{8.13}$$

模型的最小二乘意义下的最优参数解为

$$\hat{\varphi}(t) = \hat{\varphi}(t-1) + K(t) \alpha(t) \tag{8.14}$$

式中，$\alpha(t)$ 为新息，定义为

$$\alpha(t) = x(t) - \hat{\varphi}(t-1) x_n(t-1) \tag{8.15}$$

自适应时序模型的一个重要特点是把 $N(t)$ 的矩阵求逆化成在每一步中进行简单的标量除法运算，其中误差平方和计算公式如下（孙星亮和汪稔，2004）：

$$\Gamma_{\min}(t) = \lambda \Gamma_{\min}(t-1) + \alpha(t) \varepsilon(t) \tag{8.16}$$

8.4.2 奇异谱分析

谱分析是时间序列在频域上进行分析的方法，常用于揭示时间变化时存在的各种尺度的波动现象，但不同的谱分析在功能或细节上不尽相同。

奇异谱分析主要用于识别所研究系统的振荡周期，常常与熵谱分析一起

使用。它是一种变形的EOF（Empirical Orthogonal Function）经验正交函数分析，相当于时间序列$\{X_t\}$，$t=1$，$\cdots$，$n+m-1$的时滞m排列矩阵，经奇异谱分析分解之后，原序列的频谱被分解为具有单一循环周期的时域信号，因而重建各振荡分量序列如下：

$$x_i^k = \frac{1}{m}\sum_{j=i}^{m} a_{ij}^k E_j^k, \quad 当 m \leq i \leq nm-1 \qquad (8.17)$$

$$x_i^k = \frac{1}{n}\sum_{j=i}^{m} a_{ij}^k E_j^k, \quad 当 1 \leq i \leq m-1 \qquad (8.18)$$

$$x_i^k = \frac{1}{n-i+1}\sum_{j=i-n+m}^{m} a_{ij}^k E_j^k, \quad 当 n-m+2 \leq i \leq n \qquad (8.19)$$

其中，a_{ij} 为时间系数，E_j 为特征向量。

8.4.3 经验模式分解

经验模式分解分析的作用是对数据进行平稳化处理，其结果是产生不同尺度的本征模态函数交叉谱分析，揭露的是两个时间序列在不同频率上相互关系的一种分析方法。功率谱分析通过不同频率振动的功率大小，确认主要振动及对应的周期滤波过程，实际上是原始序列经过一定的变换转化为另一序列的过程。其实质是根据经验确定数据中有效信号的基本振荡模式（固有模式函数），并据此分解数据。分解模式函数的过程，也被称为筛选过程，其思路如下。

找到信号中的所有局部极值点，其中所有的局部最大值被一个三次样条连接成为上包络。同理，局部最小值产生下包络，上下包络应将所有的数据都包含在它们之间。上下包络线的均值定义为m_1，而原始信号$x(t)$与m_1的差值定义为函数h_1，则：$h_1=x(t)-m_1$。理想情况下，h_1应是一个固有模式分量。然而，实际上，对于非线性数据，包络均值可能不同于真实的局部均值，因此，一些非对称波仍可能存在。

筛选过程主要有两个作用：一是去除叠加波，二是使波形更加对称。为了达到这个效果，该过程可以被重复多次。在第二次过滤处理中，分量h_1被当作待处理数据，于是，$h_1-m_{11}=h_{11}$，可以把处理过程重复k次，直到h_{1k}是一个固有模式分量，于是，$h_{1(k-1)}-m_{1k}=h_{1k}=c_1$，则$c_1$就是从原始数据中处理得到的第一个固有模式分量。它包含原始信号中最短的周期分量，即频率最高的周期分量。

剩余部分 r_1 仍然包含较长周期的固有模式分量，因此，把 r_1 当作新数据重复以上步骤，得到各个固有模式分量（贾民平等，2004）：

$$r_1-c_2=r_2, \quad r_2-c_3=r_3, \quad \cdots, \quad r_{n-1}-c_n=r_n \tag{8.20}$$

8.4.4 小波时序分析

小波时序分析过程中，模型的选择依赖于平稳序列的自相关系数及偏相关系数的求解、截尾性，模型参数的求解采用最小二乘法。序列噪声及粗差对相关系数的求解、截尾性及模型参数求解存在着影响，因此，在进行时序分析前，对观测序列进行去噪处理显得极为重要。小波时序分析能有效地从信号中提取信息，通过伸缩与平移等运算功能对信号进行多尺度分析。对分解成不同尺度的小波信号进行分析，提取反映时序数据变化的趋势项、周期性和季节性信号，在能充分表征以上时序特征的基础上，对原时序信号进行重构。一般情况下，小波分解的低频部分可反映时序数据的趋势变化特征。

将时序分析的多步预报功能与小波对信号精加工的特殊作用相结合，对实际的海洋监测可以起到重要的作用。由于信号中含有多种频率成分，在这些成分的综合影响下，严重干扰了时间序列的分析结果，有时甚至出现预报结果严重偏离实际的情况。而小波对混频信号的分频功能及精准的粗差定位、去噪作用，可以很好地对观测序列进行提纯处理（葛利和印桂生，2011）。

8.4.5 调和分析

调和分析是将序列数据里含有较显著的波动提取出来，研究序列呈现的主要周期等信息。在实际的海洋调查中，尤其是长时间的观测，由于受到仪器故障、恶劣天气、地理位置制约，观测方式等因素的影响，很难得到从观测初始时刻到结束时刻这段时间内完整的高质量数据资料，所以获得的海洋资料是不完整的、不连续的。对于不完整、不连续的海洋现象（如潮汐）资料，调和分析方法作为一种主要的分析方法，主要是基于观测时间间隔为等距的资料进行调和分析。

潮汐调和分析是建立在分潮的概念上，将潮汐看成是以不同频率传播的各种潮波叠加产生的现象，调和分析的目的就是求出各个分潮的振幅和迟角。迟角是指某时刻、某一地点实际的分潮的相角与理论上该时刻的分潮相角的差值，潮位表示式如下：

$$h_i=A_0+f_iH_i\cos\left[\omega_i t+(V_0+u)-g_i\right] \tag{8.21}$$

式中，A_0 为平均水位高度，i 为分潮序列号，h_i 表示分潮潮高，ω 为分潮的角速度，f、u 分别表示由于月球轨道的周期变化引起的对平均振幅 H 和相角的订正值，即交点因子和交点订正角，V_0 为格林尼治初相角，H 和 g 为分潮的调和常数（张凤烨等，2011）。

8.5 海洋时空分析

8.5.1 时空插值分析

（1）一维和二维插值

时空插值是在一定离散数据的基础上按照某种规则，补插生成指定位置的数据。其原理是采用函数和插值模型，根据有限个点处的取值状况，估算出函数在其他点处的近似值。插值分析在海洋领域和GIS领域都有广泛的应用，包括一维和二维插值：一维插值主要用于时间序列、剖面等数据的处理；二维插值针对的是空间数据。

一维插值有两种方法，分别是拉格朗日插值和三次样条插值。当 $n=2$ 时，即为三点或抛物线拉格朗日插值。三次样条插值的思想是在由两相邻结点所构成的每一个小区间内用低次多项式来逼近，并且在各结点的连接处保证是光滑的。构造三次样条插值函数的方法通常有两种：一种是给定插值结点处的二阶导数作为未知数来求解；另一种是给定插值结点处的一阶导数作为未知数来求解。

二维插值常用的方法有两种，分别是反距离权重插值和克里金插值。反距离权重插值的公式如下：

$$v=\frac{\sum_{i=1}^{p}\dfrac{z_i}{d_i^k}}{\sum_{i=1}^{p}\dfrac{1}{d_i^k}} \tag{8.22}$$

其中，p是指利用p个点（称为点集D）插值（x，y），d是D中的每个点到（x，y）的距离，z_i是D中第i点的观测值，v是（x，y）处的估计值。

克里金插值的关键在于权重系数的确定，而权重系数不仅依赖于邻近点的值，也与克里金模型密切有关，其插值公式可以写成：

$$v=\sum\nolimits_{i=1}^{p} \lambda_i z_i \qquad (8.23)$$

其中，p依然是指利用p个点（称为点集D）插值（x，y），v是（x，y）处的估计值，但z_i是D中第i点的观测值，λ_i是克里金权重系数。

（2）贝叶斯最大熵方法

贝叶斯最大熵方法（BME，Bayesian Maximum Entropy）属于统计学方法，是一种以时空随机场理论为基础的时空分析方法（杨勇等，2013）。传统Kringing插值方法，假定待插值数据没有误差，即待插值数据为"硬数据"。而贝叶斯最大熵方法考虑了数据的不确定性，即认为"软数据"和"硬数据"都能进行插值（李爱华和柏延臣，2012；徐智，2013）。该方法进行空间分布研究时能融合多方面不同精度与质量的数据，并将这些数据分为两部分。一部分是专用知识数据（KS，Knowledge Specialization），按照数据的精确与否可分为硬数据（Hard Date）和软数据（Soft Data），这2类数据均定量表示被研究属性的含量，区别在于硬数据为确定性的值，而软数据的值具有模糊性质，形式为值域区间或概率分布；相对于硬数据而言，软数据具有模糊性、获取容易、成本低等特点。另一部分是广义知识数据（KG，Knowledge Generalization），用来描述空间随机域整体特征的数据或知识，如一般自然规律、经验知识和基于硬数据任何阶的统计动差（如数学期望、协方差、方差等）（王景雷等，2017；喻蔚然，2012；张贝等，2011；杨勇和张若兮2014）。

贝叶斯最大熵方法的主要优点包括：

① 能够有效地利用不同来源和精度的数据，包括采样数据、粗观测数据、历史数据、专家知识等，这些数据的有效利用提高了空间分布研究精度。

② 具有坚实的理论基础，不需要原始数据服从高斯分布。

③ 软数据不需要被硬化，也不只是一个分类或分区依据。

④ 所得结果为预测位置完全概率分布函数（一般为非高斯分布），基于此可得出该位置详细的统计信息，如最大概率处的值、数学期望、大于或小于某阈值的概率等，可制作多种图件，达到空间预测与不确定性分析的目的。

贝叶斯最大熵不足之处在于：

① 与经典地统计学相比，该方法计算复杂性较高。

② 实现该算法的软件（如BMELIB、SEKS-GUI）较少，使用方便性方面存在缺陷。

③ BME 只是一个方法框架，对于不同的应用目的和数据内容，方法不尽相同（徐英和夏冰，2015；张楚天，2016）。

8.5.2 时空数据挖掘

时空数据挖掘（Spatio-Temporal Data Mining，STDM），是从时空数据库中提取隐含的知识、时间和空间关系及其他模式和规律的过程和方法。时空数据挖掘是数据库中数据挖掘和知识发现的子域，是时空数据库、机器学习、统计学、地学可视化和信息理论等几个领域的交叉的结果。通过时空数据挖掘方法，研究空间对象随时间的变化规律，可以发现时空演变中隐含的知识，从而为智能海洋应用提供有效的决策支持。

时空数据挖掘的过程分三个阶段：时空数据的准备阶段、时空数据的挖掘阶段和时空数据挖掘结果的解释和评估阶段。时空数据挖掘的主要研究方向可概括为以下内容：

① 时空特征化/概化（Spatio-Temporal Characterization/Generalization）；

② 时空分类和聚类（Spatio-Temporal Classification and Clustering）；

③ 时空元规则挖掘（Spatio-Temporal Meta-rules）；

④ 时空关联规则（Spatio-Temporal Association Rule）；

⑤ 时空演变（Spatio-Temporal Evolution）；

⑥ 时空预测（Spatio-Temporal Forecast）。

其中，时空关联规则挖掘旨在发现时空数据中各数据项之间潜在的有用的时空关联关系，是时空数据挖掘领域中最为关键的技术难点之一。

8.5.3 时空关联挖掘

时空关联分析属于时空数据挖掘的一种，是在时空数据挖掘理论基础上，研究空间对象随时间的变化规律，分析数据的时空变化趋势或预测未来的时空状态。时空关联分析突破了传统的时空统计、EOF、SVD（Singular Value

Decomposition，奇异值分解）、典型相关、遥感相关等二维关联分析方法的局限，其算法包括Apriori算法、FP-Tree算法、基于互信息的挖掘等算法。时空关联性分析方法可以用来获得海洋数据项之间相互联系的有关知识，为智慧海洋提供辅助决策信息（Xue CJ et.al.，2014）。

时空关联规则挖掘方法为实现时空关联性分析提供了有效的途径。采用时空关联规则方法，首先要对时空数据进行空间关联性分析和时间段划分，然后对空间关联的项集进行连接，最终产生时空关联规则。海洋时空关联规则挖掘架构如图8.13所示。

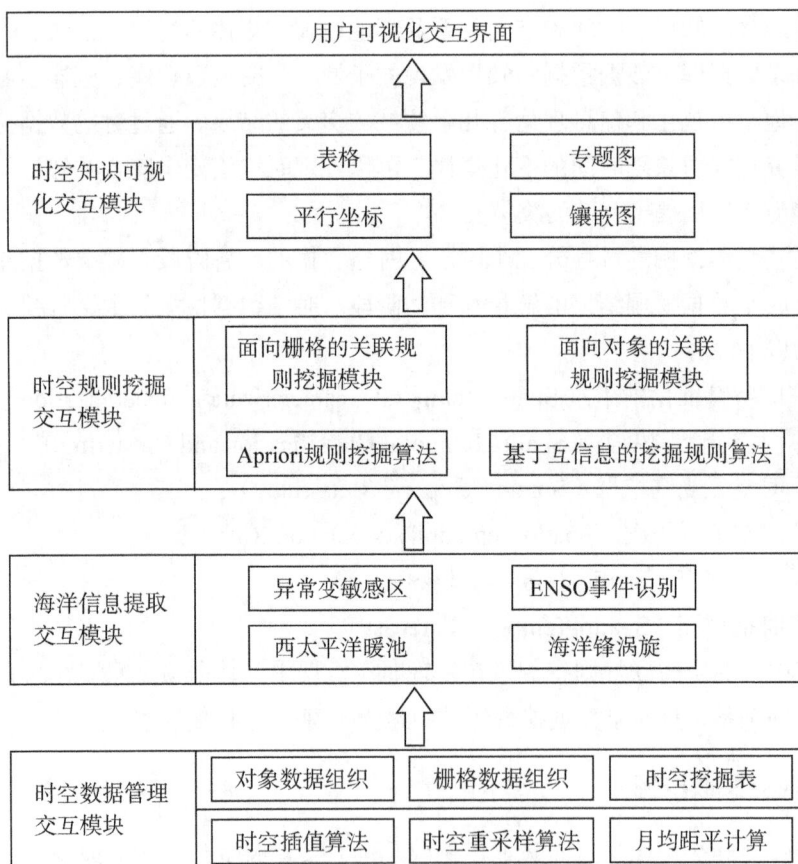

图8.13　海洋时空关联规则挖掘架构

8.5.4 时空可视化

时空数据可视化，是采用静态或动态视觉变量对时空数据进行表达和展示，其目的是通过视觉启发假设、选择分析模型、直接发现规律。大数据时代，时空可视化不仅是对数据分析和挖掘结果的展示，可视化本身已经成为空间数据分析和挖掘的主要手段。可视分析即是可视化和数据分析结合产生的新的分析方法。不仅如此，作者认为，在大数据时代，基于理论模型的数据挖掘和可视分析已经成为数据挖掘领域的两种并行的方法。时空可视化分析相比于基于统计规律和概率模型的时空数据分析，更能发挥人的经验和智能，更能将只可意会不可言传的先验知识和潜在知识应用到推理判断中，因为人脑和电脑相比，电脑擅长处理数值型数据、擅长复杂计算，而人脑擅长基于图形图像进行形象思维和推理判断。所谓一图胜万言，所以时空可视化分析方法有时可以简单地发现理论模型分析所不能发现的时空规律。

传统时空可视化方法包括以下几种。

（1）时空立方可视化

时空立方可视化可以采用二维空间加时间维度，也可以分别以两个时间分辨率为两个维度，地理空间为第三维，采用颜色、色调、数据点等表示属性值。例如，可以采用水平横轴表示海洋平面范围，水平纵轴表示海洋深度，垂直轴表示时间维度，采用特点色系表示海洋水温由低到高的变化，这样就可以采用时空立方图表达一定范围、一定深度、一定时间周期内的海水温度，达到时空可视化的目的。该方法适合于海洋一维线性对象。

（2）时空轨迹线可视化

时空轨迹线可视化以水平二维坐标表示海洋空间维度，以纵坐标表示时间维度，在三维时空中将海洋现象或海洋目标（如海洋浮标）的时空位置用线连接起来，得到时空运动轨迹线，如图8.14所示。

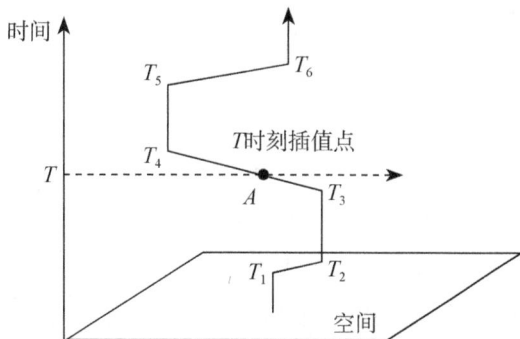

图8.14 时空轨迹线可视化

（3）时空剖面可视化

时空剖面可视化以距离特定海洋现象或海洋目标的远近（欧式距离或其他度量距离）为水平横轴，以时间维度为水平纵轴，以属性值为垂直轴，来表达随时间的变化特定属性值受特定海洋现象或目标影响的程度，用以发现某属性与某现象的动态关联。时空剖面可视化的时间是静态剖面图在时间维度的拓展。

（4）时空快照可视化

时空快照可视化的思想来源于时空快照数据模型，采用水平横轴和水平纵轴分别表示时间和空间维度，采用垂直轴（第三轴）表示特定时空下海洋现象属性值的变化。例如，采用水平横轴（X轴）表示一天24小时时间间隔，采用水平纵轴（Y轴）表示海浪的水平位置变化，采用垂直轴（Z轴）表示海浪的高度，可以得到不同时空中海浪起伏的快照图。时空快照可视化实际是空间现象的空间状态在时间轴的延续。

（5）时空动画可视化

时空动画可视化是利用计算机图形技术将海洋现象的空间属性状态依照一定的时间间隔做成一幅幅图片帧，采用多媒体技术对空间序列图形帧进行播放。时空动画适合描述海洋地理对象的运动过程、海洋现象随时间的演变过程等，例如海洋水团的运动、海啸的扩展等；但由于每帧播放时间短暂，对于特定时刻的空间状态不能更详细地展现。时空动画在地图领域的应用即为动态地图，动态地图可以刻画带有精确经纬

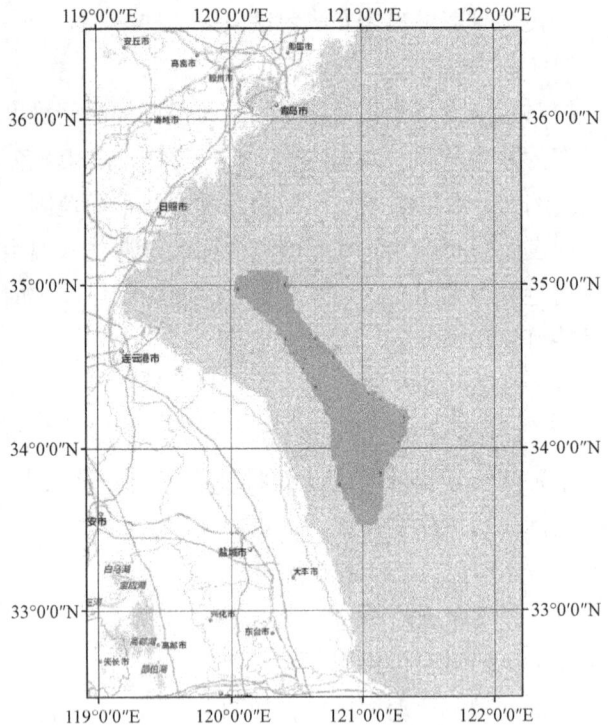

图8.15　绿潮推移动态地图

度的地理空间中的地理现象的演化过程。图8.15为黄海地区绿潮灾害随着时间的推移过程动态地图。

（6）虚拟地理环境可视化

虚拟现实技术（VR，Virtual Reality）是创建虚拟海洋地理环境的一种可视化方法。虚拟现实技术是一种可以创建和体验虚拟世界的计算机仿真系统，它利用计算机技术生成一种和现实场景相对应的模拟环境，是多源信息融合的、交互式的三维动态视景和实体行为的系统仿真的虚拟场景，可以使用户沉浸到该环境中。虚拟现实技术涉及模拟环境、感知、自然技能和传感设备等方面。模拟环境是由计算机生成的、实时动态的三维立体逼真图像；感知是指理想的VR应该具有一切人所具有的感知，除计算机图形技术所生成的视觉感知外，还有听觉、触觉、力觉、运动等感知，甚至还包括嗅觉和味觉等；自然技能是指人的头部转动，眼睛、手势或其他人体行为动作，由计算机来处理与参与者的动作相适应的数据，并对用户的输入做出实时响应，并分别反馈到用户的五官；传感设备是指三维交互设备。虚拟现实技术在GIS中的应用产生虚拟地理环境，基于相似准则，运用计算机虚拟现实技术将地理空间、时间和目标等比例缩小，将地理对象和环境及其相互作用建立在计算机中（Lin H et al.，2013），各地理要素和参数可操作、加减和调控。采用虚拟地理环境进行海洋场景的可视化，可以构建和现实海洋场景一样的虚拟场景，便于再现、体验特定海洋场景，以进行海洋现象分析和预测。

（7）增强现实可视化

虚拟地理环境虽然可以再现海洋场景，但不能进行交互，不能将现实世界嵌入到虚拟环境中。为了弥补此缺陷，采用增强现实技术进行海洋场景可视化。增强现实（Augmented Reality，AR），是通过计算机技术将真实世界信息和虚拟世界信息"无缝"集成的新技术，是把原本在现实世界的一定时空范围内的实体信息（视觉信息、声音、味道、触觉等）模拟仿真后再叠加到真实世界，方便人的感知，从而达到超越现实的体验。其目标是把真实环境和虚拟物体实时地叠加到同一个画面或空间，把虚拟世界套在现实世界并进行互动。将增强现实技术应用到海洋可视化中可以实现：① 在三维尺度海洋空间中定位并添加虚拟海洋目标；② 真实海洋世界和虚拟海洋世界的信息集成；③ 主体结合增强现实系统的交互，实现真实世界和虚拟世界的实时交互。

8.5.5 海洋时空分析前景

真正意义上的时空分析是以时空数据模型为基础，以面向时空数据模型的时空数据库为依托，以时空可视化（动态可视化为其中的一种）为表现方式来实现。所以时空分析的研究要以这三点为主要研究内容，其中时空数据模型为基础，今后时空数据模型领域最有前景的当属时间语义时空数据模型和面向对象的时空数据模型。

（1）海洋大数据分析

大数据具有大体量（Volume）、多样性（Variety）、快速流转（Velocity）和价值密度低（Value）等特征，大数据技术是从大量、复杂、多源、非结构化数据中提取有价值信息的技术手段。随着技术的发展和公众海洋活动的增加，海洋大数据将和海洋专业数据一起成为海洋数据的重要来源。将时空大数据获取、处理、分析、挖掘、管理、应用等技术应用到智慧海洋领域，建设海洋大数据平台，实现海洋大数据的动态管理、实时处理、智能分析、快速挖掘，这必将成为未来智慧海洋领域的一个重要发展方向。

（2）海洋时空可视分析

海洋时空可视分析是具有交互性、可叠加性和可计算性的三维可视化分析技术，综合了现有虚拟三维等直观展示功能和三维模型可视化的分析功能，将成为海洋时空分析的最具前景的研究方向。

（3）人工智能在海洋领域的研究和应用

人工智能是研究使计算机来模拟人的某些思维过程和智能行为（如学习、推理、思考、规划等）的科学，人工智能作为世界三大尖端技术（空间技术、能源技术、人工智能）之一，是"十三五"期间国家乃至全球的重点发展方向。人工智能和深度学习等结合，应用于智慧海洋的数据分析和处理，必将为海洋科学研究和应用带来巨大的飞跃。

第9章 智慧海洋时空建模

广义上讲，智慧海洋分析应用模型包括数学模型、信息模型、地学模型、行业模型、GIS分析模型，下面分别介绍各种类别的模型。

9.1 智慧海洋建模方法

9.1.1 数学模型

（1）二值模型

二值模型用逻辑表达式从一个组合要素图层或多重栅格中选择空间要素。二值模型的输出结果也是二值型。基于矢量的二值模型需要地图叠置（地图代数）操作，用来把在数据查询中使用到的集合特征和属性组合成一个复合要素图层。基于栅格的二值模型，可由多重栅格查询直接导出，每种栅格代表一个指标。二值模型有很多用途，其中最广泛的应用是选点分析。选点分析可以判断一个区域（例如一个多边形或一个像元）是否满足作为某个场所定位的一系列选择指标。以下主要介绍二值权重模型、二值权重布尔逻辑模型、二值非权重模型等。

① 二值权重模型，限定图层是二值图，但实际情况是每个图层可能多于两个级别，因此除了给图层进行打分外，还要为单个图层的不同分级类别进行打分。其任意点的叠加平均分数计算公式为

$$\overline{S} = \frac{\sum_i^n n_{ij} W_i}{\sum_i^n W_i}$$

（9.1）

式中，W_i 为图层的权重；S_{ij} 是第 i 层数据层第 j 类级别数据的打分；若 $S_{ij}=-1$，则说明无论其他图层在该点的级别分数如何反映条件的合适程度，也不能作为最终的场所地址。

② 二值权重布尔逻辑模型，针对目标为多个二值图层，给每个二值图层赋以一个权重因子，对于每一个点进行多二值图层的布尔逻辑组合运算。公式为

$$S = \frac{\sum W_i \text{class}(\text{Map}_i)}{\sum W_i} \qquad (9.2)$$

其中，W_i 为第 i 层数据层的权重；class（map_i）是第 i 类数据层的二值条件值，等于1时代表满足第 i 个选址条件，等于0时则不满足；$S \in [0, 1]$。

③ 二值非权重模型，需要进行C_1 and C_2 and $C_3 \cdots$ and $C_{10}=V$ 的运算，V 为真时值为1，V 为假时值为0。在实际应用中，许多问题的布尔集合值不是简单的1或0，而是0~1之间的值，而且不能视为所有的数据层具有同等的重要性，应根据各数据层的重要程度，给予一定的权值。

（2）指数模型

指数模型是指由组合地图和多个格网计算的指数值产生的等级地图。指数模型的公式为

（指数值–最小指数值）/指数值值域 （9.3）

指数模型的关键是计算指数值，加权线性综合法是最常用的计算指数值的方法（Chang Kang-tsung，2003）。加权线性综合法涉及三个层次的评价：确定权重值标准、确定每个指标的标准化值、确定每个像元区域的指数值。采用加权线性综合法建立指数模型的基本步骤如下：

① 确定指标权重，每个指标或因素的相对重要性是以其他指标作评价的，对指标的评价大多采用由专家导出的成对比较法。该方法包含了对每对指标的比值估算过程，采用1~9比例标度法进行比较：1表示评判样本 i 与 j 一样好，3表示评判样本 i 与 j 比稍微好，5表示评判样本 i 与 j 比较好，7表示评判样本 i 与 j 比很好，9表示评判样本 i 与 j 比非常好，2、4、6、8表示相邻判断的中间值。求出判断矩阵最大特征根所对应的特征向量并经一致性检验（Saaty T L，1980）。

② 指标数据标准化，每个指标的数据均需标准化，线性转换是一个数据标准化的常用方法。运用下式可将区间数据转换为0.0~1.0的标准值域：

$$S_i = (X_i - X_{min}) / (X_{max} - X_{min}) \quad\quad\quad (9.4)$$

式中，S_i 为初始值 X_i 的标准化值；X_{min}，X_{max} 分别为初始值的最小、最大值。

③ 计算像元区域指数值，每个像元区域的指数值均是通过指标的加权总和除以总权重求得，其公式为

$$I = \frac{\sum_{i=1}^{n} w_i X_i}{\sum_{i=1}^{n} w_i} \quad\quad\quad (9.5)$$

式中，I 为指数值；n 为指标数；w_i 为指标 i 的权重；x_i 为指标 i 的标准化值（王兴菊等，2011）。

（3）回归模型

回归模型建立了因变量和多个变量之间的关系，可用于预测和评估，一般通过地图叠加运算实现，包括数值变量的线性回归、因变量为二值而自变量为类别或数值类型的对数回归等。

① 线性回归（Linear Regression），在统计学中，线性回归是利用称为线性回归方程的最小平方函数对一个或多个自变量和因变量之间的关系进行建模的一种回归分析。回归分析中，只包括一个自变量和一个因变量，且二者的关系可用一条直线近似表示，这种回归分析称为一元线性回归分析。如果回归分析中包括两个或两个以上的自变量，且因变量和自变量之间是线性关系，则称为多元线性回归分析。

一元线性回归模型如下：

$$y = a + bx \quad\quad\quad (9.6)$$

式中，x 是自变量，y 是因变量。一元线性回归预测的方法和计算，简单明了，但预测结果与某些事物发展的规律往往有相当大的差距。

多变量线性回归模型如下：

$$y = a + b_1 x_1 + b_2 x_2 + \cdots + b_n x_n \quad\quad\quad (9.7)$$

式中，X_i 是自变量，y 是因变量，b_1，$\cdots$，b_n 是回归系数。

② 对数回归，当自变量是类别数据或数值变量、因变量是类别数据时，采用对数回归模型。模型公式如下：

$$\begin{cases} \text{logit}(y) = a + b_1 x_1 + b_2 x_2 + b_3 x_3 + \cdots \\ \text{logit}(y) = \ln[p/(1-p)] \end{cases} \quad\quad\quad (9.8)$$

式中，ln是自然对数，$p/（1-p）$是预测值，p是y出现的概率。

③逻辑回归，与线性回归类似，逻辑回归也是通过回归的思想探测一个因变量与一个或多个自变量之间的定量关系，只不过因变量值被转化为其取值状态所对应的概率比值对数，即采用Logistic曲线拟合因变量事件的发生概率。而求解的方法也由原来的最小二乘估计变成了最大似然估计。当基于矢量数据进行逻辑回归建模时，还需要考虑样本的规模，这就需要用到加权逻辑回归模型（Agterberg，1992）。此外，在对栅格数据（大样本数据）进行逻辑回归建模时，最好也采用加权逻辑回归模型，因为加权逻辑回归可大大缩减矩阵规模，提高运算效率（张道军，2015）。

9.1.2 信息决策模型

信息决策模型用来描述空间行为决策过程中各种类型信息流的相互作用关系，是决策过程的定量和定性分析相结合的方法。智慧海洋管理中经常要用到信息决策模型，以从若干可能的方案中通过决策分析技术，选择符合条件的最优方案。

（1）多指标评价模型

多指标评价模型（Analytic Hierarchy Process，AHP）是美国运筹学家于20世纪70年代提出的决策分析方法，是一种定性与定量相结合的决策分析方法。AHP决策分析是决策者对复杂问题的决策思维过程模型化、数量化的过程，通过此过程，可以将复杂问题分解为若干层次和若干因素，在各因素之间进行简单的比较和计算，就可以得出不同方案重要性程度的权重，从而为决策方案的选择提供依据。AHP方法常常被运用于多目标、多准则、多要素、多层次的非结构化的复杂决策问题，特别是战略决策问题，具有十分广泛的应用性。AHP决策分析法，是计量地理学的主要方法之一，是解决复杂的非结构化的智慧海洋决策问题的重要方法。

（2）多准则决策模型

多准则决策模型（MCDM，Multi-Criteria Decision-Making）是把多个描述被评价事物不同方面且量纲不同的统计指标，转化成无量纲的相对评价值，并综合这些评价值得出对事物一个整体评价的系统方法。MCDM方法能够很好地解决复杂评价问题，其基本步骤包括指标值的量化、指标值的无量纲化、指标权重的确定、合成方法的选择。

多准则决策模型的优点：

① 明确制定各项重要目标并对其相对价值做出评价，可以帮助决策者搞清自己对这些问题的想法。

② 多准则决策模型可以将不同量纲的指标无量纲化进行评价，解决了目标之间没有统一标准、无法评价的问题。

③ 多准则决策模型可将各种指标进行分组，按照一定的逻辑关系建立层次结构，解决了不同目标之间的矛盾性问题（孟梅，2005）。

（3）空间行为决策模型

空间行为决策模型描述了空间行为决策过程中的知识流——各专业领域知识的逻辑推理方式的运行机制，是决策者在一定的地理环境条件下为取得某种空间行为的决策方案而进行的思维活动。诸如区划分析、土地利用规划、城镇区域发展规划、设施位置选择等问题都需要进行空间行为决策。空间决策过程其实就是对知识的处理，知识处理包含知识表达和知识推理。现代知识观根据反映活动的形式不同，将知识分为描述性知识和程式性知识。描述性知识是一组以描述性方式表达的知识（有益于概念、意见、价值取向的表达）；程式性知识是以方程或模型的方式表达（不利于表达人类的直觉、评价和判断）。一般空间行为决策问题都是半结构化或非结构化，故需通过描述性知识和程式性知识交互解决。

（4）模糊逻辑模型

模糊逻辑模型是用模糊数学语言描述客观事物的某些特征和内在联系而建立的模型。证据权重模型和逻辑回归等数据驱动模型需要使用已知对象来估计各个证据因子的权重和相关系数，而模糊逻辑模型是把证据图层中的空间对象看作是一个集合中的元素，能够更加灵活地对加权图层进行叠加。

在数据叠加综合中存在五种常用的模糊算子，分别为：模糊与（fuzzy and）、模糊或（fuzzy or）、模糊代数积（fuzzy algebraic product）、模糊代数和（fuzzy algebraic sum）和模糊伽马算子（γ）。

"模糊与"（and）的定义如下：

$$\mu(x) = \min(\mu_A, \mu_B, \mu_C, \cdots) \tag{9.9}$$

式中，μ_A是证据因子 A 中某个栅格的隶属度，μ_B是证据因子 B 中相同位置栅格的隶属度。

"模糊或"（or）的定义如下：

$$\mu\left(x\right)=\max\left(\mu_A,\ \mu_B,\ \mu_C,\ \cdots\right) \tag{9.10}$$

"模糊或"算子的计算结果受各个证据因子模糊隶属度中最大隶属度的控制。

"模糊代数积"（product）是同一位置不同证据因子模糊隶属度图栅格单元的隶属度的乘积，具体的表达式如下：

$$\mu\left(x\right)=\prod_{i=1}^{n}\mu_i\ (i=1,\ 2,\ 3,\ \cdots,\ n) \tag{9.11}$$

式中，μ_i是第i个证据因子的隶属度，应用"模糊代数积"算子后得到的综合隶属度会变小，通常等于或者小于各证据因子中的最小隶属度。

"模糊代数积"（sum）定义为

$$\mu\left(x\right)=1-\prod_{i=1}^{n}\left(1-\mu_i\right)(i=1,\ 2,\ 3,\ \cdots,\ n) \tag{9.12}$$

式中，μ_i是第i个证据因子的隶属度，应用该模糊算子得到的结果大于或者等于各证据因子中隶属度的最大值。

"伽马算子"（γ）在大多数情况下要求叠加综合后得到的隶属度取值范围保持不变，可以使模糊综合后的隶属度介于最大隶属度和最小隶属度之间。尤其是当证据因子中某个证据因子的隶属度过大，而其他证据因子的隶属度很小的情况下，该算子可以使综合后的结果在两个极端间取一个适当的隶属度。"伽马算子"通过"模糊代数积"和"模糊代数和"来定义，其表达式如下：

$$\mu\left(x\right)=\left(\prod_{i=1}^{n}\mu_i\right)^{1-\gamma}\left(1-\prod_{i=1}^{n}\left(1-\mu_i\right)\right)^{\gamma}(i=1,\ 2,\ 3,\ \cdots,\ n) \tag{9.13}$$

式中，γ取0～1的任意数值，当$\gamma=1$，模糊综合后的结果与模糊代数和相同；当$\gamma=0$时，模糊综合后的结果与模糊代数积相同（余海，2016）。

9.1.3 地学模型

地学模型是用信息的、语言的、图形的、数学的或其他表达形式来描述海洋地理系统各个要素之间相互关系和客观规律的模型，其反映了地学过程及其发展趋势或结果。海洋地学模型是地学模型的子集，也称为海洋专题分析模型，是在对海洋系统所描述的地理实体与过程进行大量专业研究的基础上，总结出海洋领域的客观规律的抽象或模拟。

（1）适宜分析模型

适宜分析模型就是从几种方案中筛选最佳或最适宜的选项或方案的模型。

适宜性模型分析在海洋学中的应用很多，如海洋养殖区选址、海洋环境适宜性评价、特定鱼种捕捞区的选择等。建立适宜性分析模型，首先应确定具体的开发活动，其次选择其影响因子，然后评判某一海域的各个因子对这种开发活动的适宜程度，以作为海洋区域规划决策的依据。

海洋领域适宜性分析在海洋GIS空间数据库支持下，利用ArcGIS的空间分析模块，对评价因子进行单因素和综合生态适宜性叠加分析，并对其生态适宜性评价结果进行分级，即最适宜、比较适宜、勉强适宜、不适宜、很不适等，形成单因子综合指标的适宜性系列分级图。综合的生态适宜性评价公式见下式。

$$S_{ij}=\sum_{k=1}^{n} W(k)C_{ij}(k) \qquad (9.14)$$

式中，S_{ij} 为第 (i, j) 个格网的综合适宜性，$k=1, 2, \cdots$，表示第 k 个因子；$W(k)$ 表示第 k 个因子的权重；$C_{ij}(k)$ 表示第 k 个因子在第 (i, j) 个格网的适宜性等级。

（2）地学模拟模型

地学模拟模型是应用GIS方法分析多种地理要素之间的关系的模型，其形式包括逻辑模型、物理模型、数学模型、图像模型，其作用是模拟或预测某种地理过程或现象，例如气候变化、沙漠化过程、土地退化过程、土壤侵蚀变化、河道演变过程等。

以土壤侵蚀评价为例，为确定土壤侵蚀或水土流失的数值分析模型，先选择影响土壤流失的主要环境数据，然后建立主要因子（R、K、L、S、C、P）图层，再利用地图代数运算，构建土壤侵蚀地图模型：

$$A = R \times K \times L \times S \times C \times P \qquad (9.15)$$

式中，R 为雨量——径流侵蚀（Rainfall_Runoff Erosivity）因子；K 为土壤侵蚀（Soil Erodibility）因子；L 为坡长（Slope Length）因子；S 为坡度（Slope Gradient）因子；C 为作物管理（Crop Management）因子；P 为侵蚀控制措施（Erosion Control Practice）因子。土壤侵蚀或水土流失数据处理流程，如图9.1所示。

（3）发展预测模型

发展预测模型是运用已有的存储数据和系统手段，对事物进行科学的数量分析，探索某一事物在今后的可能发展趋势，并做出评价和估计，以调节、控

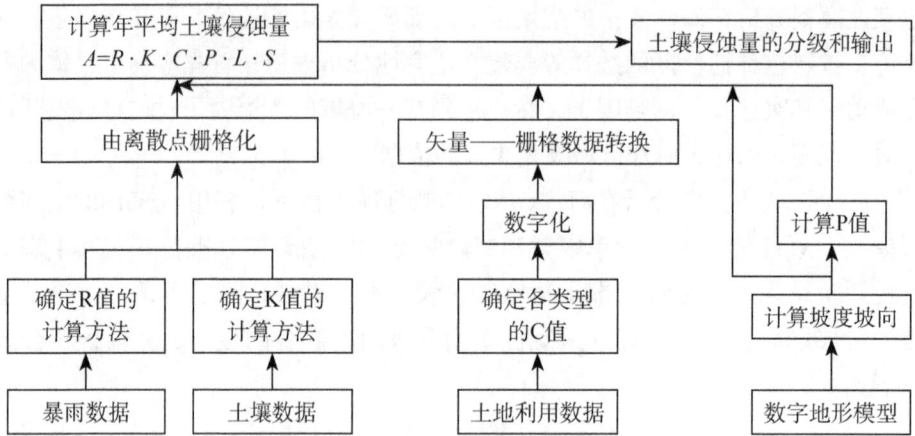

图9.1　土壤侵蚀数据处理流程图

制计划或行动。在地理信息研究中，如海洋灾害预测、气候预测、人口预测、资源预测、粮食产量预测等，都是经常要解决的问题。

预测方法通常分为定性、定量、定时和概率预测。在GIS中，一般采用定量预测方法，它利用系统存储的多目标统计数据，由一个或几个变量的值，来预测或控制另一个变量的取值。这种数量预测常用的数学方法有移动平均数法、指数平滑法、趋势分析法、时间序列分析法、回归分析法以及灰色系统理论等模型。

用发展预测模型可以解决区域时空历史变化的布局问题。

例如，人口发展预测模型公式为

$$P_t = P_0 \times e^{(\lambda - \mu)} \tag{9.16}$$

把预测结果与市镇中心点坐标相联系，绘制人口密度等值线可以来直观表示预测结果。

在预测城市人均GDP与人口密度之间的关系时，利用回归分析方法，若选用三个因子：人均GDP、人口密度、城市化水平。并设：Y=人均GDP、X_1=人口密度、X_2=城市化水平，指标采用以10为底的对数进行无量纲处理后，建立相关模型为

$$Y = -0.937 + 1.838X_1 + 0.812X_2 \tag{9.17}$$

经检验复相关系数达到0.966，说明该方程的回归效果显著。

（4）重力模型

重力模型最初来源于物理学万有引力定律在社会经济相互作用研究中的应用，它经过巧妙的变形调整后可以解释很多人口、交通方面的实际问题，是城市与区域经济学、人文和经济地理学、交通规划学等众多学科都关注的研究热点。

空间相互作用的重力模型衍生出了基本模型、单重或双重约束模型、无约束模型等形式，重力模型的简单形式通常写作：

$$T_{ij}=K \times A_i B_i P_i P_i f(d_{ij}) \tag{9.18}$$

式中，T_{ij} 为从 i 地到 j 地的空间作用大小或运输流量；k 为一个比率常数；P_i 与 P_j 分别为 i 地与 j 地的"质量"；A_i 为 i 点对 j 点的吸引强度，B_j 为 j 点对 i 点的吸引强度，单重约束模型和双重约束模型的区别在于对 A_i 和 B_j 的计算方法不同；d_{ij} 表示二地之间的距离，$f(d_{ij})$ 为距离约束函数，实证研究中通常以指数形式来估测距离衰减效应的强度。没有施加约束条件的，可以采用形式和计算较为简单的无约束重力模型：

$$T_{ij} = K \times \frac{P_i \times \alpha \times P_i^{\gamma}}{d_{ij}^{\beta}} \tag{9.19}$$

其中，α、β、γ 是无约束重力模型的参数，α 和 γ 为质量参数（Scale Parameter），β 为距离衰减参数（Distance-Decay Parameter）。其中距离的衡量可以是两地间的实际距离，也可以是出行时间或费用等。这一模型可以转化为对数线性形式，并记 $\ln k$ 为常数项 C，得到模型形式如下（戴特奇和刘毅，2008；彼得·尼茨坎普2001）：

$$\ln T_{ij}=C \times \alpha \times \ln P_i+\gamma \times \ln P_i+\beta \times \ln d_{ij} \tag{9.20}$$

（5）过程模型

过程模型是把现实世界环境过程的知识综合成一组用于定量分析该过程的关系或方程，它提供了判断或内在解释能力，其输出结果可用于模拟或预测。过程模型是对过程的抽象描述和定义，它把表征过程本质的信息压缩成有用的描述形式，包含一切重要的过程细节，既可以是形式化的，也可以是半形式化的，甚至可以是非形式化的。过程模型同时具有客观性和主观性双重性质。过程模型根据模型的数学表达式的特征分为多种，如线性与非线性、静态与动态、连续与离散、确定与随机、定常与时变等。根据应用特点分类，主要有三种，即基于过程机理的简化控制模型、基于实际数据的统计回归模型和基于知识的人工智能模型。近年来，随着人们对过程模型认识的深入，特别是根据获得的信息性质，以对象的模型化步骤为切入点，提出了实体驱动型模型与数据驱动型模型的分类。从某种意义上来说，这种分类更本质和直观，更有利于从事工程实践的工程技术人员的理解。

GIS过程模型是为了解决某一类空间问题而采取的信息分析、处理和表现过程的抽象描述和定义。以水土流失分析的过程模型为例，如图9.2所示，该过程以高程采样、土壤采样、卫星影像、植被采样和降水记录为输入数据，通过数字高程重建、坡度坡向分析、空间内插等分析处理，结合了土壤侵蚀、植被演化、降水等专业数学模型以预测降水情况、土壤侵蚀和植被覆盖变化。

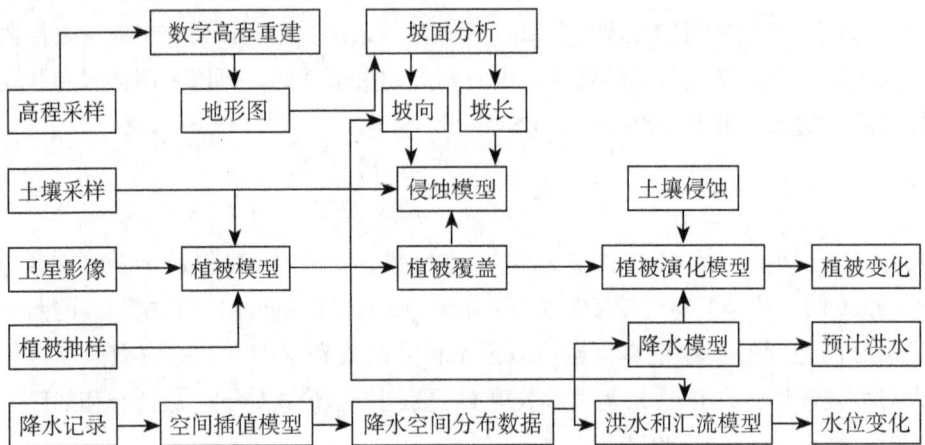

图9.2　水土流失分析的过程模型

9.1.4 行业模型

（1）交通规划模型

交通规划模型是确定交通目标与设计达到交通目标的策略和行动的过程。交通规划的目的是设计一个交通系统，以便为将来的各种用地模式服务。交通规划在整个国民经济中具有重要意义，它是建立完善的交通体系的重要手段、解决道路交通问题的根本措施以及获得交通运输最佳效益的有效方法。

引入GIS技术，能够提高交通规划工作的效率，简化业务流程，为建设交通规划行业的辅助决策支持系统打下了良好的基础。需解决的GIS问题包括空间布局问题、网络计算问题、动态设置问题、区域分析问题、时空历史变化的对照问题等。交通规划模型主要包括城市交通发生量预测、出行分布预测和交通量最优分配三部分。

① 交通发生量预测模型。该模型采用因果分析法，综合考虑影响交通量发生的各因素，用回归分析法建造多因素相关回归方程。

② 出行分布预测模型。包括出行方向、出行数量以及出行工具的空间分配，主要考虑以居民区为出发点的出行分布情况。

③ 交通量最优分配规划。交通量在交通网络中的最优分配，对于客流，往往采用最短路径算法，以出行距离最小为原则，求出各居住小区到各出行目的地的出行量。对于货流，一般采用线性规划中的运输模型，主要有平衡运输模型与不平衡运输模型和交通量分配模型。

（2）位置分配模型

位置分配模型最初是为预测工业位置点的空间分布而设计的韦伯模型，结合实际进行改进后可用来寻找最佳商业和服务位置。位置分配就是定位设施点的同时将请求点分配到设施点的双重问题。在可提供货物与服务的设施点以及消费这些货物及服务的请求点已经给定的情况下，位置分配的目标就是以合适的方式定位设施点，从而保证最高效地满足请求点的需求。

GIS中的位置分配模型包括以下7种问题类型。

① 最小化阻抗类型，是将设施点设置在适当的位置，以使请求点与设施点的解之间的所有加权成本之和最小。"最小化阻抗"可减少公众到达选定设施点所需行进的总距离，所以对于某些公共机构（例如图书馆、区域机场、医疗诊所等）的选址而言，选择不具有阻抗中断的最小化阻抗问题类型比其他问题类型更加合理。

② 最大化覆盖范围类型，定位设施点以使尽可能多的请求点被分配到所求解的设施点的阻抗中断内。"最大化覆盖范围"常用于定位消防站、警察局和ERS（Enterprises Run System）中心，因为紧急救援服务通常需要在指定响应时间内到达所有请求点位置。

③ 最大化有容量限制的覆盖范围，定位设施点以在设施点的阻抗中断内使尽可能多的请求点被分配到所求解的设施点，此外，分配给设施点的加权请求

不可超过设施点的容量。"最大化有容量限制的覆盖范围"的工作方式与"最小化阻抗"或"最大化覆盖范围"问题类型相似，但增加了容量限制。

④ 最小化设施点类型，定位设施点以在设施点的阻抗中断内使尽可能多的请求点被分配到所求解的设施点，此外，还要使覆盖请求点的设施点的数量最小化。除需考虑要定位的设施点数目外，"最小化设施点数"与"最大化覆盖范围"相同。

⑤ 最大化人流量类型，在假定请求权重因设施点与请求点间距离的增加而减少的前提下，将设施点定位在能够将尽可能多的请求权重分配给设施点的位置上。很少或没有竞争的专卖店适合该问题类型，公交车站的选址通常也使用"最大化人流量"进行分析。

⑥ 最大化市场份额类型，选择一定数量的设施点，以保证存在竞争对手的情况下分配到最多的请求，其目标是利用所指定数量的设施点占有尽可能多的市场份额。大型折扣店通常使用最大化市场份额来为少量的几个新店选址。

⑦ 目标市场份额类型，可在存在竞争者的情况下，确定出占有总市场份额指定百分比所需的设施点的最小数量。当希望了解要占有指定的市场份额需要进行多大程度的扩张，或在出现新的竞争设施点的情况下需要采取何种措施来保证当前的市场份额时，通常需使用"目标市场份额"类型。

（3）污染扩散模型

所谓污染扩散模型，是指利用数学模型，结合一定的假设条件，选取一系列参数，计算模拟实际情况下的污染物扩散迁移状况。此模型可用来预测在给定的污染物排放强度（单位时间排放量）和气象条件下某种污染物的时间和空间分布。例如海洋绿潮灾害污染扩散模型、海洋溢油扩散模型等。污染扩散模型的构建主要基于高斯扩散模型。

高斯模型（Gaussian）适用于仿真危险化学品泄漏形成的非重气云扩散行为，或重气云在重力作用消散后的远场扩散行为。其模拟精度相对不高，但可模拟连续泄漏和瞬时泄漏两种泄漏方式，且由于提出的时间较早，实验数据多，因而得到了较为广泛的应用。如美国环境保护协会（EPA，Environmental Protection Agency）所采用的许多标准都是以高斯模型为基础而制定的。高斯模型参数相对较少，运算量小，可以满足快速预测的需求，适用于实时性要求较高的应急救援辅助决策。模型公式如下：

$$C(x,y,z,H)=\frac{Q}{2\pi\times\bar{\mu}\times\sigma_y\times\sigma_z}\times\exp\left(-\frac{y^2}{2\sigma_y^2}\right)\times\left\{\exp\left[-\frac{(z-H)^2}{2\sigma_y^2}\right]+\exp\left[-\frac{(z+H)^2}{2\sigma_z^2}\right]\right\}$$

（9.21）

式中，C——任意点的污染物浓度，单位 mg/m³ 或 g/m³；

Q——源强，单位时间内污染物排放量，单位 mg/s 或 g/s；

σ_y——侧向扩散系数，污染物在 y 方向分布的标准偏差，是距离 X 的函数；

σ_z——竖向扩散系数，污染物在 z 方向分布的标准偏差，是距离 X 的函数；

$\bar{\mu}$——排放口处的平均风速，单位 m/s；

H——烟囱的有效高度，简称有效源高，单位 m；

x——污染源排放点至下风口上任一点的距离，单位 m；

y——烟气的中心轴在直角水平方向上到任一点的距离，单位 m；

z——从地表到任意点的高度，单位 m。

该数学模型的优点如下：

① 高斯扩散模型中参数的计算，均以实际测量数据为依据，因此，其模拟结果能够较真实地反映城市大气的污染状况。

② 高斯扩散模型的数学表达式简洁明了，物理概念清晰，有利于分析各个物理量之间的关系，容易掌握及计算，计算量相对较小，因此，计算效率与空间效率相对较高。

③ 空气污染高斯扩散模型能够比较真实地反映污染物湍流扩散的随机性。

④ 高斯扩散模型的扩展性较强，适当修改模型表达式，可以得到特定条件下的污染扩散模型。

⑤ 高斯扩散模型的各种情况已经程序化，便于利用，对于大气污染扩散模拟能够发挥至关重要的作用（傅云凤，2015）。

（4）扩散模型改进与应用

① 青岛市毒气泄漏扩散模拟。

作者研发的"青岛市危险化学品泄漏扩散模拟与应急系统"软件实现了对危险化学品泄漏应急模拟和管理，系统围绕"应急与管理"这一主题，实现了一系列的功能。其中扩散模拟模块是系统的重点功能模块，包括结果数据存储位置、鼠标标记事故点、坐标标记事故点（通过输入事故点经纬度坐标，在地图视图中添加事故点）、泄漏模拟（对扩散区域进行快速模拟）、修正模拟

（根据气象因素修正接近更真实的模拟）、导出当前视图、扩散过程模拟（进行动态查看模拟过程）、停止模拟、动态信息查看（查看当前地点的动态信息，如达到警戒浓度的时间、最大浓度值、出现的时间等信息）。

在此系统中，如何通过高斯扩散模型来模拟化学品的扩散是技术的关键，通过研究高斯扩散模型，可以看出如果计算出毒气浓度区域边界线，扩散模拟即算完成了大部分工作，而计算模拟毒气浓度区域边界线则是通过计算经过一定时间扩散后具有相同毒气浓度的离散的空间点连接而成。这是模拟毒气浓度区域边界线的主要思路。

通过上述模拟只能进行快速的模拟影响区域，而修正模型中通过引入一种时间因子，结合目前大气扩散模式及现实大气排放条件，对现有高斯气团模型进行改进，建立以时间函数为动态变换基点的有毒气体扩散模型，解决难以确定时间和空间上直接的连续函数的问题。

对有害气体扩散的动态过程进行实时评估的重要先决条件是建立有害气体扩散的等浓度分布线。根据有害气体扩散的特点，浓度与时间和空间密切相关。从理论上说，有害气体扩散浓度的函数应该是一个时间和空间上的连续函数。从目前条件来看，仍然难以确定时间和空间上直接的连续函数。引入时间因素能够建立一个气体扩散预测模型。

不断释放的有害气体在有限的时间内可以表示为叠加过程中的实际来源连续数次的虚拟源段。换句话说，假设有 N 个独立的等效的气体团，在泄漏期间，每个气团生成的瞬间符合高斯模型。因此，有害气体扩散浓度就是所有 N 个气团的浓度贡献之和。因此，在一定的时间、地点和天气条件下有害气体浓度可以计算出来，公式为

$$C(x, y, 0) = \frac{2Q_0}{(2\pi)^{1.5}\sigma_x\sigma_y\sigma_z} \times e^{\frac{(x-x_{ij})^2}{2\sigma x^2}} \times e^{\frac{(y)^2}{2\sigma y^2}} \tag{9.22}$$

此软件系统从实际出发，通过对危险化学品泄漏后在大气中的扩散进行数值模拟，预测泄露气体扩散的轨迹范围，并且结合GIS的空间分析能力，实现泄漏事故的风险预测和评价，从而为环境风险评价和事故应急指挥，包括危险区域的界定和最佳疏散路径的选择等提供科学依据。系统扩散模拟过程的实现截图如图9.3至图9.6所示。

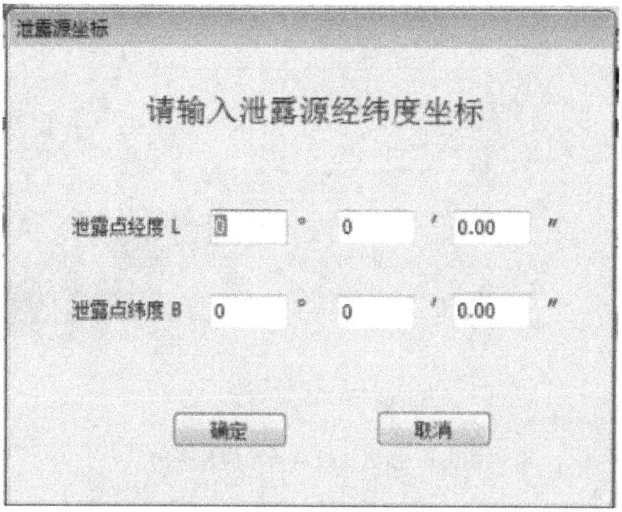

图9.3　输入泄露源坐标

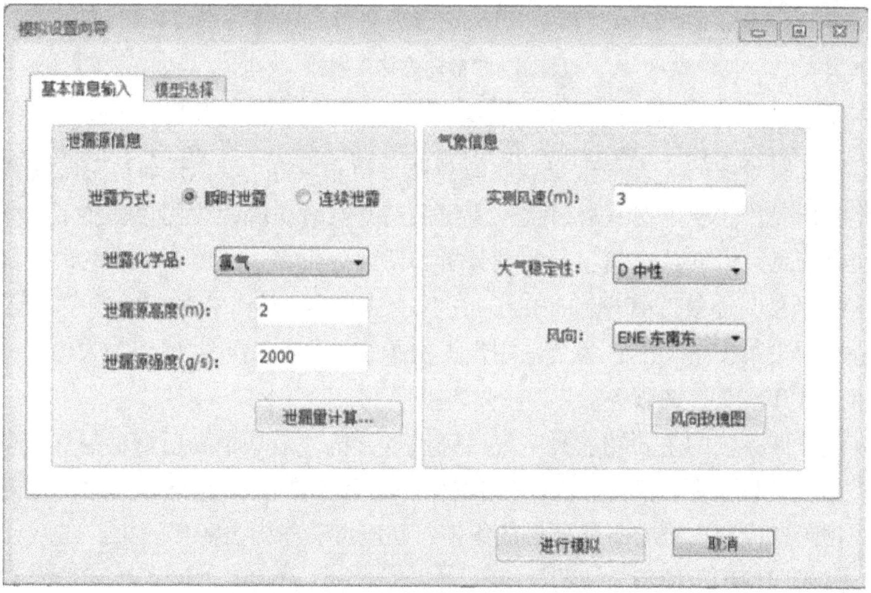

图9.4　泄露模拟参数设置

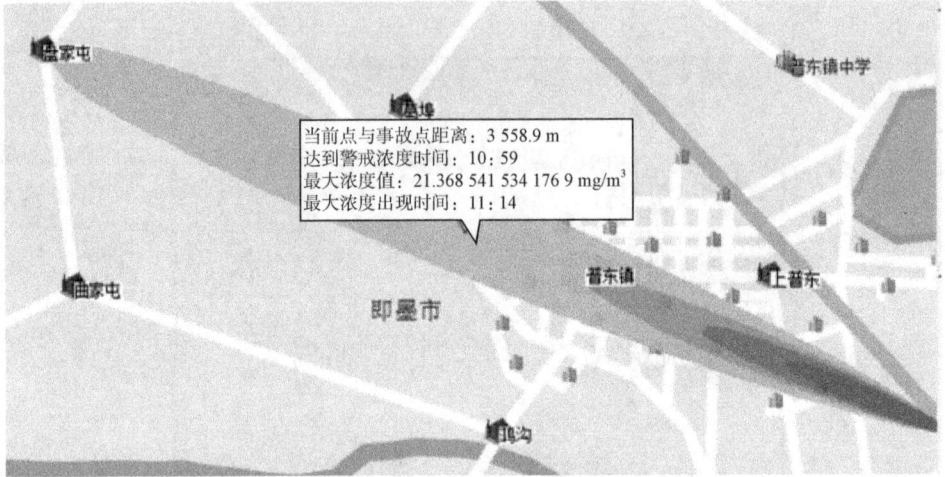

图9.5　模拟结果及动态信息查询

图9.6　扩散动态信息模拟

② 青岛市空气质量智慧分析系统。

作者所研发的"青岛市空气质量智慧分析系统",结合青岛市空气质量实时监控情况,实现了对青岛市空气质量信息的实时获取,为用户提供了空气质量实时信息、天气状况信息、突发分析和预案分析等相关服务,系统的主界面如图9.7所示。系统为管理者提供了对空气质量信息监管、紧急事件管理和预警等分析和决策支持功能;为公众用户提供了了解空气质量、规划个人出行相关分析工具和信息查询服务。

该软件系统的主要功能是空气污染扩散分析,是基于高斯烟羽空气污染扩散模型实现的。将工厂的大型烟囱看作一个污染源点,这类污染源的位置固定,排污口成圆形且有害气体排放集中,因而可看作为点源形污染。

高斯烟羽扩散模型公式为

$$C(x, y, z) = \frac{Q}{2\pi \times k \times \sigma_y \times \sigma_z} \times \exp\left[-\frac{1}{2}\left(\frac{y^2}{\sigma_y^2}+\frac{z^2}{\sigma_z^2}\right)\right] \tag{9.23}$$

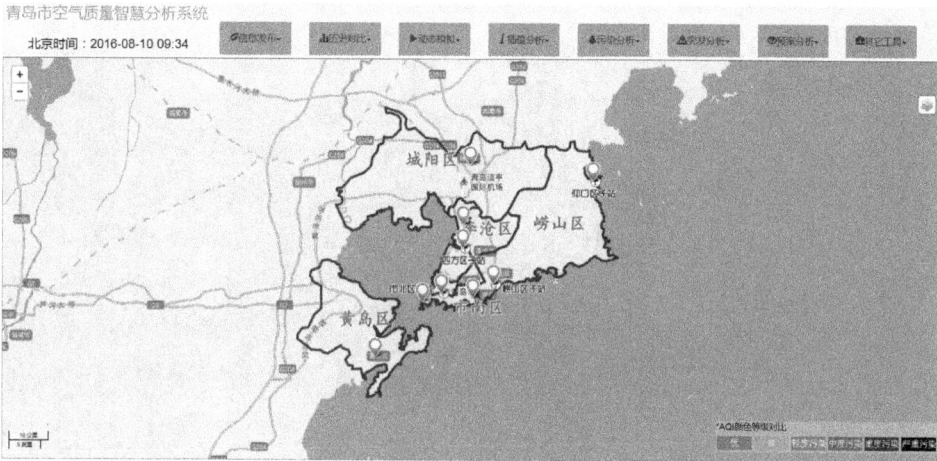

图9.7 系统主界面

其中，Q 为源强（即源释放速率），单位为 mg/s；k 为平均风速，单位为 m/s；σ_y 为水平扩散参数，单位为 m；σ_z 为垂直扩散参数，单位为 m；y 为横向距离，z 为垂直距离，单位都为 m。

在实际的污染分析模块中，由于所涉及的参数众多，而且计算起来比较麻烦，因此对其进行了一定程度的简化，所实现的污染源污染扩散分析结果如图9.8和图9.9所示。

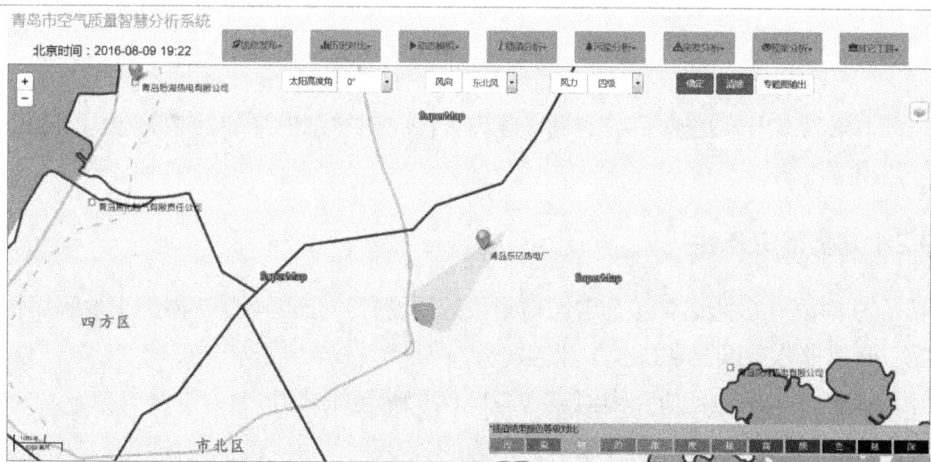

图9.8 改进的高斯烟羽扩散模型分析结果

223

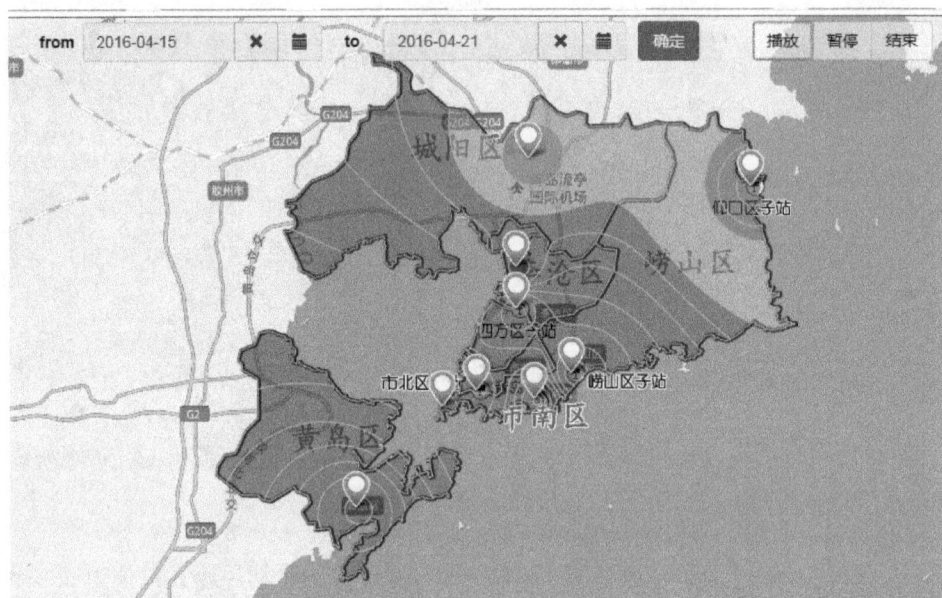

图9.9　青岛市AQI动态模拟结果

9.2　潮汐电站选址模型构建

本章以下内容是基于9.1的基本建模方法，对智慧海洋中的相关应用问题进行建模应用。

9.2.1 建模限定条件

① 潮汐电站选址要综合考虑地形、地质特征、土壤类型、周围土地利用情况、断裂带分布以及乡村、工业园的分布等。

② 潮汐电站地址应在离河流入海口1 200米范围之外。

③ 潮汐电站地址应离开港口和码头。

④ 潮汐电站所在坝址范围应在离海岸线450米之内。

⑤ 适宜海水最小流量阈值为20 000 立方米/次。

⑥ 适宜潮汐电站位置的坡度与起伏度的权值分别为0.5和0.3。

⑦ 单向发电计算公式：$N \approx 170H^2SE \approx 0.44 \times 10^6H^2S$，双向发电 $H \approx 200H^2SE \approx 0.55 \times 10^6H^2S$，$N$（kW）为潮汐电站的装机容量（INSTALLEDCAPACITY），E（GENERATED_ENERGY）（kW·h）为年发电量，H为平均潮差（m），S为水库面积（km²）。

9.2.2 建模数据准备

模型构建所需的数据如表9.1所示。

表9.1 数据说明

数据结构	所在工程	数据名称	数据格式	数据类型
矢量数据	ArcMap	村庄	Shapefile	Point feature
	ArcMap	乡镇	Shapefile	Point feature
	ArcMap	泥沙量采样点	Shapefile	Point feature
	ArcMap	码头养殖场	Shapefile	Point feature
	ArcMap	潮差采样点	Shapefile	Point feature
	ArcMap	河流入海口	Shapefile	Point feature
	ArcMap	工业园	Shapefile	Point feature
	ArcMap	铁路	Shapefile	Polyline feature
	ArcMap	公路	Shapefile	Polyline feature
	ArcMap	河流	Shapefile	Polyline feature
	ArcMap	乳山市边界线	Shapefile	Polyline feature
	ArcMap	海岸线	Shapefile	Polyline feature
	ArcMap	岛边界	Shapefile	Polyline feature
	ArcMap	断层带	Shapefile	Polyline feature
	ArcMap	乳山市	Shapefile	Polygon feature
	ArcMap	海域	Shapefile	Polygon feature
	ArcMap	水库	Shapefile	Polygon feature

（续表）

数据结构	所在工程	数据名称	数据格式	数据类型
栅格数据	ArcMap	乳山市DEM	IMAGINE Image	Raster Dataset
	ArcMap	LandUseType（土地利用）	IMAGINE Image	Raster Dataset
	ArcMap	NDVI（归一化植被指数）	IMAGINE Image	Raster Dataset
	ArcMap	Rain（降雨量）	IMAGINE Image	Raster Dataset
	ArcMap	Rock（岩石类型）	IMAGINE Image	Raster Dataset
	ArcMap	Soil（土壤类型）	IMAGINE Image	Raster Dataset

数据说明：

① 乳山市政区图，在乳山市政府网下载JPEG格式政区图，经过ArcMap配准，格式转换得到TIFF格式的乳山市政区图。

② 乳山市基本地理要素，包括村庄、乡镇、铁路、公路（一级公路、二级公路、三级公路）、河流、乳山市边界线、海岸线、岛边界、海域、水库等由乳山市政区图在ArcMap中矢量化得到。

③ 乳山市DEM（30*30米）为ASTER GDEM30米分辨率数字高程数据产品，引自国际科学数据服务平台，经过ArcMap坐标转换、裁剪得到。

④ LandUseType为土地利用类型数据，数据引自泾河流域数据中心，并经ArcMap裁切而成。

⑤ NDVI（Normalized Difference Vegetation Index）为归一化植被指数，数据引自泾河流域数据中心（http：//cless.bnu.edu.cn/portal/lpdata/welcome.do），原数据经ENVI（The Environment for Visualizing Images）加和取均值后再由ArcMap裁切而成。

⑥ Rain为乳山地区1平方千米年降水量数据，数据引自泾河流域数据中心，原数据经ENVI加和取均值后再由ArcMap裁切而成。

⑦ Rock为岩石类型数据，数据引自世界土壤信息网（http：//www.isric.org/），并经ArcMap裁切而成。

⑧ Soil为土壤类型数据，数据引自世界土壤信息网，并经ArcMap裁切而成。

⑨ 由于所选区域较小，下载的海洋DEM分辨率较小，为避免误差太大，参照谷歌地球选取了海底深度特征点，潮差由于在较小区域没有明显变化，特选取潮差采样点进行插值，将数据细致化，便于分析比较。

9.2.3 适宜建坝海域分析模型构建

适宜建坝海域分析模型的主要构建过程是先用栅格计算工具算出海域的输沙率，然后与潮差、水深数据加权叠加，对码头、河流入海口等区域进行缓冲分析。由于码头（或港口）的船流量较大，而河流入海口则含沙量较大，都对潮汐电站有较大影响，因此将其缓冲区域裁去，不做建坝考虑。适宜建坝海域分析模型结构如图9.10所示，所利用的分布图数据如图9.11至图9.13所示。

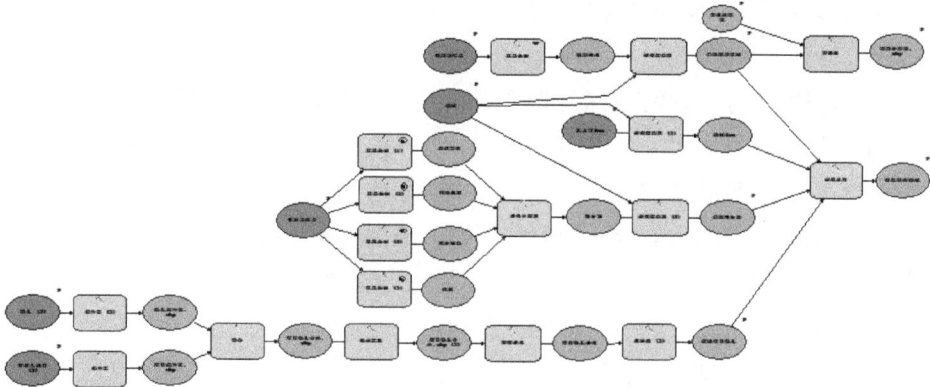

图9.10　适宜建坝海域分析模型结构图

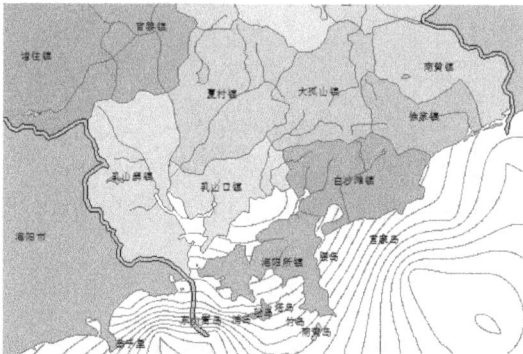

图9.11　潮差分布图

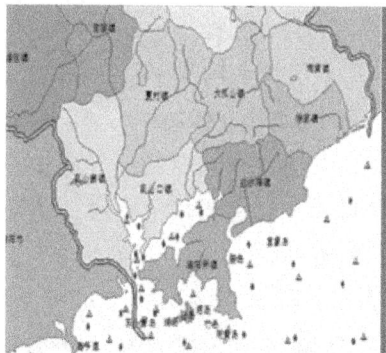

图9.12　潮差及泥沙采样点

227

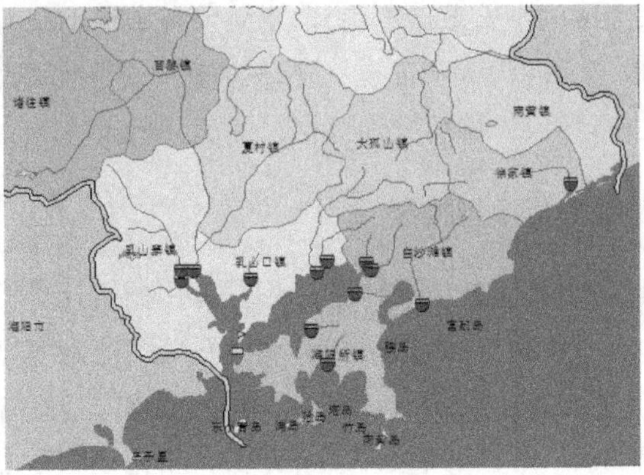

图9.13 河流入海口及码头分布图

构建适宜建坝海域分析模型的具体操作如下所示：

（1）克里金法插值

参照谷歌地球选取海底深度特征点，并选取潮差采样点进行插值，将数据细致化，便于分析比较。

（2）按掩膜提取数据

提取出海域范围内的潮差和海深分布，得到潮差与海深分布图。

（3）建立等值线

用等值线表示潮差的分布情况，得到等值线图。

（4）克里金法插值

分别针对不同字段进行泥沙采样点的四次插值，为后面的栅格计算提供数据，得到插值图。

（5）栅格计算

计算海底输沙率。

（6）建立缓冲区

对河流入海口的缓冲距离由含沙量字段的值而定，含沙量大的河流影响区域大，反之影响范围小，将码头的缓冲距离设定为1 200米，得到入海口缓冲区图。

（7）联合操作

将码头和河流入海口的缓冲区合并为一个图层，便于接下来进行统一分析处理。

（8）面转栅格

通过联合操作将得到的面转为栅格形式。

（9）重分类

将码头和河流入海口区域的栅格属性值赋为nodata，目的是在接下来的加权叠加操作中，裁去码头和河流入海口的缓冲区部分。

（10）加权总和

将以上经过处理的数据进行加权求和，得出最终的适宜建坝海域。所利用的分布图数据如图9.14所示，最终得到海域建坝指数分布，其中深蓝色区域为较适宜建坝海域。

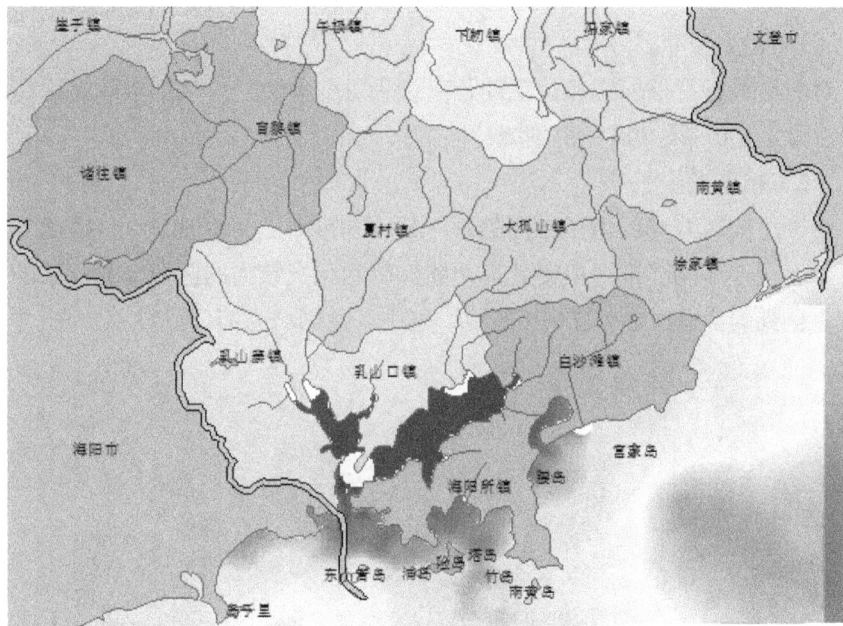

图9.14　海域建坝指数分布图

适宜建坝海域分析模型的主要功能是根据乳山海域的潮差、水深、海水含沙量以及沿岸码头、河流入海口等影响因素，分析出潮汐能可利用区域并进一步得出适宜建坝的海域，为建坝选址提供决策支持。

9.2.4 提取湾口区域模型的构建

提取湾口区域模型的结构设计如图9.15所示，构建提取湾口区域模型的具体操作如下所示。

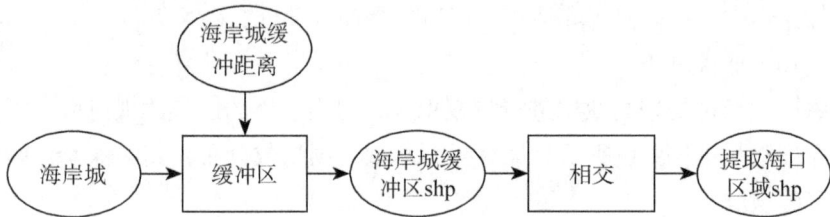

图9.15 模型结构图

（1）建立缓冲区

对海岸线进行单侧缓冲，缓冲距离设为可变参数，可根据实际情况更改，本模型设定450米缓冲区，得到缓冲区数据。

（2）相交操作

由于之前对海岸线做了打断处理（即海岸线不是一条曲线），因此各段海岸线建立缓冲后能够进行相交处理，能够得到相交数据的区域即为默认的湾口区域。得到的湾口区域如图9.16所示，其中红色区域为湾口位置。

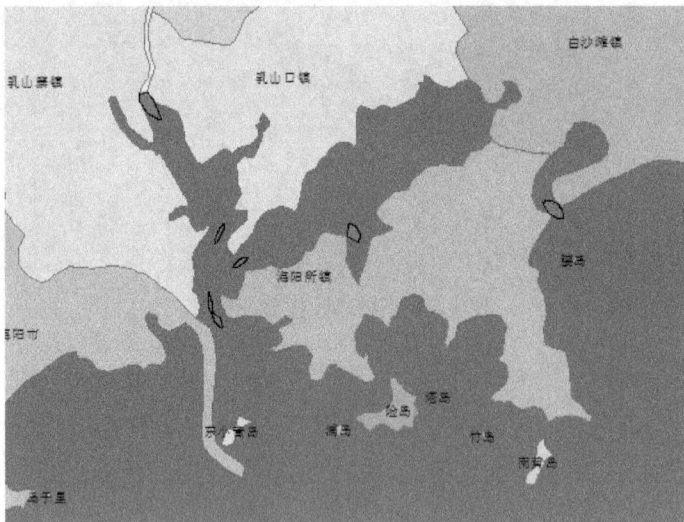

图9.16 提取湾口区域

该模型的主要功能就是利用海岸线分布提取湾口区域，将坝址选建在湾口区域，以减少建坝投资费用而且可以保证有较大的库区面积。

9.2.5 适宜建坝堤岸分析模型构建

适宜建坝堤岸分析模型构建的主要操作是从DEM中提取坡度数据，筛选出适宜建坝的地形，然后结合降雨量、土壤类型和土地利用情况等数据分析出易滑坡区域，对地震带断裂带进行插值或缓冲处理，得出沿海地带的稳定指数。考虑潮汐电站会对居民生活造成影响，因此对乡村和工业园进行距离分析；最后将以上各影响因子进行加权叠加，分析出适宜建坝的最优堤岸区域。适宜建坝堤岸分析模型结构设计如图9.17所示。

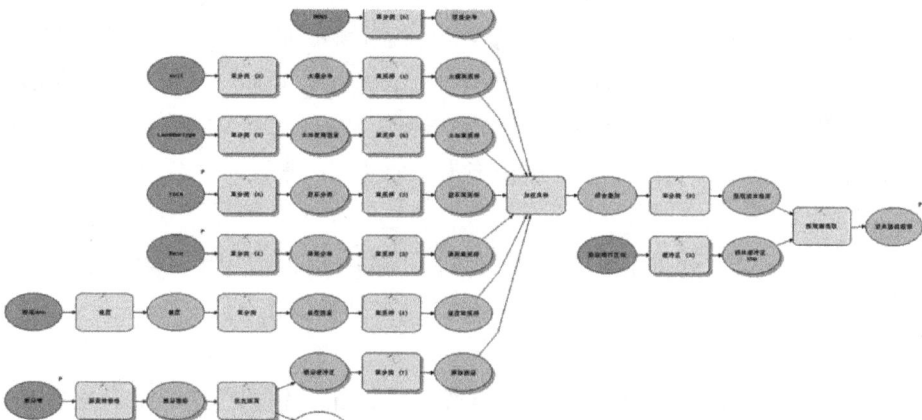

图9.17 适宜性建坝堤岸分析模型结构图

构建适宜建坝堤岸分析模型的具体操作如下：

（1）坡度提取

计算每个栅格表面的坡度值输入前边模型中运算得到的海域DEM，在输出测量单位中选择DEGREE（坡度倾角以度为单位进行计算）输出栅格为坡度，得到坡度数据。

（2）重分类

输入栅格为坡度，选择重分类字段为Value值，输出栅格值为坡度因素，得到重分类的坡度数据。

（3）重采样

更改像元大小和重采样方法、改变栅格数据集，输入栅格为坡度因素，选择像元大小为30，重采样选择NEAREST—最邻近分配法，得到坡度重采样数据集。

（4）要素转栅格

将要素数据转成栅格数据便于栅格的运算，输入要素为断层带，字段类型选择OBJICTID输出像元大小为30，得到栅格数据。

（5）欧氏距离

用于给出输入栅格中每个像元到最近源的距离，提供适宜性地图标示某一对象之间距离的数据。输入栅格数据为断层栅格，输出距离栅格断层缓冲区。

（6）重分类

输入栅格为断层缓冲区，重分类字段选择Value，输出栅格为擦除断层，然后输入栅格Soil选择重分类字段为Value输出栅格为土壤分布；改变像元大小和重采样方法更改栅格数据集，输入栅格为土壤分布图，重采样技术选择NEAREST，输出土壤重采样数据集；输入栅格数据为LandUseType（土地利用类型），重分类字段为Value，输出栅格为土地使用因素。

（7）重采样

改变像元大小和重采样方法来更改栅格数据集，输入栅格为土地使用因素，重采样技术选择NEAREST，输出土地重采样数据集。

（8）重分类

输入栅格为Rain（降雨）重分类字段选择Value，输出栅格为降雨分布；改变像元大小和重采样方法来更改栅格数据集，输入栅格为降雨分布，重采样技术选择NEAREST，输出土壤重采样数据集；输入栅格为Rock（岩石），重分类字段选择Value，输出栅格为岩石分类。

（9）重采样

改变像元大小和重采样方法来更改栅格数据集，输入栅格为岩石分类，重采样技术选择NEAREST，输出岩石重采样栅格数据集。

（10）重分类

将栅格NDVI数据进行重分类操作，得到栅格植被分布。

（11）加权总和

将通过以上操作得到的栅格数据各自乘以指定的权重并合计在一起，得到多个栅格叠加结果数据。

（12）重分类

将栅格叠加数据进行重分类操作，提取到适宜堤岸栅格数据。

（13）建立缓冲区

在输入要素周围某一指定距离内创建缓冲多边形，输入要素选择提取湾口区域，缓冲距离为线性600米，输出要素为坝址缓冲区数据。

（14）掩膜提取

提取掩膜所定义区域内的栅格像元，输入栅格为提取适宜堤岸，掩膜数据为坝址缓冲区，得到适宜建坝堤岸栅格数据。

经过上述模型分析得到适宜建坝堤岸指数分布如图9.18所示，其中颜色越深的位置代表越适合建坝，经分析得到适宜建坝结果，如图9.19所示，其中红色区域代表适宜建坝堤岸的位置。

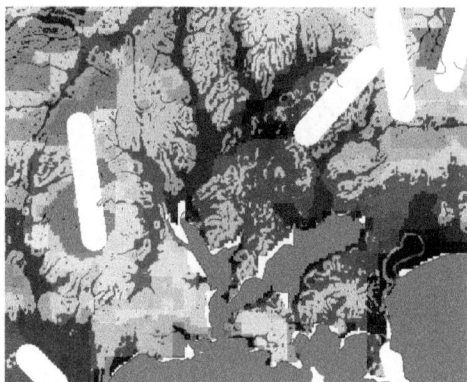

图9.18 堤岸建坝适宜指数分布图   图9.19 适宜建坝堤岸结果图

该模型的主要功能是根据乳山近海区域DEM、地质特征、土壤类型、土地利用情况、断裂带分布数据以及乡村、工业园的分布等数据信息，综合分析得出沿岸适宜建坝的区域，为堤岸的选择提供决策支持。

9.2.6 库容量分析模型的构建

库容量分析模型的结构设计如图9.20所示，构建库容量分析模型的具体操作如下：

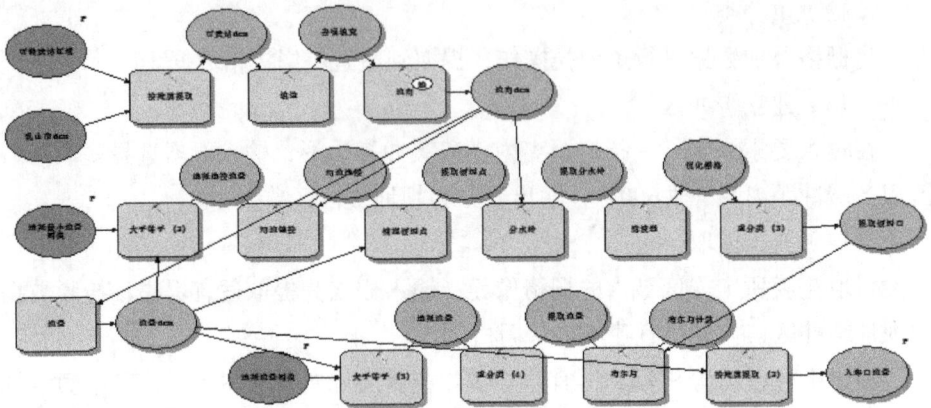

图9.20　库容量分析模型结构图

（1）掩膜提取

利用可能建站区域要素提取乳山市DEM栅格数据，得到可建站DEM栅格数据集。

（2）填洼操作

原始的DEM数据或多或少的会存在表面凹陷的区域，可能会产生错误的水流方向，对输入的可建站DEM数据进行填洼得到去噪填充数据集。

（3）流向分析

创建每个像元到其最陡下坡相邻点的流向栅格，将上一个工具中得到的去噪填充数据集进行流向提取得到流向数据集。

（4）流量分析

将流向数据进行流量操作，得到流量DEM数据。

（5）大于等于逻辑操作

输入栅格数据或常量1选择流量DEM，输入栅格数据或常量2选择最小流量阈值20 000，逐个像元进行比较运算，若第一栅格数据大于或等于第二个栅格数据，则返回像元为1否则为0，得到选择连接流量数据集。

（6）河流连接

输入河流栅格数据选择连接流量，输入流向栅格数据流向DEM，得到输出栅格河流连接。

（7）捕捉倾泻点

将倾泻点捕捉到指定范围内的累积流量最大的像元，输入栅格数据或要素倾泻点数据为河流连接，倾泻点字段选择Value，输入累积栅格数据流量DEM捕捉距离设置为0，得到倾泻点栅格数据。

（8）分水岭提取

确定选择区域的汇流区域，输入流向栅格数据流向DEM，输入要素倾泻点数据提取倾泻点，倾泻点字段选择Value，得到分水岭提取数据。

（9）滤波

利用滤波操作消除数据中不必要的数据，也可以增强数据中不明显要素的显示。输入栅格选择提取分水岭，滤波器类型选择LOW，得到锐化栅格数据。

（10）重分类

将锐化栅格数据进行重分类操作，提取到倾泻口数据。

（11）大于等于逻辑操作

输入栅格数据或常量1选择流量DEM，输入栅格数据或常量2选择流量阈值140 000，逐个像元进行比较运算，若第一栅格数据大于或等于第二个栅格数据，则返回像元为1否则为0，得到选择流量数据集。

（12）重分类

将流量数据进行重分类，得到流量重分类数据。

（13）布尔与计算

将提取流量输入为1，提取倾斜口输入为2，进行布尔与计算操作，如果两个输入的值都为真，则输出值为1，否则为0，得到表示同时满足倾斜口和流量值的栅格数据区域。

（14）按掩膜提取

提取指定区域，输入流量栅格数据流量DEM，掩膜数据为布尔与计算，得到入海口流量栅格数据集。

最后得到湾口流量分布如图9.21所示，其中颜色较深的区域为流量较大的区域。

该型的主要功能是利用乳山市DEM，使用水文分析工具将可用的库区进行分析，由于所研究区域为较为狭长的海湾，为统计其流量分布数据，特将海湾抽象为河流，通过水文分析解决流量分布问题。

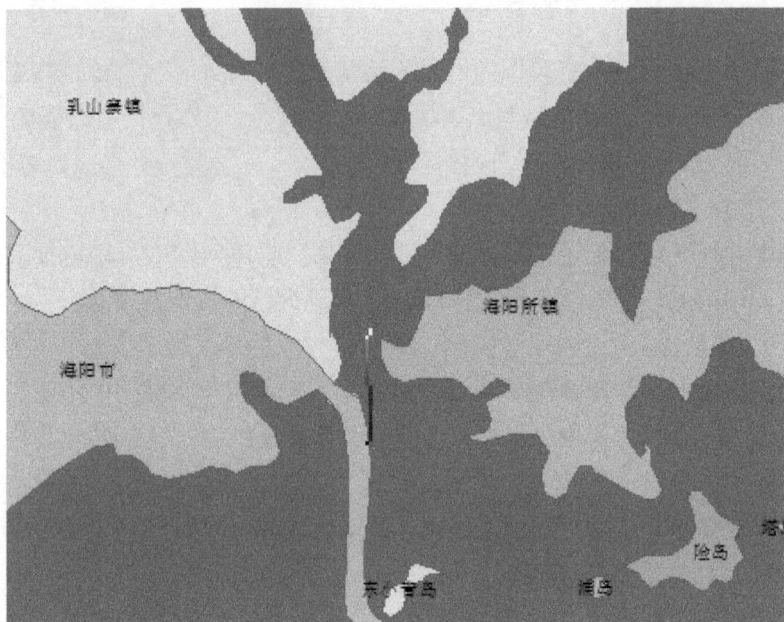

图9.21　湾口流量分布图

9.2.7 最优坝址选取模型的构建

最优坝址选取模型结构设计如图9.22所示，构建最优坝址选取模型的操作如下。

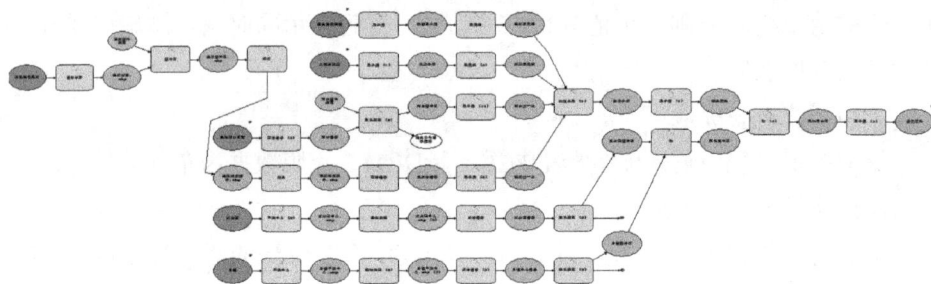

图9.22　最优坝址选取模型结构图

（1）栅格转面操作

将适宜建坝堤岸的栅格数据转换成面要素。

（2）建立缓冲区

为上一操作得到的面要素建立600米的缓冲区，得到面要素缓冲区数据，目的是让两岸的缓冲区相交，以便下一步提取。

（3）相交操作

将面要素缓冲区与堤岸缓冲区进行相交操作，其相交部分即为两岸都适宜建坝的区域。

（4）筛选操作

从输入要素类或输入图层中提取相交要素，并将其存储于输出要素类中，选择输入要素为提取相交部分表达式为"FID"=4 OR "FID"=16 OR "FID"=33，输出要素为两岸相交部分。

（5）面转栅格操作

将面类要素转为栅格要素，选择输入要素为两岸相交部分，值字段选择FID，像元分配类型选择CELL_CENTER，像元大小选择30，得到堤岸转栅格数据。

（6）重分类

将堤岸转栅格数据进行重分类操作，得到重分类后的堤岸转栅格数据。

（7）面转栅格操作

将面类要素转为栅格要素，选择输入要素为提取港口区域，值字段选择FID，像元分配类型选择CELL_CENTER，像元大小选择30，得到湾口栅格数据。

（8）欧氏距离计算

计算每个像元到最近源的欧式距离，输入栅格为湾口栅格，最大距离为湾口缓冲距离450，得到湾口缓冲区数据。

（9）重分类

将栅格中的值进行重分类操作，输入栅格为湾口缓冲区，重分类字段为VALUE，得到湾口归一化数据。

（10）平均中心

输入要素类工业园，将工业园信息集中到工业园中心。

（11）添加字段

向表要素类等数据集中添加新字段，输入要素类工业园中心，添加字段名字为Name，字段类型为TEXT。

（12）点转栅格操作

将点图层要素转为栅格数据，输入要素为工业中心，字段类型为Name，像元分配类型为MOST_FREQUENT，得到工业园栅格数据。

（13）欧氏距离计算

输入栅格为工业园栅格，输出栅格为工业园缓冲区，计算每个像元到最近源的欧式距离。

（14）重分类

重分类栅格中的值，输入栅格数据为适宜建坝堤岸海域，重分类字段为Value，输出栅格为海域重分类；改变像元大小和重采样方法来更改数据集，输入栅格为海域重分类，重采样方法为NEAREST，输出栅格数据集为堤岸重采样。

（15）平均中心

输入要素类乡镇，将工业园信息集中到乡镇平均中心中。

（16）添加字段

向表要素类等数据集中添加新字段，输入要素类乡镇平均中心，添加字段名字为Name，字段类型为TEXT。

（17）点转栅格操作

将点图层要素转为栅格数据，输入要素为乡镇平均中心字段类型为Name，像元分配类型为MOST_FREQUENT，得到乡镇中心栅格数据。

（18）欧氏距离计算

输入栅格为工业园栅格，输出栅格为乡镇缓冲区，计算每个像元到最近源的欧式距离。

（19）重分类

输入栅格为入海口流量，重分类字段为Value，得到流量分级数据。

（20）重采样

改变像元大小和重采样方法来更改数据集，输入栅格为流量分级，重采样方法为NEAREST，得到流量重采样数据。

（21）加权总和

通过将栅格各自乘以指定的权重并合计在一起来叠加多个栅格，得到综合分析后的数据。

（22）重分类

重分类栅格中的值，输入栅格为综合分析，重分类字段为Value，得到初选坝址数据。

（23）加操作

逐个像元地将两个栅格的值相加求和，输入栅格1为工业园缓冲区，输入栅格2为乡镇缓冲区，输出栅格为用电集中区；逐个像元地将两个栅格的值相加求和，输入栅格1为初选坝址数据，输入栅格2为用电集中区，输出栅格为叠加用电区。

（24）重分类

重分类栅格中值，输入栅格为叠加用电区，重分类字段Value，输出栅格为最优坝址。

该模型将以上几个模型所得到的适宜建坝海域数据、适宜建坝堤岸数据、库容量分析数据以及本模型中的用电集中区分布数据进行整合，最终确定出最优坝址，为坝址选取提供决策支持。海域重分类新旧值对比如表9.2所示，得到的最优坝址选取地点如图9.23所示，其中红色的位置为分析出的最优坝址。

表9.2 海域重分类

序号	旧值	新值
1	98 ~ 103	100
2	103 ~ 108.5	110
3	108.5 ~ 114.5	120
4	114.5 ~ 123.5	130
5	123.5 ~ 132.1	140
6	No Data	No Data

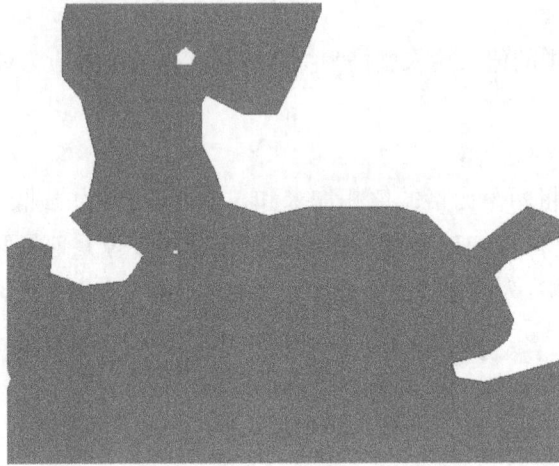

图9.23　最终坝址区

9.2.8 电站并网最优路径分析模型构建

构建电站并网最优路径分析模型根据以上模型分析出来的潮汐电站坝址，结合乳山地区的坡度、起伏度、河流、海域以及分析得出的区域滑坡指数等影响因素，整合出最优并网路线，模型结构设计如图9.24所示，模型操作过程如下。

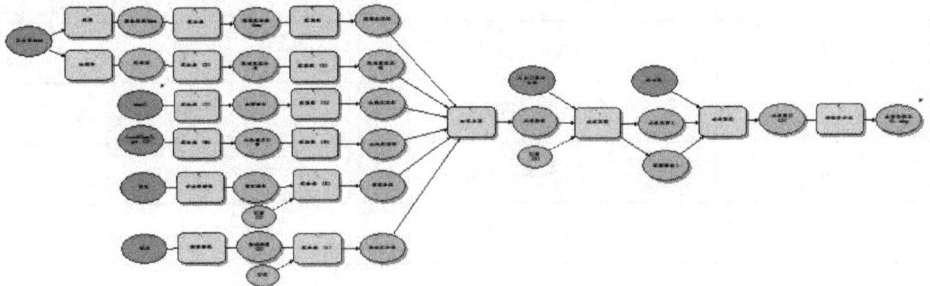

图9.24　电站并网最优路径分析模型结构图

（1）坡度分析

对DEM数据进行坡度计算，获取研究地区的坡度分布图。

（2）重分类

对坡度数据进行分类，重新赋值，以便后面用其加权处理。

（3）起伏度计算

对原始DEM进行起伏度计算，选择11×11像元矩形模板进行邻域中值滤波，输出数据QFD计算栅格图。

（4）重分类

对QFD数据重新分类赋值，生成地形起伏成本数据。

（5）折线转栅格

将矢量道路网转为栅格格式，得到道路网栅格数据，以便赋值加权。

（6）重分类

给栅格河流重新赋值，得到重分类后的河流数据。

（7）加权总和

把数据分三类分别进行加权总和后再二次整合，方便对数据的管理和修改，加权计算中各要素的权值分别为坡度0.5、起伏度0.3。

（8）计算距离方向

将得到的加权成本数据进行成本距离和方向的计算，输入前面分析得到的最优坝址作为起点进行计算，最终得到距离和方向的成本数据。

（9）成本路径分析

结合上面得到的距离和方向数据和火电站位置数据，最终输出并网最优路径栅格图。并网最优路线如图9.25所示，其中绿色和黄色的线为并网最优路线。

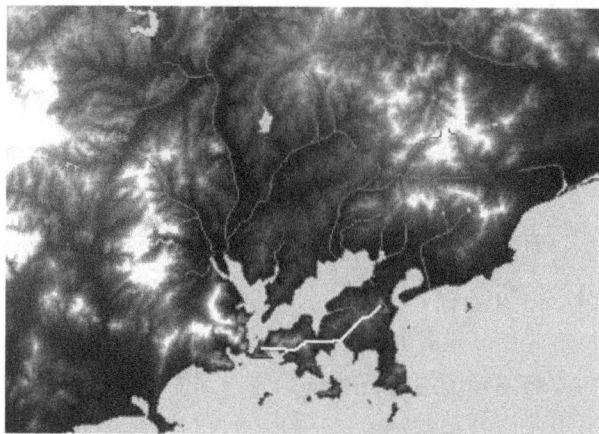

图9.25　并网最优路线图

9.2.9 道路网络分析模型的构建

道路网络分析模型根据研究区域的交通路线建立网络数据集，选择建坝前与建坝后不同的网络数据集作为输入参数，交互选择相同的起始点（停靠点），得到不同的路径信息，可实现建坝前后的路程比较分析，并且还可以选择将路径图层输入到指定磁盘以便进一步研究。道路网络分析模型结构如图9.26所示，模型的具体操作如下。

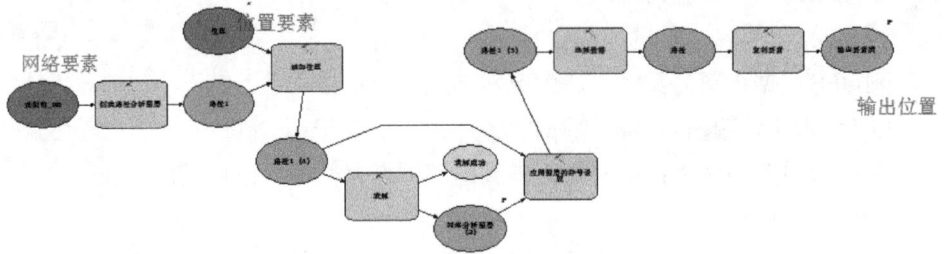

图9.26　道路网络分析模型结构图

（1）创建路径分析图层

选择将要参与网络路径分析的数据集，获取网络分析的路径数据，其中网络要素提供了两种不同的选择，建坝前_ND，以及建坝后_ND分别用于建立基于不同网络产生的路径。

（2）添加位置

输入网络分析图层路径，并向特定子图层停靠点添加点对象，将它的属性设置为可交互执行，根据用户的选择添加不同的点位置，也可以在文件夹中选择参与分析的要素，选择添加两个不同的点作为交互点。

（3）求解操作

对前两个模型工具所提供的网络路径属性及点位进行求解运算，得到满足条件的路径。

（4）应用图层的符号设置

将路径图层的符号设置应用到输入图层路径，用于突出显示所求的路径。

（5）选择数据

将应用图层的符号设置得到的路径图层进行选择，得到路径图层，为后续工具进行保存操作。

（6）复制操作

将路径信息从内存复制到磁盘指定位置处，得到建站后路线。建站后路线如图9.27所示。

图9.27　建站后路线图

该模型的主要功能是研究潮汐电站建成后对道路网络的积极影响，以及所带来的经济效益。

9.2.10 潮汐电站综合效益分析模型构建

潮汐电站综合效益分析模型结构设计如图9.28所示，模型构建的具体操作如下。

（1）增密操作

将海岸线折点进行加密操作，加密间隔设为30米，目的是为将栅格类型的最优坝址转为线形式的真实坝址提供数据基础。

（2）要素折点转点操作

将海岸线转为加密的点集，得到海岸线点集数据。

（3）栅格转面操作

将栅格形式最优坝址转为面。

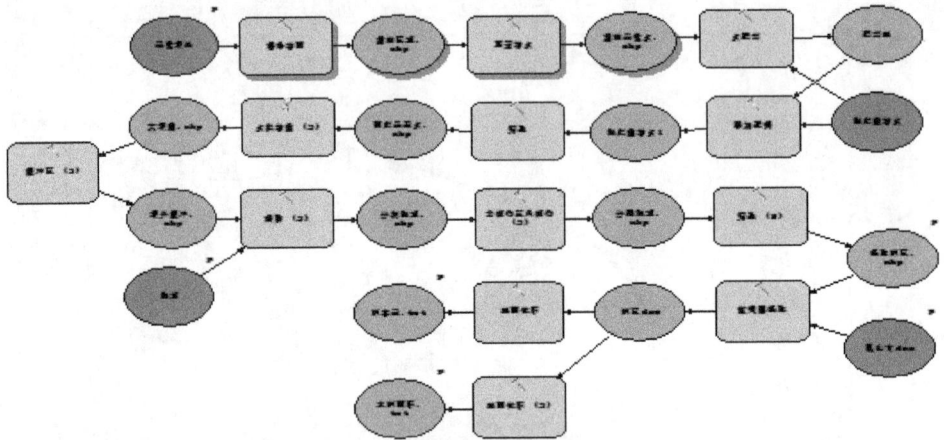

图9.28　库容量与库区面积计算模型结构图

（4）要素转点操作

由于最优坝址是一个很小的栅格区域，因此坝址转点后不会有明显改变，将最优坝址栅格区域转为点要素。

（5）点距离操作

用生成的坝址点与海岸线点集进行距离计算，生成距离表。

（6）添加连接

将生成的距离表与原先的点集属性值进行连接，方便后面的筛选工作。

（7）筛选

在新生成的表中选出离坝址点最近的两点。

（8）点集转线操作

将提取出的两点连成线，该线即为坝址选定线，保证了位置最优且坝长最短。

（9）建立缓冲区

对坝址线进行单侧缓冲，用缓冲面将海域面一分为二，从而提取出所需的库区部分，单侧缓冲是为了保证库区部分的面积不受影响，缓冲距离的大小也对库区没影响。

（10）擦除分析

将缓冲区部分从海域图层上擦除。

（11）多部件至单部件

将经过擦除处理的海域分为库区区域和库外区域两个面。

（12）筛选

选出库区区域面进行进一步计算。

（13）掩膜提取

用得到的面从总的DEM中提取出库区范围的DEM。

（14）输出表面体积

输出库区的面积和容量，输出的是txt格式文件。

该模型根据已确定的电站坝址，截取出潮汐电站的库区，并计算出库容量和库区面积，为后面发电效益的计算提供数据来源。兴修潮汐电站会产生发电效益、旅游效益、水产养殖效益，下面分别对其进行详细计算分析。

（1）发电效益分析

利用表面体积工具，计算出水库面积AREA；由汇总统计数据工具得到该地平均潮差TIDALRANGE；利用单向发电计算公式：$N=170H^2S$，$E=0.44 \times 10^6 H^2 S$ 与双向发电计算公式：$N \approx 00HSE \approx 0.55 \times 10^6 HS$，得到潮汐电站的装机容量（INSTALLEDCAPACITY）N（kW）和年发电量 E（GENERATED_ENERGY）（kW·h），式中 H 为平均潮差（m），S 为水库面积（km^2）。发电量与电单价PRICE乘积即为电费收入，最终得到单项发电效益与双项发电效益，如表9.3、表9.4所示。

表9.3 单向发电效益

字段名	中文对应字段名	值
TIDALRANGE	平均潮差	2.56
AREA	水库面积	45
INSTALLEDCAPACITY	装机容量	50 135.04
GENERATED_ENERGY	年发电量	129 761 280
PRICE	电单价	0.55
O_INCOME	单向发电收益	71 368 704

表9.4　双向发电效益

字段名	中文对应字段名	值
TIDALRANGE	平均潮差	2.56
AREA	水库面积	45
INSTALLEDCAPACITY	装机容量	58 982.4
GENERATED_ENERGY	年发电量	162 201 600
PRICE	电单价	0.55
B_INCOME	双向发电收益	89 210 880

（2）旅游效益分析

潮汐电站兼有自然旅游资源与人文旅游资源两类旅游资源，除了可以增加自身的旅游价值，同时也在一定程度上带动周边旅游业的发展。旅游效益的计算是首先对该地年游客人次VISITORS进行估算，然后估算每人次带来的效益PRICE，最终得到总的旅游效益TOURISM_BENEFITS，如表9.5所示。

表9.5　旅游效益

字段名	中文对应字段名	值
VISITORS	年游客人次	30 000
PRICE	单人效益	50
TOURISM_BENEFITS	旅游效益	1 500 000

（3）水产养殖效益

兴建潮汐电站的港湾、河口，一般地处水路交界地带，水温和盐度比较适中。这些环境特点为鱼、虾、贝、藻的繁衍、生长提供了有利条件，水产养殖效益如表9.6所示。

表9.6　水产养殖效益

字段名	中文对应字段名	单位	值
AREA	养殖海域面积	m^2	34 750 800
DENSITY	鲍鱼养殖密度	kg/m^2	5.2

（续表）

字段名	中文对应字段名	单位	值
WEIGHT	鲍鱼年产量	千克	18 182
PRICE	鲍鱼市场价格	元/千克	110
COST	养殖成本	元	800 000
AQUACULTU_INCOME	水产养殖效益	元	1 200 000

以贝类鲍鱼对水产养殖贡献为例进行效益分析，首先对湾口内海岸线做缓冲区分析，然后利用擦除工具擦除岸边养殖场等其他用地，计算剩下的可供海产养殖海域面积AREA，模型结构如图9.29所示。

再根据鲍鱼养殖密度DENSITY得出鲍鱼的产量WEIGHT。在食品商务网上得到鲍鱼市场价格PRICE为110元/千克，得到鲍鱼出售收入，用出售收入减去饵料等养殖成本COST得到最终水产养殖效益AQUACULTU_INCOME。

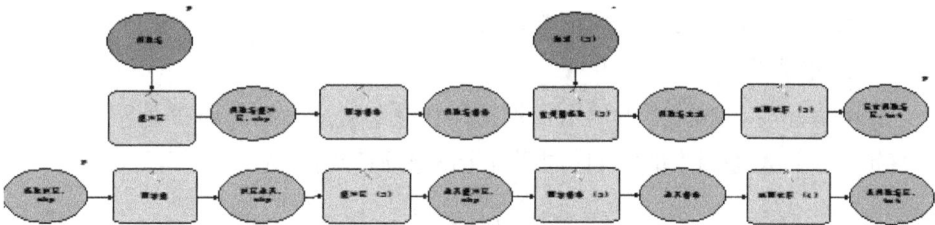

图9.29　水产养殖效益分析模型结构图

9.3 基于元胞自动机的海洋溢油模型构建

作者基于元胞自动机构建了6因子海洋溢油模型。

9.3.1 影响因子设定

（1）风流因子

风、流是影响污染物扩散的最重要因素，用影响系数 W 表示风、流状态下不同邻域元胞对中心元胞的影响，该系数的计算由两部分组成：

$$W=W^F+W^S \tag{9.24}$$

假设风速的方向为从西向东，则只有邻域元胞（$i-1$，j，k）对中心元胞（i，j，k）产生影响，此时在 t 时风产生的影响系数 W^F 中引入（i，j，k）和（$i-1$，j，k）处风速的平均值，并以该平均值与最大风速的比值作为风的影响系数，公式如下：

$$W^F=\frac{F^t_{i-1,\,j,\,k}+F^t_{i,\,j,\,k}}{2\times F_{max}} \tag{9.25}$$

式中，$F^t_{i,\,j,\,k}$，$F^t_{i-1,\,j,\,k}$ 分别表示为 t 时水质（i，j，k）和（$i-1$，j，k）处的东向上的风速；F_{max} 为最大风速。其他方向上的影响系数依此计算。

W^S 为在 t 时在某方向上水流产生的影响系数，W^S 修正为该方向上的水流速度与流域内最大流速的比值。公式为

$$W^S=S^t_{i,\,j,\,k}/S_{max} \tag{9.26}$$

式中，$S^t_{i,\,j,\,k}$ 为 t 时水质 $\alpha_{i,\,j,\,k}$ 处的水流在东向上的速度；S_{max} 为此流域内观测到的最大流速。其他方向上的影响系数依此计算。

（2）扩散因子

由刘彦呈等（2002）的海上溢油扩散和漂移研究可知溢油在垂直方向上受垂直扩散、蒸发等因素的影响。垂直方向的溢油传输量为

$$M^t_{(wvd)\,i,\,j,\,k}=R_W M^t_{i,\,j,\,k} \tag{9.27}$$

式中，$M^t_{i,\,j,\,k}$ 代表元胞（i，j，k）在 t 时刻的溢油质量；R_W 是石油在垂直方向上的传输速率，一般取值为0.000 1。

（3）蒸发因子

参照文献（张存智等，1997），依据蒸发模型Stiver&Mackay模式，得到溢油蒸发质量 $M^t_{P(i,\,j,\,k)}$，计算公式为

$$M^t_{P(i,\,j,\,k)}=-M^t_{i,\,j,\,k}\times F_Z \tag{9.28}$$

式中，F_Z 为蒸发率，其方程表述为

$$F_Z=\ln\left[1+b\times\left(\frac{T_G}{T}\right)\frac{k'S_0 t}{V_0}\times\exp\left(a-b\times\frac{T_0}{T}\right)\right]\times\frac{T}{b\times T_G} \tag{9.29}$$

式中，a，b 为常量，分别取值为6.3，10.3；T_G 是沸点曲线的梯度，T 是油温，T_0 是油在蒸发为0时的初始沸点温度；k' 是蒸发系数，$k'=2.5\times10^{-3}u_w^{0.78}$，$u_W$ 是海面

10 m高处的风速；S_0是油与海水的接触面积，一般定义为单位面积；V_0是溢油的最初的体积，t是时间。

（4）岸边附着因子

当油接触到岸时，溢油运动会停止，静止依着于岸边。本文考虑到了岸边附着的溢油损失质量。经过对文献（李崇明等，1997）的分析，采用以下公式计算岸边附着量为

$$M_{\text{sd}(i,j,k)}^t = \frac{L \times Q_m C^n}{1 + LC^n} \tag{9.30}$$

式中，C为油浓度；L为吸附常数，Q_m为最大吸附量，n为吸附指数。

（5）溶解因子

溢油过程中有一部分会溶解于海水，溶解于海水的溢油质量M_r的公式为

$$d_{M_r} = -D \times S \times \frac{d_{n_v}}{d_z} \times d_t \tag{9.31}$$

式中，D是扩散系数，S是油与海水的接触面积，一般定义为单位面积，$\frac{d_{n_v}}{d_z}$为海水中的油浓度梯度，负号表示油浓度增加的方向与扩散的方向相反。

（6）溢油乳化因子

乳化对中心元胞的质量有一定影响，综合分析决定采用乳化程度用含水率表达（庄学强等，2007；郭杰等，2016），引入乳化含水率Y_W，将乳化因子进行实际量化，得到乳化的质量为

$$M_{\text{w}(i,j,k)}^t = M_{i,j,k}^t \times Y_W \tag{9.32}$$

乳化含水率Y_W利用以下公式计算：

$$Y_W = \frac{1}{K_B} \left(1 - e^{-K_A K_B (1+u_W)^2 t}\right) \tag{9.33}$$

式中，Y_W为乳化物的含水率（%）；$K_A = 4.5 \times 10^{-6}$；u_w为风速；$K_B = 1/Y_M^F \approx 1.25$；$Y_M^F$为最终含水率，通常取0.8。

9.3.2 溢油模型构建

元胞自动机（Cellular Automaton，CA）是定义在一个有限的、离散状态的元胞空间上并按照一定的局部转化规则，在离散的时间维上演化的动力学系统（周成虎等，2009）。它由4部分构成：元胞、元胞空间、邻域和状态演化规则。用规则的几何图形将研究区域分为网格，每一个网格就是一个元胞。所

有的元胞按照一定规则排列组成的空间就是元胞空间。每个元胞都有自己的状态，元胞的状态是它周围邻域中的其他元胞的状态共同作用决定的。邻域类型一般有冯·诺伊曼邻域（欧敏等，2004）（Von Neumann型）、摩尔（Moore）型、扩展摩尔型（罗平等，2005）三种，如图9.30所示。状态演化规则是元胞自动机的核心，是当前状态元胞进行下一时刻元胞状态转化的变换函数。

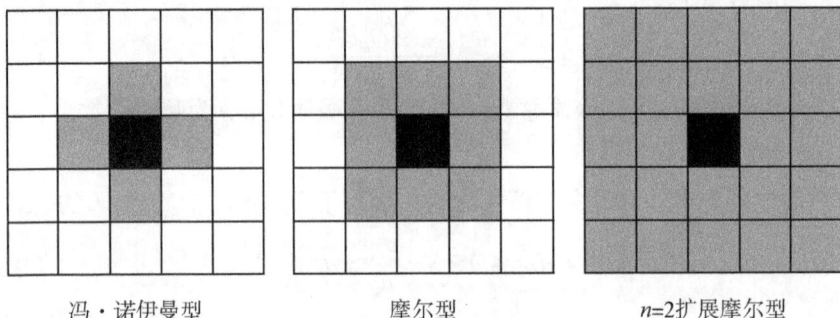

冯·诺伊曼型　　　　　　　　摩尔型　　　　　　　　$n=2$扩展摩尔型

图9.30　邻域类型图

作者以三维元胞自动机为模型，采用摩尔型邻域，来构建智慧海洋溢油模型。将研究区离散成100×100个相同的正方形网格，设置$M_{i,j,k}^{t}$是元胞（i，j，k）在时间为t时的质量，采用高斯分布对每一个元胞进行赋值，得到元胞的初始污染物质量。每个元胞有2种状态0和1，即未污染（白色）与污染（黑色）。设置M_0为状态阈值，$M_{i,j,k}^{t} > M_0$时，元胞状态为污染；$M_{i,j,k}^{t} \leq M_0$时，元胞状态为未污染。如图9.31所示。

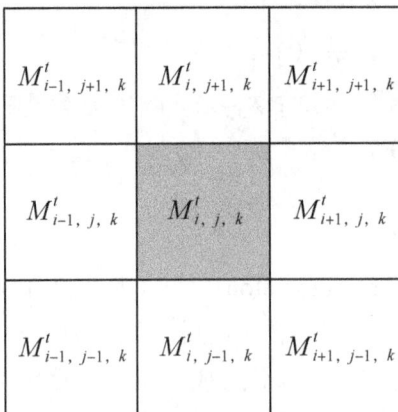

图9.31　质量传递图

由Karafyllidis[3]的研究得知，无风无流时元胞（i，j，k）在$t+1$时刻的溢油质量$M_{i,j,k}^{t+1}$可用下式计算：

$$M_{i,j,k}^{t+1}=M_{j,i,k}^{t}+\{m\left[(M_{i-1,j,k}^{t}-M_{i,j,k}^{t})+(M_{i+1,j,k}^{t}-M_{i,j,k}^{t})+(M_{i,j+1,k}^{t}-M_{i,j,k}^{t})+\right.$$
$$\left.(M_{i,j-1,k}^{t}-M_{i,j,k}^{t})\right]\}+\{md\left[(M_{i-1,j+1,k}^{t}-M_{i,j,k}^{t})+(M_{i-1,j-1,k}^{t}-M_{i,j,k}^{t})\right.$$
$$\left.+(M_{i+1,j-1,k}^{t}-M_{i,j,k}^{t})+(M_{i+1,j+1,k}^{t}-M_{i,j,k}^{t})\right]\}\qquad(9.34)$$

式中，m 是4个正方向的扩散系数；d 是4个斜角方向上的扩散系数，且当$d=0.16$，$m=0.084$时可得到最佳模拟效果。

考虑风流对溢油的影响，可将上述公式修正为

$$\overline{M}_{i,j,k}^{t+1}=M_{i,j,k}^{t+1}+m\left[W_{i,j-1,k}^{t}(M_{i,j-1,k}^{t}-M_{i,j,k}^{t})+W_{i,j+1,k}^{t}(M_{i,j+1,k}^{t}-M_{i,j,k}^{t})+\right.$$
$$W_{i+1,j,k}^{t}(M_{i+1,j,k}^{t}-M_{i,j,k}^{t})+W_{i-1,j,k}^{t}(M_{i-1,j,k}^{t}-M_{i,j,k}^{t})+$$
$$W_{i+1,j+1,k}^{t}(M_{i+1,j+1,k}^{t}-M_{i,j,k}^{t})+W_{i+1,j-1,k}^{t}(M_{i+1,j-1,k}^{t}-M_{i,j,k}^{t})+$$
$$\left.W_{i-1,j+1,k}^{t}(M_{i-1,j+1,k}^{t}-M_{i,j,k}^{t})+W_{i-1,j-1,k}^{t}(M_{i-1,j-1,k}^{t}-M_{i,j,k}^{t})\right]$$
$$(9.35)$$

因此，通过对以上各因子进行分析，综合考虑构建了6因子海洋溢油模型，其公式为

$$\overline{M}_{i,j,k}^{t+1}=M_{j,i,k}^{t}+\{m\left[(M_{i-1,j,k}^{t}-M_{i,j,k}^{t})+(M_{i+1,j,k}^{t}-M_{i,j,k}^{t})+\right.$$
$$\left.(M_{i,j+1,k}^{t}-M_{i,j,k}^{t})+(M_{i,j-1,k}^{t}-M_{i,j,k}^{t})\right]\}+$$
$$\{md\left[(M_{i-1,j+1,k}^{t}-M_{i,j,k}^{t})+(M_{i-1,j-1,k}^{t}-M_{i,j,k}^{t})+\right.$$
$$\left.(M_{i+1,j-1,k}^{t}-M_{i,j,k}^{t})+(M_{i+1,j+1,k}^{t}-M_{i,j,k}^{t})\right]\}+$$
$$m\left[W_{i,j-1,k}^{t}(M_{i,j-1,k}^{t}-M_{i,j,k}^{t})+W_{i,j+1,k}^{t}(M_{i,j+1,k}^{t}-M_{i,j,k}^{t})+\right.$$
$$W_{i+1,j,k}^{t}(M_{i+1,j,k}^{t}-M_{i,j,k}^{t})+W_{i-1,j,k}^{t}(M_{i-1,j,k}^{t}-M_{i,j,k}^{t})+$$
$$W_{i+1,j+1,k}^{t}(M_{i+1,j+1,k}^{t}-M_{i,j,k}^{t})+W_{i+1,j-1,k}^{t}(M_{i+1,j-1,k}^{t}-M_{i,j,k}^{t})+$$
$$\left.W_{i-1,j+1,k}^{t}(M_{i-1,j+1,k}^{t}-M_{i,j,k}^{t})+W_{i-1,j-1,k}^{t}(M_{i-1,j-1,k}^{t}-M_{i,j,k}^{t})\right]-$$
$$M_{(\mathrm{wvd})i,j,k}^{t}-M_{\mathrm{P}(i,j,k)}^{t}-M_{\mathrm{sd}(i,j,k)}^{t}-M_{\mathrm{w}(i,j,k)}^{t}-M_{\mathrm{r}}\qquad(9.36)$$

9.3.3 溢油扩散模拟

研究油种为柴油，设定柴油的吸附常数 L 为0.029，最大吸附量 Q_m 为7.475，吸附指数 n 为1.2；设定海风东向速度和北向速度分别为-4.344 m/s和

9.46 m/s，洋流东向速度和北向速度分别为2.696 m/s和8.099 m/s；设定海水中的油浓度梯度 $-\dfrac{d_{n_v}}{d_z}$ 的值为3 096.4，扩散系数 D 为0.146 2。采用9.3.2所构建模型进行海洋溢油扩散模拟，得出模拟结果如图9.32，并与初始图像、检验图像、对比图像进行对比，得到图9.33至图9.35的结果。

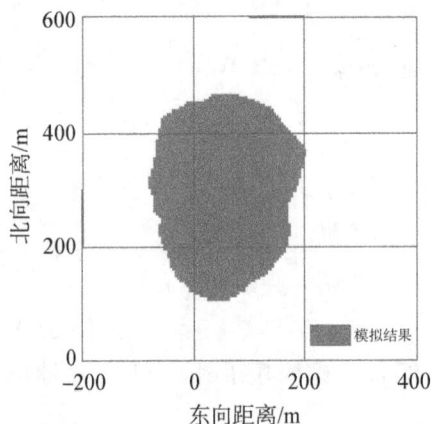

图9.32　模拟结果

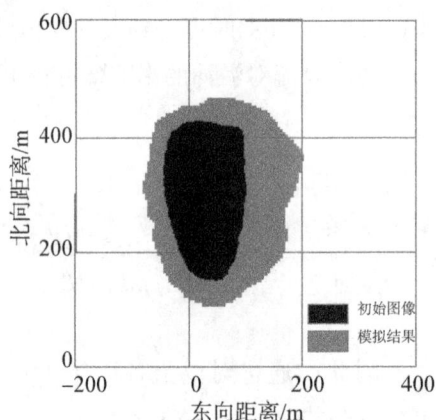

图9.33　初始图像与模拟结果

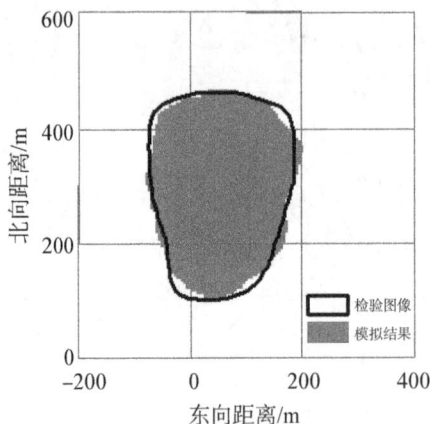

图9.34　模拟结果与及检验图像

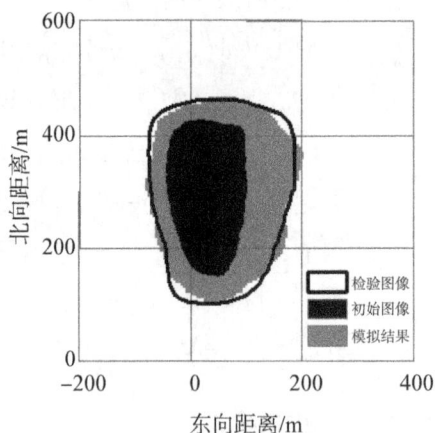

图9.35　与检验、初始图像对比图

该模型模拟溢油的扩散漂移，不仅考虑了风、流等因素，而且考虑了溢油消失过程，综合了蒸发、乳化、溶解、岸边附着等溢油行为，可以更加准确地模拟出溢油的时空变化过程。

9.4 海冰生成决策分析模型

9.4.1 模型制约因素

（1）海冰生成模型的制约因素

海冰生成主要与两大因子有关，即水文因子和气象因子。秦皇岛属典型的季风气候区，冬季主要受亚洲大陆性高压活动的影响，盛行偏北风，且常有寒潮暴发，气温剧烈下降，同时伴有强风。气象因子对海冰的生成起着很重要的作用。

① 该模型考虑的气象因子包括：寒潮强度、寒潮持续时间、寒潮路径、凝结核。通过这4个子因子的加权叠加得到气象因子的成本。

② 该模型考虑的水文因子包括：海浪、水温（海水的冰点平均为-1.9℃）、密度、水深、盐度、海流。通过这6个子因子的加权叠加得到水文因子的成本。

③ 最后，水文因子与气象因子加权叠加得到海冰生成的总影响因子。

由于分析影响海冰生成的各项因子时，都用到插值方法，若观测站点分布不均匀或过于稀疏，则误差偏大，为了使分析结果更加准确，更加符合实际，应设计加密观测站点的模型。加密站点应满足以下三个条件：

① 新加观测站点距离海岸线3.5千米以内，海冰外缘线在此附近，离海岸太远不会有海冰生成。

② 在现有观测点服务面积大于2.5平方千米的范围内选取。

③ 距现有观测点700米之外，且服务面积越大越好。

（2）救援最佳路径模型的因素

救援最佳路径模型主要涉及的因素：

① 冰厚，救援船只应尽量沿着冰较薄的路径行驶。

253

② 风向，救援船只应尽量顺风行驶。

③ 风强，救援船只应在风强较小的区域行进。

④ 距离，救援船只到达受困船只的距离应该最短。

9.4.2 建模数据准备

构建模型需要的数据包括秦皇岛市地图、矢量化数据地图，如图9.36、9.37所示，其他数据如表9.7所示。

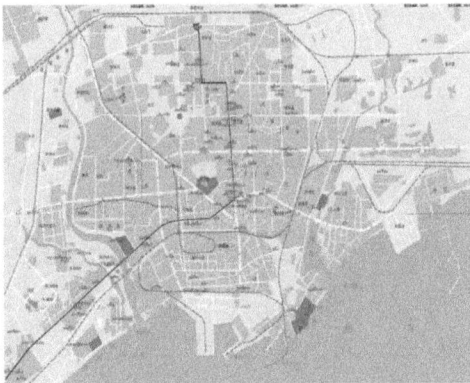

图9.36　秦皇岛地图

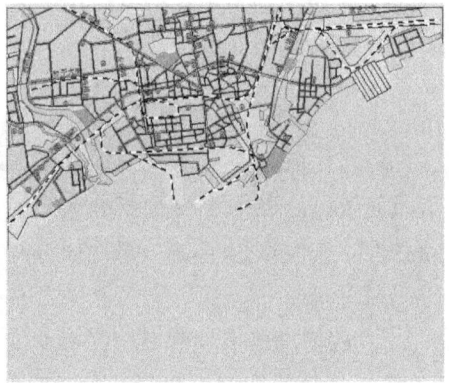

图9.37　矢量化地图

表9.7　其他数据说明

MonitorStation	监测站	Point
CoastStation	岸基观测点	Point
DangerBoat	危险船只	Point
IceBreaker	破冰船	Point
Icecoast	冰缘线	Polyline
SeaCoast	海岸线	Polyline

9.4.3 水文因子模型构建

水文因子模型通过观测站测得的数据，应用样条函数（Spline）插值并用海洋图层进行掩膜提取，得到整个海洋研究区域的各属性值，对各因子分级并进行加权叠加，得到水文影响因子。查阅相关文献分析研究确定各因子较合理的权重为：海水密度（0.05）、海水深度（0.05）、海水盐度（0.05）、海水温度（0.1）、海浪（0.05）、海流（0.05），用于分析水文因子对海冰生成的影响，对于其中存在的误差量，在接下来的模型中进行了合理的消除。

水文因子模型结构如图9.38所示，模型构建具体操作如下：

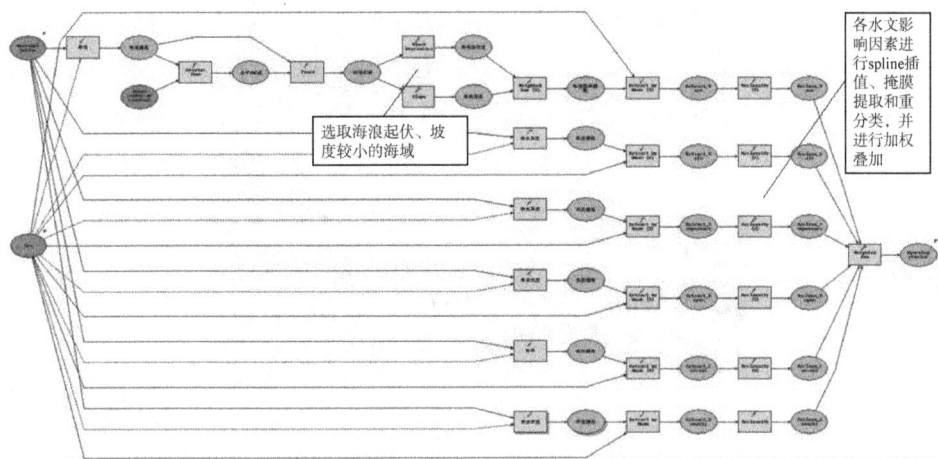

图9.38 水文因子分析模型结构图

① 函数插值操作。根据海上观测点属性数据中wave值，经过函数插值，得到海浪栅格数据。

② 设置分析环境。

③ 栅格分析操作。经过栅格分析中的栅格代数运算后，得到大于0的区域。

④ 栅格代数运算操作。根据栅格代数运算，输入海浪栅格和大于0的区域进行乘积运算得到海浪区域。

⑤ 栅格分析操作。首先进行栅格分析，然后进行栅格统计，最后进行邻域分析，根据海浪区域得到海浪起伏度数据。

⑥ 坡度分析操作。根据海浪区域数据进行栅格分析，再进行表面分析以得到坡度图，根据坡度图进行坡度分析，得到海浪坡度图。

⑦ 栅格运算操作。将海浪起伏度和海浪坡度的权重都设置为1，在栅格代数运算中计算海浪起伏度和海浪坡度的累加值，得到海浪影响栅格数据，然后

经过裁剪重分级得到重新分级后的海浪栅格数据。

⑧ 加权叠加操作。栅格代数运算经过加权叠加后得到水文因子分析结果图（图9.39）。

图9.39　水文因子分析

9.4.4 气象因子分析模型构建

气象因子分析模型通过观测站测得的数据，应用样条函数（Spline）插值并用海洋图层进行掩膜提取，得到整个海洋研究区域的各属性值，对各因子分级并进行加权叠加，得到气象影响因子。查阅相关文献分析、研究确定各因子较合理的权重为：寒潮强度（0.15）、寒潮路径方向（0.2）、寒潮持续时间（0.2）、凝结核（0.15），用于分析气象因子对海冰生成的影响。对于其中存在的误差量，在海冰厚度模型中进行了合理的消除。所构建的气象因子分析模型结构如图9.40所示。

气象因子分析模型构建操作如下所示：

（1）插值操作

根据海上观测点属性数据、海潮风向，经过插值操作，得到风向栅格。

（2）地图裁剪操作

根据海洋进行地图裁剪，得到按海洋进行裁剪的栅格数据集。

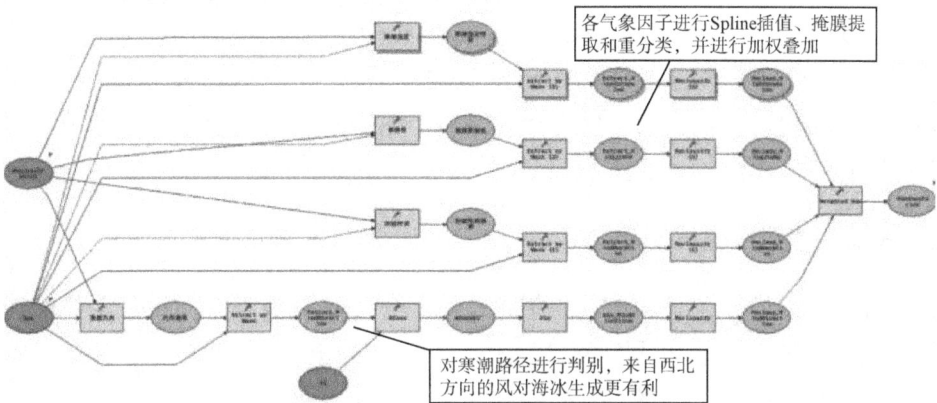

各气象因子进行Spline插值、掩膜提取和重分类，并进行加权叠加

对寒潮路径进行判别，来自西北方向的风对海冰生成更有利

图9.40 气象因子分析模型结构图

（3）栅格代数运算操作

根据来自西北方向的风更容易生成海冰的条件，对寒潮路径进行判断。经过栅格代数运算后得到Minus 45°数据集，然后计算像元的绝对值，得到Abs_风向栅格数据。

（4）重分级操作

将Abs_风向栅格数据进行重分类操作，得到Reclass_Abs_风向栅格。

（5）加权叠加操作

利用栅格代数运算进行加权叠加操作，计算公式为：[气象因子模

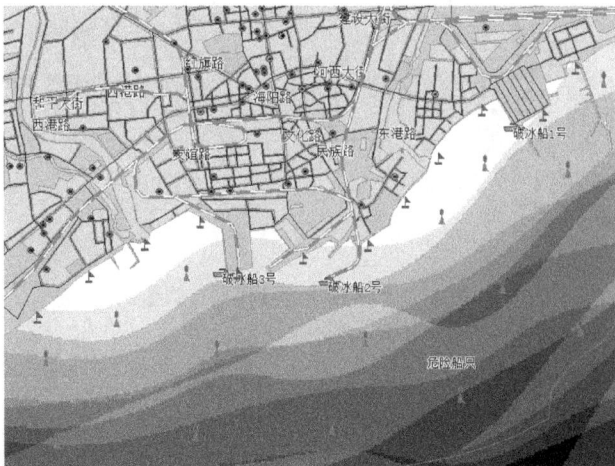

图9.41 气象因子分析

型.Reclass_Ext_寒潮强度］×0.15+［气象因子模型.Reclass_Ext_持续时间］×0.2+［气象因子模型.Reclass_Ext_凝结核］×0.15+［气象因子模型.Reclass_Abs_风向栅格］×0.2。最终得到气象因子分析模型，气象因子分析结果如图9.41所示。

9.4.5 海冰生成厚度模型构建

海冰厚度模型构建的核心思想是以海洋作为统一分类区，将包含权重偏差的线区域统计表和包含单位权重冰厚的缓冲区统计表分别与海洋属性表相连，以权重偏差栅格化的海洋和单位权重冰厚栅格化的海洋进行运算。具体方法是气象因子权值和水文因子权值分别与对应因子最大权值相除，使两因子权值分布在0~1之间，再同乘常数10，使权值分布在1~10之间，为的是更好地进行计算。

模型通过缓冲区分析、分类区统计分析得到岸基观测点一定缓冲区内的总冰厚（H）和总权值（K），相除得到单位权重的冰厚。通过分类区统计得到冰缘线的权值（a），小于冰缘线权值的海域不结冰，冰缘线权值即为权值偏差，海冰区各点处的权值（b）减去权值偏差（a）即为该点处海冰生成的有效权值，与单位权重冰厚相乘，最终得到该点处的海冰厚度（h）。计算公式为

$$h=(b-a)\times(H/K) \tag{9.37}$$

该模型结构如图9.42所示。

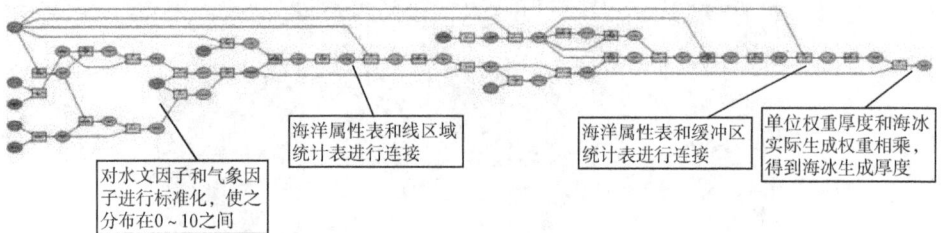

对水文因子和气象因子进行标准化，使之分布在0~10之间

海洋属性表和线区域统计表进行连接

海洋属性表和缓冲区统计表进行连接

单位权重厚度和海冰实际生成权重相乘，得到海冰生成厚度

图9.42 海冰生成厚度模型结构图

海冰厚度模型构建具体操作如下所示：

（1）分带统计操作

使用海洋栅格数据和气象因子栅格，经过栅格分析中的分带统计操作，得

到气象权重最大值。

（2）栅格代数运算与标准化栅格操作

将气象因子栅格和气象权重最大值进行栅格代数运算得到气象权重，然后对气象权重采取标准化处理，得到气象标准化栅格，同理可得到水文标准化栅格数据。

（3）栅格代数运算操作

将气象标准化栅格和水文标准化栅格进行栅格代数运算，运算公式为：气象标准化*0.55+水文标准化*0.45，得到复合因子。

（4）相交与分带统计操作

将冰缘线和海洋进行相交操作得到冰缘线，然后进行矢栅转化操作得到栅格冰缘线与复合因子。经过栅格分析中分带统计操作，生成线区域统计栅格，并生成线区域统计表，向海洋数据集中追加列GridMean字段。

（5）矢量转栅格操作

将海洋数据集进行矢量转栅格操作以得到权重偏差栅格。

（6）栅格代数运算与栅格分析操作

复合因子和权重偏差栅格经过栅格代数运算得到海冰生成有益权重，海冰生成有益权重经过栅格分析后进行栅格统计操作，得到大于等于0的栅格数据集（海冰生成区），海冰生成区和海冰生成有益权重进行栅格代数运算得到海冰生成区实际权重。

（7）缓冲区分析与裁剪操作

岸基观测点进行缓冲区分析操作得到岸基观测点缓冲区，经裁剪得到Sea_Intersect数据，然后Sea_Intersect经过矢栅转换得到缓冲区栅格。

（8）分带统计与栅格数据求和操作

Sea_Intersect数据和缓冲区栅格进行分带统计操作与厚度栅格数据求和操作。同理，可得到Sea_Intersect和海冰生成区域的实际权重与权重求和栅格数据。

（9）栅格代数运算操作

厚度求和栅格数据和权重求和栅格数据经过栅格代数运算得到单位权重厚度。

（10）分带统计操作

Sea_Intersect数据和单位权重厚度进行分带统计操作，得到缓冲区统计栅格和缓冲区统计栅格表。并向海洋数据集中追加列GridMean字段。

（11）矢量转栅格与代数运算操作

海洋数据经过矢量转栅格操作得到单位权重厚重栅格，与海冰生成区实际权重进行代数运算得到海冰厚度。

该模型将气象因子权值和水文因子权值进行了标准化，并消除了误差的影响，计算出了海冰生成范围内的海冰厚度。海冰厚度如图9.43所示，颜色越深代表海冰越厚。

图9.43　海冰厚度图

9.4.6 海冰厚度分级模型构建

对海冰厚度分级，生成海冰等厚线，并进行选择和简化显示，其模型结构设计如图9.44所示，得到的海冰厚度分级图，如图9.45所示。

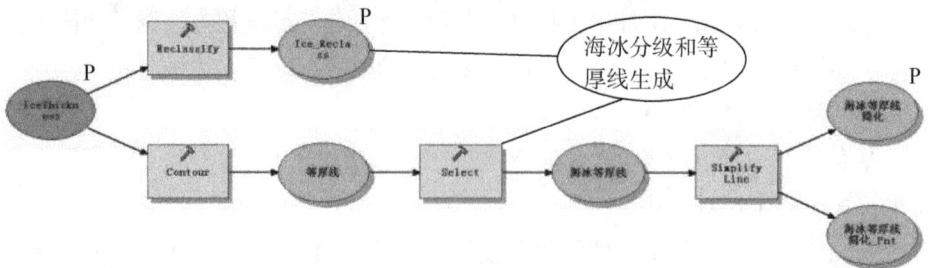

图9.44　海冰厚度分级模型结构

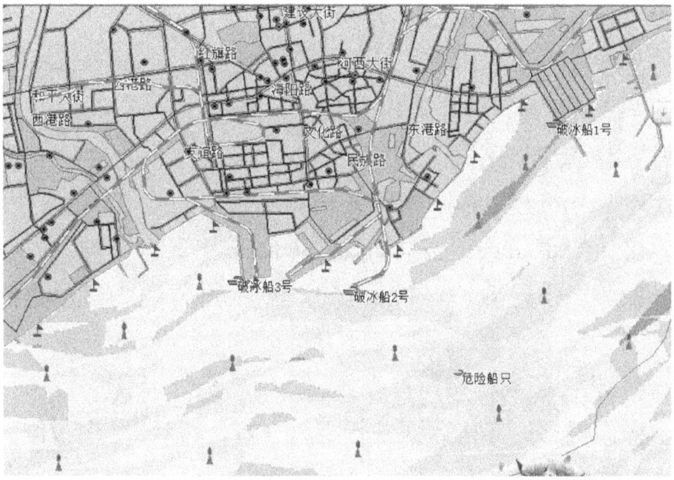

图9.45　海冰厚度分级图

9.4.7 救援最佳路径分析模型

救援船最佳路径分析模型结构设计如图9.46所示，模型构建具体操作如下所示。

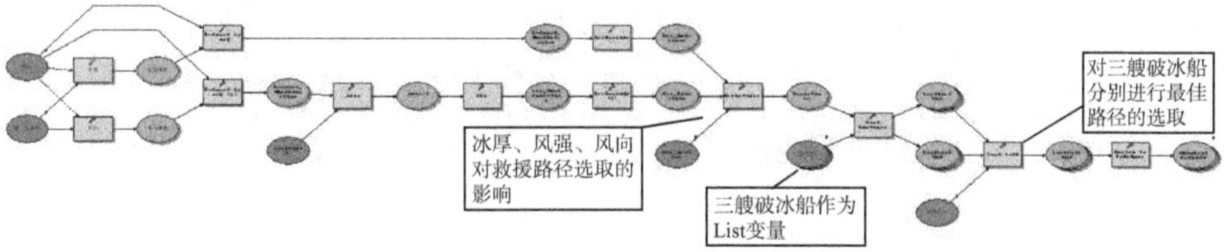

图9.46　救援船只最佳路径分析模型结构图

（1）插值计算与裁剪操作

根据海上观测点的风强属性经过插值计算得到风强栅格，同理可以得到风向栅格数据集。然后经过裁剪操作，得到Ext_风强栅格和Ext_风向栅格。

（2）栅格代数计算

依据西北方向的风更容易生成海冰的条件，进行栅格代数运算后得到45°数据集，然后计算栅格中像元的绝对值，可以得到Abs_风向栅格数据，然后进行重分级操作得到Rec_Abs_风向栅格。

（3）重分级操作

将Ext_风强栅格进行重分类后得到Rec_风强栅格。

（4）栅格代数运算操作

将Rec_Abs_风向栅格、Rec_风强栅格和海冰重分级三个栅格数据集进行栅格代数运算，得到Resistance栅格数据。运算公式为

$$Resistance=Rec\_风强栅格 \times 0.1+Rec\_Abs\_风向栅格 \times 0.2+海冰重分级 \times 0.7 \tag{9.38}$$

（5）距离分析与距离栅格运算操作

由上一步操作得到的栅格数据进行距离分析，然后进行距离栅格运算，分别生成成本距离数据、成本方向数据、成本分配数据。

（6）栅格分析操作

此时，源数据为破冰船，使用上一操作中生成的方向和距离数据，进行栅格分析、距离栅格和计算最短路径操作，生成破冰船最佳路径。

（7）栅格统计操作

利用每个破冰船各自的最佳路径进行栅格统计与常用栅格统计操作，得到值为1的栅格集。

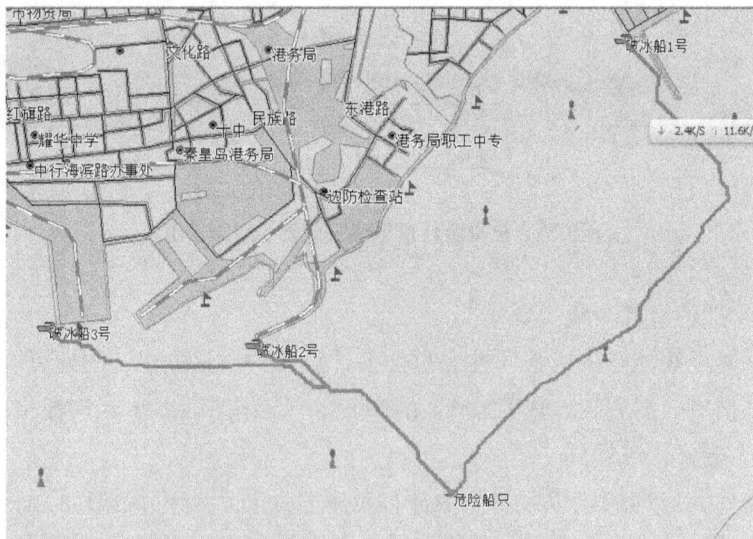

图9.47　救援船只最佳路径生成图

（8）栅格转矢量操作

提取最佳路径栅格值为1的结果，经过栅格转矢量操作，得到栅格转矢量面数据，然后进行面数据转换线操作，最终得到破冰船最佳路线图。

该模型综合考虑风向、风强、海冰厚度因素，计算出成本，为每条救援船只生成到受困船只的最短路径，为救援人员提供决策支持。所生成的救援最佳路径如图9.47所示，其中三条蓝色的曲线分别为三艘救援船救援的最佳路径。

9.4.8 站点加密模型构建

站点加密模型的结构设计如图9.48所示，模型构建具体操作包括以下步骤。

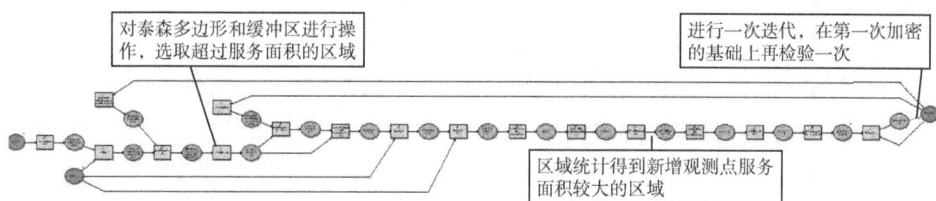

图9.48　插值模型结构图

（1）缓冲区分析与裁剪操作

以3.5千米为缓冲半径生成海岸线缓冲区，经过海洋裁剪，得到裁剪后的海岸线缓冲区clip_seacoast_buffer。

（2）创建泰森多边形与裁剪操作

海上观测点经过邻域分析创建泰森多边形，得到ThiessenPolygon和clip_seacoast_buffer，进行裁剪后得到Thiessen_buffer_Intersect数据。

（3）筛选操作

通过SQL查询得到［SHAPE_Area］>=2 500 000得到超过服务面积的区域。

（4）缓冲区分析与叠加分析操作

利用海上观测点建立缓冲区生成海上观测点缓冲区，将海上观测点缓冲区和超过服务面积的区域进行叠加分析操作，求交后得到区域内观测点观测范围。

（5）叠加分析操作

以超过服务面积的区域作为源数据，以区域内观测点观测范围作为叠加数据进行叠加分析操作后得到新增观测点区域。

（6）擦除操作

将海洋和新增观测点区域进行擦除操作得到Sea_Erase数据，然后将海洋作为源数据，以新增观测点区域为叠加数据，将海洋和Sea_Erase数据进行第二次擦除操作，以得到新增观测点海洋区域。

（7）矢量转栅格操作

将新增观测点海洋区域进行矢量转栅格操作，得到分辨率为29的新增观测点海洋区域。

（8）邻域分析与重分类操作

利用新增观测点海洋区域栅格集与半径为500地图单位的圆形进行邻域分析，然后进行区域统计栅格操作后进行重分类得到重分类后的区域统计。

（9）栅格转矢量操作

将得到的重分类区域进行栅格转矢量操作得到新增站点最佳区域。

（10）查询与要素转点操作

以"SmArea>=100 000 AND最佳区域.Value=1"为条件进行SQL查询最佳区域，得到面积较大的区域再经过要素转点操作最终得到新增观测点，如图9.49所示。

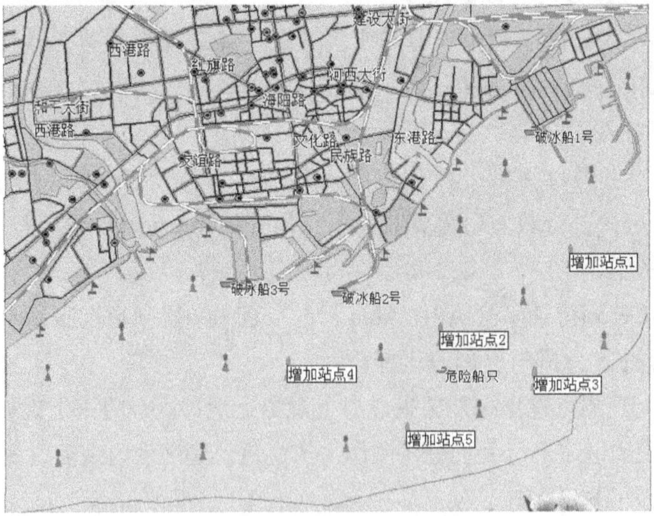

图9.49　新增观测点

该模型主要运用了泰森多边形、缓冲区、邻域统计分析等技术解决了观测站点太少或分布不合理的问题，多次使用插值的方法一定程度降低了各因子产生的误差。

9.5 海洋溢油污染评估模型构建

作者基于模糊综合评判原理构建了海洋溢油污染评估模型。

9.5.1 污染评估指标体系

（1）溢油量因素

在海洋溢油事故中，溢油量直接关系到污染程度的等级。通常情况下，溢油量增大，溢油事故的污染等级就会升高，危害程度也就越大。确定溢油量的大小是进行损失评估的首要任务。

（2）油品特性因素

具有不同性质的油污对海域资源造成的损害也存在较大差异，这就涉及油品特性。溢油对海洋环境及海洋生物的毒害程度取决于油污中有毒成分的含量。石油含有上百种化合物，烷烃、环烷烃、芳香烃含量占一半以上，不同的烃类其毒性不同。一般来说，油污的密度越大，油品的持久性就越强，从而石油留存的时间就越长，对海洋生态环境造成的损害越大。黏度是反映石油流体的内摩擦力（或流动能力）的一个参数，是决定油污在水中运动行为的重要因素之一。高黏度的石油不易扩散也不利于清除，还可能对海洋生物造成更大的危害。石油的易燃性是油品重要的安全指标，通常用闪点值来衡量，闪点越低，易燃性越强而危险性就会越大，这种特性给油污处理工作带来潜在的危险。

（3）溢油位置因素

从海洋生态角度考虑，参考杨建强对海洋生态敏感区域的划分，基于功能区将海区分为海洋生态环境敏感区、亚敏感区、非敏感区。溢油位置离敏感区越近，造成的损害会越大（杨建强，2011）。况且，人类活动和生物分布大都集中在近海岸区域，离岸距离是影响溢油污染程度的一个重要因素。另外，油污接触不同类型的岸线，清除难易程度和经波浪冲刷后残留情况不同，由此对岸线进行分类，不同类型的岸线对溢油污染程度等级有一定的影响。

（4）气象环境因素

风一般会与波浪、海流共同作用于油污，风在很大程度上影响油污的漂移、扩散行为，进而增大污染面积。另外，气象环境能够影响到溢油事故的处理，在风速较大的情况下，很难进行对油污的回收；在有雾的天气，能见度过低则不利于实施溢油应急计划。

（5）水文环境因素

溢油发生后，油污会经历复杂的物理、化学以及生物过程，包括蒸发、漂移、扩散、乳化和沉降等。对于水文环境，应考虑以下四个方面。① 油污在海面上蒸发会受到表层水温的作用，温度越高，蒸发就会越快，对海洋产生的危害相对会减少。② 波浪，一方面，海面的波浪作用于油膜，油膜破裂产生的油滴会与水混合，因此波浪直接控制油污的入水率；另一方面，油污的漂移运动主要受海面紊流的作用。波浪大小常用波高来表示，波高越大说明波浪对海水面扰动越剧烈，就会导致更多的油污进入海水。③ 油污受到表层海流的推动作用会发生漂移，表层流速越大，油污的漂移和扩散现象就会越明显。④ 表层流向决定着油污漂移的方向，若油污朝敏感资源区漂移，则造成的损失就会更大。

（6）应急系统

溢油应急系统在一定程度上控制油污的运动行为，减小溢油污染的程度，相关部门应制订海上溢油应急计划并进行备案。该海域是否属于海域敏感区，是否可使用分散剂或消油剂以及使用量的限制，这些信息可以为溢油应急计划的实施提供支持。建立海区通信和远程通信保障系统，以保证各单位之间通信联络的畅通，确保海上溢油事故的报警信息以及溢油应急的各类信息数据能够及时、准确、可靠地传输，为防污、清污工作提供便利（http://www.soa.gov.cn/zwgk/yjgl/hyyjya/201211/t20121115_5682.htm.）。

海洋溢油污染随时间和环境动态变化，溢油对海洋生态环境及生物的损害程度受到多种因素的影响。通过综合分析海洋溢油污染程度相关影响因素，总结主要影响因素，构建评估指标体系。评估指标体系的第一层包括溢油量、应急系统等六类；第二层指标体系包括油品毒性、海域敏感区、通信设备等17项指标；基于对生态敏感区溢油敏感系数的研究，建立第三层指标体系，包括独特性、危险性、污损大小、生态服务价值、季节性。溢油污染评估指标体系如图9.50所示。

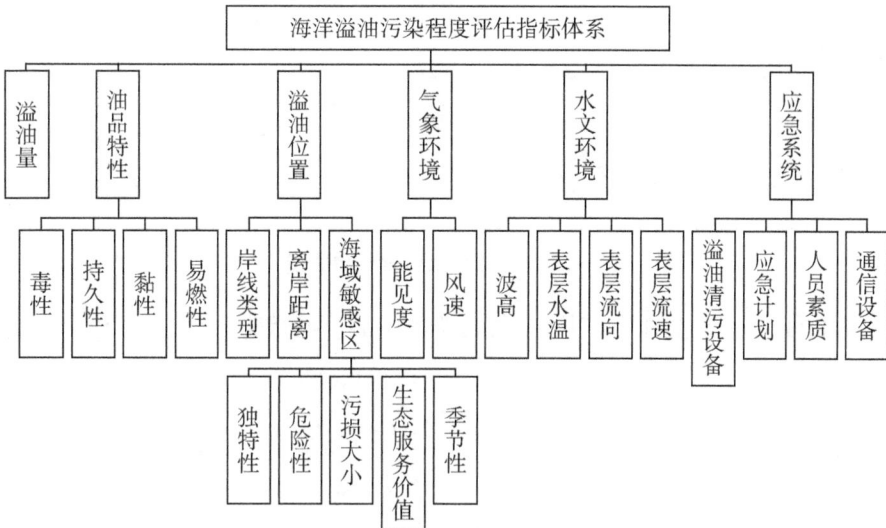

图9.50 污染评估指标体系

9.5.2 影响因子隶属度确定

确定影响因子的隶属度，一般采用两种方法：构造影响因子隶属度函数，建立影响因子隶属度子集表。详细介绍通过画出隶属度函数曲线图来确定溢油量、离岸距离两个影响因子的隶属度，构造隶属度函数；其他影响因子隶属度的确定则通过构造隶属度子集表。将溢油污染程度划分为五个等级，包括极轻污染、轻度污染、中度污染、重度污染、严重污染，即评语集 $V=\{V_1, V_2, V_3, V_4, V_5\}$。以下列出溢油量和离岸距离的隶属度函数，以及海域敏感区和溢油清理设备的隶属度子集表。

（1）溢油量隶属度函数构建

在突发性海洋油污事故处理方面，英国具有较完善的油污处理及防治体系。在其应急体制中，溢油量作为溢油事故污染等级划分最主要的参考指标。

参考英国对于溢油事故评估五个分界点的划分，提出一种新的隶属度函数曲线，如图9.51所示。

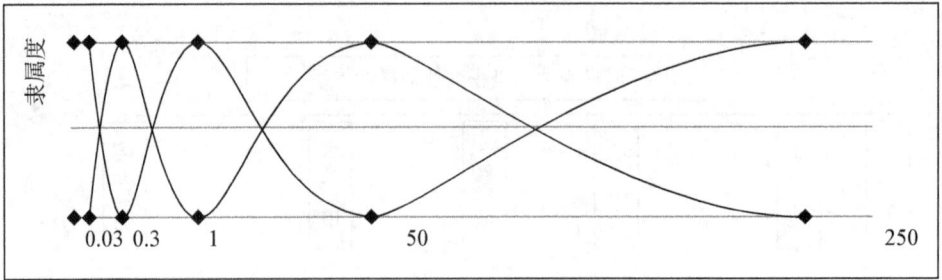

图9.51　溢油量隶属度函数曲线

由曲线图得到溢油量 t 对于极轻污染的隶属度函数为

$$U_{1(t)} = \begin{cases} 1 & (t \leqslant 0.03) \\ 1 - \dfrac{x - 0.03}{0.27} & (0.03 < t \leqslant 0.3) \\ 0 & (0.3 < t) \end{cases} \tag{9.39}$$

溢油量 t 对于轻度污染的隶属度函数为

$$U_{2(t)} = \begin{cases} 0 & (t \leqslant 0.03) \\ 1 - \dfrac{x - 0.03}{0.27} & (0.03 < t \leqslant 0.3) \\ \dfrac{1 - x}{0.7} & (0.3 < t \leqslant 1) \\ 0 & (1 < t) \end{cases} \tag{9.40}$$

溢油量 t 对于中度污染的隶属度函数为

$$U_{3(t)} = \begin{cases} 0 & (t \leqslant 0.3) \\ 1 - \dfrac{x - 0.03}{0.27} & (0.03 < t \leqslant 1) \\ \dfrac{1 - x}{0.7} & (1 < t \leqslant 50) \\ 0 & (50 < t) \end{cases} \tag{9.41}$$

溢油量 t 对于重度污染的隶属度函数为

$$U_{4(t)} = \begin{cases} 0 & (t \leqslant 1) \\ \dfrac{x-1}{49} & (1 < t \leqslant 50) \\ 1 + \dfrac{50-x}{200} & (50 < t \leqslant 250) \\ 0 & (250 < t) \end{cases} \tag{9.42}$$

溢油量 t 对于严重污染的隶属度函数为

$$U_{5(t)} = \begin{cases} 0 & (t \leqslant 1) \\ \dfrac{x-50}{200} & (50 < t \leqslant 250) \\ 1 & (250 < t) \end{cases} \tag{9.43}$$

（2）离岸距离隶属度函数构建

一般情况下，溢油位置离海岸越近，造成的损害就会越大，污染等级也越高。根据经验和历史数据，确定离岸距离的五个分界点值，提出离岸距离隶属度函数曲线，如图9.52所示。根据曲线构造隶属度函数，得到离岸距离相对于每个污染等级的隶属度。

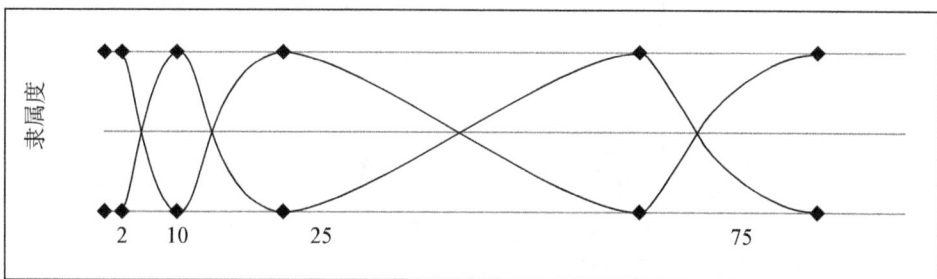

图9.52 离岸距离隶属度函数曲线

离岸距离 d 对于严重污染的隶属度函数为

$$U_{1(d)} = \begin{cases} 1 & (d \leqslant 2) \\ 1 + \dfrac{2-x}{8} & (2 < d \leqslant 10) \\ 0 & (10 < d) \end{cases} \tag{9.44}$$

离岸距离 d 对于重度污染的隶属度函数为

$$U_{2(d)}=\begin{cases}0 & (d\leqslant2)\\ \dfrac{x-2}{8} & (2<d\leqslant10)\\ 1+\dfrac{10-x}{15} & (10<d\leqslant25)\\ 0 & (25<d)\end{cases} \quad (9.45)$$

离岸距离 d 对于中度污染的隶属度函数为

$$U_{3(d)}=\begin{cases}0 & (d\leqslant10)\\ \dfrac{x-10}{15} & (10<d\leqslant25)\\ 1+\dfrac{25-x}{50} & (25<d\leqslant75)\\ 0 & (75<d)\end{cases} \quad (9.46)$$

离岸距离 d 对于轻度污染的隶属度函数为

$$U_{4(d)}=\begin{cases}0 & (d\leqslant25)\\ \dfrac{x-25}{49} & (25<d\leqslant75)\\ 1+\dfrac{75-x}{50} & (75<d\leqslant100)\\ 0 & (100<d)\end{cases} \quad (9.47)$$

离岸距离 d 对于极轻污染的隶属度函数为

$$U_{5(d)}=\begin{cases}0 & (d\leqslant75)\\ \dfrac{x-75}{25} & (75<d\leqslant100)\\ 1 & (100<d)\end{cases} \quad (9.48)$$

（3）海域敏感区隶属度确定

不同类型的海域受到溢油污染的影响程度是有差异的。该模型对海域敏感区进行认真分析，从保护生态环境的角度出发，将海域敏感区分为四类：第一类包括典型海洋生态、海洋自然保护区；第二类包括渔业用水区；第三类包括旅游区、工业用水区、工程用海区；第四类包括港口区及其他海区。通过海域敏感区隶属度子集表，如表9.8所示，可以得到不同海区对于不同污染等级的隶属度。

表9.8 海域敏感区隶属度子集表

海域敏感区	V_1	V_2	V_3	V_4	V_5
典型海洋生态、海洋自然保护区	0	0	0	0.2	0.8
渔业用水区	0	0	0.2	0.6	0.2
旅游区、工业用水区、工程用海区	0	0.2	0.6	0.2	0
港口区及其他海区	0.8	0.2	0	0	0

（4）溢油清理设备隶属度确定

常见的海洋溢油处理技术有物理方法、化学方法和生物方法，溢油应急中经常用到的清污设备包括围油栏、溢油回收船和吸油材料等。种类齐全的溢油清理设备以及数量充足的化学试剂，能够快速有效地清理和回收泄漏的油污，控制或减少油污的损害。溢油清理设备在一定程度上影响了溢油污染的程度，因此建立其隶属度子集表，如表9.9所示。

表9.9 清理设备隶属度子集表

溢油清理设备	V_1	V_2	V_3	V_4	V_5
设备非常齐全	0.8	0.2	0	0	0
设备较齐全	0.2	0.6	0.2	0	0
设备不全	0	0.2	0.6	0.2	0
设备严重缺乏	0	0	0	0.2	0.8

9.5.3 基于权重的模糊综合评估

（1）评估指标权重确定

权重确定是模糊综合评估中一个重要环节，权重分配表示评估指标相对重要性大小。能否恰当地确定模糊子集，直接影响到综合评估结果的准确性。常用的模糊子集确定方法包括：层次分析法、德尔斐（Delphi）法、专家调查法等。该模型中，溢油污染原始数据定量程度不高，相关影响因素多为定性的因素，而且建立的溢油污染评估指标体系是多层次的指标体系，因此，在确定各模糊子集指标的权重时，采用定性和定量相结合的层次分析法，基本操作如下。

① 建立判断矩阵。判断矩阵是进行各要素优先级权重计算的重要依据，是

使用层次分析法时重要的基本信息。

② 计算权重和最大特征根。

③ 一致性检验。由于客观世界具有复杂性，人们认识问题的方法具有多样性，对各指标之间进行两两对比后，可能会产生不一致的结论。这需要计算一致性指标和检验系数，防止出现有矛盾的结论。

在此仅列出应急系统中四个子指标的权重，如表9.10所示。

表9.10　应急系统子指标权重

应急系统U_6	U_{61}	U_{62}	U_{63}	U_{64}	权重W_6
U_{61}溢油清理设备	1	2	1	1/2	0.226
U_{62}通信设备	1/2	1	1/2	1/2	0.129
U_{63}人员素质	1	2	1	2	0.319
U_{64}应急计划	2	2	1/2	1	0.326
λ_{max}=4.221，一致性检验CR=0.082＜0.1，符合要求					

（2）模糊综合评估

在模糊综合评估中，$B=A \bigcirc R$，其中A代表权重；R代表隶属度；"$\bigcirc$"代表模糊矩阵合成算子，其主要分类有：有界和取小算子、取大取小算子、取大乘积算子、有界和乘积算子等。为确保利用各评估指标的全部信息，体现出各个指标在评估中的协同作用，能够更准确地表明评估对象的综合情况，该模型使用有界和乘积算子。

海洋溢油事故一旦发生，采集溢油量、离岸距离、表层流速、表层水温等数据，从基础资料数据库中获得海域敏感区包含的海域区类型、油污的主要成分、油污闪点、应急计划等信息。利用二级指标的权重和一级指标隶属度矩阵，得到一级模糊综合评估结果为

$$R = \begin{bmatrix} B_1 \\ B_2 \\ B_3 \\ B_4 \\ B_5 \\ B_6 \end{bmatrix} = \begin{bmatrix} R_1 \\ W_2 \bigcirc R_2 \\ W_3 \bigcirc R_3 \\ W_4 \bigcirc R_4 \\ W_5 \bigcirc R_5 \\ W_6 \bigcirc R_6 \end{bmatrix} \quad (9.49)$$

二级模糊综合评价结果为：$B=A \bigcirc R$，式中 A 为评估指标体系中一级指标的权重，R 为一级模糊综合评估结果。二级综合评估结果，就是溢油污染程度的总体评估结果。根据模糊综合评估经常使用的最大隶属度原则，基于对溢油污染五类等级的划分，判断溢油污染所属等级。

海洋溢油事故频繁发生，给海洋生态环境和人类活动带来了巨大的威胁，对溢油污染等级进行科学的判断可以在一定程度上降低事故带来的损害。该模型具有以下功能：

① 利用模糊综合评估的方法，对影响溢油污染程度的因素进行认真分析，增加了溢油应急系统这一因素，完善了溢油污染评估指标体系。

② 提出新的影响因子隶属度函数和子集表，进一步提高评估的准确性。

③ 利用模糊综合评估模型对溢油污染程度进行综合评判，将相关影响因素系统化、具体化。增加评估的可信度，提高评估的效率。

利用基础数据库和在线监测系统，可快速获取海洋溢油各类相关参数，及时对污染等级进行评估，为溢油应急计划提供科学依据，减少溢油造成的污染和损失。

第10章　智慧海洋信息可视化

可视化是指运用计算机图形学和图像处理技术，将计算过程中产生的数据及计算结果转换为图形和图像显示出来，并进行交互处理的理论、方法和技术。在智慧海洋中，可视化使海洋相关的抽象的、难以理解的原理、规律和过程变得直观、显性，更有利于理解。

10.1 信息可视化方法

10.1.1 一维数据可视化

一维数据可视化方法包括文字符号表达、图表、直方图、盒须图、折线图、轨迹图、抖动图、核密度估计图、坐标图和散点图等。

（1）文字符号表达

文字符号表达是定义1到3个变量作为空间维度，用组合图形符号或文字表示附加的变量，在1维到3维空间中显示这些符号。符号可以存在多重解译，可以使用多种视觉属性。文字符号表达的整体效果大于局部总和的表达效果。

（2）统计图

主要包括折线图、柱状图和饼图几种类型。这些都是常见的统计图，不再详述。

（3）直方图

直方图是对数据值的某个数据属性的频率统计图。单变量数据的取值范围映射到 X 轴，并分割为多个子区域，每个子区域用一个高度正比于落在该区间的数据点的个数的长方块表示。直方图可以用来描述数据的分布状态。直方图可以分为正常型、折齿型、缓坡型、孤岛型、双峰型、峭壁型等类型。直方图和条状图的区别是：① 直方图条与条之间无间隔，条状图有；② 条状图中横轴上的数据是一个孤立的数据，而直方图是一个连续的区间；③ 条状图用条形的高度表示统计值，而直方图用面积表示统计值。

（4）盒须图

盒须图是用于表示一组数据分散情况资料的统计图，用5个点对数据集进行描述：中位数、上下四分位数、最大值和最小值。

（5）轨迹图

轨迹图是以 X 坐标显示自变量、Y 坐标显示因变量的标准的单变量数据呈现方法。

（6）抖动图

将数据点布局于一维坐标时，可能产生部分数据重合，抖动图将数据点沿垂直轴方向随机移动一小段距离而得到的图形。

（7）核密度图

核密度估计（KDE，Kernel Density Estimation）是一种估计空间数据点密度的图，将离散的数据点重建为连续的图。原理为将平滑的单峰核函数与每个离散数据点的值进行卷积，获得光滑的反映数据点密度的连续分布。

（8）坐标图

坐标图的定义域是空间信息有关属性，值域可取不同物理属性。可以进行数据转换和坐标轴变换。

① 数据转换，对输入数据进行数据转换生成新变量，可以更清晰地表达潜在的模式和特征。数据转换类别包括统计变换和数学变换。统计变换是针对多个数据采样点操作，包括均值、中间值、排序和推移等。数学变换作用于单个数据点，包括对数函数、指数函数、正弦函数、余弦函数、幂函数等（陈为等，2013）。② 坐标轴变换，坐标图中的坐标轴决定了图中数据点的分布，通过坐标轴的变化可以将数据的某些性质更清晰地展现。欧式平面中常采用垂直坐标轴，一般用水平轴表示样本的空间或时间坐标，垂直轴表示样本的取值。根据统计可视化理论，通过对坐标轴的缩放变换，令一维数据线的平均倾斜度接近45度，可获得最优可视化效果。直角坐标更适合显示连续时间段变化趋

势，极坐标适合显示周期性变化趋势（陈为等，2013）。

（9）散点图（双变量）

散点图是一种以笛卡尔坐标系中点的形式表示空间数据的方法，表达了两个变量之间的关系。多用于N维数学空间，如树叶属性等。散点图可将坐标系统和数据投影到显示空间，用点或符号显示元素的位置，可三维显示，用户可以控制视点。

10.1.2 二维数据可视化

二维标量数据可视化方法包括颜色映射法、等值线提取法、高度映射法和标记法（陈为等，2013）。

（1）颜色映射法

颜色映射表中的颜色值可以是离散的，也可以是连续的。颜色可以进行变换，用于在同一个平面上显示多达3个二维标量阵列 $Z_i=f(x, y)$，$i=1$，2，3，例如，同一地区遥感影像的不同波段数据。对不同阵列采用同样的显示技术（影像显示或表面视图），阵列类型相同时用RGB（Red Green Blue），不同时用HSV（Hue Saturation Value）、HLS（Huntingdon Life Sciences）。具体方法是：

① 读取同一像元位置的三个值 $Z_k=f(i, j)$，$k=1$，2，3，得到三个不同的亮度值（Z_1，Z_2，Z_3）。

② 以（Z_1，Z_2，Z_3）作为颜色空间的坐标，如RGB、HSV等，得到颜色值显示在（i, j）处。

颜色映射法的步骤：

① 建立颜色映射表；

② 将标量数据转换为颜色表的索引值。

（2）等值线提取法

定义为某个平面或曲面 D 上的标量函数 $F=F(P)$，$P \in D$。对于给定值 F_l，满足 $F(P_i)=F_l$ 的所有点 P_i 按一定顺序连接起来，就是函数 $F(P)$ 的值为 F_l 的等值线。

等值线图又称轮廓线图，是以相等数值点的连线表示连续分布且逐渐变化的数量特征的一种图形。等值线将各类等值点（如高程、沉降量、降雨量、气温或气压等）通过插值或者拟合的方法用线连接起来，以线的分布表达值的变化，同一条线上的值相等，以等值线表现数据的分布特征。等值线图分为两类：一类是，数值是区域上每一点真实属性（例如地表的温度）的采样，需要采用等值线抽取算法，计算数值的等值线并予以绘制。第二类是，区域上各点的数值为该点与所属区域中心点之间的距离，这时需要采用距离场计算方法。

颜色映射法反映二维标量数据的整体信息，而等值线反映二维数据的局部特征，展示和分析其特征的空间分布。图10.1为二维格网中的等值线图。

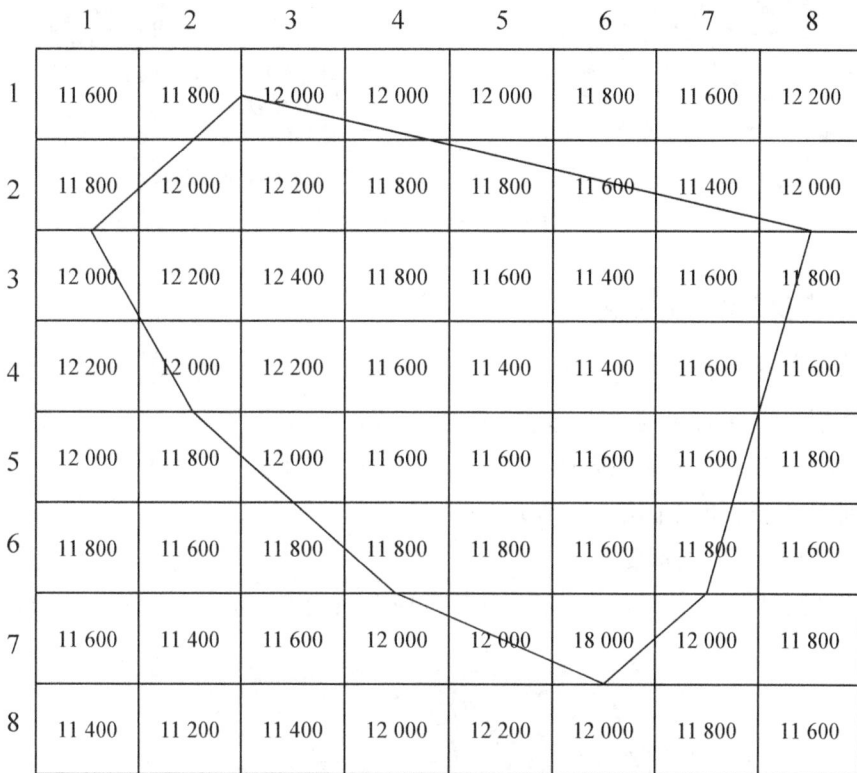

	1	2	3	4	5	6	7	8
1	11 600	11 800	12 000	12 000	12 000	11 800	11 600	12 200
2	11 800	12 000	12 200	11 800	11 800	11 600	11 400	12 000
3	12 000	12 200	12 400	11 800	11 600	11 400	11 600	11 800
4	12 200	12 000	12 200	11 600	11 400	11 400	11 600	11 600
5	12 000	11 800	12 000	11 600	11 600	11 600	11 600	11 800
6	11 800	11 600	11 800	11 800	11 800	11 600	11 800	11 600
7	11 600	11 400	11 600	12 000	12 000	18 000	12 000	11 800
8	11 400	11 200	11 400	12 000	12 200	12 000	11 800	11 600

图10.1　二维格网中的等值线

等值线生成方式有两种：① 网格序列法，独立处理各单元搜寻等值线段；② 等值线跟踪法。等值线生成的数据基础是规则或非规则网格数据。

（3）高度映射法

高度映射法将二维标量数据中的值转换为二维平面坐标上的高度信息并加

以展示。高度通常用于编码测量到的数据。

（4）标记法

标记是离散的可视化元素，可采用标记的颜色、大小和形状等直接进行可视表达，而不需要对数据进行插值等操作。图10.2为标记法示意图。

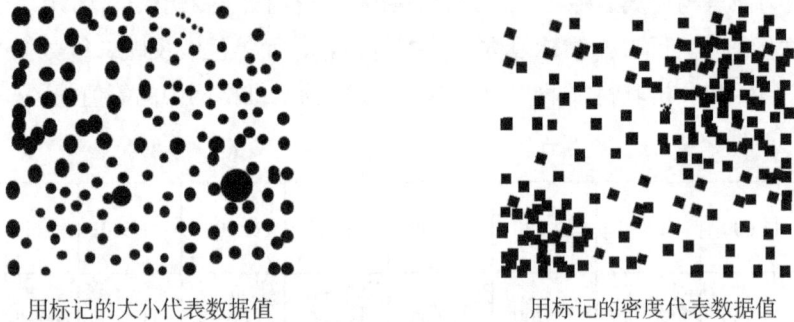

用标记的大小代表数据值　　　　　　　　用标记的密度代表数据值

图10.2　标记法可视化

10.1.3 多变量数据可视化

多变量可视化的挑战是将多个变量统一在一个显示空间。由于每个点上有多个数值，一种直接的方法是将每个数值分别用标量可视化方法显示。可以完整表达所有变量，但难以表达变量之间的关联。多变量可视化方法包括多可视化元素、标记、数据降维、交互。

（1）多可视化元素

图10.3中流场的流向、流速、涡旋、应变张量等变量分别用箭头方向、箭

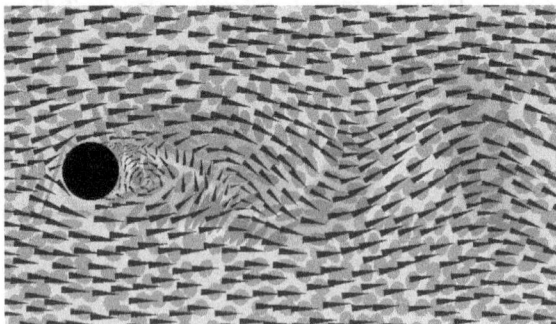

图10.3　多可视化元素

头大小、颜色、椭圆等不同可视化元素表示（陈为等，2013）。由于不同可视化元素占用不同的视觉空间，这在一定程度上缓解了相互干扰。

（2）标记

标记设计灵活，一个标记可以表达多个变量值，缺陷是一个视觉空间只能排放一定数据标记，限制了可视化的分辨率；表达的准确性也有限制。各种标记在表达数据特征方面（数值、数值间关系、多变量类型、用户解读难度等）各有利弊，应根据数据特点选择有效的标记类型。使用多变量标记时要考虑不同标记之间可能产生的偏差。直方图容易比较变量之间的大小，星图（变量映射到不同方向的长度）次之，饼图最困难，因为人眼对长度的判断比角度的判读要快速准确。图10.4为星图。

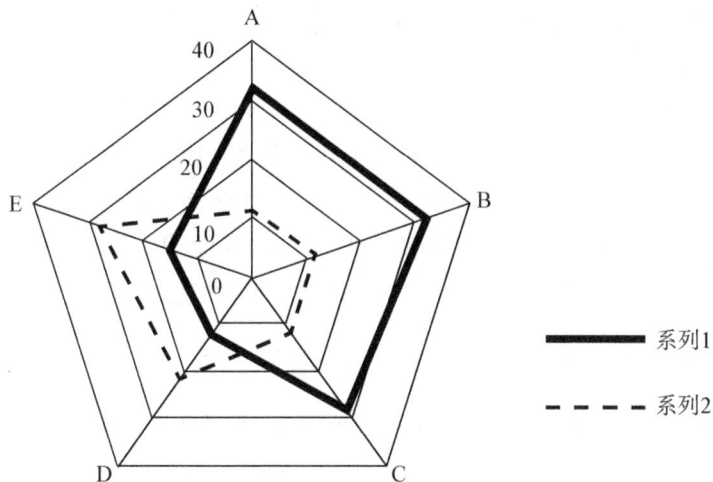

图10.4 星 图

（3）降维

降维是将多变量数据从高维空间变换到低维空间，再采用常规低维可视化方法表达。

（4）交互技术

交互技术可以提高在一个空间中显示多变量的能力，如用户可以在空间中切换所显示的变量，这种切换是完全替代的。它还可以通过调整传输函数达到交互目的。例如，热力图使用颜色来表示位置相关的二维数值数据的大小。走势图是以折线为基础的表达时序数据趋势的表达方法，无法表达太多细节。

10.2 地理空间信息可视化

10.2.1 网络地图

网络地图是一种以地图为定义域的网络结构，网络的线段表达数据中的链接关系和特征。网络地图中，线端点的经纬度可以用来确定线的位置，其余空间属性可映射为线的颜色、宽度、纹理、填充和标注等可视化参数。线的起点和终点、不同线之间的交点都可以用来编码不同的数据变量。

10.2.2 流量地图

流量地图是一种表达多个对象之间流量变化的地图。流出对象和流入对象之间通过类似于河流的曲线连接，曲线的宽度代表流量的大小。流量地图如实地呈现了流量的源头、合并、分散、路径改变和汇入等动态过程。本质上，流量地图是一种基于聚类和层次结构的地理信息简化方法。

10.2.3 等值区间地图

区域数据是一种常见的地理空间数据，区域地图的可视化采用专题地图类似的绘制方法，其基本思路是遵循可视化设计的原则，给地图上不同区域赋予特定的颜色、形状或采用特定的填充方式展现其特定的地理空间信息（陈为等，2013）。

等值区间地图是最常用的区域地图方法。该方法假定地图上各区域的数据均匀分布，将区域内相应数据的统计值直接映射为该区域的颜色，各区域的边界为封闭的曲线。等值区间地图依靠颜色来表现数据内在的模式，因此选择合适的颜色非常重要，当数据的值域大或数据的类型多样时，选择适合的颜色映射相当有挑战性。等值区间地图的主要问题是人们感兴趣的数据可能集中在某些局部区域，造成很多难以分辨的小的多边形。同时，一部分不感兴趣的数据则有可能占据大面积的区域，干扰视觉的认知。因此，等值区间地图适合于强调大区域中的数据特征（席茂，2015）。

10.2.4 比较统计地图

（1）Cartogram图的概念

比较统计地图（Cartograms）根据各区域数据值大小调整相应区域的形状和面积，因而可有效解决等值区间地图在处理密集区域时遇到的问题。Cartogram图中地物形状的大小不再是描述实际地物的空间大小，而是根据某种确定的属性来调整相应实体的大小，同时忽略了地图投影，因而Cartogram图不是一种真正的地图。Cartogram图在地理空间中的变化程度由相应地理实体的有关属性所决定，有些与实际的地图很相似，而另一些变化较大的则与实际地图完全不同。

（2）Cartogram图的类型

Cartogram图有三种形式：非邻接式、邻接式和道灵式，每一种都用一种完全不同的方式展现地理实体的相应属性。三种图依照变形程度进行划分。

① 非邻接式Cartogram图，是最简单的、最容易绘制的一种图。在这种图中，地理实体没有与其实际相邻的实体保留连接关系（即拓扑关系）。因为没有邻接关系的限制，每一个地理实体都可以依照属性而相应的变大或缩小，并保持原来的形状。

② 邻接式Cartogram图，不同的是原始的拓扑关系要得到保留，但在形状上产生很大扭曲，这就导致绘图的难度和复杂程度大大增加。制图者既要将地理实体绘制合适的尺寸来表现其属性值，又要尽可能地保留其原有形状，使得阅图者便于读取信息。

③ 道灵图，既没有保留原图的形状、拓扑关系，也没有实体中心，但这仍不失为一种有效的Cartogram图制图理论。要制作这种图，制图者不再是对地理实体进行增大或缩小，而是将所有的实体用一种相同形状的单元来表示，通常是适当大小的圆，其中用圆的半径来代表相应属性值大小。

（3）Cartogram的算法

Cartogram算法在很早之前就有人提出，但直到近几十年计算机图形学应用于信息可视化的基础上发展为成熟的制作Cartogram图的成图技术。这里介绍几种国外学者研究最为深入的算法。

① ScapeToad法，是由Castner/Newman的基于扩散的算法来保证图形之间的拓扑关系，将地理数据转换为Cartogram图。该算法由Java语言写成，可以跨系统平台实现。这种方法输入和输出都是使用Shapefile格式的数据，最终的Cartogram地图可以输出为svg格式。

② MAPresso，是另一种由Java语言写的制作Cartogram的算法。地理数据单元是按照道灵的方法抽象成圆形的。输入的数据是点的坐标（可以是txt文件），图形处理过程中生产一种临时的PostScript文件。最终的Cartogram图是ArcGIS通用的格式。

③ Cart方法，是由Mark Gastner用C++编写的一种生产Cartogram的算法。这是一种基于扩散理论的密度补偿算法来生产Cartogram地图的算法，可以用ArcGIS和MapInfo等软件在单机上实现。Frank Hardisty根据这种算法又编写了Java语言的在线实现Cartogram图的算法。

④ Protovis，是一种用JavaScript编写的可视化工具包，其中包含了道灵Cartogram的部件。但这种算法只适用于生产非邻接式Cartogram图。

Cartogram图的突出优势就是能反映某种量的分布，为了强调某种属性，而将地图进行一定程度的变形，因而这种地图在人文地理学中较为常见。目前国内对其系统的研究还很少，在国际上Cartogram图主要应用于人口统计、经济领域、疾病预防和环境问题等几个领域（李嘉靖等，2014）。如图10.5所示为作者所制作的青岛市各区经济Cartogram图，右图为青岛市政区图，两者比较可以看出青岛市各区经济发展之间的对比关系。

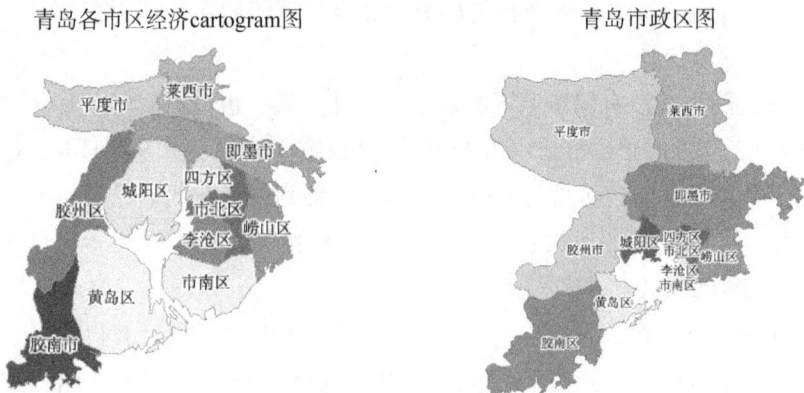

图10.5　青岛市各区经济Cartogram图和青岛市政区图

10.3 海洋信息二维可视化

10.3.1 二维向量场可视化

海洋二维向量场可视化方法主要包括基于标量场映射方法、基于几何的方法、基于纹理的方法和基于拓扑分析的方法。

（1）基于标量场映射方法

基于标量场映射方法的核心是等价标量的选取，能反映向量的特征和规律。典型的方法有涡量的切面、等值面、体绘制等（陈为等，2013）。

（2）基于几何的方法

① 标记法，是用线条、箭头、方向标志符（三角图符）等来表示的一种方法。它直接显示数据空间中各个点上的向量信息，不需要任何数据处理。其优点是实现简单、直观、灵活；缺点是可视混乱、无法揭示出数据的内在连续性，难以表达特征结构如涡流等。质量提升方法：最优的标记放置；降低可视混乱，可自适应采样。图10.6为向量场线条式图标。

图10.6　向量场线条式图标

② 积分曲线方法，采用各类积分曲线揭示矢量场的内在特征和性质，其效果与种子点的摆放和积分终止条件有关。主要对流线（streamline）、迹线（pathline）、脉线（streakline）、时线（timeline）等进行可视化（部分图片来

源于网络资源)。

流线,对静态流场或时变流场的某个时刻,从某一点开始的一条连续曲线,流线上任一点的切线方向均与向量场在该点的方向一致。设s为流线轨迹参数,τ为某个时间点的流场,其公式如下。

$$\frac{dx_{\text{stream}}(s)}{ds}=u\left(x_{\text{stream}}(s),\tau\right) \text{ or } x_{\text{stream}}(0)=x_0 \tag{10.1}$$

迹线,可以看成动态流场中某一个粒子随时间推移而移动的轨迹。对时变流场来说,从某一点释放一个粒子在各个时刻形成的一条曲线,曲线上任一点的切线方向均与该时刻向量场在该点的方向一致。公式如下,t为时间参数。

$$\frac{dx_{\text{path}}(t)}{dt}=u\left(x_{\text{path}}(t),t\right) \text{ or } x_{\text{path}}(0)=x_0 \tag{10.2}$$

脉线,在时变流场的某点,持续释放粒子,在某个时刻,这些粒子形成的轨迹线。公式如下:其中x_0为释放粒子的位置,$0\leqslant\tau\leqslant T$,$T$是释放粒子的时间段。

$$\frac{dx_{\text{path}}(t)}{dt}=u\left(x_{\text{path}}(t),t\right),x_{\text{path}}(\tau)=x_0 \tag{10.3}$$

时线,是脉线的一个扩展,从一条起始轨迹或一个起始区域上的不同位置生成一系列脉线。下图10.7、10.8分别为太平洋局部洋流实时的迹线和二维时变流场的20条脉线的可视化结果。

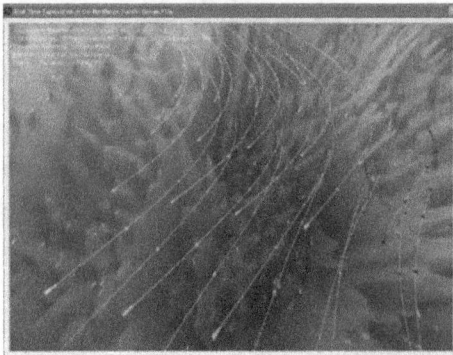

图10.7 太平洋局部洋流实时迹线   图10.8 二维时变流场脉线

对稳定向量场,流线、迹线、脉线相同;非稳定场,迹线、脉线不同。

流线的变种——流管、流带,如图10.9所示,模拟海洋表面风场的流带可视化，流带缠绕揭示了气流漩涡的存在。

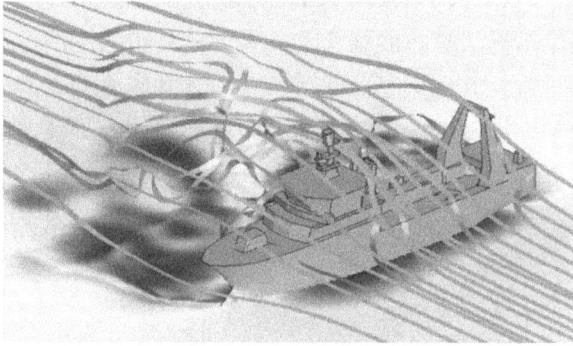

图10.9　流带模拟海洋表面风场可视化

流形箭头作为流面的扩展形式，将箭头的纹理图案镶嵌于原来的流面，不同曲率的流面应用不同分辨率的纹理图案，以最大限度地消除图案的扭曲。该方法的优点在于，借助箭头的纹理代替复杂的流面结构，内部的向量场信息能够展现给用户，同时在一定程度上降低了视觉混淆，如图10.10所示。

脉面的可视化以脉线为基础，适用于不稳定时变向量场。由于向量场的高度复杂性（四维数据）和人眼对时变数据的不易感知

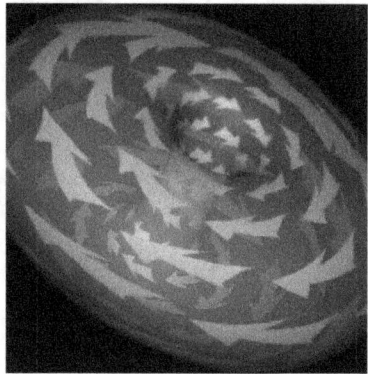

图10.10　镶嵌于流面上的流状箭头可视化

性，脉面方法面临的技术挑战是降低计算复杂度、保持数据精确性和降低视觉混淆。

积分曲线方法的关键技术：

a积分曲线的计算，有欧拉方法、改进欧拉方法、龙格-库塔方法、误差控制、自适应步长选择等方法。使用欧拉方法，简单快速、但精度较低。欧拉方法公式为：

$$x(t+dt)=x(t)+v(x(t))*dt \qquad (10.4)$$

b种子点的选取、曲线放置。如何选取种子点，控制积分曲线的数目和长度，对于可视化效果有直接的影响。好的种子点策略的一般特征：覆盖性

（Coverage）、均匀性（Uniformity）和连续性（Continuity）。均匀摆放积分曲线并代表尽可能多的数据，包括图像指导、均匀放置、拓扑指导和视点相关等方法。其中，图像指导法是将曲线作为高强度信号扩散到图像中，在图像中低强度区域放置种子点。其优点是曲线的优化放置和图像的强度分布相关，可以用优化算法通过不断地减少图像像素间的强度差达到均匀放置的目的；缺点是需要多次产生图像并优化。

c流线的简化，核心思想是使用指定的度量标准进行流线删除或聚类。

长度熵：

$$E_L = -\frac{1}{\log_2(m+1)} \sum_{j=0}^{m} \frac{D_j}{L_S} \log_2 \frac{D_j}{L_S} \tag{10.5}$$

角度熵：

$$E_A = -\frac{1}{\log_2(m)} \sum_{j=0}^{m-1} \frac{A_j}{L_A} \log_2 \frac{A_j}{L_A} \tag{10.6}$$

大小/方向：

$$t = \frac{\sqrt{\left((x-1)^2 + \frac{\alpha^2}{\beta^2} y^2\right)(\alpha^2-\gamma^2) + \gamma^2 (x-1)^2}}{\alpha^2 - \gamma^2} - \frac{\gamma(x-1)}{\alpha^2-\gamma^2} \tag{10.7}$$

位置：

$$S(x_s, y_s) = \frac{x_s^2}{d^2} + \frac{y_s^2}{e^2} - 1 \tag{10.8}$$

（3）基于纹理的方法

纹理法是一种密集的流场模式展现方法，包括点噪声和线积分卷积。

① 点噪音（Spot Noise），在二维空间中随机排列一些圆点，按照局部流场方向对圆点变形，将变形后的圆点用滤波器扩散到纹理中。点噪音法是（散粒噪声）在空间上的模拟，是一种特殊的随机函数，由一系列时间间隔随机的脉冲来产生。将脉冲函数 h 看作是一个落在平面上的点，模拟Shot Noise，其中（x+i，y+j）为平面上的随机点坐标。h 函数表示对点的特性（如大小、方向的）控制，映射函数 m 为将纹理坐标 x 处的数据值 d（x）进行映射的结果。图10.11为使用点噪音法得到的纹理图。

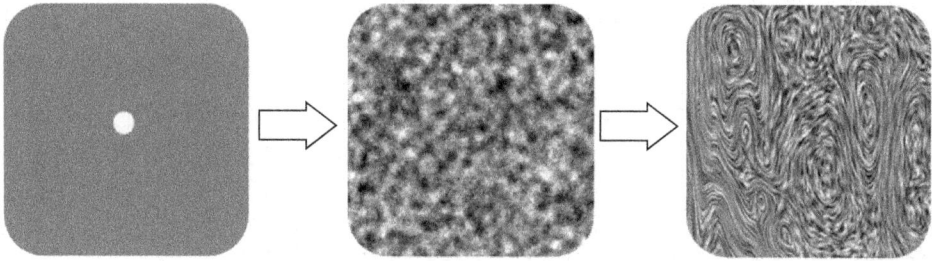

图10.11 使用点噪音法得到的纹理图

② 线积分卷积方法（LIC，Linear Integral Convolution），LIC是一种应用广泛的流场纹理可视化方法，这种算法的基本思想是用一维低通滤波器沿流线卷积白噪声图像，合成纹理。输入的白噪声图像各点不相关，而生成的LIC纹理在流线方向上相关，在垂直流线方向上不相关，此特征造成对流场中流线的逼真的可视化效果，显示了矢量场的方向信息。下图10.12为将矢量场与白噪声进行卷积的结果。

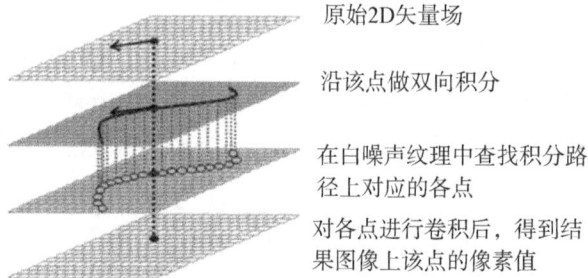

原始2D矢量场

沿该点做双向积分

在白噪声纹理中查找积分路径上对应的各点

对各点进行卷积后，得到结果图像上该点的像素值

图10.12 矢量场与白噪声卷积

　　LIC综合了局部方法的高密度和全局方法的长流线效果，在流场可视化中应用很多。线积分卷积，流场的方向和强度可以通过不对称的滤波器在LIC中表现，或用动画和染色素在流场中的传导来体现，LIC可以扩展到不规则的网格和曲面，如曲线线性网格。在动态场中，时间被加入卷积过程，以显示流场的变化。LIC卷积的图像致密地表征了整个流场矢量，具有较好的显示效果。此后有许多优化或扩展的LIC算法提出，致力于提高LIC卷积算法的效率（加速算法、并行计算或图像加速器）。如拓展纹理算法到三维曲面或三维矢量场，或生成流场动画。由于不同深度纹理之间相互干扰，LIC直接用于三维流场效

果不佳，选择小范围感兴趣区域，增加深度感知和方向性可提高三维流场可视化效果。

LIC和点噪声是两类主流算法，都能生成一定方向特征的纹理，致密地表征矢量场，但从细节上看，点噪声法所产生的流线连续性不够好，噪声比较明显，尤其在流场复杂区域，矢量方向变化剧烈，流线模糊不清，运动方向不易观察。而LIC算法的结果要好于点噪声，总体来看，流线比较清晰，容易表征较复杂区域，因此近年来纹理法研究主要以LIC类居多。

纹理法的优点是：① 致密地表征整个流场；② 特定的纹理特征；③ 适合表征动态矢量场；④ 无种子点问题。其缺点是计算强度大，一般需要特定的加速算法或利用图形硬件加速；特征表达不是很直观。

（4）基于拓扑分析的方法

拓扑法，在数据中提取几何或拓扑特征，如临界点、分界线、拓扑区域等，并采用简单的颜色映射或标记法予以显示。特征点的数目不多，却对流场的形态有重大的影响，所以可以用来表达流场。

① 临界点（奇异点）。流场中向量为0的点被称为临界点或奇异点，在临界点积分曲线相交，否则不相交。临界点可以根据流场中该点的雅克比矩阵分类，如果满秩则线性或一阶，否则为非线性或高阶。二维流场线性临界点分为5类，分别表示吸引聚点、发散聚点、源点、汇点、中心点。

对矢量场中的临界点（各矢量分量大小为0），使用差分法，求出其各矢量分量在坐标(x, y)处的偏导，构成Jacobian矩阵，求解该矩阵得到特征值和特征向量。根据特征值实部和虚部，可以判断出临界点的类型。Jacobian矩阵如下：

$$\frac{\partial (u, v)}{\partial (x, y)}\bigg|_{x_i, y_i} = \begin{bmatrix} \frac{\partial u}{\partial x} & \frac{\partial u}{\partial y} \\ \frac{\partial v}{\partial x} & \frac{\partial v}{\partial y} \end{bmatrix}\bigg|_{x_i, y_i} \tag{10.9}$$

② 临界线。即连接临界点的线，临界点（包括闭合环线）和临界线构成流场拓扑。

标记法难以传递全局信息，积分曲线可以表达全局信息，却在摆放密度上有限制。纹理法可以很好地解决以上问题，既能产生高密度可视化，又能表达全局的流场信息。

10.3.2 二维张量场可视化

张量表示标量、向量或其他张量之间的线性关系，是一个与坐标系无关的值，可以用矩阵表示。在工程和物理领域，常用于表示物理性质的各向异性，如表示应力、惯性、渗透性和扩散。在医学图像领域，张量场是弥散张量成像数据分析的理论基础。

三维空间的张量可以用3*3正定对称矩阵表示。

$$D=\begin{bmatrix} D_{xx} & D_{xy} & D_{xz} \\ D_{yx} & D_{yy} & D_{yz} \\ D_{zx} & D_{zy} & D_{zz} \end{bmatrix} \tag{10.10}$$

二维张量场可视化方法包括标量指数法、张量标记法、纤维追踪法、纹理法、拓扑法等。具体介绍标量指数法、张量标记法和纤维追踪法。

（1）标量指数法

标量指数法将张量场简化为标量场进行可视化。标量指数法的设计目标在于找到能反映样本物理性质的值，这些值不随坐标的变化而变化。张量的最大特征根是有意义的标量指数。常用的标量指数主要衡量扩散过程的两个物理性质：各向异性和扩散速度。公式如下，其中 λ_1、λ_2、λ_3 代表对称正定矩阵 D 从大到小的三个特征根。

线性各项异性公式为

$$\frac{\lambda_1-\lambda_2}{\lambda_1+\lambda_2+\lambda_3} \tag{10.11}$$

分数各项异性公式为

$$\sqrt{\frac{3}{2}}\frac{\sqrt{(\lambda_1-\lambda)^2}+\sqrt{(\lambda_2-\lambda)^2}+\sqrt{(\lambda_3-\lambda)^2}}{\sqrt{\lambda_1^2+\lambda_2^2+\lambda_3^2}} \tag{10.12}$$

平均扩散度公式为

$$(\lambda_1^2+\lambda_2^2+\lambda_3^2)/3 \tag{10.13}$$

以弥散张量成像数据DTI为例，其公式为

$$D=\begin{bmatrix} D_{xx} & D_{xy} & D_{xz} \\ D_{yx} & D_{yy} & D_{yz} \\ D_{zx} & D_{zy} & D_{zz} \end{bmatrix}=E\wedge E^{-1}=(e_1 e_2 e_3)\begin{bmatrix} \lambda_1 & & \\ & \lambda_2 & \\ & & \lambda_3 \end{bmatrix}(e_1 e_2 e_3)^{-1} \tag{10.14}$$

设：

$$\bar{\lambda}=\frac{\lambda_1+\lambda_2+\lambda_3}{3} \quad (10.15)$$

则：

$$FA=\sqrt{\frac{3}{2}}\frac{\sqrt{(\lambda_1-\bar{\lambda})^2}+\sqrt{(\lambda_2-\bar{\lambda})^2}+\sqrt{(\lambda_3-\bar{\lambda})^2}}{\sqrt{\lambda_1^2+\lambda_2^2+\lambda_3^2}}\in[0\quad1] \quad (10.16)$$

直接体绘制中可直接应用于标量指数的三维分布。

（2）张量标记法

张量标记法通过标记同时显示张量六个维度上的信息。大多数张量标记有六个自由度并可以完全表示在一点上的张量。其中，扩散椭球，需进行体积规范化；立方体和圆柱体，清晰表达方向、绘制效率高，但难以表达真实的三维几何信息；超二次体的传统曲面模拟技术，采用一系列球、圆柱、超二次曲面等几何形状表达张量，可以有效区分不同张量。

（3）纤维追踪法

纤维追踪法将张量场简化为向量场进行可视化。采用积分曲线表示最大特征根对应的特征向量，即主特征向量。主特征向量是一个静态流场，可用流线来表示纤维结构。采用聚类方法对流线进行聚类，以表达组织中的大结构特征。代表性算法有等级聚类、光谱聚类等。

10.4 海洋三维信息可视化

10.4.1 三维可视化方法

将GIS技术和方法引入海洋研究领域，有利于综合管理和分析复杂的、动态的海洋信息，因此，GIS技术逐渐被海洋大气科学研究领域所关注。随着海洋探测技术的不断进步，人们积累的海洋数据量也越来越多。海洋数据的多维、动态特点，使传统的二维GIS可视化逐渐显出弊端。常用的二维图形软件无法表达海洋大气数据的三维空间分布，由此促进了海洋领域三维可视化方法的研究。

（1）表面绘制方法

表面绘制方法是通过用几何单元拼接拟合物体表面的方式，来描述数据场的三维结构。表面绘制方法产生中间几何图元，利用传统的计算机图形学技术及硬件实现，对硬件要求不高，是一种常见的可视化方法。

（2）直接体绘制方法

直接体绘制方法简称为体绘制方法，直接由三维数据场产生最终的屏幕图像，没有产生中间图元。直接体绘制方法利用人的视觉原理，通过对数据场的重采样，映射生成最终图像。

（3）混合绘制法

混合绘制法是一种既以反映数据整体信息为目标，又以几何造型作为显示单元的算法（于家潭，2010）。

10.4.2 三维可视化的流程

三维可视化流程主要包括数据生成、数据处理、可视化映射、显示图像等几个步骤。

① 数据生成。即可由计算机数值模拟或测量仪器生成的数据。数据文件的格式是由可视化系统定义的，可以在可视化系统中实现相应的数据读取模块，进行数据的读入。

② 数据处理。这一步要实现的功能取决于要处理的数据。对于数据量过大的原始数据，需要加以精炼和选择，以适当地减少数据量。而对于稀疏的原始数据，需要进行插值操作，以补齐数据。这一步最常见的处理方法是消除噪声、数据过滤、插值等。

③ 可视化映射。这是整个流程的核心，其含义是：将经过处理的原始数据转换为可供绘制的几何图素和属性。这里，映射的含义包括可视化方案的设计，即需要决定在最后的图像中应该看到什么，又如何将其表现出来。也就是说，如何用形状、光亮度、颜色及其他属性表示出原始数据中人们感兴趣的性质和特点。

④ 显示图像。将第三步产生的几何图像和属性转换为可供显示的图像。

所用方法是计算机图形学中的基本技术，包括视觉变换、光照计算等（高锡章等，2011）。

10.4.3 三维标量数据可视化

三维标量数据，定义为某个空间域 D 上的标量函数 $F=F(P)$，$P \in D$，对于给定值 F_l，满足 $F(P_i)=F_l$ 的所有点就构成了三维空间函数 $F(P)$ 的值为 F_l 的等值面。三维标量数据可视化方法有等值面绘制方法和直接体绘制方法等。

（1）等值面绘制法

等值面绘制方法是一种使用广泛的三维标量场数据可视化方法，是等值线在三维上的推广。利用等值面提取技术获得数据中的层面信息，并采用传统的图形硬件面绘制技术，直观地展现数据中的形状和拓扑信息。等值面生成的主要方法是渐进立方体法（Marching Cubes）。渐进立方体法的基本思想是：① 逐个处理数据场中的立方体，分类出与等值面相交的立方体；② 采用插值计算出等值面与立方体的交点；③ 将等值面与立方体边的交点按一定方式连接生成等值面，作为一个等值面逼近表示。

（2）直接体绘制法

直接体绘制方法不提取几何表示，直接呈现三维空间的标量数据中的有用信息。直接可视化不转换为表面，直接计算最终可视化里的每一个像素。假设光穿透整个空间，以模拟光学原理的方式将物质分布、内部结构和信息的分布以半透明的方式表达。几何数据的三维投影，用于表现本质上属于三维的现象，如CT（Computed Tomography，电子计算机断层扫描）、天气分析等。将数据映射为某种云状物质的属性，如颜色、不透明度等，通过描述光线与这些物质的相互作用产生图像。计算每个体元对最终图像的贡献，这些贡献值最终合成为像元的颜色。直接体绘制可分为像空间方法和数据空间方法。

① 像空间方法（光线投射法），对每个投影平面的像素，从视点（人眼）到像素之间连条光线，并将这条光线投射到数据空间，在光线遍历的路径上进行数据采集、重建、映射和着色等操作。像空间方法分为X光绘制、最大值投影、等值面绘制和半透明绘制。X光绘制是对每一个像素，简单叠加光线上采样点的数值作为该像素的灰度。最大值投影是将光线上最大的采样数值赋予像素。等值面绘制，等价于等值面抽取，可显示数据中的边界结构。当光线遍历

数据空间时只绘制光线上和给定的等值相同的采样点。半透明绘制，模拟光线通过数据空间时的各种光学效应，包括发射、吸收、衰减、散射等。

② 数据空间方法，是以三维空间数据场为处理对象，从数据空间出发向图像平面传递数据信息，累计光亮度贡献。分为掷雪球法（Splitting）和核函数两种方法。

10.4.4 高维信息可视化方法

（1）高维数据降维

降维是使用线性或非线性变换把高维数据投影到低维空间，投影保留重要的关系（无信息损失、保持数据区分等）。

$$x=\begin{pmatrix} a_1 \\ a_2 \\ \cdots \\ a_N \end{pmatrix} \rightarrow 降低维度 \qquad y \rightarrow \hat{x}=\begin{pmatrix} b_1 \\ b_2 \\ \cdots \\ b_N \end{pmatrix} \ (K \ll N) \qquad (10.17)$$

降维方法主要有线性方法（如主成分分析、多维尺度分析和非负矩阵分解）和非线性方法（如ISOMAP和局部线性嵌套）。

（2）高维数据可视化

基于点的方法主要有散点矩阵、径向布局；基于线的方法主要有线图、平行坐标、径向轴；基于区域的方法主要有柱状图、表格显示、像素图、维度堆叠、马赛克图；基于样本的方法主要有切尔诺夫脸谱图、邮票图。

① 散点矩阵法，是使用一个二维散点图表达每对维度之间的关系，能直观显示两个维度间的相关性。散点图数目与数据维度平方成正比。

② 径向布局法，基于弹簧模型的圆形布局方法是将代表 N 维的 N 个锚点至于圆周上，根据 N 个锚点作用的 N 种力量将数据点散布于圆内（陈为等，2013），如图10.13所示。

③ 线图，是一种单变量可视化方法。通过多子图、多线条等方法可以延伸表示高维数据。通过不同的视觉通道编码不同的数据属性。如图10.14所示。

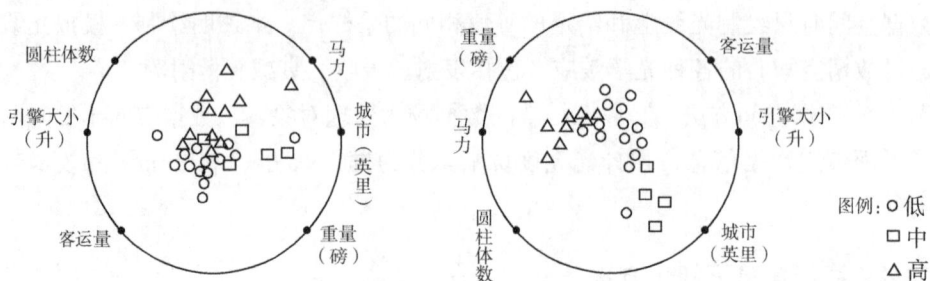

图10.13　径向布局法

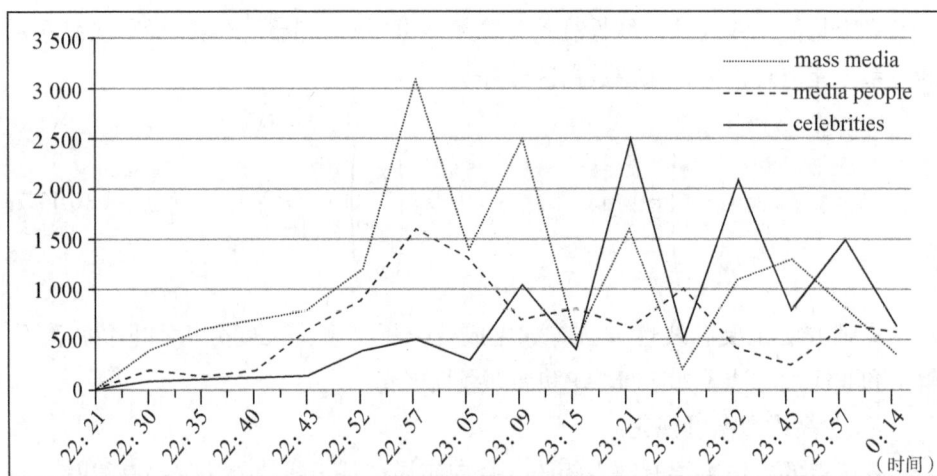

图10.14　线图可视化

10.5　海洋信息动态可视化

10.5.1 时序可视化方法

（1）周期时间可视化

螺旋周期图，采用螺旋的方法布局时间轴，一个回路代表一个周期，选择正确的排列周期可以展现数据集的周期性特征。如图10.15所示，可以采用螺旋周期图处理分析厄尔尼诺现象发生的周期。

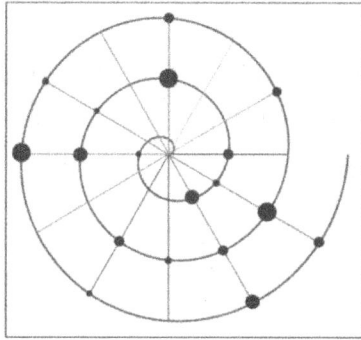

图10.15　螺旋周期图

（2）日历可视化

日历视图将日期和时间看成两个独立的维度，可用第三个维度编码与时间相关的属性。可以观察季度、月、周、日为单位的趋势变化（图10.16），可利用日历视图来显示随着时间变化全球浮标布放密度。

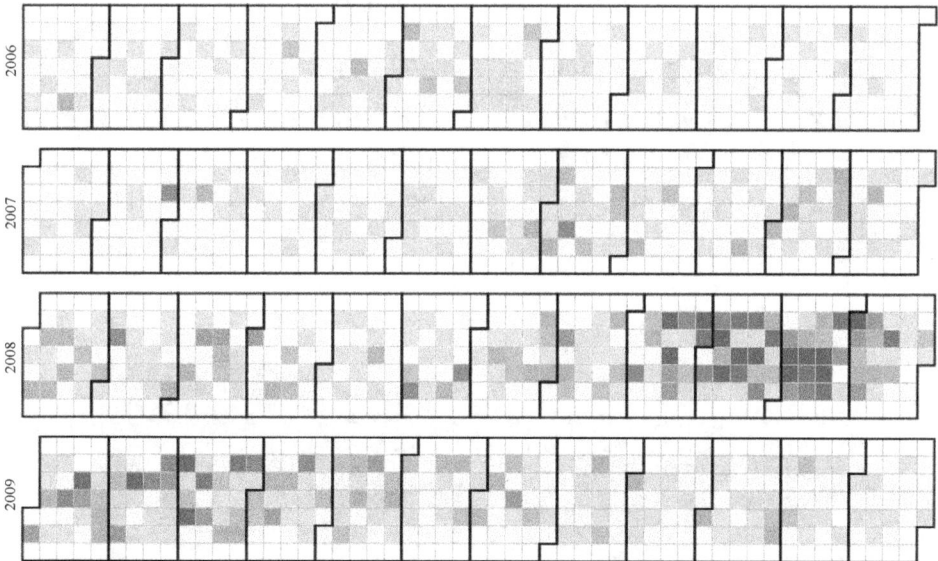

图10.16　日历视图

（3）时间线可视化

按照时间组织结构，分为线性、流状、树状、图状等类型。

① 线性图，可以进行趋势的预测，短期趋势以日、周为时间单位；中期趋势以月、季为时间单位；长期趋势则以年为时间单位。如图10.17所示，利用线性图展示2017年综合分析后Nino3区海表温度距平的预测结果（数据和图片来源自国家海洋环境预报中心：http：//www.nmefc.gov.cn/chanpin/hyqh/enso/ENSO_P_201701.pdf）

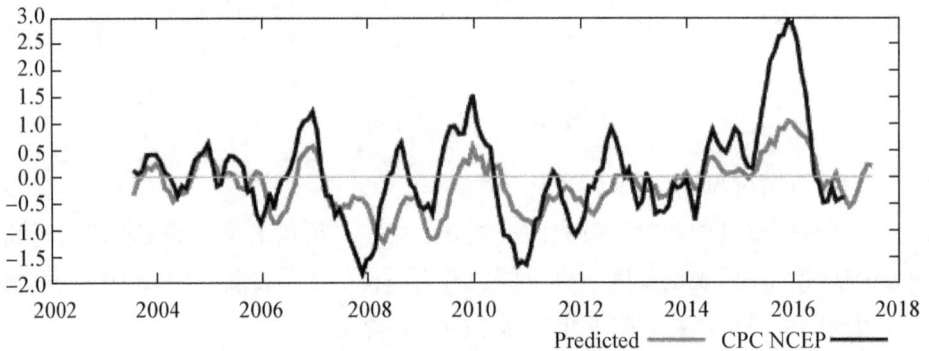

图10.17　海表温度距平线性图

② 流状图，采用基于河流的可视化隐喻可展现时序事件随时间产生流动、合并、分叉和消失的效果（图10.18）。可用来表示多个同时发生的历史事件的进展。利用流状图可以表示随着时间变化不同温带气旋运动、合并、消失等状态，以此在温带气旋形成风暴潮之前为人们提供预警。

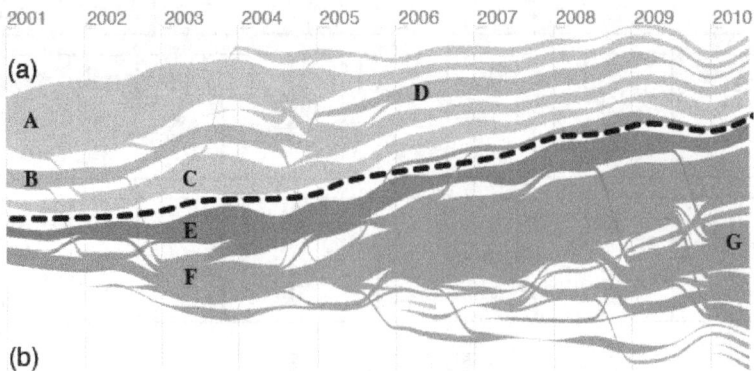

图10.18　时间线可视化流状图

③ 树状图，亦称树枝状图，是数据树的图形表示形式，以父子层次结构来组织对象，可表示亲缘关系，把分类单位摆在图上树枝顶部，根据分枝可以表示其相互关系，具有二次元和三次元。树状图是枚举法的一种表达方式，在海洋GIS中可以用来表示一条极锋随时间和地点变化，受到扰动后所产生的气旋波，以此大致判断海面情况。

（4）时空坐标法

将时间和空间维度同等对待，可以将时序数据作为空间维度加一维显示（图10.19），例如一维空间中的时序标量数据可以在二维中表示。该表示方法善于表达数据元素在线性时间域中的变化，X轴表示时间，Y轴表示其他属性，其他属性可映射高度和颜色。利用时空坐标图可以表示随时间变化最大风暴潮位与天文潮高潮，如果以上两种潮位相叠，则需对风暴潮进行防范。

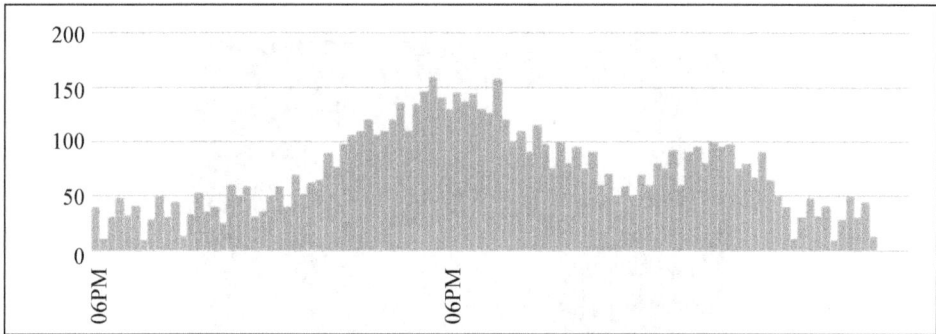

图10.19　时空坐标法

（5）邮票表示法

当数据空间本身是二维或三维时，可以采用邮票法，可以避免动画形式，是高维数据可视化的标准模式。但这种方法缺乏时间上的连续性，难以表达高密度时间数据。如图10.20所示为用邮票表示法展现的2016年6月1日至2016年6月6日每隔24 h的北极冰川变化图。

（6）动画显示法

对时序数据最直观的可视化方法是将数据中的时间变量映射到显示时间上，即动画或用户控制的时间条。如图10.21所示，为海底溢油三维动画展示图。原文件为tif文件，用IE浏览器打开即为动画效果。

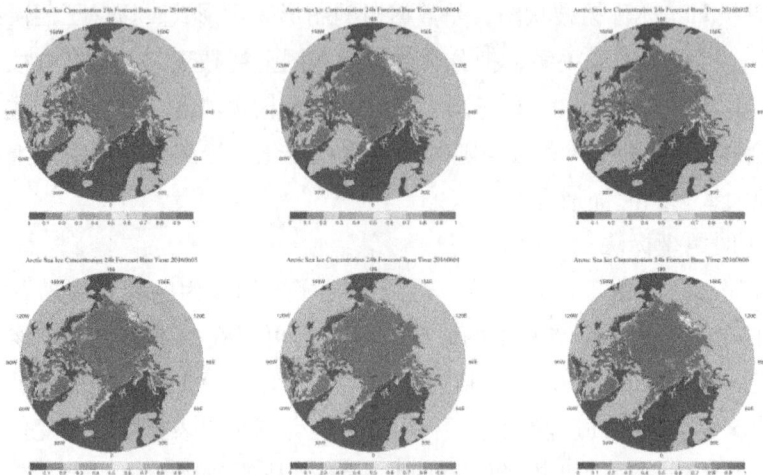

图10.20　北极冰川变化邮票图

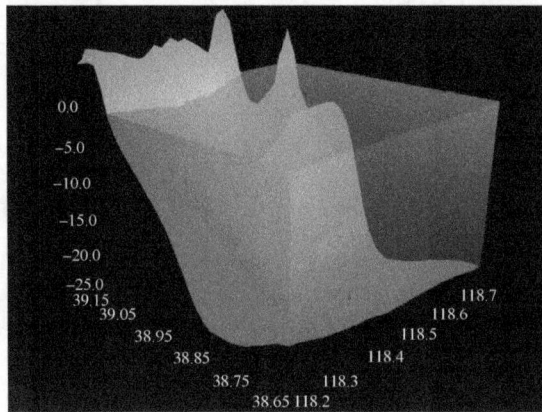

图10.21　海底溢油三维动画展示

10.5.2 动态视觉变量

视觉变量包括静态视觉变量和动态视觉变量。在静态视觉变量中，动画是由静态场景序列构成的，因此静态视觉变量对动画来说依然有效。

动态视觉变量包括时刻、持续时间、频率、幅度、次序和同步。时刻是事件出现的时间点，与"位置"视觉变量相似；持续时间是各个静态场景之间的时间长度，决定动画的步调；频率是现象出现的频繁程度，类似于"纹理"视觉变量；幅度是指相继场景之间变化的大小程度，大幅度产生跳跃感的动画，小幅度产生平滑感的动画；次序是场景出现的先后顺序；同步是两个或多个现象之间的关系，次序和同步对表示因果关系尤为重要。

10.5.3 海洋信息动态可视化

动态可视化分为两种类型：时态相关动态可视化和时态无关动态可视化。动态可视化的价值在于它能表现海洋过程，可以在地图变换过程和所描述的真实世界之间建立联系。

（1）动态可视化设计

动态可视化设计中应充分利用视觉变量，视觉变量的尺寸反映值的改变、形状反映外形的改变、位置反映目标的移动、速度反映变化的程度、视点强调局部、距离改变详细程度、场景切换反映过渡等。动态可视化设计因素可以归入三类：① 图形目标，利用几何、属性描述及时间描述；② 摄影机，决定视点和视角；③ 光源，产生三维阴影效果。

（2）动态可视化实现

动态可视化的实现包括实时动画（Realtime animation）和预存动画（Prepared animation）两类。在实时动画中，动画的生成和观看是同时的；允许交互；对计算速度要求高；动画制作软件有OpenGL（Open Graphics Library）、Flash等。预存动画中，动画的生成和观看是分开的；不能交互；画面预先计算好，并存储在存储器中；动画制作软件有Adobe Premiere、GIF Animator等。

（3）动画

动画是通过显示一系列静态图像来传达移动或随时间改变的信息。动画强调或者描述变化，包括时间变化（时间系列）、空间变化（飞越）、和属性变化（重表达）。动画是出现于时间上的图形艺术，系列中的每一幅静态图像称为场景，场景间发生的往往比场景内的更重要。下图10.22~10.24分别为时间变化（时间系列）、空间变化（飞越）、和属性变化（重表达）动画。

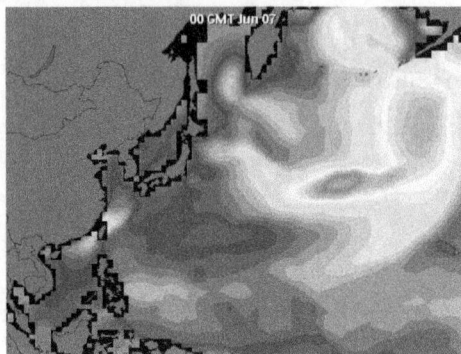

图10.22　潮汐随时间变化动画（时间系列）

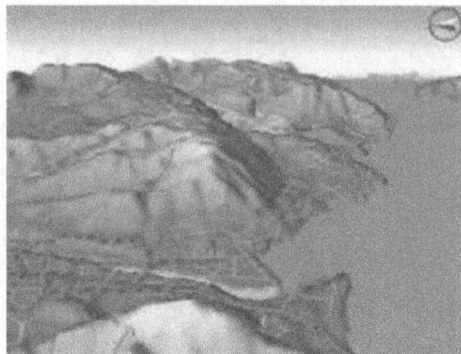

图10.23　空间变化动画（飞越）

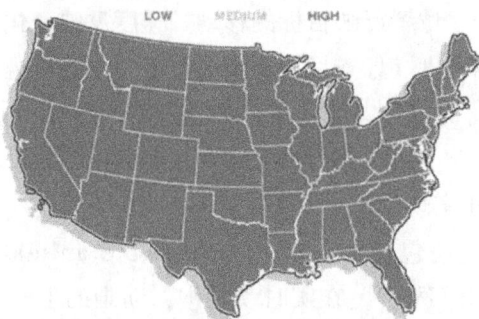

图10.24　基于属性变化的可视化（重表达）

高效的动画地图应给予用户足够的控制权；动画地图擅长显示空间变化，不擅长显示变化率；能显示粗粒度的细节（高、中、低）；使用非线性时间。

（4）海洋自动漫游

在海洋三维场景中的自动漫游要考虑海面的特点，它是一定高度的平面，而且有可能随潮汐的变化而上下波动，因此自动漫游的高度应以时刻变化的海面高度为基准，这样在漫游时就会与海面保持一定高度。为了知道漫游时所在的确切地理位置，可以同时给出纹理影像的平面图，随着漫游的进行在平面图上标识漫游所到达的位置。在漫游过程当中还可以加上海水涌动的音响效果，这样海洋三维仿真就可以在视觉、听觉上达到身临其境的感受（李军，2003）。

10.5.4 海洋航迹流粒子模型

在采用粒子系统实现海洋航迹的模拟时，需为每个粒子提供初始位置、初始速度等，通过粒子系统中粒子的运动来描述船舶，使粒子遵循一定的生成规律，又具有一定的独立性，从而模拟绘制出船舶变速航行或转向时飞溅的浪花，可达到较为逼真的效果。图10.25为航迹流轮廓模型。

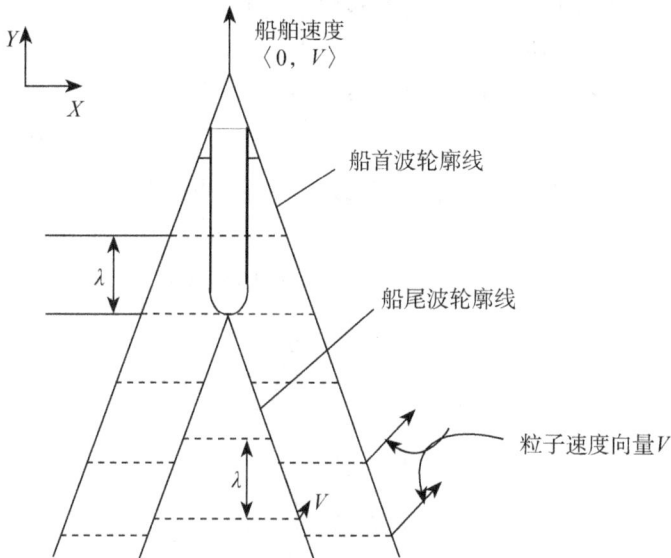

图10.25 航迹流轮廓模型

（1）粒子的产生与运动

用关于船体对称的2对粒子模拟一个波长的船首波或者船尾波（包含斜波和横波）。

设船舶长度为 L，某一时刻船尾位置为（0，0），船首位置为（O，L）。船以速率 v 沿 Y 轴前进，则船首波粒子从（0，L）点产生，船尾波粒子从（0，0）点产生。

假设 T 为次生波的周期，则对于船首波，每隔时间 T 从船首位置产生一对位置重合的船首波粒子；对于船尾波每隔时间 T 从船尾位置产生一对位置重合的船尾波粒子，粒子产生后的时间 T 内，跟随船体向前运动，运动速率为 v，方向和船体运动方向一致。此时，4个粒子构成的实际上是一个三角形。

经过时间 T 后，粒子脱离船体向两侧扩散，船体右侧的粒子以扩散速度 V 运动，这时该粒子与同侧的前一个粒子共同组成一个向右扩散的斜波，因此右侧粒子产生后时间 t 时的运动状态为

$$V' = \begin{cases} \langle 0, v \rangle, & t \leqslant T \\ V+C, & t > T \end{cases} \qquad (10.18)$$

式中，$T=2\pi v/g$，C 是随机变量，用以模拟风力、海浪等对航迹的干扰作用。

船体左侧粒子的运动状态与右侧粒子关于船体中心线对称。

（2）粒子扩散速度 V 的确定

如下图10.26，船从 A 点移动距离 d 到 B 点时，在 A 点释放的右侧粒子以速度 V 运动经时间 t 后到达位置 P。P 点为以 $d/2$ 为直径，C 点为圆心的圆与行迹右轮廓线的切点。其中 C 点在 AB 连线上，与 A 点的距离为 $d/4$。

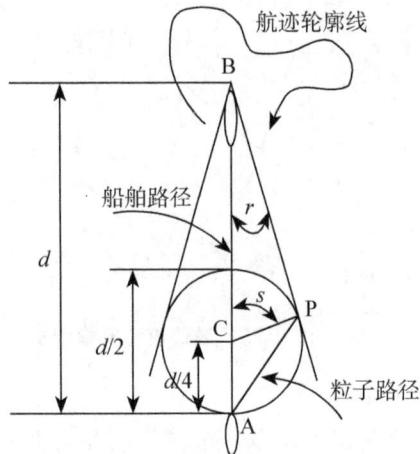

图10.26　粒子扩散示意图

航迹轮廓线与 AB 的夹角为 $\angle s = 90° - \angle r \approx 70.5°$。船舶运动方向与 Y 轴方向相同。

$$AC = \langle 0, \frac{d}{4} \rangle \qquad (10.19)$$

$$CP = \langle \frac{d}{4} \times \sin(S), \frac{d}{4} \times \cos(S) \rangle = \langle \frac{d}{4} \times \sqrt{\frac{8}{9}}, \frac{d}{4} \times \frac{1}{3} \rangle \qquad (10.20)$$

$$AP=AC+CP= \langle \frac{d}{4} \times \sqrt{\frac{8}{9}}, \frac{d}{3} \rangle \tag{10.21}$$

由以上可得到粒子的扩散速度 V 关于船速 v 的函数。

$$V(v) = \langle \frac{v}{4} \times \sqrt{\frac{8}{9}}, \frac{v}{3} \rangle \tag{10.22}$$

（3）粒子的生存期确定

粒子的初始透明度 $\alpha_0=1$，某一粒子在产生后的透明度为

$$\alpha_p=\alpha_0-\frac{1}{\gamma} \times t \tag{10.23}$$

式中，γ 为粒子的生存期。当粒子的透明度 $\alpha_\gamma < 0.001$时，表明该粒子的颜色几乎和海面颜色一致，该粒子的生存期结束（丁绍杰，2008）。

第3篇

应用篇

第11章　海水养殖选址及综合利用系统

11.1　需求分析

近年来，胶州湾沿岸滩涂围垦、滩涂养殖、捕捞等开发利用活动日益频繁，给青岛市社会经济发展带来了巨大的社会效益和经济收益，与此同时也导致了一系列环境问题的产生。从2013年青岛市近岸海域海水环境质量可以看出，污染较重的第四类水质海域主要分布在胶州湾北部、东北部湾底，海水环境主要污染物仍为无机氮、活性磷酸盐和石油类。同时，胶州湾海域内的生物多样性减少、可用养殖面积缩减等，也严重阻碍了湾沿岸经济的健康快速发展。这些问题的产生更加彰显了加强胶州湾海水养殖管理的必要性。在操作实践中，应分析海水环境污染产生的原因并建立生态海水养殖基地，从而完善青岛市胶州湾海水养殖管理体系，保证胶州湾海水养殖活动可持续发展。

11.2　总体设计

11.2.1　系统架构

根据对胶州湾海水养殖模型的建立，在插件式GIS二次开发框架的基础上进行了实际GIS项目研发，开发了胶州湾海水养殖选址及综合利用决策支持系统。在系统功能方面，将常用的基本GIS功能集成到系统平台内，将海水养殖GIS应用中的功能按照不同的分类封装入不同的插件中，通过插件集成到应用系统中，构成完整的系统。系统整体架构图如图11.1所示。

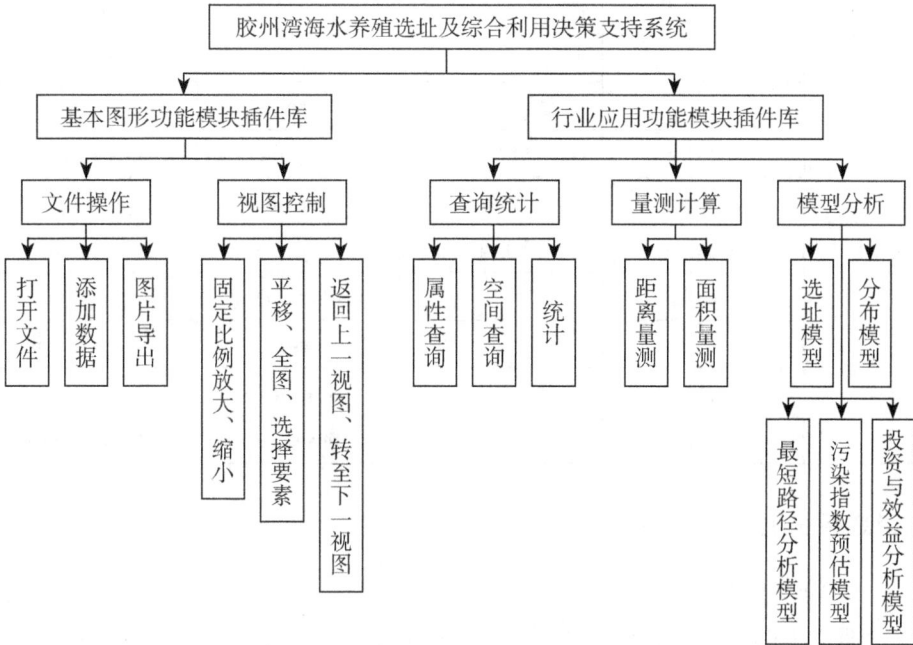

图11.1　系统整体架构图

11.2.2 数据准备

该系统基于Model Builder根据胶州湾近海海域的自然条件选择进行生态养殖的区域，并结合其生产活动提供合理养殖方案，运用空间分析工具对数据进行分析、提取、加工，选出合适的水产养殖区域，并综合盐量、浮游生物平均分布情况、水质情况、交通道路网、临近水产市场、投入及收入等数据对养殖区进行综合分析。所需要的数据如表11.1所示。

表11.1　矢量数据准备

数据结构	所在工程	数据名称	数据格式	数据类型
矢量数据	ArcMap	养殖场地址	Shapefile	Point feature
	ArcMap	海产品市场	Shapefile	Point feature
	ArcMap	海岸线	Shapefile	Polyline feature

307

（续表）

数据结构	所在工程	数据名称	数据格式	数据类型
矢量数据	ArcMap	道路	Shapefile	Polyline feature
	ArcMap	硝酸根浓度	Shapefile	Polygon feature
	ArcMap	磷酸根离子浓度	Shapefile	Polygon feature
	ArcMap	铵根浓度	Shapefile	Polygon feature
	ArcMap	细菌	Shapefile	Polygon feature
	ArcMap	水质	Shapefile	Polygon feature
	ArcMap	浮游生物密度	Shapefile	Polygon feature
	ArcMap	海水温度	Shapefile	Polygon feature
	ArcMap	青岛区划图	Shapefile	Polygon feature

11.2.3 系统配置

（1）硬件配置

PⅢ以上CPU；256M以上内存；硬盘10G以上；显存8MB以上；15寸以上彩显。

（2）运行环境配置

Windows 7或以上；Microsoft.NET Framework2.0以上环境；Microsoft Visual Studio 2010；ArcGIS Engine Runtime 10.2。

11.3 系统实现

11.3.1 养殖区模型分析

根据系统功能，需要建立以下功能模型。

（1）生态养殖区选址模型

① 该模型分别对7种主要的海水环境进行筛选，分别为磷酸离子浓度

$\geqslant 1.5$ mol/dm^3，硝酸离子浓度$\geqslant 2.5$ mol/dm^3，浮游生物$\geqslant 110$ ind/dm^3，细菌$\geqslant 4.5 \times 10^9$个/dm^3，水质=第一类水质或第二类水质或第三类水质，海水温度$\geqslant 18$且$\leqslant 21$℃。

② 将筛选出的7块不同海域进行相交处理并且得到最终的交集，该区域即为满足以上7项要求的海域。

③ 最后通过融合将相交出的面要素进行聚合处理，并且消除相应的分割线，得到最终的生态养殖区域。

该模型主要的功能是根据胶州湾海域的盐度，包括硝酸根离子含量、磷酸根离子含量、铵根离子含量，浮游植物分布，细菌含量，海水水质，海水平均温度等影响因素，分析出最佳养殖区域，为人们提供决策支持，以得到适宜建生态养殖区的海域。整个模型的结构如图11.2所示，构建完成后的得到的选址结果如图11.3所示，图中斜线阴影部分为理想养殖区域。

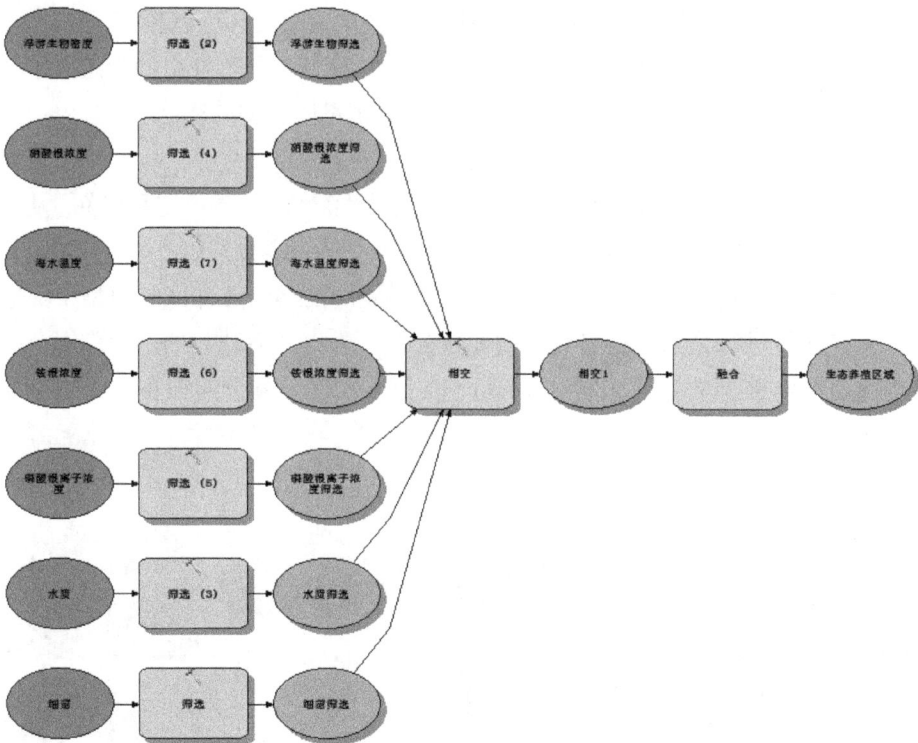

图11.2　生态养殖区选址模型结构图

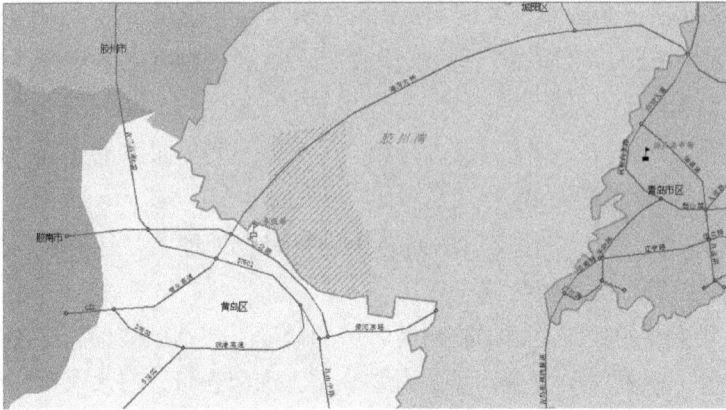

图11.3　生态养殖区域图

（2）生态养殖区分布模型

① 该模型首先围绕海岸线建立多环缓冲区，以1海里、2海里、3海里为缓冲区距离，同时距离设为可变参数，根据实际情况可进行相应调整。

② 将所建立的多环缓冲区与生态养殖区选址模型中所选择出的生态养殖区进行标识叠加，并将养殖区划分为4块，用于养殖不同类型的产品。

③ 将子类型字段设为FID_海岸线缓冲区。

④ 添加子类型，将浅水养殖的虾蟹和贝类以及深水养殖的参鲍和海鱼，从海岸线由近及远依次建设为虾蟹养殖区、贝类养殖区、参鲍养殖区以及海鱼捕捞区。

该模型的主要功能是通过建立海岸线关于距离的多环缓冲区与模型中筛选出的养殖区域进行叠加，得出具体的养殖分布，为生产活动起到指导作用。生态养殖区分布模型的结构如图11.4所示，生态养殖区养殖分布模型分析结果如

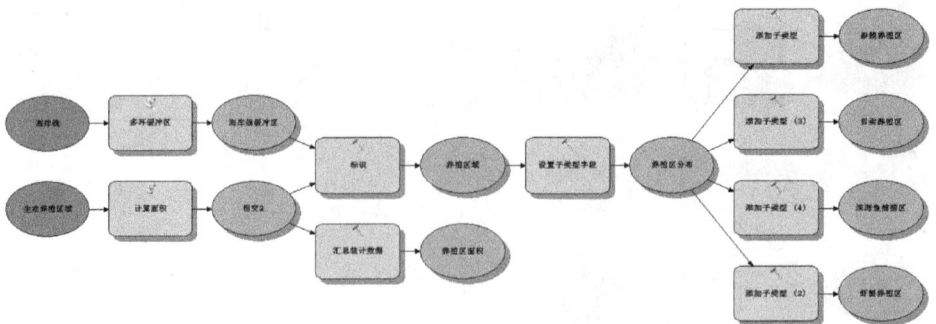

图11.4　养殖分布模型结构图

图11.5所示。

图11.5　生态养殖区养殖分布

（3）海产品运输最优路径分析模型

① 创建道路网络分析图层并设置相应的分析属性，同时将分析网络设为道路网_ND。

② 将子图层设置为停靠点，输入配送中心位置以及目的地位置，将输入的位置设为模型参数，通过这种方法既可以直接在图层上选择配送中心也可以输入固定点为配送中心。

③ 对以上两步提取的网络路径属性以及点位进行求解运算，得出最为适合的运输路径。

④ 通过应用图层的符号设置对路径图层进行选择，得到最终的路径图层。

该模型基于生态养殖区的区域位置并根据青岛市的主要交通网进行最短路径分析，为海产品的选择运输路线提供决策支持，包括养殖区到海产品市场的最短路径选择，养殖区到青岛市下属各区县的最短路径选择。建模结构如图11.6所示，模型运行得到产品运输最优路径结果如图11.7所示。

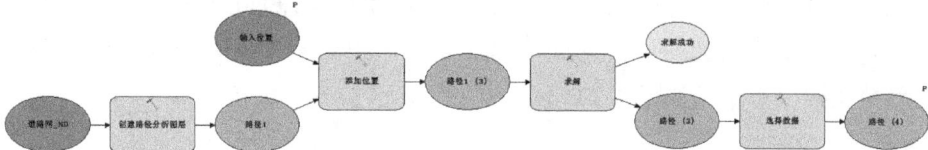

图11.6　产品运输最短路径分析模型结构图

311

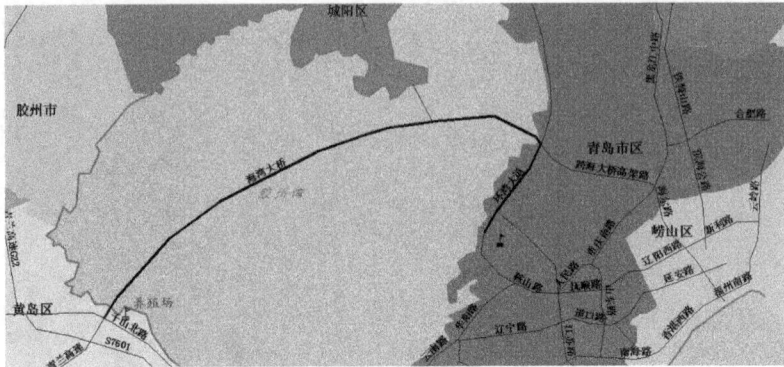

图11.7　模型运行结果

（4）养殖区污染指数预估分析模型

该模型利用已经确定的养殖区养殖分布通过建立缓冲区对养殖污染进行评估，并且通过输入的数据计算出污染分布。

① 通过对生态养殖区分布模型中得出的分布结果将4个养殖区可能污染的区域建立缓冲区，得到污染预估区。

② 联合4块预估区。

③ 添加污染指数字段。

④ 计算字段得出最终结果，其表达式为：污染指数总值=［虾蟹污染指数］+［贝类污染指数］+［参鲍污染指数］+［捕捞区污染指数］。将虾蟹污染指数设为8，贝类污染指数设为6，参鲍污染指数设为5，捕捞区污染指数设为3。

⑤ 通过青岛区划图来擦除污染分析图，得出近海岸滩涂及海水污染分析图，并且将结果直观地显示出来，以便于决策者分析处理。

该模型利用已经确定的养殖分布，通过建立缓冲区进行污染预估，利用相关数据，计算出最终污染分布，调整配色方案得出合理的分布模型图。其所建立的养殖区污染指数预估分析模型结构如图11.8所示，模型运行所得到的养殖区污染指数分析结果如图11.9所示。

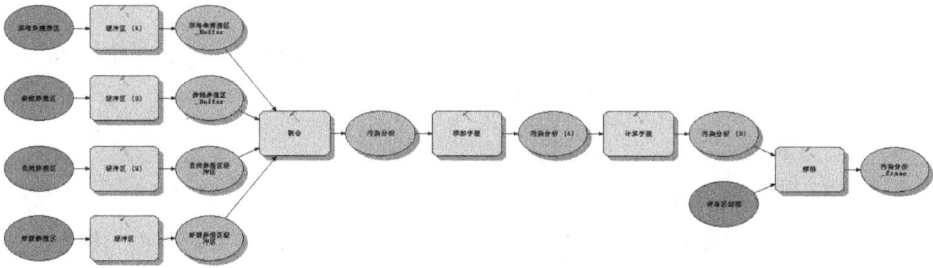

图11.8 养殖区污染指数预估分析模型结构图

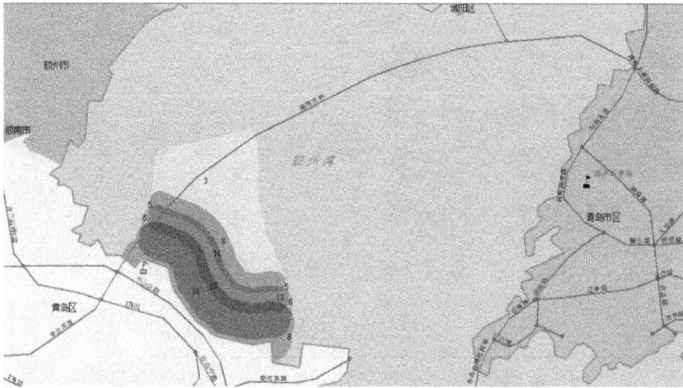

图11.9 养殖区污染指数分析图

（5）养殖区投资分析模型

该模型在生态化、合理化养殖的基础上，对养殖区进行投入和产出效益分析。由于各种海产品的养殖规模、养殖种类不同，使得各种产品的单位成本、饵料的单位成本均有差别。产品的销售环节、销售时节及销售模式的不同，使得各种产品的价格也存在差别。因此，通过对养殖成本的预估并结合养殖面积与养殖密度对产量进行预估，计算出最终的养殖收益。

① 分别计算出4块养殖区的养殖面积，为之后的计算提供数据准备。

② 分别对4块区域添加字段，其中包括虾蟹养殖利润、贝类养殖利润、参鲍养殖利润以及海鱼捕捞利润。

③ 通过运算公式对添加的字段进行计算，具体公式为：各养殖区利润=［市场价格］*［养殖密度］*［F_AREA］-［养殖成本］。

④ 将4个养殖区的养殖利润通过联合成为总养殖利润。

⑤ 将得出的总利润进行字段添加。

⑥ 利用公式计算养殖总利润，具体公式为：总利润=［贝类养殖利润］+［虾蟹养殖利润］+［海鱼捕捞利润］+［参鲍养殖利润］。

⑦ 汇总养殖利润数据，以利润表的形式输出。

养殖区投资与效益分析模型选取海洋渔业专业养殖人员数量作为人力资本存量投入，海水养殖面积、海水种苗数量作为资本投入。产出指标采用海水养殖总产值，考虑剔除价格因素影响。该模型以2014年为基期，通过价格指数统一进行折算。其模型结构如图11.10所示，所得到的分析结果如表11.2所示。

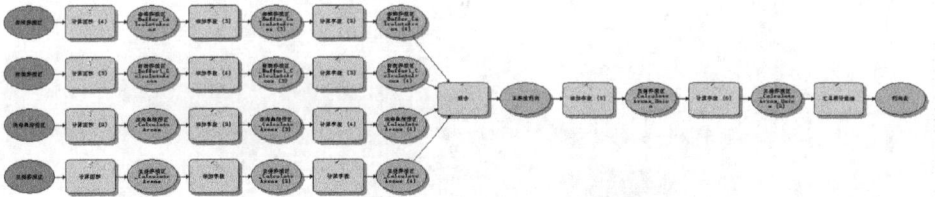

图11.10　养殖区投资与效益分析模型结构图

表11.2　汇总利润表

SUM_贝类养殖利润	SUM_虾蟹养殖利润	SUM_海鱼捕捞利润	SUM_参鲍养殖利润	SUM_总利润
89 776.562 503	185 546.206 906	166 658.819 647	218 983.711 859	660 965.300 915

11.3.2 地图操作功能

胶州湾海水养殖选址及综合利用决策支持系统界面如图11.11所示。

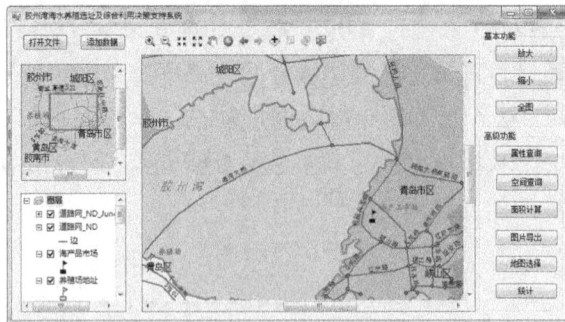

图11.11　系统界面

（1）打开文件

除了将地图文档与MapControl控件绑定之外，也可以通过代码实现对地图文档的添加。点击主界面中的打开文件按钮，弹出对话框，选择需要添加的地图文档。如图11.12所示。

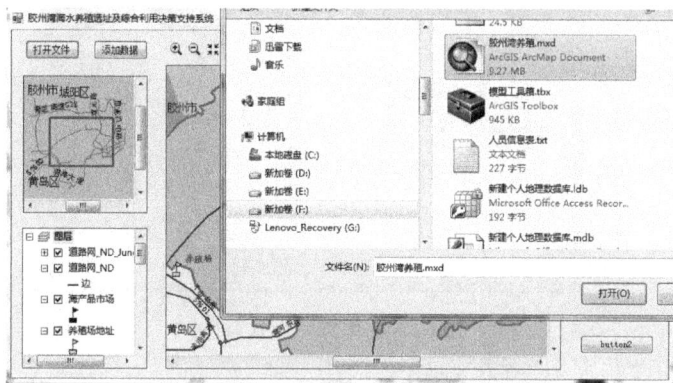

图11.12 打开文件

（2）数据添加

通过代码实现对数据的添加。当工作空间中的图层数据不能满足系统的工作时，点击"添加数据"按钮，弹出对话框，选择所需添加的数据，点击确认进行添加。

11.3.3 信息分析功能

（1）属性查询

属性查询是在当前Map的Layer中获取符合条件的Feature的集合。用户在查询过程中，通过设定单个或者多个条件进行限定，对于符合查询条件的单个或者多个要素进行统计，将符合查询条件的选项筛选过滤，并且在地图要素窗口中进行高亮显示。实现过程是获取Featurelayer的Featureclass，然后定义过滤条件，在Featureclass中执行Search函数，获取查询结果。属性查询窗口如图11.13所示。

操作步骤如下所示：

① 选择查询的图层。根据具体需求选择不同的图层。② 选择字段。不同

315

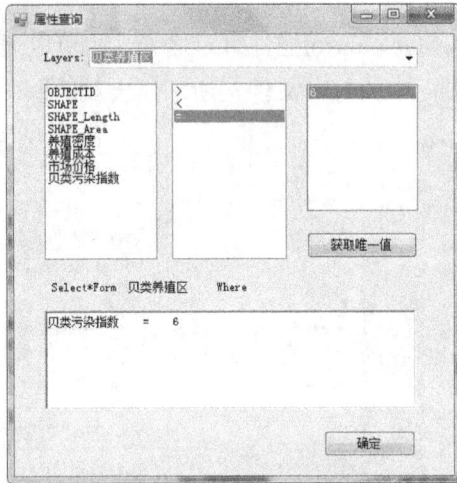

图11.13　属性查询窗口

图层具有不同字段，具体选择根据需求。③ 选择条件，如果要构建较为复杂的查询条件，也可在此处添加需要的逻辑连接词。④ 点击"获取唯一值"按钮，在窗口中双击选择一个值。⑤ 在窗口中显示选择的字段和条件。⑥ 若以上的选择出现错误可对字段和条件进行删除并重新选择。⑦ 该功能处于选中状态时，在地图窗口中缩放到查询结果范围。⑧ 点击"确定"按钮，系统按照设置的条件进行查询。

（2）空间查询

空间查询，是所有GIS系统最基本的部分，能将空间数据的空间位置信息进行可视化处理，是不同于其他信息管理软件的最主要区别。空间查询是整个系统的基础，其他相关功能也是基于此基础进行进一步扩展，实现具有针对性的功能。空间查询可以和属性查询联动使用，提高系统的使用效率。空间查询界面如图11.14所示。

（3）鹰眼窗口

鹰眼是GIS系统的必备功能之一，如图11.15所示。它也是一个MapControl控件，其主要功能是表示数据视图中的地理范围在全图中的位置。

鹰眼一般具有以下功能：

① 鹰眼视图与数据视图的地理范围保持同步。

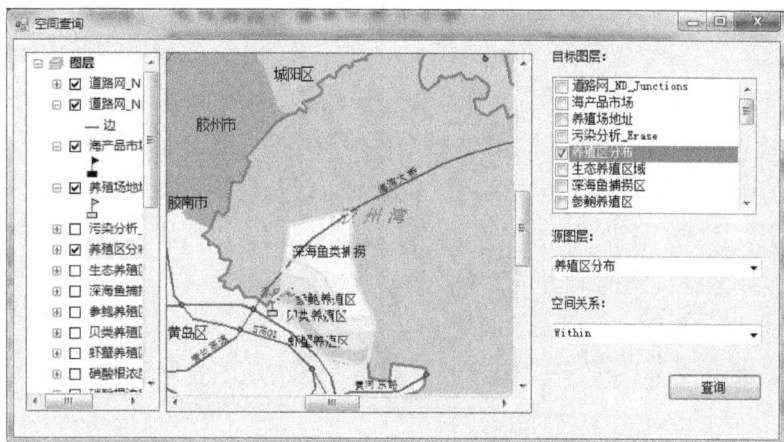

图11.14 空间查询界面

② 数据视图的当前范围能够在鹰眼视图中用一个矩形框标识出来。若数据视图的显示范围发生变化，鹰眼视图中的矩形框位置也随之改变。

③ 在鹰眼中操作视图，数据视图中地理范围能同步调整。当在鹰眼中用鼠标点击时，视图能够移动到被点击的位置；拖动矩形框可以调整数据视图中的地图显示范围；在鹰眼上拖出一个矩形框时，数据视图能够以全图显示矩形框内的数据内容。

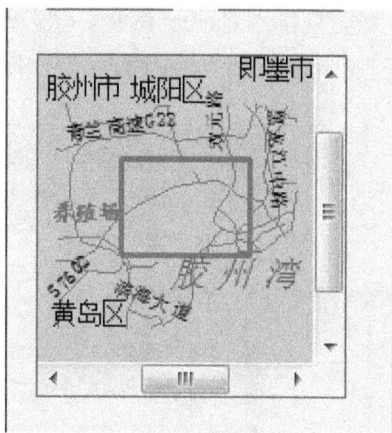

图11.15 鹰眼视图

完成鹰眼功能分以下三个步骤：

① 鹰眼中数据与数据视图中的数据一致，且鹰眼视图中地图始终显示为全图。当数据视图加载地图数据时，同时把数据加载到鹰眼控件中，考虑到鹰眼中只添加个别全局性的图层，这里对地图数据中的线和面进行过滤，逐一添加到鹰眼中。当地图以*.mxd的形式添加时，触发数据视图中的OnMapRelaced事件。当地图以单个图层的形式逐个添加时，OnMapRelaced事件并不会被触发，对该种情况封装成一个专门的方法SynchronizeEagleEye，在数据加载完后调用此方法即可实现鹰眼视图与数据视图同步。

② 鹰眼中添加矩形框实现与数据视图的范围联动。当数据视图的显示范围发生变化时，会触发OnExtentUpdta事件，在该事件中绘制鹰眼视图中的方框。获取数据视图中的地图显示范围作为矩形框范围，添加到鹰眼视图中。

③ 矩形框的拖动与绘制。在鹰眼中进行操作时，若是鼠标左键点击，判断鼠标点击点是否在矩形框范围之内。若在则可以进行矩形框的拖动；若不在则数据视图以当前点击点为中心进行显示。当鼠标右键点击时，可以进行矩形框的绘制，使数据视图的地图显示为矩形框范围。

（4）图片导出

在ArcGIS Engine的开发中，经常需要将当前地图打印（或导出）到图片文件中。将Map或Layout中的图像转出有两种方法：一种为通过IActiveView的OutPut函数，另外一种是通过IExport接口来实现。第一种方法导出速度较快，实现也比较方便。第二种方法导出速度较慢，但效果较好，且可以在导出过程中通过ITrackCancel来中止导出操作。这里通过IActiveView的方式导出是通过创建Graphics对象来实现的。如图11.16所示。

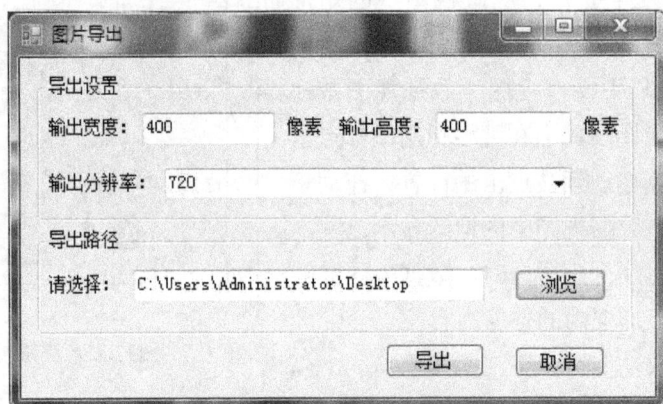

图11.16　图片导出窗口

① 在图片导出窗口中对输出图片的相关参数进行设置。

② 在窗口进行初始化时，首先读取当前数据视图的分辨率，并添加到cboResolution中。

③ 当数据视图的分辨率改变时，输出图片像素的宽度和高度也会相应改变，计算公式为：

输出图片的宽（高）=当前视图的宽（高）×输出图片的分辨率/当前数据视图显示的分辨率

④ 在地图进行导出时，根据bRegion进行判断是全域导出还是区域导出。

⑤ 全域导出和区域导出功能很类似，封装成ExportMap类，包括图片导出、视图窗口绘制几何图形元素、创建图形元素、获取RGB（Red、Green、Blue）颜色等。

⑥ 当全域导出按钮的事件触发时，赋值给控制全域输出的布尔型变量true。

⑦ 区域导出首先绘制出要导出的多边形区域，主要使用IRubberBand接口。IRubberBand接口有TrackExisting和TrackNew两种方法：TrackExisting用于判断当鼠标点击时，是否移动或重绘选中的图形；TrackNew用于当鼠标点击时，在视图窗口中绘制一个新的图形。

（5）统计功能

ArcGIS中的统计分析是对查询结果数据的某一个字段进行信息统计，并生成分析报告的操作。目前支持的统计分析类型包括：统计结果的总个数、最大值、最小值、平均值、标准差和总和等六种统计量。"选择集统计"窗口如图11.17所示。

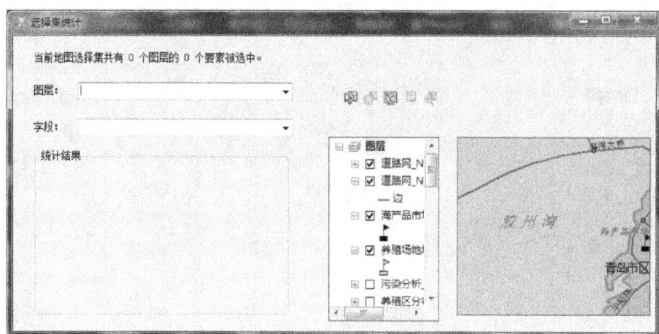

图11.17　选择集统计窗口

① 在实现主窗体的基础上，添加"选择集统计"，用于通过界面完成统计分析。

② 实现"选择集统计"功能的各类事件，能够完成统计条件的设置和执行统计操作。

③ 在主窗体"统计"菜单事件中，打开"选择集统计"窗口，由用户通过窗体选择统计内容并完成统计。

对于步骤②而言，在加载"选择集统计"时，需要将当前主窗体地图中的图层进行遍历，获取当前地图选择集中共有哪些图层中的要素被选中，并将相关信息加载到窗体控件中。该模块使用哈希表来存储图层名称和对应矢量图层对象的信息。在所选择的图层和字段确定后，使用IDataStatistics接口进行统计操作。在IDataStatistics接口属性中设置统计字段及选择集要素的游标后，即可以执行统计，统计结果以IStatisticsResults接口类型返回。

（6）面积计算

面积计算是通过INewPolygonFeedback接口绘制多边形来实现，如图11.18所示。使用NewPolygonFeedback和使用NewLineFeedback的方法类似，但其显示和返回的几何特征是一个封闭的多边形，这意味着画多边形停止时，起点将成为终点，从而结束形状的绘制。该方法至少要有三个点被添加到几何对象中。

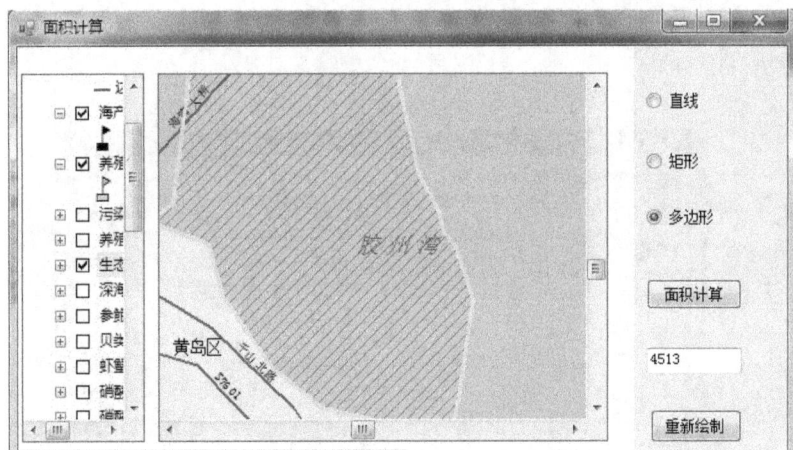

图11.18　面积计算

① 鼠标点击时，首先判断INewPolygonFeedback接口的实例化对象pNewPolygonFeedback是否为空，如果为空，则实例化，并设当前鼠标点位pNewPolygonFeedback的起始点；反之，则把当前鼠标点添加到pNewPolygonFeedback中。

② 鼠标移动时，判断绘制多边形点集中点的个数pPointCol是否超过3个，如果超过3个，则由点集构建IPolygon接口、IArea接口，进而计算出面的总长度和面积。

③ 鼠标双击时，停止绘制，并清空pNewPolygonFeedback对象。面积计算按钮即btnMeasureArea_Click事件触发时则打开计算窗体，并设置bMeasureArea为true，以便从数据视图的鼠标（点击、移动、双击）事件中判断计算功能是否开启。

第12章 海洋地理信息服务平台

12.1 需求分析

目前国内海洋服务相关研究大多是针对某类具体海洋数据或海洋应用，实现海洋数据管理或信息发布，此类功能应用较为单一，且对海洋数据的管理缺乏系统性。作者团队开发实现一个集海洋数据信息管理、分析、计算和应用为一体的综合海洋信息服务平台，有利于海洋数据的集成管理与综合应用，实用性较强。该软件系统主要针对海洋气旋、浮标、浒苔、海水温度、海流等海洋要素相关数据进行管理和可视化等功能实现。海洋信息服务平台按需求归纳为：海洋数据管理、海洋信息服务显示、海洋应用分析三大方面。按功能模块划分为7大模块，主要功能模块应用需求分析如表12.1。

表12.1 主要功能模块应用需求分析

功能模块名称	需求分析描述
数据仓库模块	包括：海洋数据检索浏览、海洋数据上传、海洋数据下载。将海洋数据分为五类：浮标相关数据、气旋相关数据、海洋温度相关数据、海洋风流场相关数据、海洋其他数据
元数据服务模块	包括：海洋数据元数据建立、元数据检索。元数据建立是通过上传格式化数据提交至数据库。元数据检索是根据元数据信息，快速检索出相关海洋数据
专题服务模块	包括：浮标专题、气旋专题、航海路线专题。浮标专题是根据浮标标识，可以加载浮标轨迹、查看节点信息内容、动态轨迹展示浮标运动路线。气旋专题是通过选择气旋名称或检索气旋名称，一次显示多条气旋路径，可以动态展示气旋运动轨迹并查看轨迹整体信息或节点信息。航海路线专题可以检索航海路线、查看路线运行轨迹等具体航行信息

（续表）

功能模块名称	需求分析描述
地理服务模块	包括：查看服务、发布服务。地理服务分为：地图服务、要素服务、影像服务、GP（Geoprocessing）服务、其他服务。查看服务可以查看服务介绍、调用说明。发布服务可以在线发布地理服务
数据分析模块	包括：油粒子扩散分析、浒苔漂移分析、气旋移动分析。油粒子扩散分析主要根据设置参数进行模拟分析溢油扩散路径和分布范围。浒苔漂移分析主要根据海洋信息分析浒苔运动轨迹和影响范围。气旋移动分析主要分析气旋的运动路径预测与影响区域范围
可视化服务模块	包括：浮标位置可视化、海水流场数据可视化、温度场数据可视化。浮标位置可视化根据海域、时间检索显示浮标位置并可查看数据内容。海水流场数据通过显示海水流方向与流速大小要素展示场数据。温度场数据可视化根据每周平均温度数据进行10*10显示
系统信息模块	包括：系统消息推送、用户信息设置、系统参数设置、专题服务平台新闻、其他信息

12.2 总体设计

12.2.1 系统架构设计

海洋信息服务平台总体架构如图12.1所示。

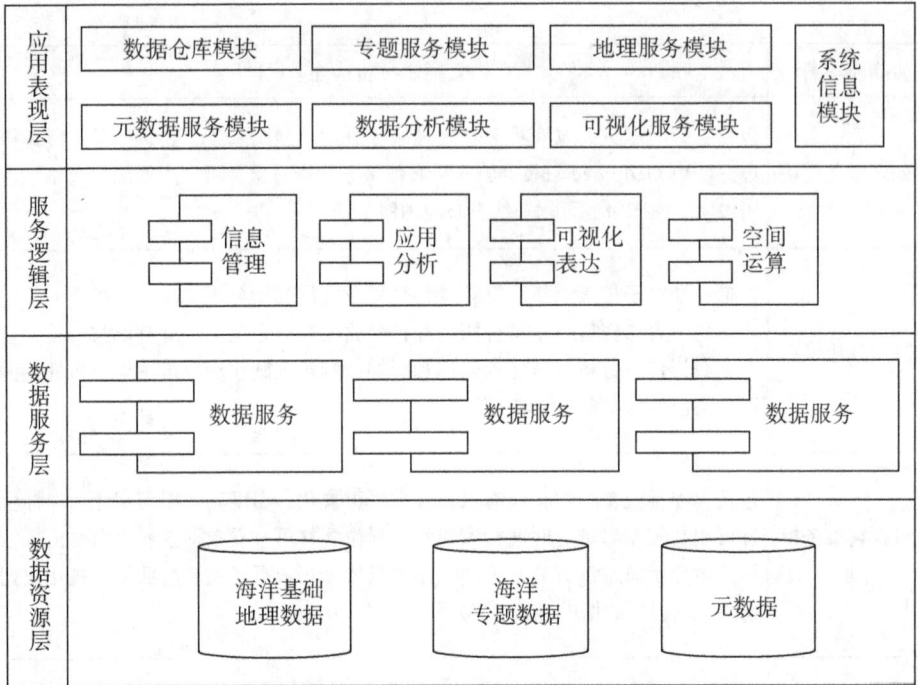

图12.1　海洋信息服务平台架构图

12.2.2 系统功能设计

海洋信息服务平台中，系统信息模块实现用户的自定义系统设计，如站内新闻、本地缓存数据、推送信息等功能设置。数据仓库模块实现海洋数据综合管理，将海洋数据按类别存储、管理，其功能包含数据检索、上传、下载。元数据服务包含元数据构建和元数据检索两项功能。专题服务包含浮标专题、气旋专题、航海路线专题三类数据服务。地理服务模块实现该平台系统的地理服务在线共享，如地图服务、影像服务、GP服务等，功能包含服务检索、发布。数据分析模块包含油粒子扩散、气旋移动分析、浒苔漂移分析等数据分析，并且可实现数据可视化服务。

12.2.3 数据库设计

海洋信息服务平台所用到的数据包括：

（1）地理数据

包含在线地图底图数据、气旋数据、浒苔数据、海水流场数据、海表温度数据、渤海湾矢量化数据、中国水系数据、中国沿海区界数据等。

（2）关系型数据

包含用户表（User）、Argo表（ArgoData）、气旋总表（Cyclone）、气旋节点表（CyclonePath）、气旋路径表（CycloneTrack）、气旋文件上传表（CycloneFile）、可下载数据文件表（DownFile）、地理服务信息表（GeoRest）、海洋流场数据（OceanCurrent）、船舶信息表（Ship）、船舶总信息表（ShipStoreHouse）、船舶路径节点信息表（ShipPathNode）等。

（3）文件型数据

包含以物理路径形式存储的数据，如海洋上传数据、元数据预处理上传数据、气旋官方下载数据、Argo官方下载数据等。

12.2.4 开发环境设计

海洋信息服务平台开发工具和环境如表12.2所示。

表12.2 开发工具与环境

体系结构	B/S
开发平台	ArcGIS API for JavaScript 3.17、HTML5
开发工具	ArcGIS 10.1+系列软件VS2012
开发语言	C#、JavaScript
运行环境	Windows7\8\10ArcGIS for Server 10.1+
数据库	SQL Server2012

12.3 关键技术

（1）溢油模型

系统关键技术之一是通过构建溢油数学模型，实现溢油扩散模拟分析。溢油事故发生后的前段时间中，油膜的扩展、扩散、漂移是主要的过程，而其他过程由于影响较小，或者是因为过程时间比较长而缓慢，因此在针对溢油事故的应急与预警模拟中暂时仅考虑这三个过程。溢油扩展过程分为自身扩展和紊动扩散两个阶段：前一阶段通过Fay理论修正模式计算结果；后一阶段采用油粒子方法模拟，通过油膜粒子化将两阶段进行衔接。为了可以采用油粒子的方法进行溢油动态模拟，需要将自身扩展完成后的油膜进行粒子化。溢油在海面上的扩散过程，实际上是一个随机的过程，而这个过程可以通过蒙特卡罗方法进行模拟。在海面风力的推动作用和海流的携带作用，油膜一方面向四周扩展，另一方面在风力和潮流共同作用下漂移。由于不同地点不同时刻的潮流情况都不一样，所以在不同地点不同时刻发生溢油情况所追踪到的油膜轨迹也不尽相同。

（2）气旋数据组织

气旋数据从官方下载后，需要通过解析、转换、制作、存储等一系列数据处理流程才能得到系统应用数据。首先设计开发C#桌面版气旋数据处理程序，从官方下载文件中初步提取目标数据（气旋描述数据、节点数据），然后一方面将数据存入SQL Server数据库，另一方面制作地图应用数据。气旋地图数据制作用ArcGIS先将节点数据转换为点数据，再将点数据转化为线数据，最后将气旋描述数据加载到气旋路线属性中。

（3）浮标数据组织

浮标数据同气旋数据一样，需要经过一系列数据处理流程才能得到系统应用数据。首先设计开发C#桌面版浮标数据处理程序，从官方下载文件中初步提取目标数据（浮标头文件数据），然后根据需求提取浮标编号相同数据并根据坐标计算方向转角，最终一方面将Argo同编号数据转换为JSON（JavaScript

Object Notation）格式文件存储，另一方面制作浮标地图应用数据。

（4）海洋场数据组织

包含海洋温度场与海洋流场两类数据。首先需要到官网下载NetCDF格式海洋数据，然后通过ArcGIS提取每层数据转为TIFF（Tag Image File Format）数据文件，添加到Mosaic Dataset数据集中，添加必要属性，最后设置地图要素显示样式等。

12.4 系统实现

12.4.1 系统部署说明

（1）关系数据库导入

将"系统相关数据"文件夹下"SQLServer数据"文件内"OceanDB"数据库附加到SQLServer2012数据库中。

（2）地图服务发布

地图服务发布的接口为http：//localhost：6080。将"系统相关数据"文件夹下"海表温度数据"文件内SeaMonthsTemplerature.sd文档发布为名为"SeaMonthsTemplerature"的地图服务。

将"系统相关数据"文件夹下"海水流场数据"文件内SeaFlow.mxd文档发布为名为"SeaFlow"的地图服务；SeaSpeed.mxd文档发布为名为"SeaSpeed"的地图服务。

将"系统相关数据"文件夹下"浒苔组织数据"文件内Enteromorpha.mxd文档发布为名为"Enteromorpha"的地图服务；EnteromorphaDaTa.mxd文档发布为名为"EnteromorphaDaTa"的地图服务。

将"系统相关数据"文件夹下"气旋组织数据"文件内cyclone.mxd文档，运行cyclone.tbx中ContaminatedCyclone模型，设置相关参数，运行成功后发布名为"ContaminatedCyclonePath"的GP服务；运行cyclone.tbx中OverLyingCyclone模型，设置相关参数，运行成功后发布名为"OverLyingCyclone"的GP服务。

（3）源代码相关设置

将"系统开发源代码"文件夹下"oilManagerSys"文件内oilManagerSys.sln用VS2012打开，将项目"oilManagerSys"内"service"文件夹下"SQLMeta.cs"内容修改为电脑SQL Server2012相应账号、密码。用户名：sa；密码：123。metaStrURL为元数据解析文件路径，需要修改项目"oilManagerSys"的当前绝对位置路径。

public static string uid = "sa"；

public static string pwd = "123"；

public static string metaStrURL= "D：//oilManagerSys//oilManagerSys//upfile//"；

（4）运行程序、操作

由于地图底图为ArcGIS Online在线地图，ArcGIS API for JavaScript 3.17引用为官方地址，所以程序运行环境需要连接网络。

〈link rel= "stylesheet" href= "https：//js.arcgis.com/3.17/esri/css/esri.css"〉

〈scriptsrc= "https：//js.arcgis.com/3.17/"〉〈/script〉

运行"index.htm"文件，以默认账号密码登录即可。

12.4.2 系统信息模块

海洋信息服务平台首页，如图12.2所示。系统信息模块可实现用户的自定

图12.2　海洋信息服务平台首页

义系统设计，如图12.3所示。

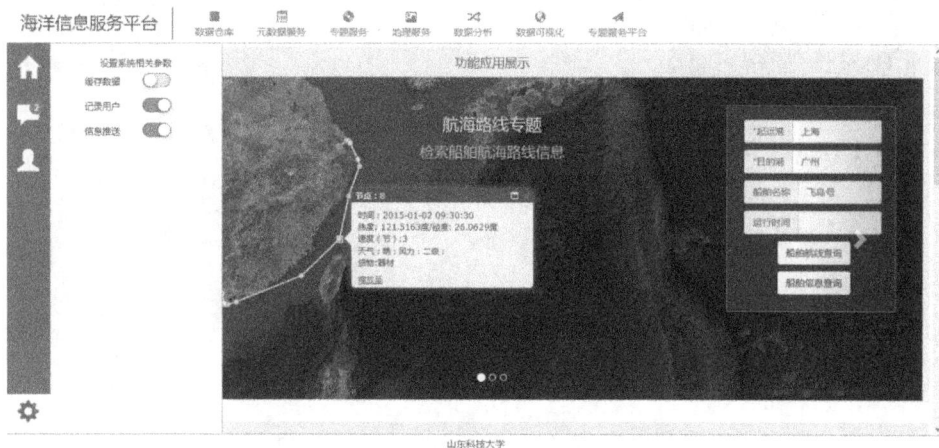

图12.3　海洋信息服务平台之系统设置

12.4.3 数据仓库模块

数据仓库模块可以实现海洋数据综合管理，将海洋数据按类别存储、管理，其功能包含数据浏览（图12.4）、数据上传（图12.5）、数据下载（图12.6）。

图12.4　数据浏览

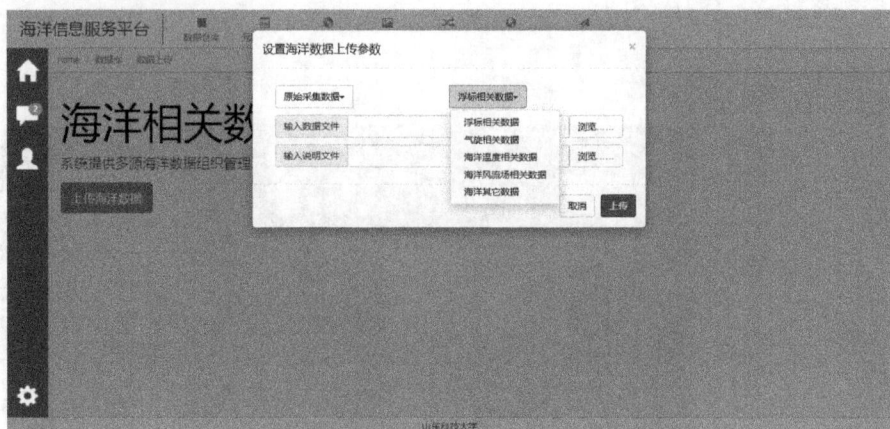

图12.5　数据上传

图12.6　数据下载

12.4.4 元数据服务模块

元数据服务模块中，按条件检索数据后选择需要添加元数据的项后，调用元数据添加窗口，如图12.7所示。

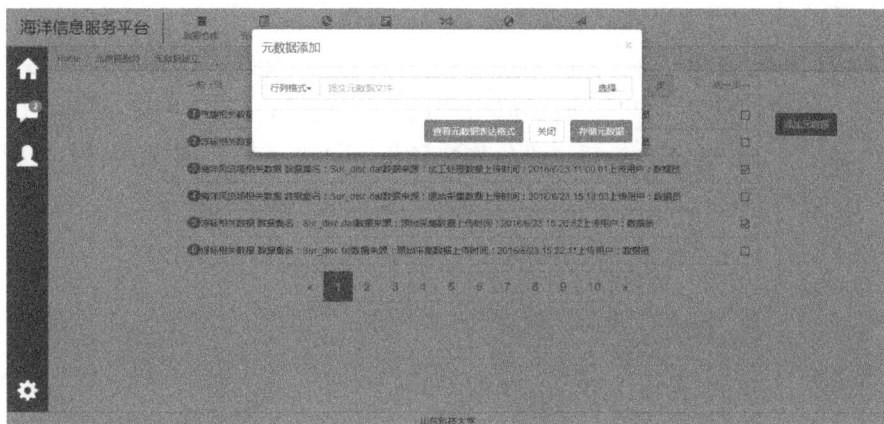

图12.7 添加元数据

由于海洋数据的元数据表达不同，所以系统提供"行列格式""JSON格式""XML格式"三种格式数据上传方式，通过程序自动解析数据，存入数据库。元数据检索信息查看采用表格方式显示元数据具体信息，使得信息表达清晰、条理，如图12.8所示。

图12.8 查看元数据

12.4.5 专题服务模块

浮标专题中"浮标轨迹加载"功能主要通过浮标标识编码查询浮标历史漂

移轨迹（从浮标初始投掷位置到当前系统记录信息位置），并显示系统计算的浮标每次漂移的箭头指向方向图标，防止线路杂乱混淆。可以通过"动态轨迹展示"功能查看具体时间节点的浮标状态信息或某时间段内的浮标移动动态。可以查看每个轨迹节点的浮标具体探测数据（如温、盐、密等）、温度瀑布图、盐度瀑布图、导出数据等。功能演示如图12.9、图12.10所示。

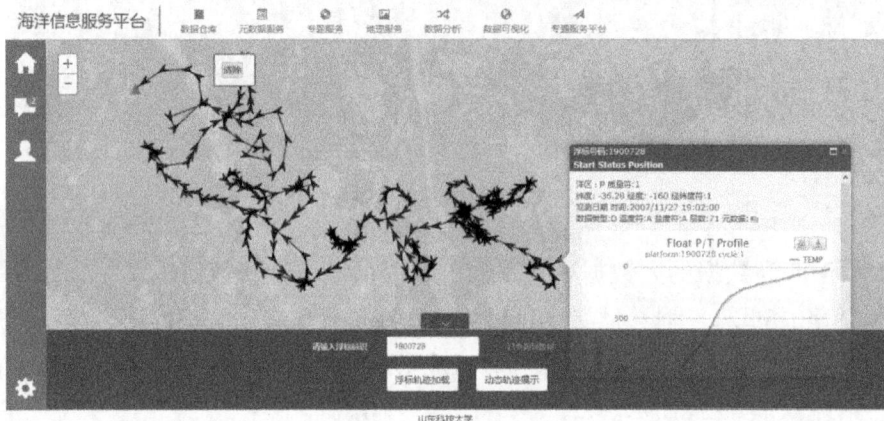

图12.9　浮标轨迹加载

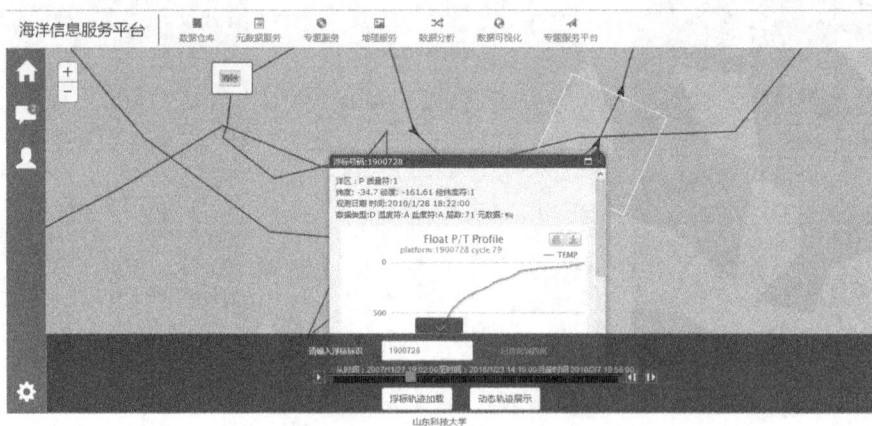

图12.10　动态轨迹展示

气旋专题主要通过气旋发生时间、名称条件等检索气旋数据列表，通过多项选择可以同时在地图上显示多条气旋数据，并可查看气旋路径详细信息、导出数据信息等。根据气旋图例可以查看气旋每个节点的气旋性质，根据移动路径可以查看影响区域，并提供动态展示气旋移动轨迹功能。功能演示如图12.11所示。

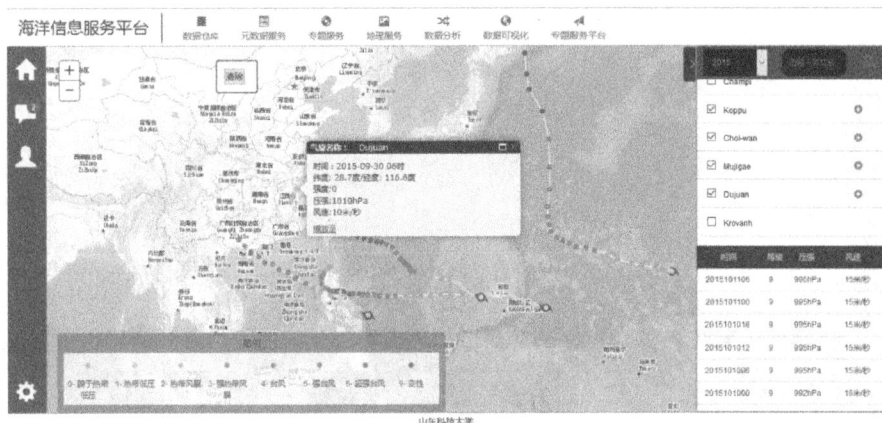

图12.11　气旋专题服务

航海路线专题主要通过设置起运港、目的港、船舶名称、运行时间等多条件查询船舶运行轨迹，可以通过地图交互查看船舶运行轨迹具体信息，比如：时间、坐标、天气、航速等。通过输入船舶名称可以查询船舶基本信息。功能演示如图12.12所示。

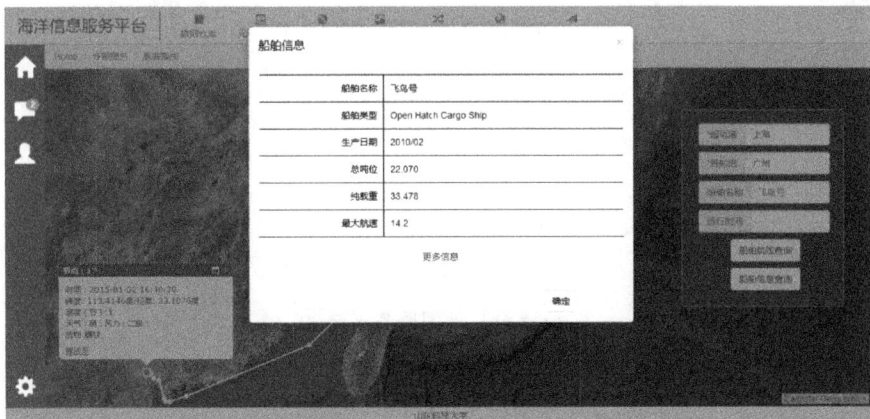

图12.12　航海路线专题服务

12.4.6 地理服务模块

地理服务模块可以实现地理服务在线共享，如影像服务、GP服务等，信息发布界面如图12.13所示。

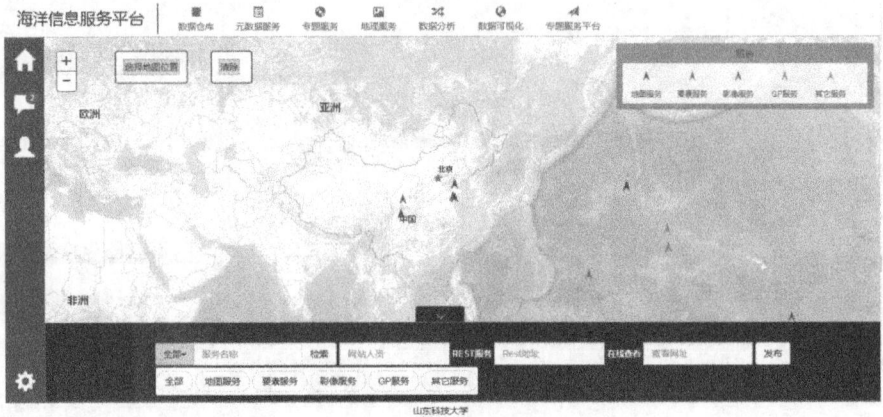

图12.13　信息发布

地图服务查询界面如图12.14所示。

图12.14　地图服务查询

地图加载界面如图12.15所示。

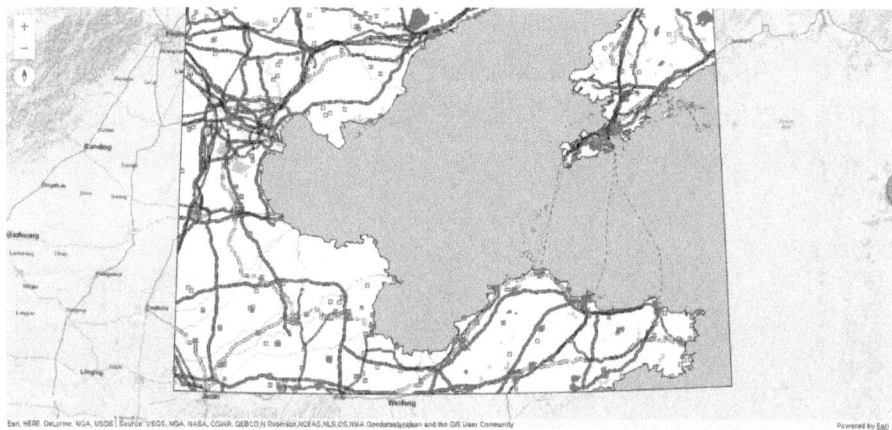

图12.15 地图加载

也可以实现三维地图加载，如图12.16所示。

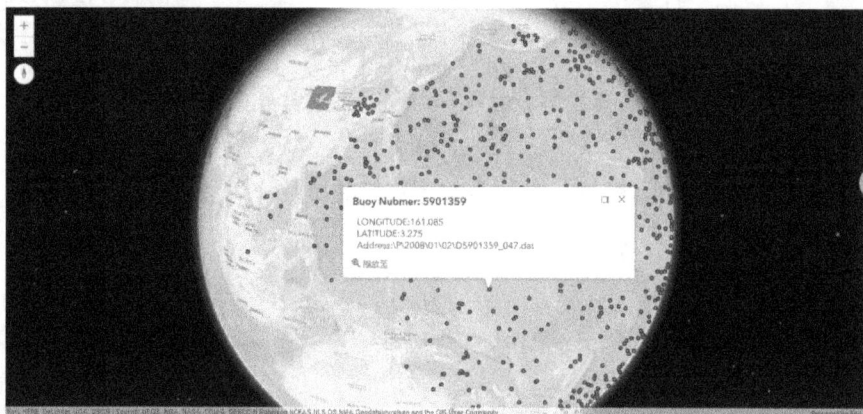

图12.16 三维地图加载

12.4.7 数据分析模块

油粒子扩散分析通过溢油扩散粒子模型计算数据，输入溢油品种，溢油体积（质量）、位置（自动获取），溢油区域的风速、风向，海流流速、流向、自定义油粒子的个数，溢油时间，扩散时间等相关参数，根据溢油海域的环境动力学因素以及自身属性因素，对溢油点（面）的油进行粒子化，并计算各个粒子的运动轨迹，统计粒子分布、数量，然后利用周围八个临近点计算平滑粒子，从而计算并模拟出溢油的油膜分布和运动轨迹、扩散区域和距离等一些重要的信息，并在客户端地图中相对应的位置上显示出来，实现对海上溢油事故的实时、动态的预测和预报。"溢油粒子运算"功能可以将溢油扩散分析结果显示在地图上，如图12.17所示。

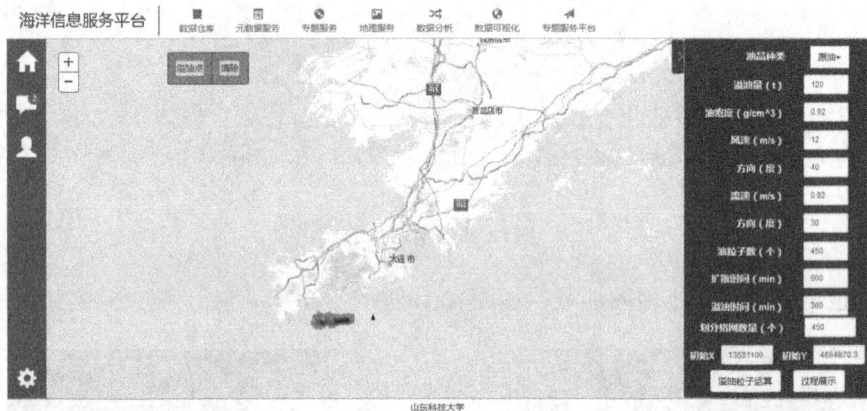

图12.17　油粒子扩散分析运算结果

"过程展示"功能可以将溢油带轨迹展示在地图上，如图12.18所示。

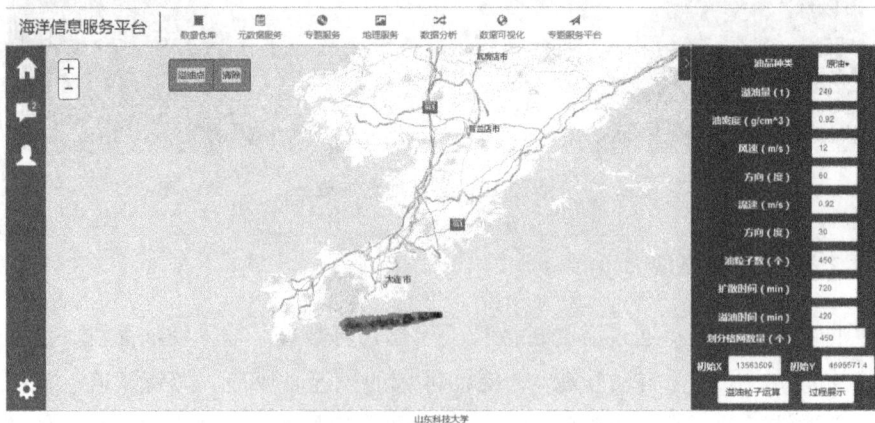

图12.18　油粒子扩散分析过程

气旋移动分析功能可以实现对目标区域气旋数据的获取。主要通过设置起始时间、终止时间、缓冲半径、经过区域、截取区域参数，获取符合要求的目标数据集。如果仅设置"经过区域"参数，未设置"截取区域"，则仅获取缓冲区域内的经过区域的符合时间要求的气旋数据集，如图12.19所示。

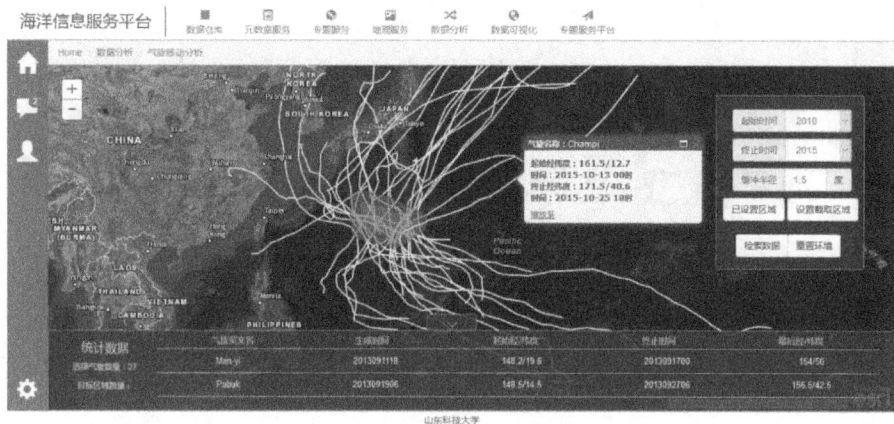

图12.19 气旋移动分析之区域缓冲检索

若两个区域都设置，则获取两部分数据，第一部分为经过区域符合时间条件的气旋数据集，第二部分为在第一部分数据集基础上获取符合裁取区域的气旋路径数据集，如图12.20所示。

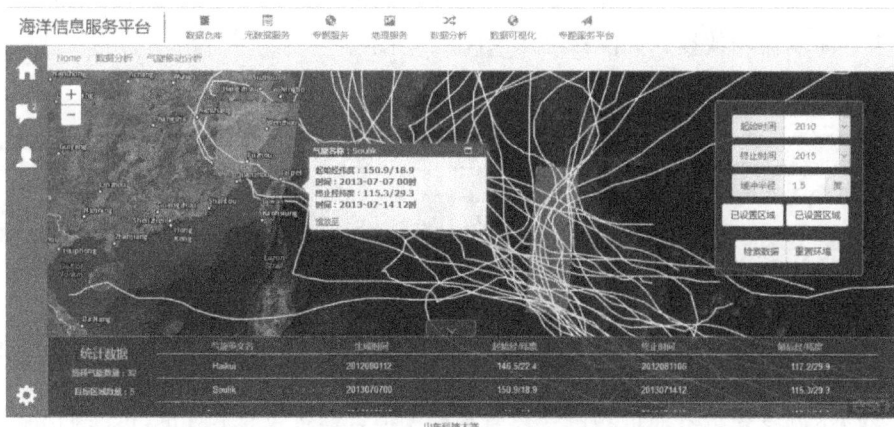

图12.20 气旋移动分析之目标区域数据匹配计算

浒苔漂移分析功能是通过设置海域区域、起始时间、终止时间可以查看浒苔漂移监测与预测时空过程数据。通过在地图上添加沿海34区界限、养殖区、海洋经济区等要素数据，可以方便决策者查看影响区域、生产活动等影响对象。此功能可以动态查看浒苔漂移监测与预测区域轨迹，如图12.21所示。

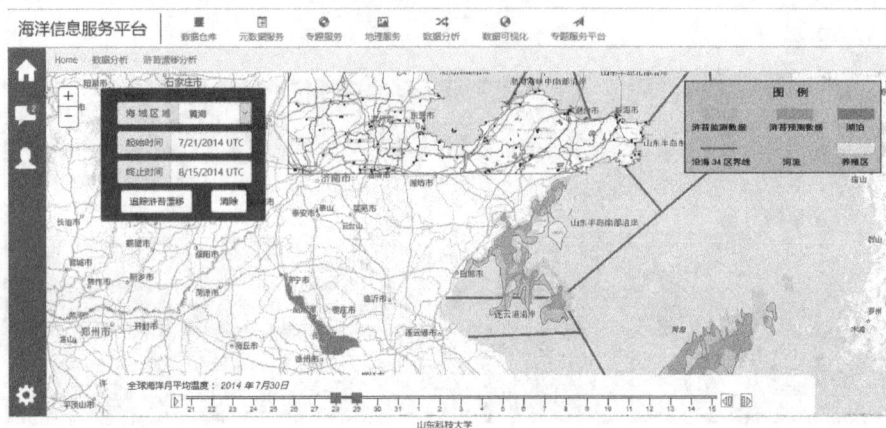

图12.21　浒苔漂移时空过程分析

12.4.8 数据可视化

数据可视化功能包含可视化海水流场、海水温度场、风场等功能。海水流场主要用箭头指向代表海流方向，颜色带代表海水流速，通过设置检索时间可以查询海水流场数据，如图12.22、图12.23所示。

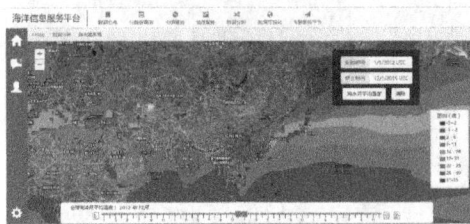

图12.22　海水温度场时空过程展示　　　图12.23　海水温度场时空过程变化展示

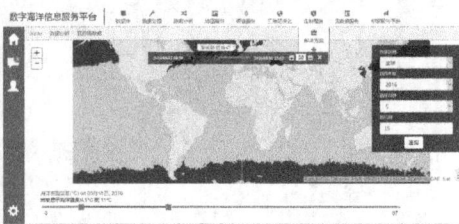

海水温度场主要通过颜色表达海水温度值，通过设置起始时间、终止时间条件可以检索海水月平均温度Mosaic Dataset数据集，提供动态展示海水温度时

空的数据，功能演示如图12.24所示。

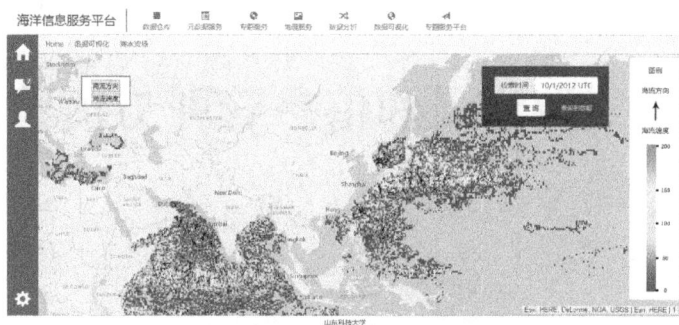

图12.24 海水流场数据时空过程可视化

风场通过箭头方向来表示风向，并且可以搜索查看某年某月份的风场，如图12.25所示。

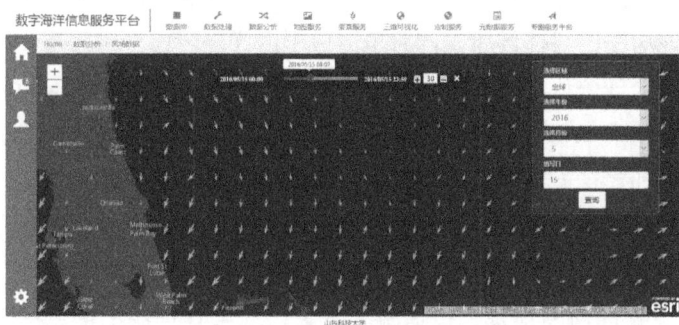

图12.25 风场可视化

第13章 海洋溢油信息管理与预警系统

13.1 需求分析

　　近几年来，全球溢油事故频发，墨西哥湾溢油事故、渤海湾溢油事故及其他全球范围内不断发生的溢油污染事件使海洋溢油预防预警、应急事故管理等技术成为石油生产企业、运输企业以及政府相关部门必须面对的全球性课题。海上溢油事故给事发地的旅游业、渔业、水产养殖业等造成无法估量的经济损失，严重危害了当地居民的身体健康，同时也造成了海洋环境的严重损害。海洋溢油污染目前已成为全球公认的重要环境污染问题之一。最近20年来，全世界对海洋溢油污染的研究技术水平有了长足的发展。特别是如今计算机技术的迅速发展，使人们全面了解和模拟海洋中石油的行为动态成为可能。为了满足人们在溢油发生时，能够及时采取有效应对措施的需要，设计了海洋溢油信息管理系统。

　　海洋溢油信息管理系统针对海上溢油的动态行为，研究、设计、开发了用于查询溢油事故，预测预警、评估溢油行为，综合管理溢油信息的软件系统。该系统可以根据发生溢油海域的溢油相关参数、环境动力因素、非环境动力因素等主要参数数据，通过多方位、综合性的数据分析和处理，实时计算出溢油的扩散、漂移情况，及时、有效地对污染情况进行实时的掌握。从而为溢油预警和应急提供一种准确、实时、快捷、有效的监测手段；同时可以根据相应的观测站、周边海域信息等数据对污染区域进行经济和生态损失评估，提出行之有效的应急方案。系统以可视化的形式对溢油事故进行动态模拟预测、预警，提出合理、有效的应急预案，为决策者进行溢油事故处理提供重要的辅助，帮助我们尽快地处理溢油事故，尽可能地减少溢油带来的经济、生态损失，对于保护海洋环境，有着重要的意义。

13.2 关键技术

13.2.1 溢油扩散模型构建

（1）溢油扩散模拟——蒙特卡罗方法

溢油在海面上的扩散过程，实际上是一个随机过程，这个过程可以通过蒙特卡罗方法进行模拟。蒙特卡罗方法，又称为统计实验或随机抽样技巧方法，20世纪中期被作为一种独立的模型提出并应用起来，而且首次应用到了核武器的研发工作中。如果所要求出的问题是一个事件发生的概率，或是一个随机变量的期望时，可以通过实验得出本事件出现的概率，或这个随机数的均值，并把它作为问题的解。在解决扩散问题时，利用扩散现象的随机性质，通过给出粒子数、湍流强度和时间尺度，在给予随机数的同时，求得粒子的扩散情况。扩散的随机数，有两种方法得到，即均匀随机数方法和正规随机数方法。

① 假设 a、b、c 为（$-0.5 \sim 0.5$）之间的均匀随机数，则：

$$\begin{cases} A=a/\left(a^2+b^2+c^2\right)^{\frac{1}{2}} \\ B=b/\left(a^2+b^2+c^2\right)^{\frac{1}{2}} \\ C=c/\left(a^2+b^2+c^2\right)^{\frac{1}{2}} \end{cases} \tag{13.1}$$

因为具有离散1/3分布，上式的均值为零。离散方差 σ^2 与扩散系数之间的关系为：$k=\sigma^2/\left(2 \times \Delta t\right)$。于是与质点粒子扩散等效的 x、y、z 方向质点移动距离 l_x、l_y、l_z 为

$$\begin{cases} l_x=A \cdot \left(6\Delta t \cdot K_x\right)^{\frac{1}{2}} \\ l_y=B \cdot \left(6\Delta t \cdot K_y\right)^{\frac{1}{2}} \\ l_z=C \cdot \left(6\Delta t \cdot K_z\right)^{\frac{1}{2}} \end{cases} \tag{13.2}$$

② 假设 a、b、c 为（$0 \sim 1$）之间的正态随机数，a、b、c 均值为零，取（0，1）正态分布，则：

$$\begin{cases} l_x=a \cdot \left(2\Delta t \cdot K_x\right)^{\frac{1}{2}} \\ l_y=b \cdot \left(2\Delta t \cdot K_y\right)^{\frac{1}{2}} \\ l_z=c \cdot \left(2\Delta t \cdot K_z\right)^{\frac{1}{2}} \end{cases} \tag{13.3}$$

油浓度计算，N 个油粒子在 $t=0$ 时，$x=y=z=0$；在 $t=t$ 时，将进入网格内的质点个数换算成浓度。通过这种方式计算出的浓度，当粒子的数量较少时，浓度值就会出现杂乱无章的情况，因此需对结果作适当的平滑，例如对周围27个格子进行平均（二维时可取用9个格子），可抑制分布不规则的极端值。

（2）溢油扩散模型的构建

该系统整合了溢油扩展、扩散、漂移各个过程的方法，建立了适合的溢油扩散模型。该模型从参数输入开始，建立环境动力学模型，根据油粒子的相关理论，对粒子进行运动轨迹的模拟、可视化，通过粒子的运动情况进行统计分析，提供给用户直观的操作体验。

该模型选用的都是当下主流的溢油空间分析工具，通过分析选择最适合系统的模型，综合ArcGIS工具以及C#的编程应用，组合成一套完整的溢油扩散分析子系统，该子系统的整体模型如图13.1所示：

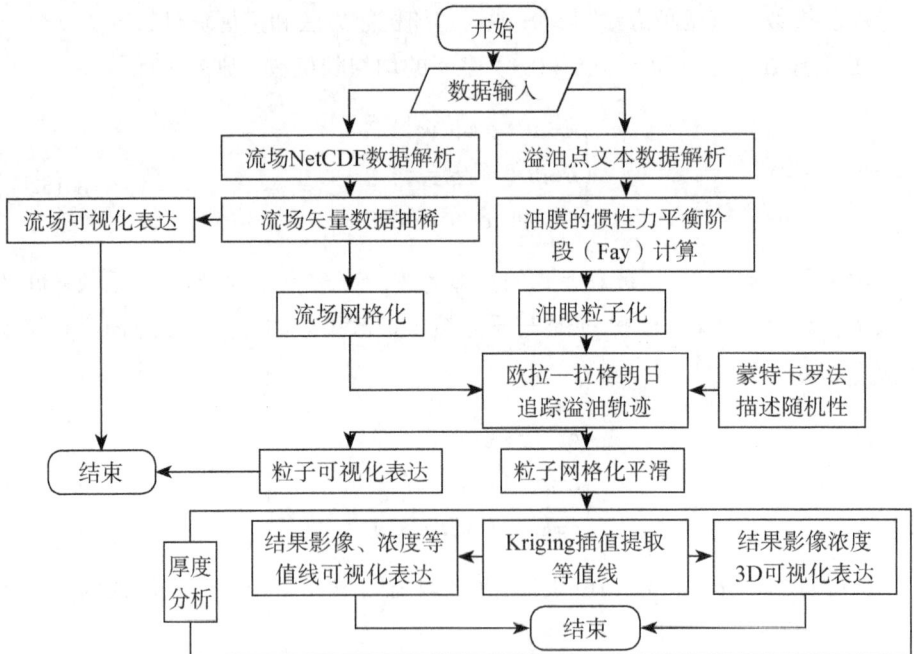

图13.1　溢油模拟扩散模型

13.2.2 溢油评估模型构建

（1）溢油评估目标

通过调查研究分析，海上溢油决策分析及评估模型可以解决如下问题：

① 通过对溢油海区的风力、潮流等环境情况进行分析，得到海水的污染情况。

② 对溢油清污设备、人员配备及溢油反应应急能力进行分析，得到溢油海域的清污处理状况。

③ 根据溢油海域的污染情况和清污情况，并结合溢油海区的自然生物资源和人工养殖情况进行综合分析，最后得出溢油对周边的污染情况。

④ 根据溢油事故发生地点的位置情况（离海岸的距离、所处地区），天气情况（风向、海浪高度），分析得到隔离带应选择的位置。

⑤ 当溢油事故发生时，通过系统分析能快速准确地得出应该派遣哪个港口、哪辆清污船只去事故发生点进行清污处理更加快捷。

（2）溢油评估模型

船舶溢油危害程度的评价，不仅要考虑溢油自身的情况，还要考虑溢油海域的气象及水域环境等。构成船舶溢油危害程度评价指标因素多种多样，一般情况下，我们很难考虑周全，系统在确定船舶溢油危害程度评价指标时，主要从以下几个方面入手：

① 溢油海区水文气象情况，风速风向、海水温度、潮流强度、能见度等。

② 污染情况，溢油的黏度、溶解度、毒性，溢油的持久度、数量等。

③ 清污情况，清污船只、通信情况、人员组成、溢油反应应急能力等。

④ 溢油地点情况，与海岸的距离、沿岸地貌、地区类别，生物分布等。

通过每种情况中的不同因素进行加权叠加，得到该情况的成本，再将以上4种情况因子进行加权叠加，最后对海洋溢油污染进行分等定级。

（3）隔离带选址分析模型

通常海上溢油事故发生后，清污人员都会放置一些隔离带，来阻止溢油的扩散，尤其是对一些海域保护区或者沿岸养殖区等。选择隔离带的放置位置主要考虑以下几个因素：

① 离海岸的距离，1 000 ~ 2 000 m，不能离海岸位置太近。

② 溢油信息，溢油区域受风、海浪等影响不断变化移动轨迹，隔离带需要放置在溢油未来移动轨迹上。

③ 所处地区，位置应尽量沿着保护区，尽量阻止溢油扩散到保护区而引起严重危害。

（4）清污船只路径分析模型

当溢油事故发生后，应尽可能快地清除溢油，因此需要分析出清污船只到达溢油事故点的最优路径，要求及时准确，路径分析模型主要涉及以下参数：

① 风向，清污船只应该尽量顺着风行驶。

② 海浪，应该沿着海浪起伏度较小的区域行进。

③ 距离，清污船只到达事故点距离应该最短。

基于以上问题，建立溢油评估模型，如图13.2所示。

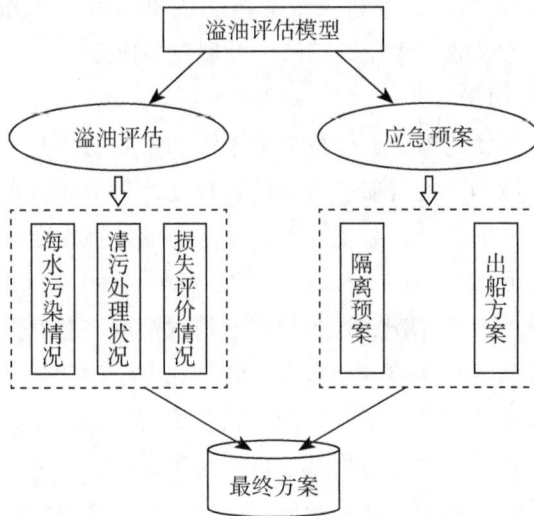

图13.2　评估模型

13.3 系统设计

13.3.1 系统设计目标

依托基础地理信息平台软件，以数据库软件、专业绘图软件、三维建模软件、综合利用数据库技术、网页发布技术、GIS平台技术、粒子扩散模型的理论和方法，建立海洋溢油管理系统，并实现该系统的关键功能及相关应用研究。主要的设计目标如下：

① 进行溢油点（面）的同层次深入检索和多层次联合检索，实现属性信息和空间信息的一体化展示。

② 根据溢油的本身属性以及环境因素，建立适合的溢油扩散模型，采用高效合理的"油粒子"模式来对海上的溢油行为进行模拟预测。

③ 根据溢油扩散的状况，评估溢油损失，分析并形成有效的应急预案，为决策者提供最佳的处理流程参考。

④ 设计多层次、复合型数据库结构，实现用户数据、属性数据和空间数据的集中综合管理，优化数据库性能，提升数据管理模块性能。

13.3.2 整体结构设计

系统总体架构采用.NET技术，并且结合系统的业务流程，采用典型的架构搭建海洋溢油信息管理和预警系统（图13.3）。

① 应用层：应用层为用户提供可操作的界面。用户通过浏览器对服务器进行访问，为用户提供相关业务操作，包括数据查询、浏览、统计等功能。

② 业务层：系统通过业务层将应用层和数据层连接起来，它为应用层提供了业务逻辑的实现和数据处理的接口。业务逻辑层通过Microsoft.Net Framework架构，IIS（Internet Information Services）、ArcGIS软件的应用环境，既可以调用现成的接口进行二次开发，也可以根据需要实现自己的接口。

③ 数据层：数据层主要部署在后台的服务器上，主要由基础地理数据、溢

油影像数据、用户数据、服务产品数据和运行支撑数据组成，用于海量数据的存储。它是系统业务数据的核心，为各个业务功能提供数据支持，同时也可以对外提供数据服务。

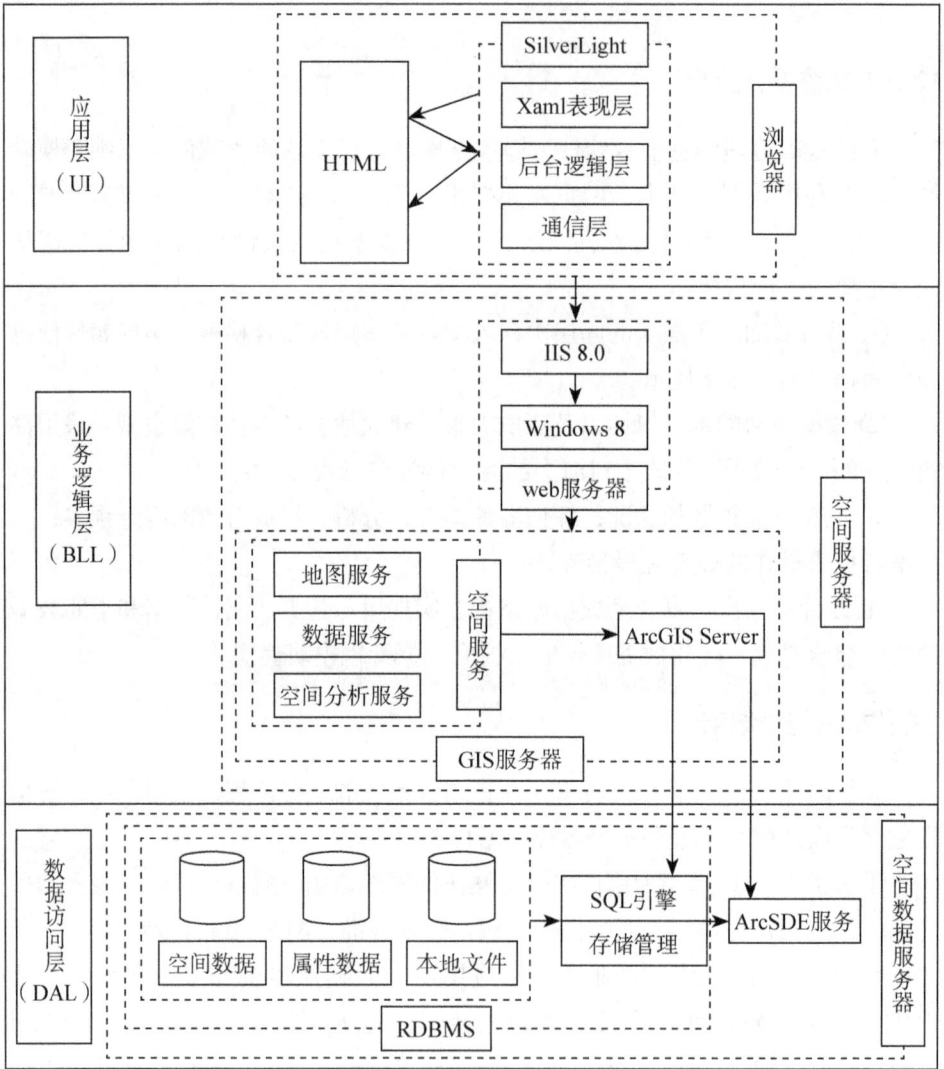

图13.3　富网络地理信息系统整体框架图

13.3.3 系统安全性设计

该系统涉及溢油信息、海洋石油平台、遥感卫星图片等多种数据，为海洋溢油信息管理提供了非常重要的基础数据，因此系统在实现过程中遵循下述基本原则。

① 数据不被非法访问和破坏：系统的安全性主要是指保护数据的安全，系统必须具备很高的安全性能，保证数据不被非法访问、复制和删除。

② 系统操作安全可靠：系统同时具备安全权限，不让非法用户操作系统；同时具备足够容错能力，以保证合法用户操作时不至于引起系统出错，充分保证系统数据的逻辑准确性。

系统建设采用基于B/S（Browser/Server）模式的网络架构，如图13.4。系统分为三个层次：表现层、业务逻辑层、数据层。对于每个层次都建立了异常处理机制，若发生异常会将异常信息写入到异常文件当中，不至于导致系统崩溃；系统提供一个高级别安全登录机制，对于所有登录系统的用户需要经过身份验证。

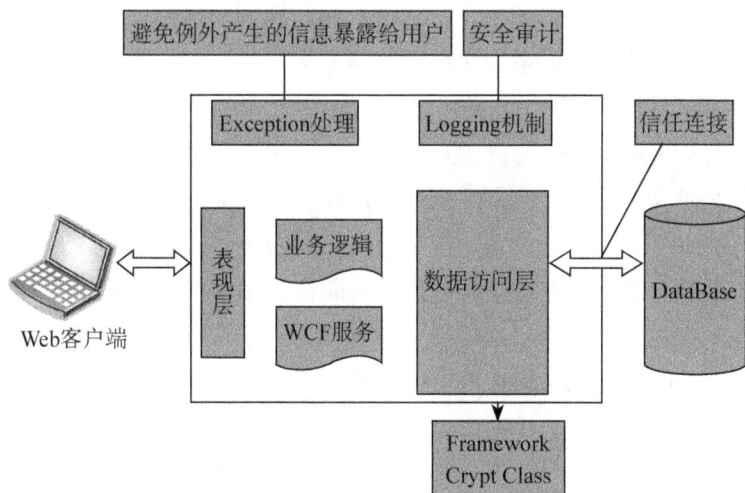

图13.4　基于B/S结构的安全性设计

13.3.4 功能模块设计

根据需求分析，该系统设计了四大功能模块：信息检索模块、溢油分析模块、溢油评估模块、数据管理模块，如图13.5所示。

（1）信息检索模块

海洋溢油信息管理和预警系统可以同时对空间信息和属性数据进行快速、全面、准确的查询与定位。信息查询功能主要是针对基础地图和各种专题数据的需求而设计的，在海洋溢油信息管理和预警系统中共设计了属性查询、空间查询、多条件查询等查询方式。可对系统数据库进行多形式、多条件的查询，如可按溢油编号、溢油种类、溢油点名等进行查询。

用户进入信息查询功能模块查询溢油信息时，直接在兴趣点位置上点击，系统可将其各类属性信息呈现给用户，包括地理坐标、发生时间、发生地点及其他详情。选择属性查询后，可以在用户对话框中输入与目标点（或者其他要素点、线、面）相关的关键字，确认输入后系统自动检索属性信息库的所有字段，返回含有关键字的要素，在地图上高亮标出并显示在搜索结果对话框中，鼠标划过相应要素，地图上对应点（线、面）变色提示。系统同时提供了其他更为灵活强大的属性和空间位置互查的方法，用户可按需选择查询方式。用户选择高级查询后，可自定义多种查询条件集合，包括溢油类型、溢油编号、溢油点名、溢油程度、损失级别、在某个时间段内等，系统将用户自定义条件转换为数据库查询语句并进行空间数据库和属性数据库的同步查询，查询结果将呈现符合条件的全部溢油记录的行为信息和属性信息；选择空间查询中的点查询后，用户可按需设置兴趣点的空间位置，系统将在空间拓扑信息的支持下将兴趣点准确定位至地图上，通过空间检索，用户即可获得其各类属性信息。除此之外，系统还提供了线查询、多边形查询以及圆查询，用户可以根据个人习惯以及要查询的目标选择合适的空间查询工具，多种方式均通过对属性信息和空间信息的检索获得用户需要的结果数据。该功能模块具体实现的流程如图13.6。

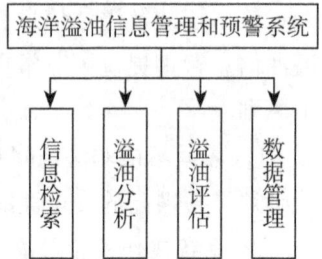

图13.5　系统功能模块

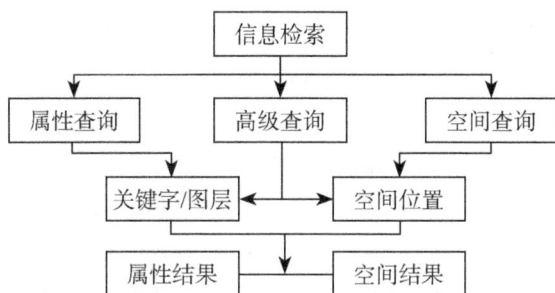

图13.6 信息查询功能实现流程

（2）溢油分析模块

该模块运行的大致过程是，首先用户将溢油相关参数在客户端交互输入，传递给服务器；然后服务器根据相关参数加入到模型中进行计算，再将结果回传给客户端；最后客户端获取分析的结果反映到用户界面，从而在用户界面，实时地显示对溢油行为的模拟，输出结果。因此，设定该模块的设计开发子模块如图13.7所示。

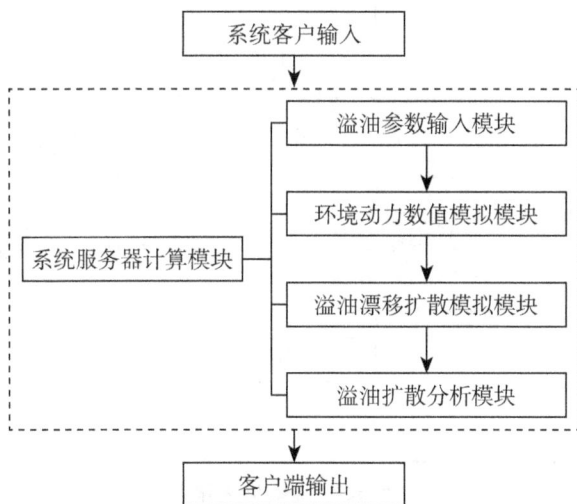

图13.7 溢油分析模块的总体框架

溢油分析模块主要由四个子模块组成：参数输入模块，环境动力模拟模块，溢油动态模拟模块，溢油扩散分析模块。

① 参数输入模块，参数输入流程如图13.8所示，针对现实应用情况，我们

将提供两种溢油模拟方案的输入：一种是针对已有的溢油图斑，而进行的未来扩散情况的预测；另一种是针对假想点，而进行的溢油扩散情况模拟。

如果已有溢油图斑，系统将提供图层添加功能，允许用户添加图斑图层，然后根据图斑提取溢油区域，最后显示用户输入交互界面，将发生在溢油事故区域的溢油时间，溢油品种，溢油体积（质量）、位置（自动获取），溢油区域的风速、风向，海流流速、流向情况输入系统。其中溢油时间可以手动添加，也可以自动获取系统当前时间；溢油品种可从提供的几种类型选择；溢油位置在图斑边界提取的过程中自动生成。除此之外，用户还可以自定义油粒子的个数、溢油时间、扩散时间等相关参数。

如果是针对于假想溢油点，用户只需在地图上定位溢油点位置，然后显示用户输入交互界面。不同的是，溢油点的位置变为用户可修改状态，在已知精确经纬度的情况下，可以手动输入；除溢油的扩散时间外，还提供了持续漏油时间的交互输入。

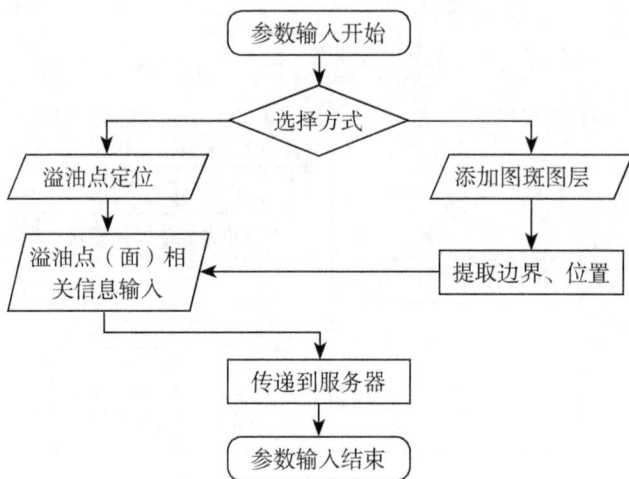

图13.8　参数输入流程

② 环境动力模拟模块。主要是对风场、潮流场等外部环境因素所带来的影响进行考虑分析，通过建立和运用一定的数学模型，对各种外力对溢油模拟行为产生的影响进行计算和模拟，如图13.9所示。

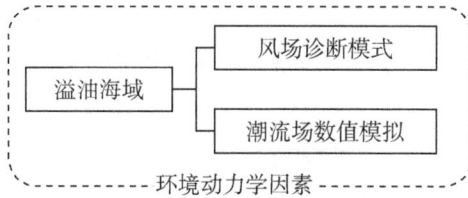

图13.9　环境动力模拟模块

③ 溢油动态模拟模块。海洋溢油模拟系统可以根据发生溢油海域的溢油品种、溢油时间、溢油体积（质量）、溢油位置，溢油区域的风速和风向、海流流速和流向等数据，利用前面溢油扩展的相关研究，根据溢油海域的环境动力学因素以及自身属性因素，对溢油点（面）的油进行粒子化，并计算各个粒子的运动轨迹，从而计算并模拟出溢油的油膜分布和运动轨迹、扩散区域和距离等一些重要的信息。并在客户端地图中相对应的位置上显示出来，实现对海上溢油事故的实时、动态预测和预报。该模块的分析流程如图13.10所示。

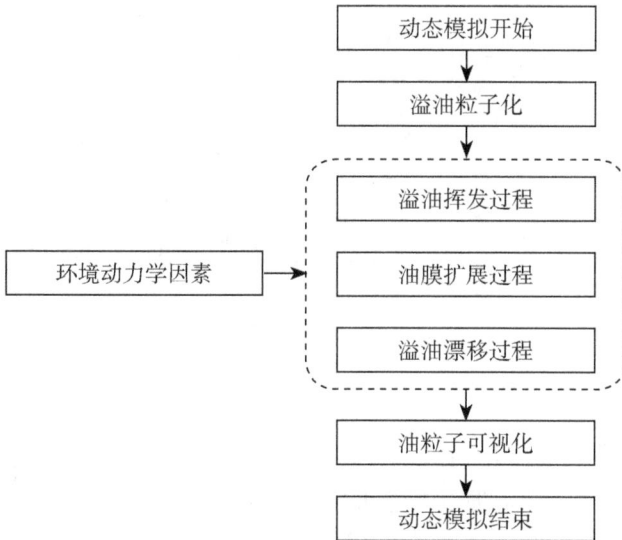

图13.10　溢油动态模拟设计流程

④ 溢油扩散分析模块。溢油动态模拟模块完成后，计算出各个粒子的运动轨迹，从而计算并模拟出溢油的油膜分布和运动轨迹、扩散区域和距离等，并显示在地图上，还要进行进一步的处理，以便于用户的决策分析。

溢油扩散分析模块主要是利用动态模拟模块生成的粒子的相关信息，进行统计分析、数据转化、输出，使矢量的动态数据变换为用户易于分析操作的栅格数据，生成相应的灰度图，提供用户相应的统计分析功能。

扩散分析子模块主要针对油膜的厚度进行统计分析。首先统计粒子分布、数量，然后利用周围八个临近点计算平滑粒子，计算目标点的油膜厚度，最后通过克里金插值法计算整个已有区域的油膜厚度情况，生成等值线和相应的灰度图。此时提供给用户厚度查询功能，通过调用堆栈剖面工具的方式反馈给用户自定义路径上的油膜厚度走势。插值模型如图13.11所示。

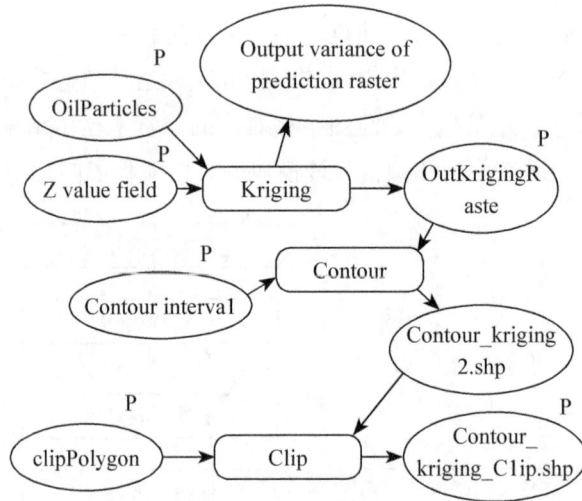

图13.11 厚度分析模型

（3）溢油评估模块

溢油评估模块主要是指溢油发生之后，根据观测站的各项观测数据以及溢油海域周围的自然生物分布情况和人为经济活动情况，选用适当的模型，为决策者提供灾害等级评估以及应急预案的生成操作。该模块主要包含四个部分：危害程度等级评估、出船方案、隔离预案、损失统计，如图13.12所示。

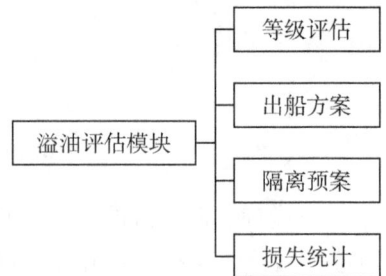

图13.12 溢油评估模块

① 危害程度等级评估。溢油危害程度评价是分析溢油发生后海面上石油的分布情况，通过结合当时的水文气象条件、援助条件、海洋利用情况等综合因素对海域进行危害程度的评价，以便全面合理准确地分析出溢油事故的危害性程度，从而对海域进行危害程度分等定级。评估实现流程如图13.13所示。其中，海域水文包括风速、海水温度、海浪高度、能见度等；污染情况包含油的黏度、油的溶解度、油的毒性、油的持久度、溢油量等信息；清污情况是指当前对于油污的清理情况以及未来的清理力度；生物分布是指溢油区海域生物分布状况，包括自然生物和人工养殖情况。

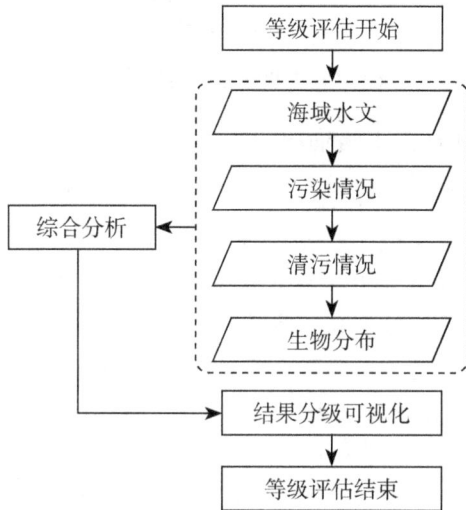

图13.13　危害等级评估实现流程

② 出船方案。当溢油事故发生后，必须尽快地赶往事发地，来了解溢油事故的具体情况，及时地掌握溢油动态，为提出清除溢油的方案提供依据，因此需要分析出清污船只到达溢油事故点的最优路径。出船方案是考虑风向、海浪、距离以及溢油区域的扩展情况，生成最佳的行船方案。如图13.14所示，其中溢油信息是指当前的溢油状态以及未来一定时间内的溢油扩展、漂移情况；码头信息主要是指在地图上码头位置以及可用性信息。综合考虑实时的风力、风向，海浪情况，进行空间分析，得出最优的出船方案，并显示在地图上。

```
        ┌──────────────┐
        │  出船方案开始  │
        └──────┬───────┘
    ┌ ─ ─ ─ ─ ─│─ ─ ─ ─ ─ ┐
              ╱────────╲
┌────────┐  │╱  风向   ╱│   ┌────────┐
│ 溢油信息 │→ └────────┘ ←│ 码头信息 │
└────────┘  │ ╱────────╲│   └────────┘
              ╱  海浪   ╱
    └ ─ ─ ─ ─└────────┘ ─ ─ ┘
              │
        ┌─────┴────┐
        │  综合分析  │
        └─────┬────┘
        ┌─────┴────┐
        │   可视化   │
        └─────┬────┘
        ┌─────┴────┐
        │ 出船方案结束│
        └──────────┘
```

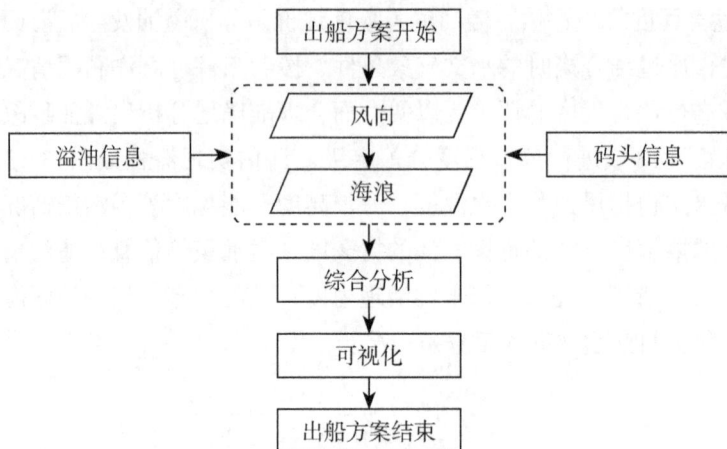

图13.14　出船方案实现流程

③ 隔离预案。通常海上溢油事故发生后，溢油清理人员为了减少溢油扩散，通常会拉起一些临时隔离带，用来减小溢油的扩散，尤其是对一些人工养殖区、生物保护区或者是沿岸。选择隔离带的位置主要考虑以下几个因素：离海岸的距离，1 000 ~ 2 000 m，不能靠海岸太近，否则无用；溢油信息，溢油区域受风、海浪等影响不断变化移动轨迹，隔离带需要存在于溢油的未来移动轨迹上；所处地区，位置应尽量沿着保护区，尽量阻止溢油扩散到保护区而引起严重危害。实现流程如图13.15所示。

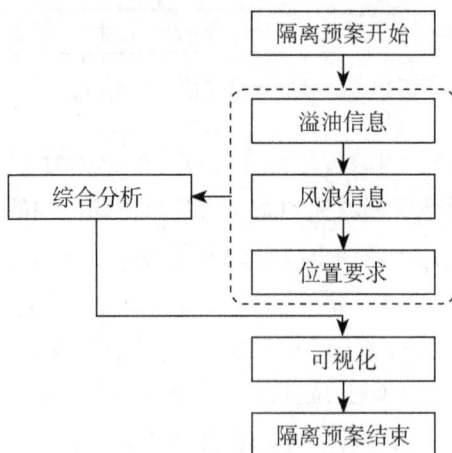

```
            ┌──────────────┐
            │  隔离预案开始  │
            └──────┬───────┘
        ┌ ─ ─ ─ ─ ─│─ ─ ─ ─ ─ ┐
             ┌──────┴──────┐
             │   溢油信息   │
             └──────┬──────┘
┌────────┐  │┌──────┴──────┐│
│ 综合分析 │←─ │   风浪信息   │
└────┬───┘  │└──────┬──────┘│
     │       ┌──────┴──────┐
     │      ││   位置要求   ││
     │       └──────┬──────┘
     │      └ ─ ─ ─ ─│─ ─ ─ ─ ─ ┘
     │        ┌─────┴────┐
     └───────→│   可视化   │
              └─────┬────┘
              ┌─────┴────┐
              │ 隔离预案结束│
              └──────────┘
```

图13.15　隔离预案实现流程

④ 损失统计。损失统计模块基于危害等级评估，在危害等级评估模块完成后，根据生成的危害系数，与海洋渔业区、海洋生物等分布的情况叠加，得出相应的各项损失评估结果。

（4）数据管理模块

数据管理模块只面向于管理员用户。该模块分为两部分：针对用户的属性信息管理，针对溢油遥感数据的空间信息管理。

① 用户管理。管理员用户具有网站的最高权限，用户管理模块支持有关用户信息查询、信息添加、信息修改、信息删除、信息管理等应用，提供给信息管理者一个对客户信息的服务平台和管理平台。实现流程如图13.16所示。

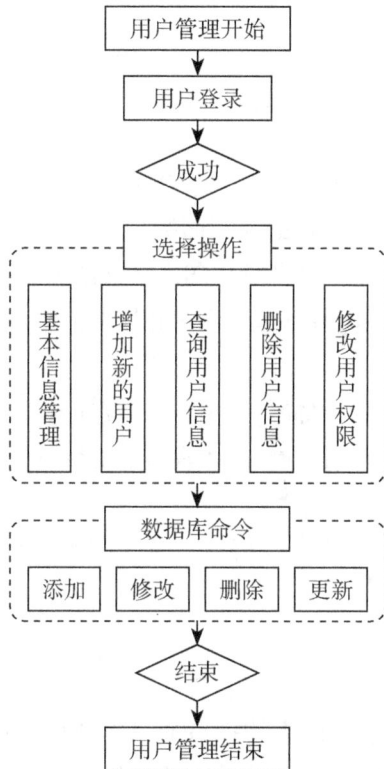

图13.16　用户管理实现流程

② 溢油空间信息管理。该模块主要是对溢油遥感信息的存储、更新、删除等管理操作。如图13.17所示，具体分为：遥感图片的上传、遥感信息的修改、

遥感数据的删除。

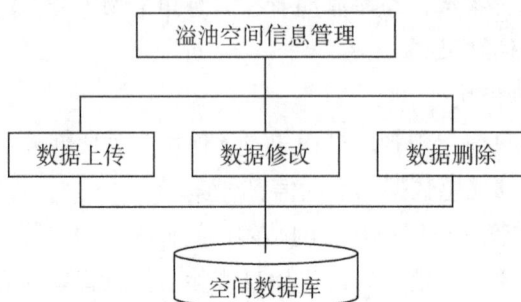

图13.17　空间信息管理

13.3.5 系统数据库设计

（1）空间数据库设计

ArcSDE是一个建立在关系型数据库基础上的一种地理数据库服务器，使用ArcSDE技术可以充分实现视图与空间数据的无缝集成。因此该系统的空间数据库采用ArcSDE来管理，根据ArcSDE对空间数据存储方案，将空间数据利用GDB（Geodatabase）空间数据库存储为相应的点状图层、线状图层和面状图层。

① 点状图层：居民点、水深点、高程点、出船码头、观测站点等。

② 线状图层：水系线、标注线、等深线、海底管线、海岸线、油轮交通运输线等。

③ 面状图层：海洋陆地面、水系面、人工养殖区面、自然保护区面和自然生物分布区面等。

（2）属性数据库设计

溢油相关的属性数据库是对溢油信息存储、分析、统计、查询、更新等的核心数据，系统通过数据库来管理溢油属性数据。针对溢油数据来说，根据溢油事件管理情况的实际需求，在溢油数据库中建立相应属性表，属性表中存储溢油事件的ID、名称、溢油类型、经度、纬度、突发时间、影响时间等相关的属性信息，在属性表中设置溢油名称为外键，通过主键与空间数据库进行关联。

用户数据库主要是保存、管理使用者的相关信息，记录了ID、用户注册名、用户昵称、登录密码、用户角色等相关信息，通过获取登录者的用户角色来判断其使用权限。对于管理者，可以对数据库进行添加、删除、编辑和更新的操作；而对于普通用户则只具有浏览、分析等功能。

13.3.6 运行环境设计

（1）系统硬件环境

表13.1　硬件环境

类别	最低配置名称
客户端：	
硬件配置	CPU：1.4GHz以上；内存：1G以上；
操作系统及版本	Windows XP；Win 7；Windows Server 2003；
其他软件及版本	Microsoft Internet 6.0及以上版本；Silverlight 5.0及以上版本，ArcGIS for silverlight 2.1。
服务器端：	
硬件配置	CPU：2G以上；内存：4G以上；硬盘：600G以上；
操作系统及版本	Windows 8 64bit
数据库系统及版本	SQL Server 2008R2
其他软件及版本	IIS 8、ArcGIS Server 10.1

（2）系统软件环境

开发语言：利用C#、Html语言。

开发软件：Visual Studio 2012、Blend for Visual Studio 2012、Silverlight5、ArcGIS Desktop10.1、ArcGIS Server 10.1、Balder 3D引擎、ArcGIS API for Silverlight 3.0。

操作系统：客户端：Windows2000以上。

　　　　　服务器端：Windows 8。

数据库软件：SQL Server 2008、ArcSDE10.1。

（3）系统应用环境

该系统采用B/S结构，将系统功能实现的核心部分集中到服务器上，简化了系统的开发、维护、使用。该模式不需要用户安装客户端，客户端只需一个浏览器和Silverlight插件即可。用户只需要安装相应浏览器，通过Web Server与数据库进行数据交互。

13.4 系统实现

13.4.1 基本功能

基本工具主要展示了与系统相关的常用工具，如图13.18所示，自左向右依次为：地图切换、清空地图、消除画笔、鼠标还原、拉框放大、拉框缩小、平移、上一视图、下一视图、初始地图、书签、图层管理、量测工具、地图导出、鹰眼、谷歌地图、联系客服。

图13.18　基本工具

下面重点介绍常用的几个工具。

（1）用户登录

海洋溢油信息管理与预警系统是一个集数据导入、修改、删除、更新等多功能于一体的综合性信息管理平台。因此，为了系统的安全性与稳定性，对待不同的用户赋予不同的使用权限。普通用户主要是指一般性的使用者，可以具有溢油检索、溢油分析、溢油评估等权限，不具有入库、更新、修改属性和空间数据库的权利；管理员具有系统的最高权限，除了具有普通用户的所有权限外，还可以对其他用户数据以及空间数据进行编辑、修改、删除等操作，可以赋予其他用户管理员身份来共同管理系统。首次登录系统需要先注册用户信息，获得浏览权限。用户登录后在状态栏中显示用户名字，通过点击用户可以注销或者切换账号，如图13.19所示。

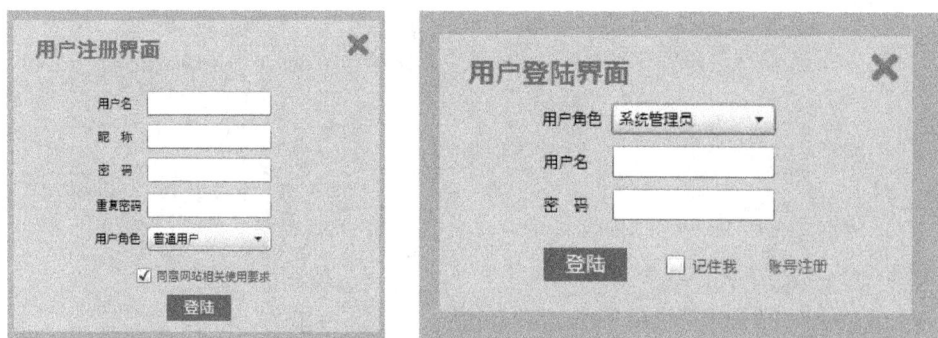

图13.19　用户注册与登录界面

（2）视图浏览

视图浏览分为两部分：一部分是地图的切换，另一部分是地图的浏览。该系统为用户提供街道图（图13.20）、地形图（图13.21）、影像图（图13.22）三种地图可供切换，在重点实验区域采用了本地服务器地图与在线地图叠加的方式。

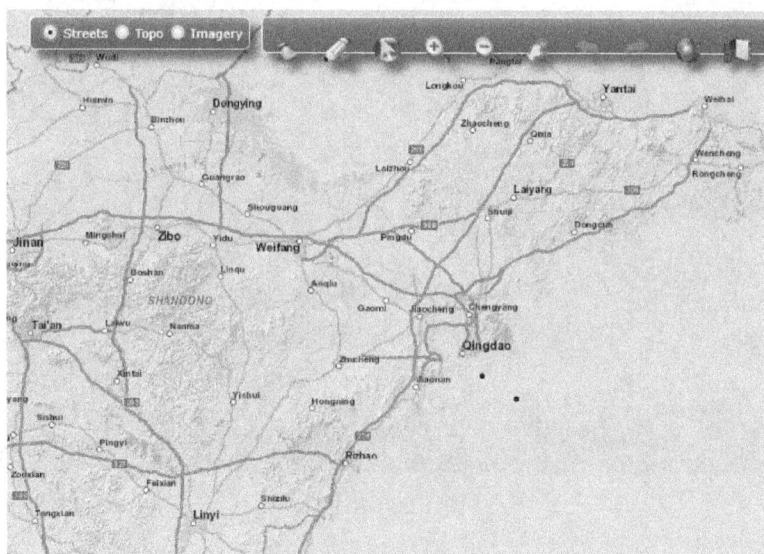

图13.20　街道图

图13.21　地形图

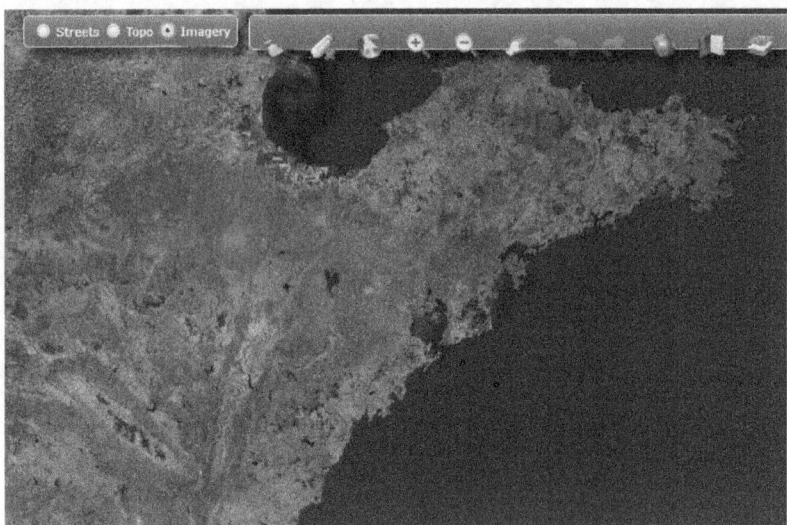

图13.22　影像图

　　从ArcGIS API for Silverlight 3.0开始，ESRI公司的二次开发不再提供放大、缩小、平移等基本浏览工具条，因此该系统利用ArcGIS的二次开发接口独立开发出一套常用浏览工具，如图13.23所示。

图13.23　视图浏览工具

（3）溢油量测

溢油量测功能是基于二维地图进行长度、面积等的量测。点击常用工具条中的量测按钮，弹出量测工具框，该工具提供三种量测方式：多边形量测、线性量测、圆形量测。量测结果的单位可以下拉选择常用长度、面积计量单位。

单击多边形量测，鼠标由箭头状态转换为画笔状态（图13.24），此时按顺序点进行多边形顶点的定位，双击结束绘图，同时在量测窗口中显示图形的面积、周长信息；单击线性量测则在地图上绘制多段线；单击圆形量测在地图上绘制圆形区域（图13.25）。

图13.24　量测开始

图13.25　量测结果

（4）谷歌地图

谷歌地图位于地图右下角，和鹰眼配合使用。打开鹰眼后鹰眼图框中显示当前地图的范围，便于用户直观地定位当前的浏览位置，提高查看效率（图13.26）。点击谷歌地图，谷歌在线地图覆盖鹰眼的位置，同时与地图联动，当地图当前视图发生变化时，谷歌地图跟随变化；同时谷歌地图提供地图、卫星图、Earth三种浏览模式。

（5）联系客服

要想发展成为一个成熟的网站系统，必须广泛听取用户的建议，因此该系统提供联系客服功能。用户在遇到使用问题或者对网站有好的建议时，可以联系客服留下意见和建议（图13.27）。本部分是通过调用腾讯QQ的开放接口实现。

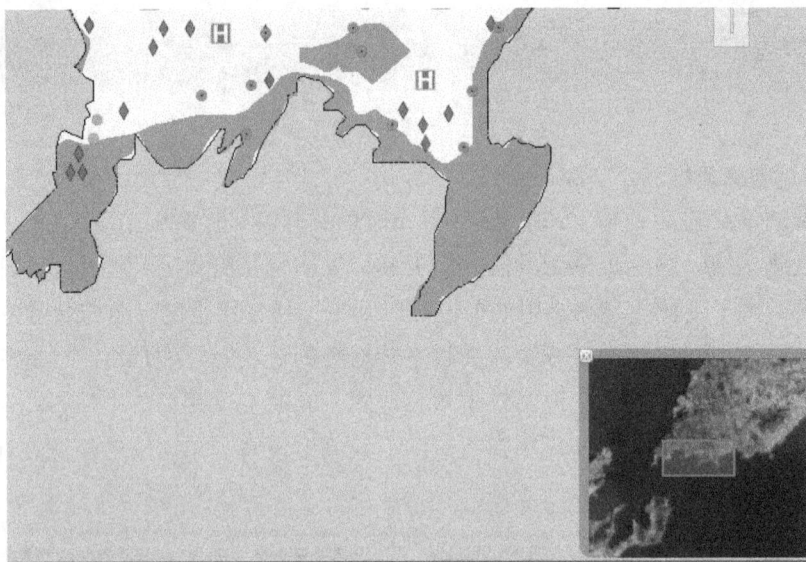

图13.26　谷歌地图

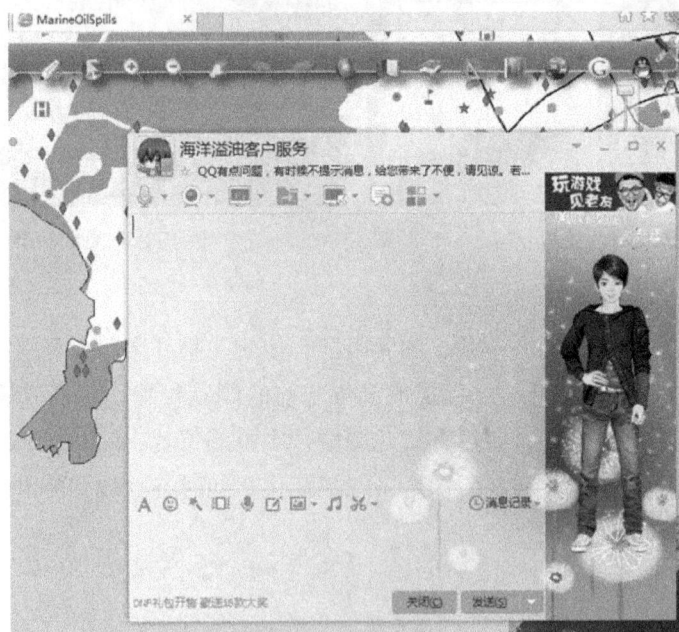

图13.27　联系客服

13.4.2 信息检索模块

系统可以同时对空间信息和属性数据进行快速、全面、准确的查询与定位。信息查询功能主要是针对基础地图和各种专题数据进行的，包括属性查询、空间查询、多条件查询等查询方式，可对系统数据库进行多形式、多条件的查询，如图13.28所示。

图13.28　信息查询工具

选择属性查询后，可以在用户对话框中输入与目标点（或者其他要素点、线、面）相关的关键字，确认输入后系统自动检索属性信息库的所有字段，返回含有关键字的要素，在地图上高亮标出并显示在搜索结果对话框中（如图13.29），鼠标划过相应要素，地图上对应点（线、面）变色提示，并移动到屏幕中心位置（图13.30）。

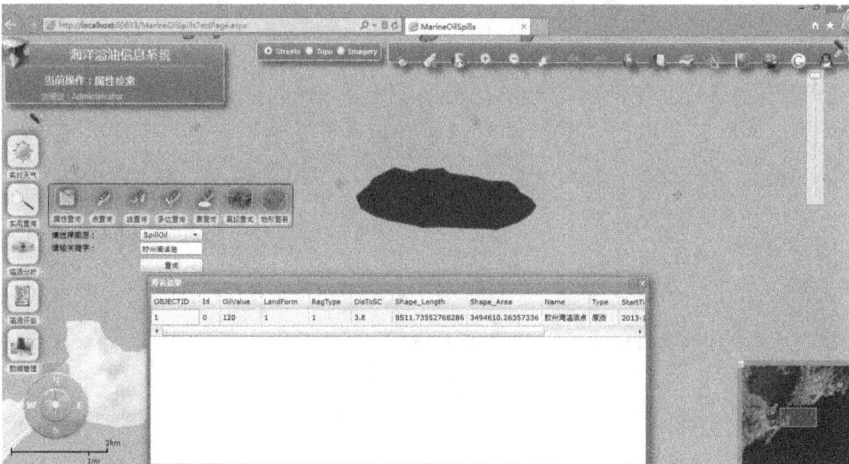

图13.29　属性查询结果

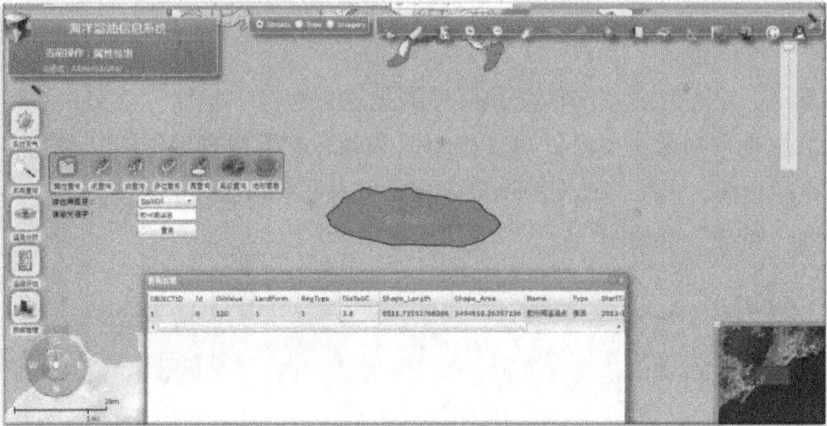

图13.30　结果展示

除此之外系统还提供了点查询、线查询、多边形查询以及圆查询，用户可
以根据个人习惯以及查询目标选择合适的空间查询工具，三种方式均通过对属
性信息和空间信息的检索获得用户需要的结果数据，图13.31、图13.32分别为
线查询、多边形查询。

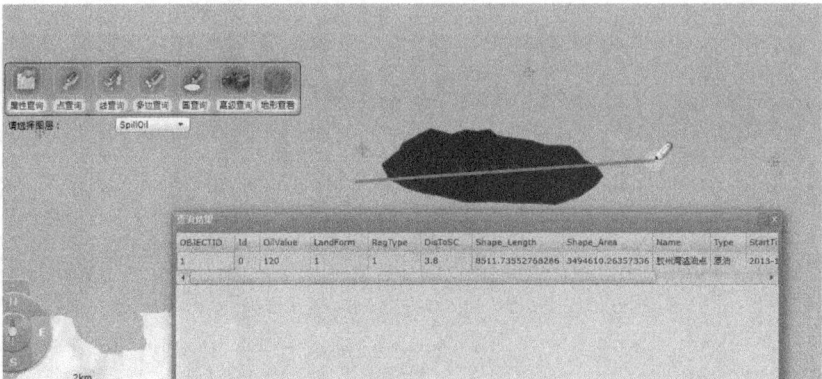

图13.31　线查询

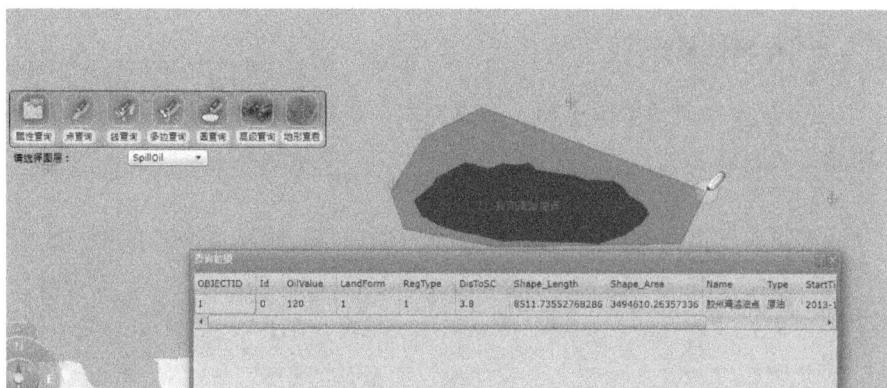

图13.32 多边形查询

系统同时提供了其他更为灵活强大的属性和空间位置互查的方法，用户可按需选择查询方式。用户选择高级查询后，可自定义多种查询条件集合，包括溢油类型、溢油编号、溢油点名、溢油程度、损失级别、在某个时间段内等，系统将用户自定义条件转换为数据库查询语句并进行空间数据库和属性数据库的同步查询，查询结果将呈现符合条件的全部溢油记录的行为信息和属性信息，如图13.33所示。

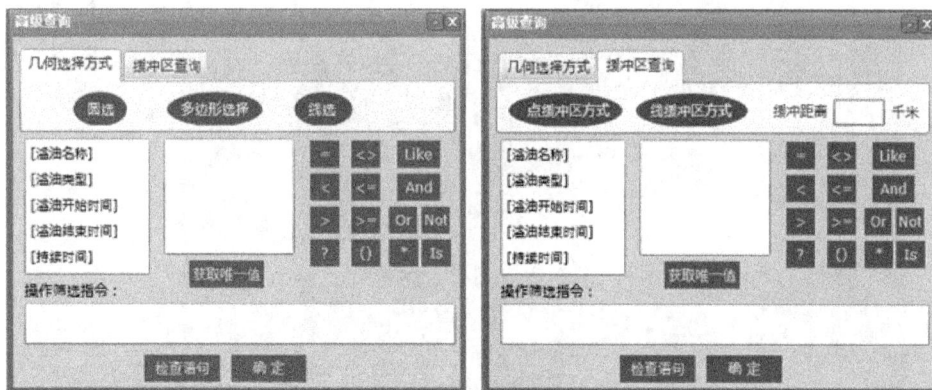

图13.33 高级查询

13.4.3 溢油分析模块

溢油分析模块包括图层添加、边界提取、扩散分析、厚度分析和厚度查询5个功能，如图13.34所示。

图13.34　溢油分析工具

添加图斑功能是针对已经发生溢油状况，并获取到相关遥感图像的基础上设计的。管理员在系统添加溢油区域的遥感影像后，用户可以通过添加图斑按钮在地图上选择添加溢油遥感图像图层（图13.35）。图斑添加完成后，点击提取边界进行边界的提取以便于后面的扩散分析（图13.36）。

图13.35　添加图层

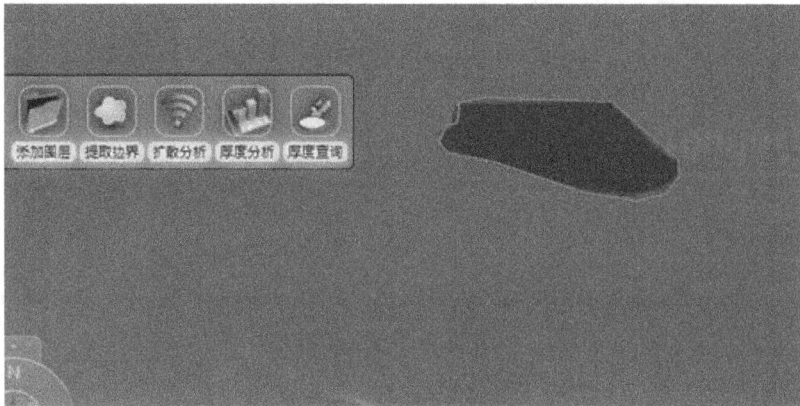

图13.36　边界提取

扩散分析主要是利用动态模拟模块生成的粒子的相关信息，进行统计分析，数据转化、输出，生成相应的灰度图，并且添加到地图，其扩散结果模拟如图13.37所示。厚度查询工具，用户在地图上绘制所要查询的剖面线，完成线的绘制后将剖面线分段处理，结果显示在窗口中，厚度查询结果如图13.38所示。

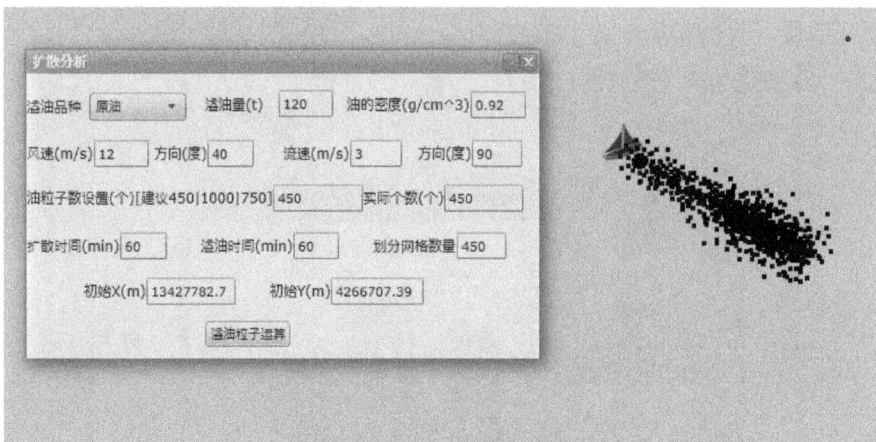

图13.37　扩散结果图

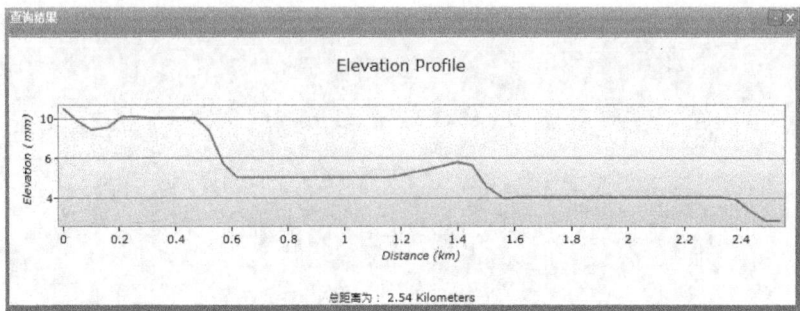

图13.38　厚度查询结果

13.4.4 溢油评估模块

溢油评估包含等级评估、出船方案、隔离预案、损失评估几个部分。溢油等级评估，通过结合特定的条件综合对海域进行危害程度的评价，并进行危害程度分等定级。通过出船方案工具，可以生成最佳的行船方案（图13.39）、得出最佳的隔离预案并显示在地图上。损失统计模块可得出相应的各项损失评估结果，生成直观的统计图（图13.40）。

图13.39　出船方案

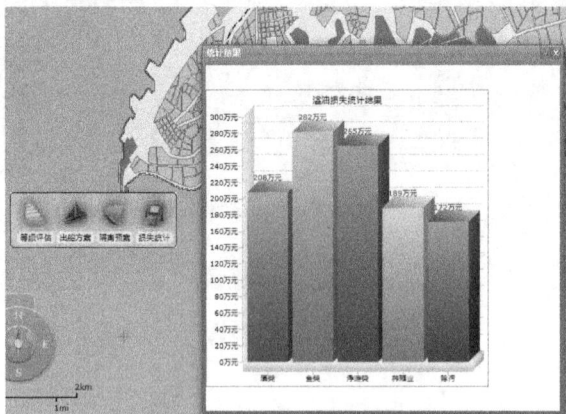

图13.40　溢油损失统计

13.4.5 数据管理模块

数据管理模块包括用户管理和空间数据管理。用户管理支持有关用户信息查询、添加、修改、删除、管理等，如图13.41所示。空间信息管理主要是对溢油遥感信息的存储、更新、删除等管理操作，其中数据类型分为栅格数据、潮流场数据和风场数据（图13.42）。

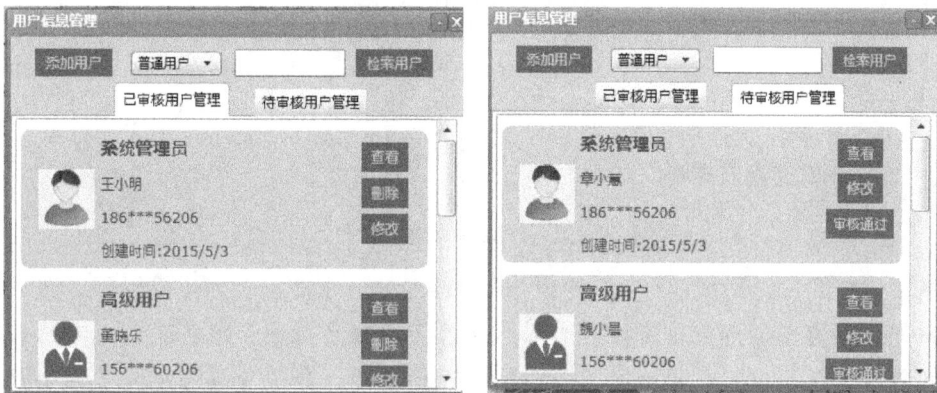

图13.41　用户管理

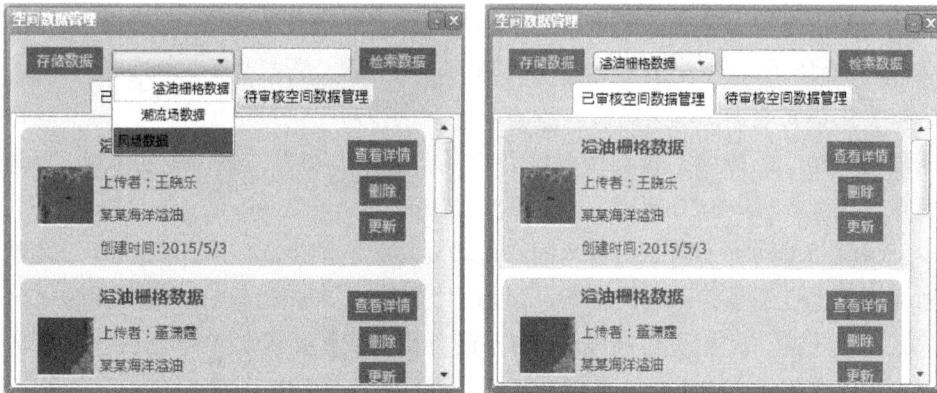

图13.42　空间数据管理

第14章 绿潮信息监测与评估系统

14.1 需求分析

14.1.1 绿潮灾害及影响

绿潮是绿藻门石莼科的一种，藻体草绿色，管状膜质，丛生，主枝明显，分枝细长，高可达1米。由于全球气候变化、水体富营养化等原因，造成海洋大型海藻绿潮灾害暴发。大量绿潮漂浮聚集到岸边，阻塞航道，同时破坏海洋生态系统，严重威胁了沿海渔业、旅游业、养殖业等的发展。青岛海域最早于2007年出现绿潮灾害。绿潮灾害每年7～8月登陆青岛，大片绿潮漂浮在海面上，有的呈长条状，长达上百米，有的零散分布，连片成方。

2008年绿潮灾害尤其严重，大量绿潮从黄海中部海域漂移至青岛附近，使得青岛近海海域及沿岸遭遇了突如其来的自然灾害。青岛作为2008年夏季奥运会帆船比赛场地，绿潮灾害曾一度对帆船运动员海上训练造成影响。为了消除绿潮对奥运会的影响，青岛市政府动用了大量人力物力，累计清除绿潮100多万吨，绿潮的污染也引起了人们的格外关注。

绿潮处理问题不同于一般的固态垃圾处理，它的生成没有固定地点，其繁殖与漂移也受到各种因素的影响，目前的处理方式未能达到对现有资源的优化配置。鉴于此，采用更为高效的GIS空间分析与建模技术，综合分析各种影响因素，以实现绿潮污染生成范围和程度的动态预测和相应处理方案。

青岛作为全国知名的旅游城市，"红瓦，绿树，碧海，蓝天"是青岛的旅游特色，绿潮一旦登陆海岸，将对青岛海岸旅游资源造成很大的破坏，对青岛市的旅游业造成负面影响。因此，迫切需要应用GIS相关技术以高效处理绿潮造成的一系列环境问题。

14.1.2 软件系统需求分析

　　绿潮问题已受到社会的广泛关注，人们也逐渐意识到高效处理绿潮灾害的迫切需要，因此，开发出一个可以根据成长条件分析出绿潮的出现范围以及短期内的分布状况变化，并得出相应处理方案的GIS软件系统，具有强烈的市场需求。其功能需求包括对水温、盐度、地形、含氧量等空间信息和属性信息的采集、处理、筛选、分析和表达，快速准确地生成预定时间内绿潮分布情况，经过分析后得到最佳处理位置及人员调配方案并图形化表达分析结果，确定打捞后绿潮垃圾的运送方案，为管理决策者提供辅助决策信息。系统应着眼于青岛周边海域绿潮灾害，为环保局、海洋局的综合治理绿潮问题提供行之有效的整体处理方案，可快速分析出绿潮污染范围并得出相应解决方案，以提高环保相关部门办事效率，而且节省人力、物力耗费。

14.2　关键技术

14.2.1 海量数据二三维一体化存储

　　采用ArcCatalog和SQL2008共同组织数据，保证数据的存储、更新、查询检索等功能，同时将数据分类存储，避免了数据的混乱；采用GeoDataBase数据库对空间矢量数据进行数据管理；SQLSever2008对文本信息数据进行存储和管理。ArcGIS10正将GIS带向3D领域，GeoDataBase的模型将彻底支持3D，不是2.5D的可视化，而是真3D的数据对象和要素。其实现方式将采用扩展技术，对数据库内地理信息的建模、存储和展现进行扩展。文件型的数据共享不能够满足空间数据量较大的应用需求，因此，使用ArcSDE将地理数据存储在关系型数据库（RDBMS）中，并作为一个地理数据库进行管理。

14.2.2 Socket通信技术

运用Socket通信技术与WindowsPhone技术相结合，实现了移动终端功能，可以加载地图，对地图实现一些基本操作，同时对绿潮实时动态监测，收集与发布信息，保证信息交流。地图的显示与操作包括加载地图，对地图实现放大、缩小和平移等基本操作；绿潮灾害的预测和监测，可以分别查看近期绿潮监测状况，根据已有信息对绿潮灾害进行预测，通过地图显示一段时间内绿潮的分布等。信息的收集与发布是根据GPS（Global Positioning System）定位，填写相关信息如时间、经纬度，对灾情进行描述，完成信息的收集；信息发布采用了Socket技术，移动端使用了ServerSocket监听指定的端口；客户端使用Socket对网络上某一个端口发出连接请求，连接成功，自动打开对话，实现了跨平台的信息交互；在客户端可以接受移动终端的信息，得到最新绿潮动态。

14.2.3 CSGL和图形渐变

CSGL（C Sharp Graphics Library）是图形硬件的一个软件接口，是一种快速、高质量的3D图形命令，可以完成物体绘制、变换、光照处理、着色、反走样、融合等操作，通过把这一系列基本操作进行组合，可以构造更复杂的3D物体，能更加逼真地描绘客观现实世界。通过CSGL技术，实现了对洋流的三维模拟，可以直观地看到洋流对绿潮漂移的影响。该系统将图形学图形渐变算法与ArcGIS二、三维平台相结合，解决了动态模拟的难题，真实再现绿潮的扩散漂移路径，为相关部门的决策提供了有效的支持。

14.2.4 流场的动态模拟

流场运动趋势是影响绿潮扩散漂移路径的重要因素，所以再现流场的运动状态趋势，对绿潮扩散漂移路径的影响因素的判定具有重要作用。通过ArcGIS对采集的流场数据处理，获得角度信息、洋流大小的.txt文本。由于近海区域的面积较大，计算机不可能流畅地一次性绘制几十万个箭头，该系统采用CSGL中列表的方式实现大批量的绘制。程序读取角度信息、洋流大小，根据角度绘制不同方向的箭头，同时根据洋流大小从色带中取得该处箭头的颜色。为了达到更好的动态可视化效果，该系统利用三维视角高度的变化对数据进行抽稀处理，并且使监测数据在二维、三维场景下再现洋流场的动态变化。

14.2.5 最佳打捞路线生成

利用手机内置GPS导航设备，获取卫星传输数据，受外界自然环境变化影响小，保证实现全球全天候连续导航定位服务。同时以手机为移动端，方便携带、操作简单，大大提高了效率。在GPS页面点击显示按钮，将显示当前手机用户当前位置的地理经纬度，以及获取绿潮打捞船的当前航向和轨迹点编号。经纬度显示了手机用户当前所在位置，航向和轨迹点编号的获取实现了导航的功能。通过Socket技术使两种信息与主系统进行信息交互。点击下方的信息发送连接按钮，实现发布信息到移动端数据库或主程序处理中心。

14.2.6 DevExpress控件

DevExpress开发的控件有很强的实力，不仅功能丰富，应用简便，而且界面华丽，更可方便定制。其菜单栏控件更具代表，完全可以替代开发环境提供的基本控件，而让编写的程序或软件更显专业化。其还提供完善的帮助系统，资料详尽，可以快速入手。有些高级控件更是零代码的，非常易于使用。DevExpress有较多优秀产品，有套包也有子控件。用户界面DXperience Universal Subscription（简称DEV宇宙版）是一个.NET平台的用户界面套装，它包含Grid、Chart、Reporting、Tree-Grid等100多个功能子控件，同时套包内包含Win From、WPF、Silverlight、.net版本和.NET Application Framework开发框架，可以使面更加美观。同时有些控件基本是零编程，拿来就可以使用，大大节省了编程时间。

14.3 系统设计

14.3.1 系统架构设计

绿潮信息监测与评估系统建设目标是利用地理信息技术和空间数据库技

术，建立一个数据管理完善、模拟分析准确和损失评定实用的综合性信息平台，为海洋环境维护和管理工作提供信息服务和决策支持。

系统建设内容包括利用空间数据库技术，进行海洋基础地理信息库、海洋绿潮专题地理信息库的设计和建设，实现地理空间数据和业务属性数据一体化存储和管理；基于ArcGIS Engine组件技术，实现海上突发绿潮事件的空间可视化分析、制图表达和输出；基于三维椭球体可视化技术，实现绿潮案例的应急分析、量算分析、信息查询、扩散模拟、预警分析、生态评估、信息发布功能，为绿潮灾害防治提供辅助决策。图14.1为系统架构图。

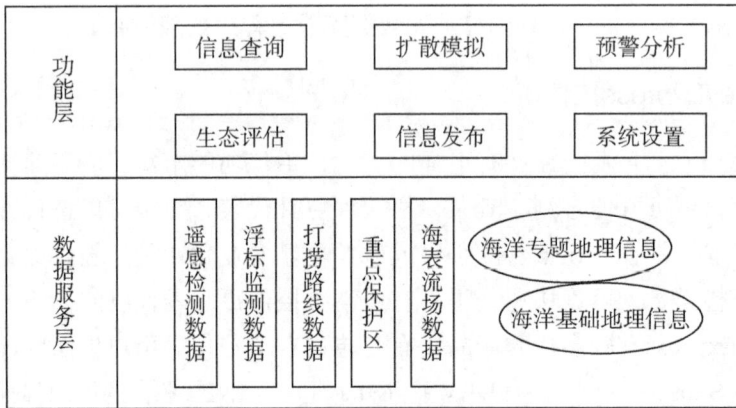

图14.1　系统架构图

14.3.2 数据库设计

（1）采用GeoDataBase数据库对空间矢量数据进行数据管理

采用ArcMap10.0及以上版本的软件对地图进行矢量化操作，使用GeoDataBase数据库，通过建立要素集和要素类对空间数据进行管理。

（2）采用SQLSever2008对文本信息数据进行存储和管理

在SQLSever2008中建立关系型数据库，在表中存储相关文本信息并对数据进行管理。

14.3.3 系统功能设计

（1）信息查询模块

① 多地图类型查询：包括卫星地图、矢量地图、海图、三维地图。四种地图各有优点，能够满足不同用户的信息查询需求，其中海图上涵盖了黄海海域的所有航线、航道和港口信息，能很方便地查看到绿潮覆盖面对近海航道的影响，可及时更改航线，最大限度减少绿潮对海上运输的影响。

② 基本信息查询：可以通过点击查询、框选查询和选择查询对指定区域的基本信息进行查询，如：名称、介绍、海水温度、污染等级等。

③ 保护区信息查询：包括重点保护区查询、绿潮信息查询、信息监测。通过对重点保护区进行选择或者绿潮查询日期的选择，在地图中可以直观显示出重点保护区和绿潮的分布范围。

④ 数据导出：可以将当前地图进行导出。

⑤ 数据管理：主要是对海监船监测数据、浮标监测数据、盐度和厚度渲染图层数据进行数据可视化管理。

（2）扩散模拟模块

扩散路径动态模拟，在二维、三维环境下通过对 Argo 浮标的动态追踪、洋流场的动态分布变化间接反映出绿潮的漂移扩散路径，对绿潮漂移扩散路径进行动态可视化。

① 二维扩散模拟：主要包括二维场景下的浮标位置变化模拟、洋流动态模拟、扩散路径渐变的模拟。根据提取的空间信息及属性数据，如：绿潮初始分布位置和数量、海水温度、风向风力、降水、海浪、海水盐分、海岸线地形、时间、过往船只、气候等及其对绿潮生成影响程度，生成特定时间内绿潮在近海海域预期分布状况图，并采用分级设色法标示灾害严重程度。

② 三维扩散模拟：主要包括三维场景下的浮标位置变化模拟、洋流动态模拟以及采用图形插值算法实现的绿潮扩散路径渐变模拟。

（3）预警分析模块

根据提取的空间信息及属性数据，如：绿潮初始分布位置和数量、海水温度、风向风力、降水、海浪、海水盐分、气候等及其对绿潮生成影响程度，对近海区域进行分析，生成绿潮灾害扩散可能性大小预报图，并采用分级设色方法根据绿潮厚度标示灾害严重程度。对绿潮的厚度变化分布图通过点选、直线选取、圆选、框选和多边形选取等方式进行绿潮厚度查询。

（4）生态评估模块

生态评估主要包括环境健康评估和损失评估。

① 环境健康评估包括生态健康状况、叠加分析和服务功能损失计算等功能。生态健康状况是根据海监船监测数据和评估插值点生成指定绿潮区域的生态健康得分插值图，通过分值来表现对环境的污染程度。与保护区做叠加分析是将绿潮区域和重点保护区做叠加分析，生成敏感性分布图，主要分为敏感区，半敏感区，非敏感区。可以对各敏感区进行点击查询，显示敏感区具体得分。服务功能损失计算是根据敏感区、半敏感区和非敏感区的得分来进行服务功能损失的计算。

② 损失评估包括环境损失评估，旅游损失评估和海洋生物损失评估。环境损失评估是根据绿潮的分布面积、厚度、打捞规模（船只）等因素计算环境损失值。旅游损失是在往年客游量基础上，根据旅游景点旅游指数、绿潮范围、污染级别等，根据专业数学计算公式计算而来，由餐饮、运输、旅行社等损失共同组成。生物损失评估把养殖区与非养殖区的生物密度分开计算，并且成年鱼与幼鱼计算方法不一。成年鱼计算方法为

$$W = D \times R \times V \times M \tag{14.1}$$

式中，W 为成体损失量（t），D 为渔业资源密度（以重量计，t/km^2），R 为成体比例（%），V 为影响面积（km^2），M 为绿潮致死率（%）。

幼鱼计算方法为

$$W = D \times r \times V \times M \times N \times I \times 10^{-6} \tag{14.2}$$

式中，W 为成体损失量（t），D 为渔业资源密度（以尾数计，ind/km^2），r 为幼体比例（%），V 为影响面积（km^2），M 为绿潮致死率（%），N 为长成率（%），I 为渔获物商品每尾体质量，即尾重（g/ind）。

海洋植物计算方法为

$$W = D \times V \times M \tag{14.3}$$

式中，W 为植物损失量（t），D 为植物资源密度（t/km^2），V 为影响面积（km^2），M 为绿潮致死率（%）。

③ 生成风险评估报表：包括影响范围表，直接经济损失表，灾害等级表等。

（5）信息发布模块

信息发布模块包括飞信通信、邮件通信、网页信息发布和利用Socket通信技术与WP（Windows Phone）结合开发的手机移动终端。其主要实现了二维地图浏览、绿潮信息查询、绿潮分布查看、Socket实时通信等功能。

① 地图的显示与操作：在地图主页面可以对地图实现放大、缩小和平移等基本操作，也可查看某段时间青岛海面绿潮灾害的预测和监测状况。

② 信息发布：在手机端分别输入绿潮灾害的发生时间、地点以及灾情描述进行发布。

③ GPS服务定位：利用手机内置GPS导航设备，获取卫星传输数据，保证实现全球全天候连续的导航定位服务。

④ 打捞路线生成：根据发布的信息，收集到绿潮分布的具体位置和范围，在地图上对绿潮进行打捞模拟处理，并生成打捞路线。

14.3.4 系统界面设计

系统主界面由以下几部分组成：菜单栏、工具栏、鹰眼图、图层信息栏、地图窗口、数据窗口、状态栏等。

① 菜单栏，位于软件的上方，根据功能性质将功能进行分类，同一类性质的操作放在同一菜单下面。

② 工具栏，系统中某些主要功能的快速调用方式，方便用户的操作，工具栏中的图标与菜单栏中的图标相对应。

③ 鹰眼图，其内部为地球当前可见视图范围，红色线框随地球的漫游、放大、缩小自动变化，更新其框选区域大小和位置。

④ 地图窗口，用来显示矢量数据和Access数据，并提供用户与软件进行交互的接口。

⑤ 数据窗口，用来显示Access数据，并提供用户与软件进行交互的接口。

⑥ 图层信息栏，用来显示加载到ArcGlobe上的图层信息，随着地图比例尺的变化，显示的图层信息也随着变化。

14.3.5 系统开发环境

操作系统：Microsoft Windows 7/8系统。

开发语言：VS2010（SP1）。

数据库：Microsoft SQL Server 2008 R2版本。

SDK：WP7 SDK。

14.3.6 系统运行环境

软件环境：Microsoft Windows 7/8、C#.NET Framework 4.0、Arc Info 10.0、Arc Engine 10.0。

硬件环境：1G以上内存并且含有2G以上剩余硬盘空间。

数据库平台：GeoDataBase数据库、SQLSever2008

14.4 系统实现

14.4.1 系统界面实现

系统主界面图如14.2所示。菜单栏包括信息查询、扩散模拟、预警分析、生态评估、信息发布等菜单项。工具栏在菜单栏的下方，可以对地图进行快速方便的操作。地图窗口位于"地图"标签的下侧，对系统中所用的地图和Access数据进行显示。鹰眼图用于查看地图窗口中所显示的地图在整个图中的位置，可以实现鼠标中键缩放。图层信息栏将当前操作的地图图层显示在ArcGlobe上，随着地图比例尺的变化，显示的图层信息也随着变化。

14.4.2 系统功能实现

（1）信息查询

在多地图类型查询菜单中依次点击卫星地图、矢量地图、海图、三维地图可以进行图层的切换显示，图14.3～14.5分别为矢量地图、三维地图、海图的显示。

在基本信息查询菜单中选择点击查询按钮，对地图上的旅游景点、养殖区、重点保护区等区域进行点击，在弹出的对话框中显示此位置地物的基本信

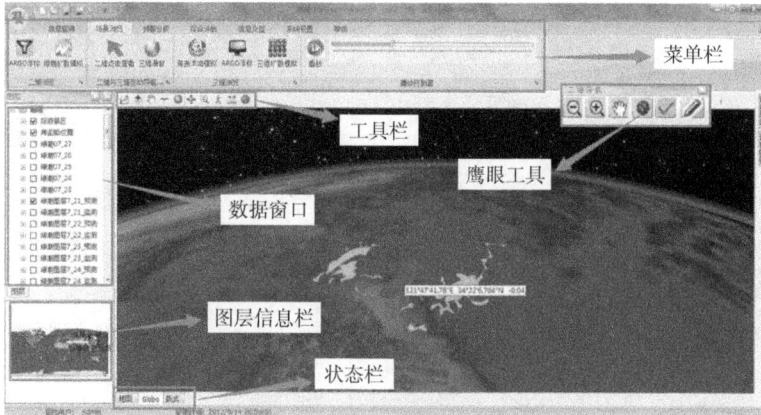

图14.2 系统主界面

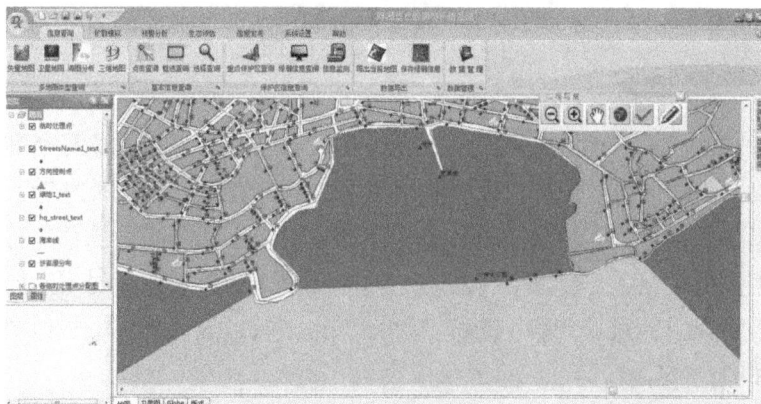

图14.3 矢量地图显示

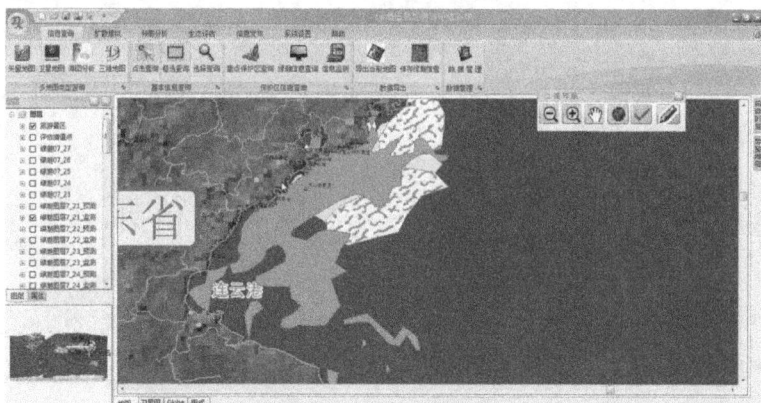

图14.4 卫星地图显示

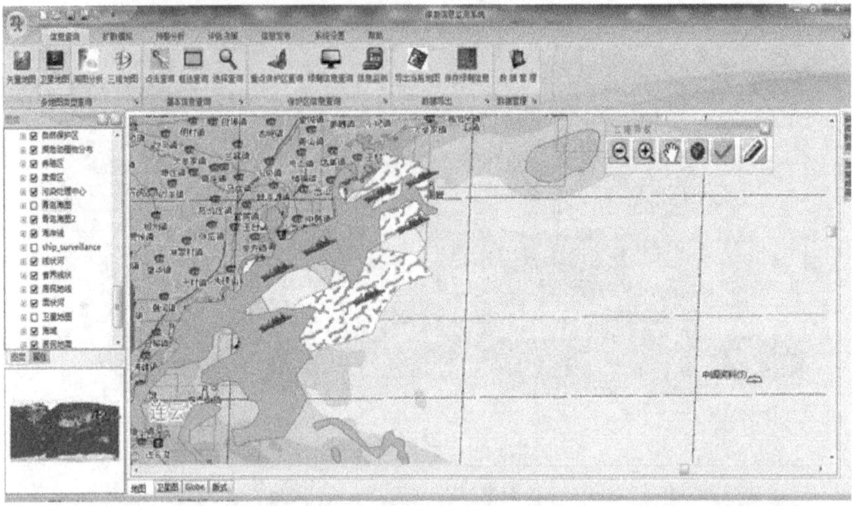

图14.5　海图显示

息，如图14.6所示。点击选择查询按钮，在弹出的查询窗口中选择查询图层和查询字段，并添加所有值，可以查看该字段的所有值信息，如图14.7所示。

　　选择绿潮信息查询模块，输入查询日期，对绿潮的分布和漂移进行动态预测，并生成专题报表，如图14.8所示。选择保护区信息查询中的重点保护区查询模块，在弹出的数据列表中选择具体的保护区域，该保护区域在地图中高亮显示，如图14.9所示。

图14.6　点击查询

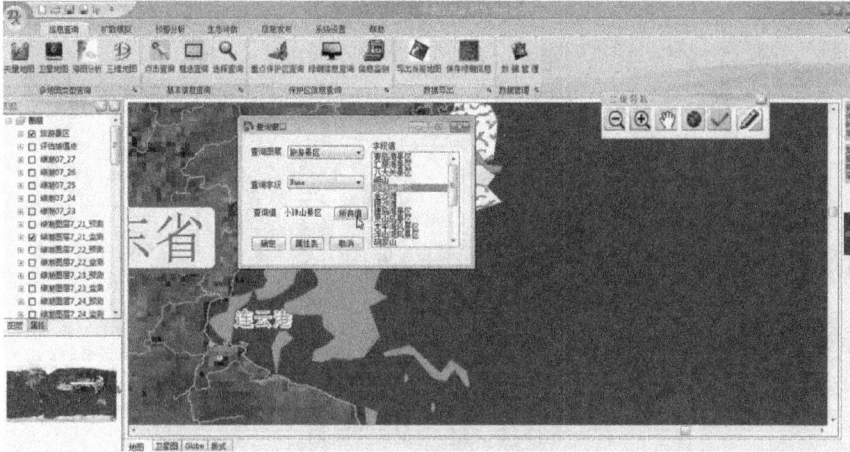

图14.7 选择查询

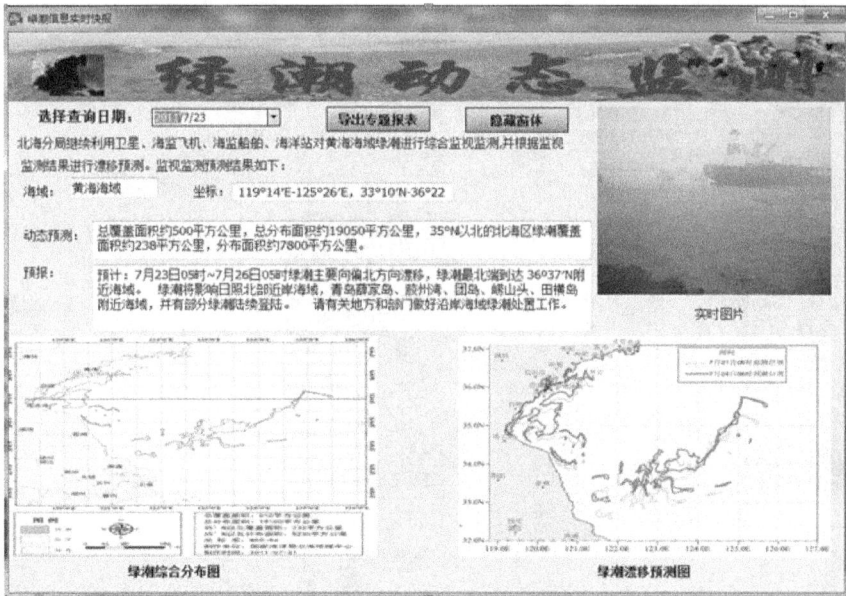

图14.8 绿潮信息查询

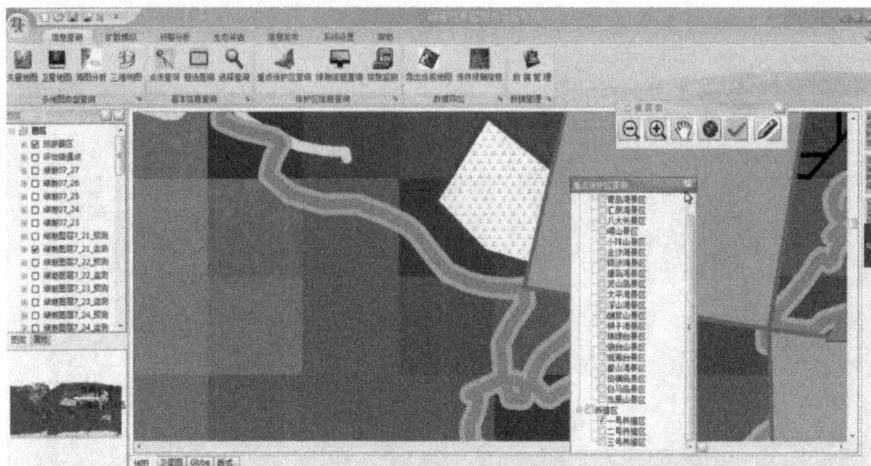

图14.9　重点保护区查询

选择"数据导出"菜单中的导出当前地图，将当前地图导出，如图14.10所示。选择数据管理模块，可以对海洋数据进行可视化管理，如图14.11所示。

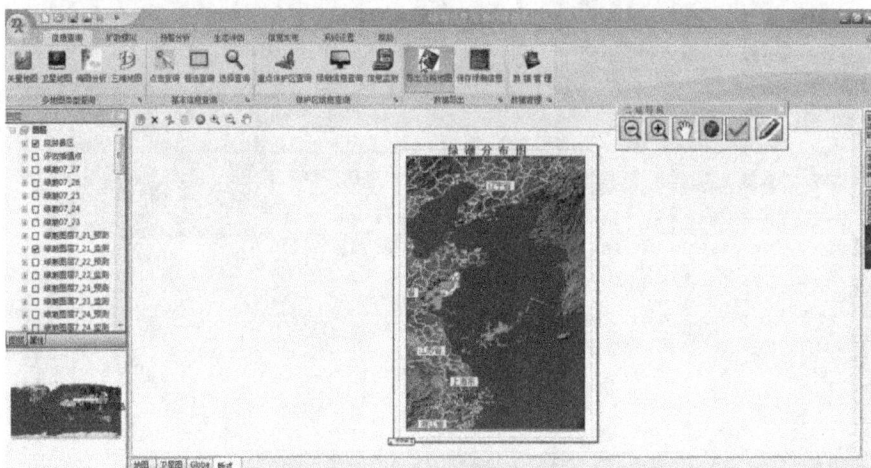

图14.10　地图导出

图14.11 海洋数据管理

（2）扩散动态模拟

选择二维扩散模拟菜单下的Argo浮标模拟模块，选择模拟分析的海域、时间点，点击时间滑块播放器中的播放按钮，可以动态地显示Argo浮标的运动轨迹，如图14.12所示。选择绿潮扩散模拟模块，点击播放按钮，可以将绿潮扩散的分布区域变化情况进行动态模拟，如图14.13所示。选择三维扩散模拟菜单中的Argo浮标模拟模块，在弹出的浮标轨迹窗口中选择指定的浮标，点击播放按

图14.12 浮标运动轨迹模拟

383

钮，可以将浮标的运动轨迹在三维场景下进行动态模拟展示，如图14.14所示。
选择海表洋流模拟模块，在三维场景下显示海表的洋流分布状况，点击播放按
钮，可以动态地显示青岛近海岸的洋流分布。如图14.15所示。

图14.13　绿潮扩散模拟

图14.14　三维浮标轨迹模拟

图14.15 洋流分布

（3）预警分析

在系统界面左侧的图层窗口中选择某一时间点的绿潮分布图，点击绿潮厚度专题图模块，生成绿潮厚度分布渲染图，如图14.16所示。选择三维工具栏中的点选按钮，对绿潮厚度图进行点选查询，弹出的窗口中显示该点的绿潮厚度情况，如图14.17所示。

图14.16 绿潮厚度分布渲染图

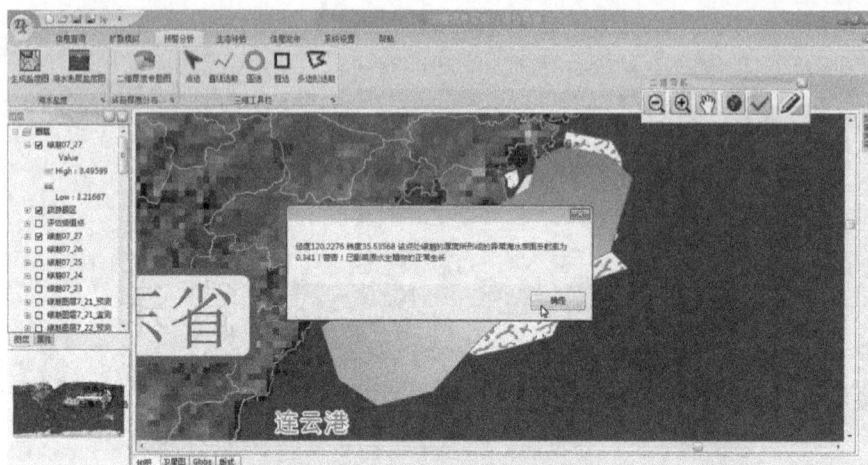

图14.17　绿潮厚度点击查询

　　同理，可以点击直线选取或多边形选取，生成绿潮厚度分布的二维和三维折线图。如图14.18～14.20所示。

图14.18　绿潮厚度变化图

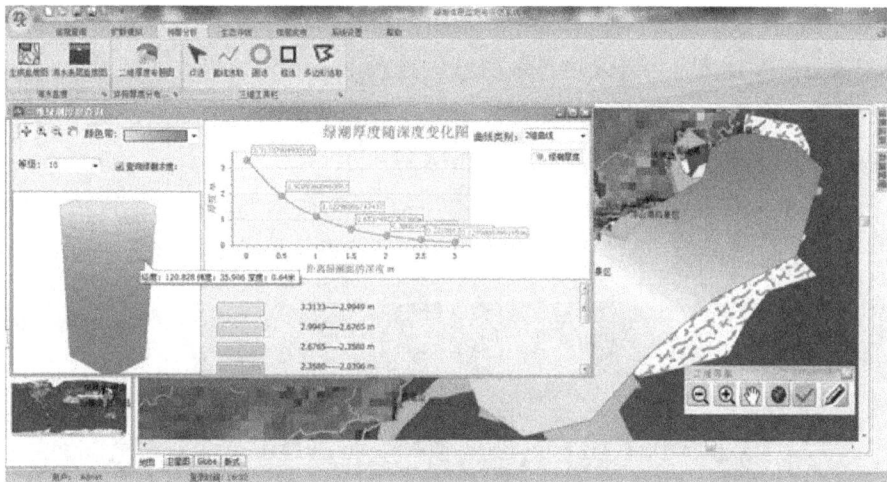

图14.19 绿潮厚度二维折线图

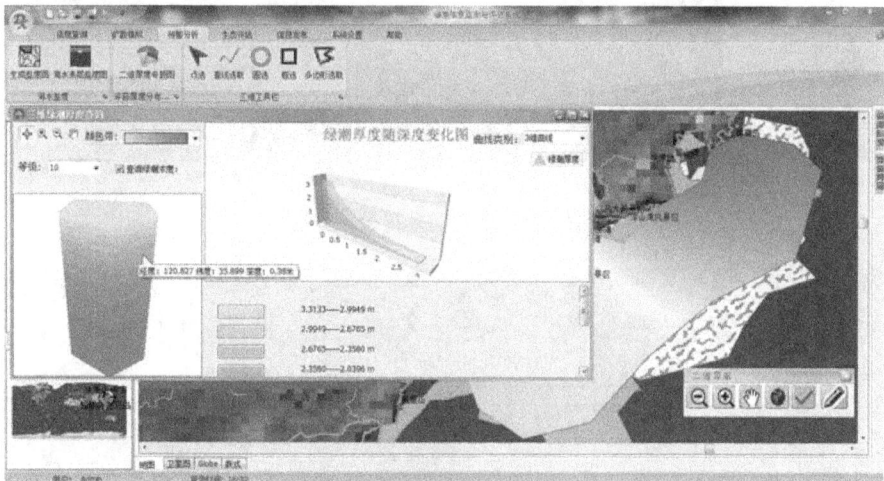

图14.20 绿潮厚度三维图

（4）生态评估

选择生态健康状况模块，在弹出的生态状况窗口中选择监测点和渲染颜色带，生成指定绿潮区域的生态健康得分插值图，根据分值确定环境污染的严重程度，通过点击查询可以得到某一位置的生态健康得分，如图14.21所示。选择与保护区做叠加分析模块，指定绿潮区域和重点保护区，在弹出的敏感性分析窗口中点击生成按钮，生成敏感性分布图，如图14.22所示，主要分为敏感区、半敏感区、非敏感区，可以对各敏感区进行点击查询，显示敏感区具体得分。选择服务功能损失计算模块，在弹出的生态服务损失窗口中输入公益价值和折算率等参数，计算服务功能损失，如图14.23所示。

选择环境损失评估模块，弹出环境污染损失对话框，选择绿潮的分布面积、厚度、打捞规模（船只）等参数，计算环境损失值，如图14.24所示。选择

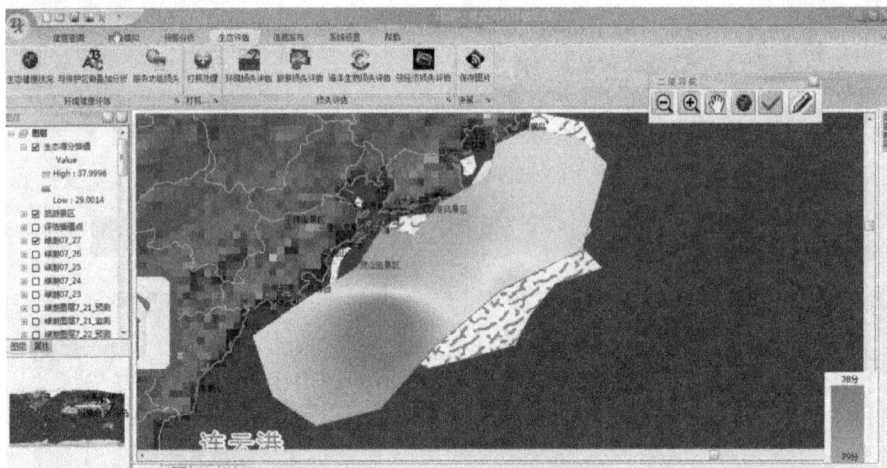

图14.21　生态健康得分插值图

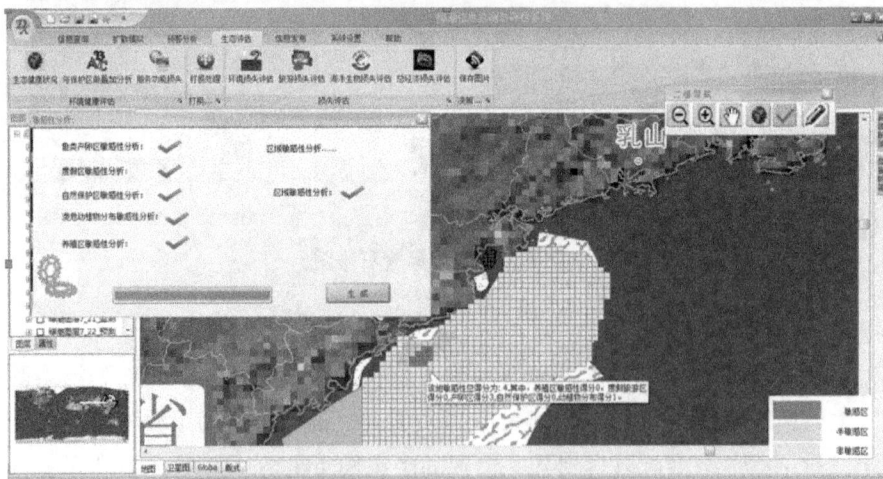

图14.22　敏感性分布图

旅游损失模块，在弹出的旅游损失评估对话框中选择旅游景点的旅游指数、绿潮范围、污染级别等参数，计算旅游景点的损失评估，如图14.25所示。选择生物损失评估模块，选择成年鱼与幼体鱼的资源密度、比例、影响面积等参数，计算生成损失数据，如图14.26所示。

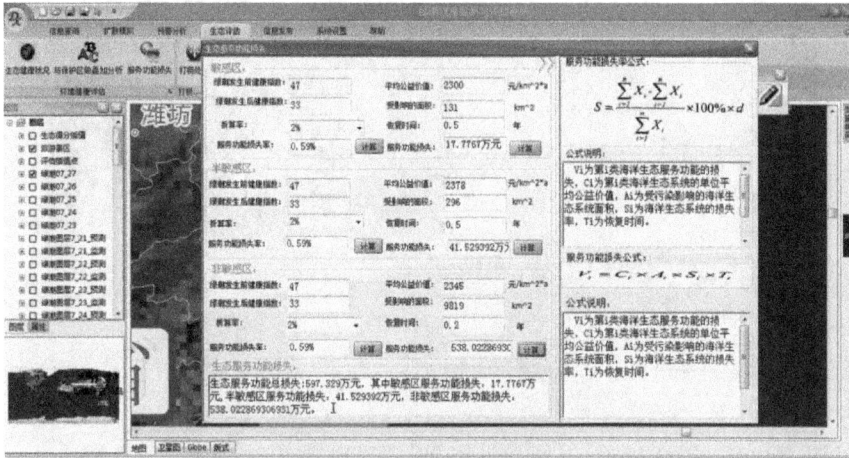

图14.23 服务功能损失计算

图14.24 环境污染损失计算

图14.25　旅游损失评估

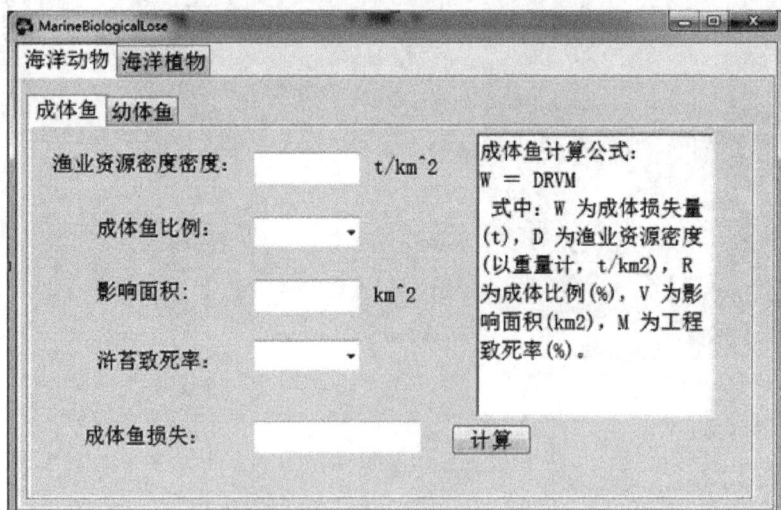

图14.26　生物损失评估

（5）信息发布

图14.27为移动终端的绿潮监测与打捞界面，当前显示图片为青岛周围海域的矢量图，点击主页面右侧的列表，可以分别查看一段时间内绿潮的监测或预测分布，如图14.28所示。

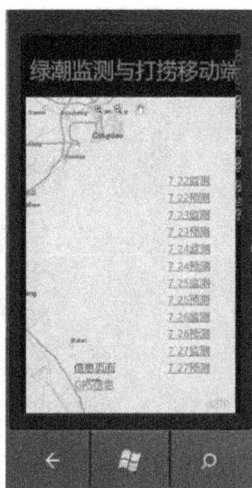

图14.27　绿潮监测与打捞界面

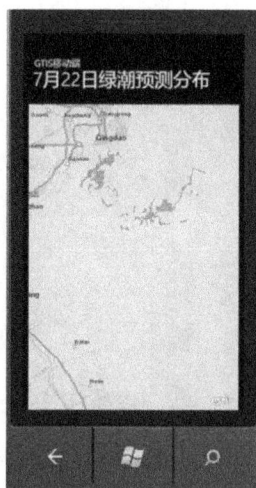

图14.28　绿潮预测分布界面

采用飞信和邮箱方式进行信息发布的界面图分别如图14.29和图14.30所示。在移动端信息发布方式中，点击主页面下方的信息页面，进入信息收集页

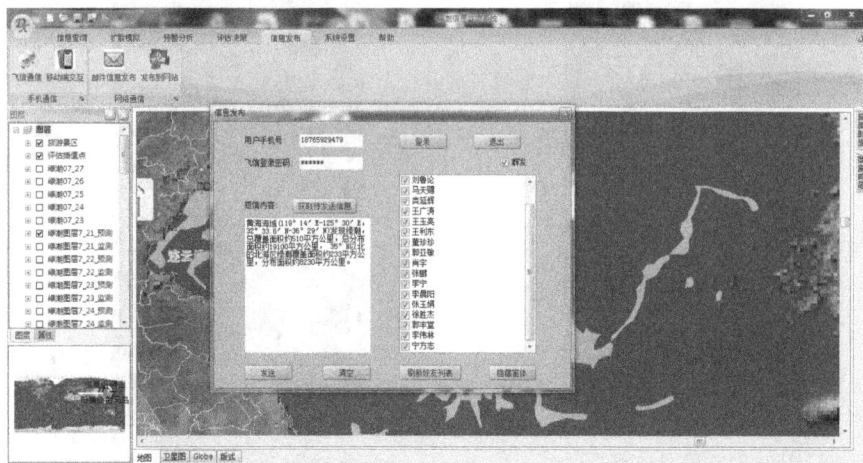

图14.29　飞信发布

面，如图14.31所示；在该页面中可以分别输入绿潮灾害的发生时间、地点以及灾情描述，点击发布链接按钮进入发布页面，如图14.32所示，可以分别查看已添加信息并实施发布。在主程序的控制台中可以看到已发布的灾情描述，如图14.33所示。

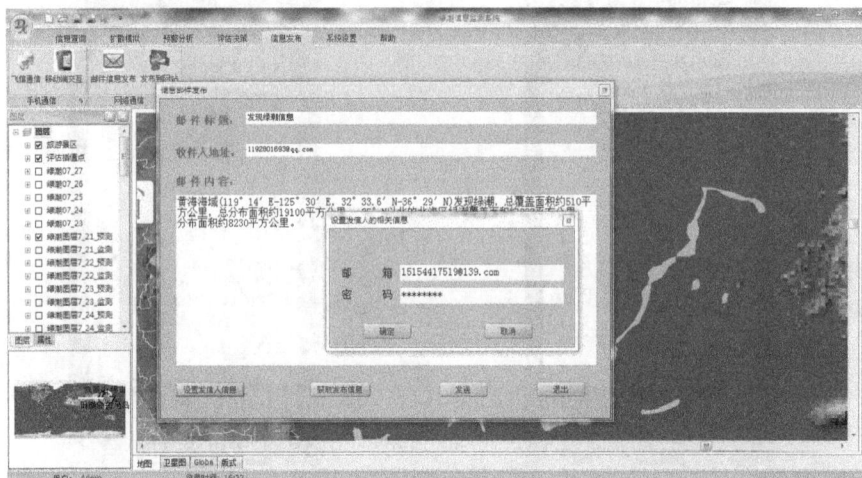

图14.30　邮箱发布

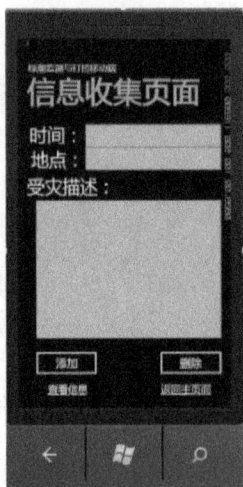

图14.31　信息收集页面

图14.32　信息发布页面

图14.33　Socket通信技术

点击主页面的GPS信息，进入GPS定位功能，如图14.34所示。移动终端定位信息发送功能实现如图14.35所示。

图14.34　GPS定位功能

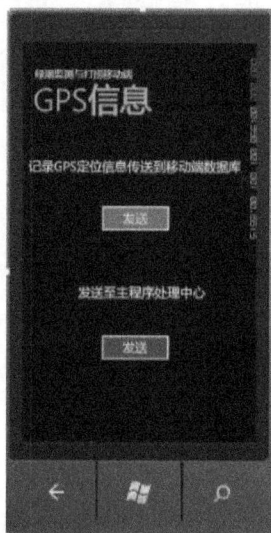

图14.35　GPS定位信息发送

选择打捞处理模块，导入绿潮处理信息和GPS数据，设置打捞作业的时间和打捞船数量，对海岸打捞处理点进行缓冲区分析，并对打捞路线和打捞结果进行可视化显示，如图14.36～14.38所示。

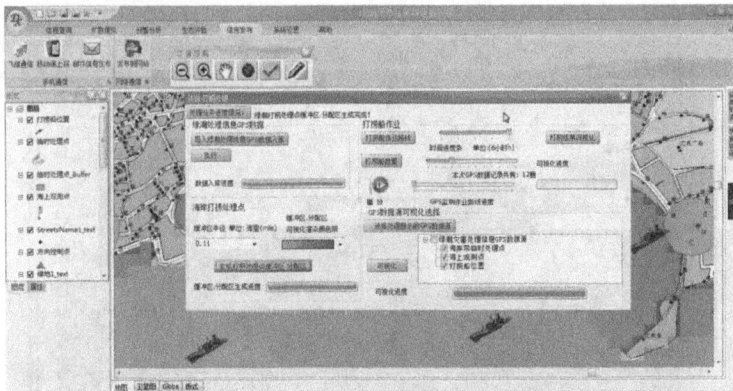

图14.36　导入绿潮处理信息和GPS数据

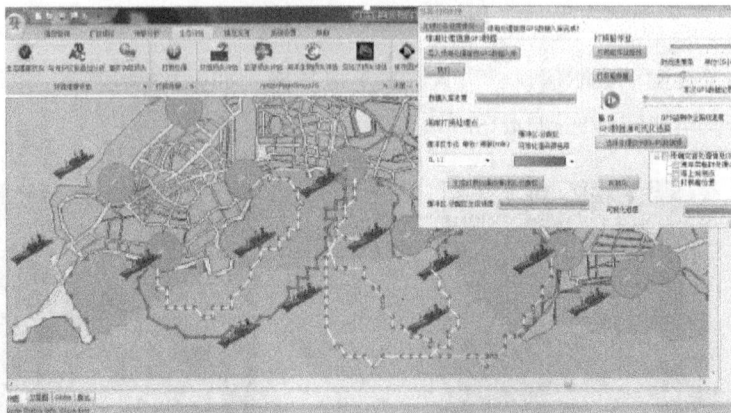

图14.37　打捞路线生成

图14.38　打捞结果可视化

第15章　海岸带时空信息平台

15.1 需求分析

我国海岸带面临洪涝灾害、海平面上升、厄尔尼诺现象、热带风暴袭击、赤潮等自然灾害，同时海岸带也是海洋石油天然气开发、海洋研究、渔业捕捞、废物排放、海岸浴场管理等的主要场所，所以海岸带具有重要的战略意义，如何对海岸带进行信息获取、管理与开发利用是一项重要的任务。通过地面观测与航空航天对地观测对海岸带实时观测，可以获得海量数据。但所获取的数据种类繁多、格式不一、数据结构存在较大差异，影响了数据的综合性应用，这需要一个信息平台来对海岸带相关数据进行组织和管理。

作者研发了海岸带时空信息平台，来对多源海岸带时空序列数据进行集成处理、管理共享、可视化和数据分析，以对海岸带进行智慧管理和合理开发，具有一定理论意义和实践价值。

（1）理论意义

现有的海岸带数据采用通用的关系型数据库或文档形式存储，造成数据组织多样、数据联系弱化，不利于时间序列的检索与分析应用。通过对时空数据模型的分析，研究构建面向海岸带时空数据组织模型、时空数据存储结构和时空数据信息可视化理论，对海岸带多源数据综合管理理论进行完善。

（2）实践价值

通过对海岸带观测数据与基础数据的结构特点分析和对现有时空数据模型的对比分析，构建面向遥感数据与地理信息数据相结合的时空数据模型，可以有效提高海岸带综合信息管理效率。

该平台所构建的面向对象的海岸带数据模型见第2编的5.2节。

15.2 **总体设计**

15.2.1 总体架构

海岸带时空信息平台包括时空数据获取与处理、时空数据组织与调度、时空数据信息可视化与分析等功能，系统总体架构主要分为数据资源层、数据管理层、服务逻辑层、功能模块层、用户管理及安全服务体系五部分。平台总体架构如图15.1所示，平台分层结构如图15.2所示。

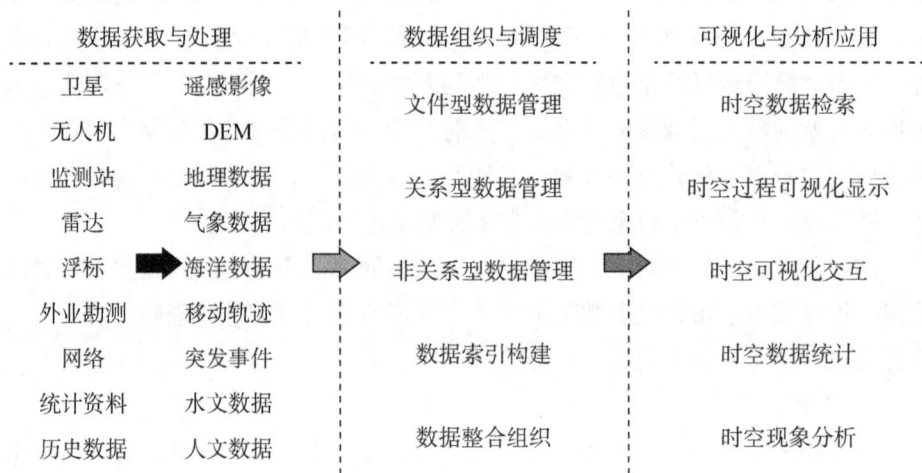

数据获取与处理		数据组织与调度	可视化与分析应用
卫星	遥感影像	文件型数据管理	时空数据检索
无人机	DEM		
监测站	地理数据	关系型数据管理	时空过程可视化显示
雷达	气象数据		
浮标	海洋数据	非关系型数据管理	时空可视化交互
外业勘测	移动轨迹		
网络	突发事件	数据索引构建	时空数据统计
统计资料	水文数据		
历史数据	人文数据	数据整合组织	时空现象分析

图15.1　平台总体架构

（1）数据资源层

数据资源层为系统提供数据支撑，提供整个系统构建和使用过程中需要用到的基础资源数据，主要包括原始数据、成果数据、运算数据、基础资料和运行日志等。

（2）数据管理层

数据管理层对资源数据进行组织，提供底层操作时空数据管理服务接口。

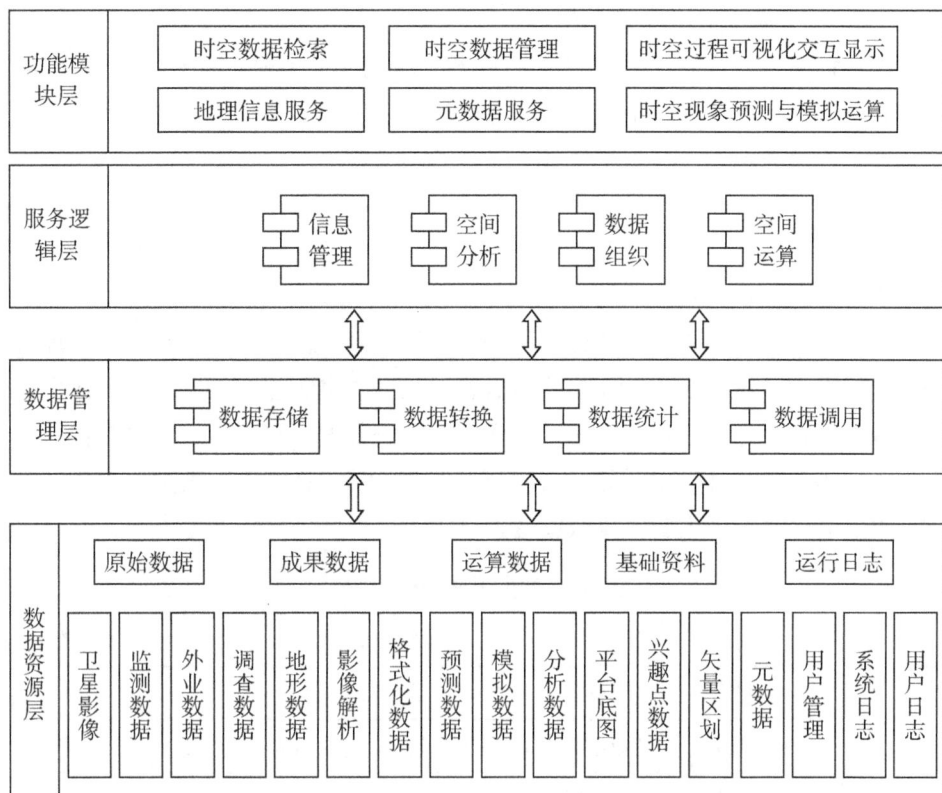

图15.2 平台分层架构

通过搭建服务器集群硬件和软件，保障海岸带时空信息平台的服务顺利调用。主要包含数据存储、数据检索、数据统计及数据调用。

（3）服务逻辑层

服务逻辑层主要是连接功能模块层与数据管理层，保障平台对数据管理层的服务调用，并能实现前台功能模块的高效运行与信息传输。服务逻辑层主要提供中间层操作时空数据应用服务接口，封装算法与模型，包括信息管理、空间分析、数据组织及空间运算等。

（4）功能模块层

海岸带时空信息平台的功能包括时空数据检索、时空数据管理、时空过程可视化交互显示、时空现象预测与模拟运算、地理信息服务模块、元数据服务模块等。

（5）用户管理及安全服务体系

用户权限管理对海岸带时空信息平台的用户进行角色管理分配权限，能够维护和管理后台数据，增加、修改和删除用户。安全服务体系保证系统平稳有序运行，避免受到攻击。

15.2.2 数据库设计

（1）数据库结构设计

海岸带数据主要包括基础数据和海岸带监测数据。基础数据包括地理数据、遥感数据、统计（专题）数据等，海岸带主要基础数据见表15.1。海岸带监测数据包括沿海海岸监测数据和海洋环境监测数据。沿海海岸监测数据包括气象、地理要素、社会要素等，海洋环境监测数据包括水文、气象、水质、生物、灾害等。海岸带主要监测数据见表15.2。

表15.1　海岸带主要基础数据

类别	名称	地物类型	数据类型
地理数据	行政区	各级行政区，省、市、县、地区等	面状
	土地利用	商业用地、住宅用地、耕地、工业用地、水库等	面状
	专题数据	绿地数据、可用空地等	面状
	海洋面数据	海域、岛屿、盐场、养殖区、环境监控区域等	面状
	行政界线	国家各级行政区界线	线状
	交通	主要公路、主要铁路、公交路线等	线状
	水系	河流、湖泊、运河等	线状
	海洋线要素	海岸线、等深线、入海水道、标志线等	线状
地理数据	监测站点	水文气象监测站、环境监测站、生态监测站等	点状
地理数据	格网	DTM、TIN、经纬网	线状
	兴趣点	医院、商场、娱乐场所、餐饮、行政点等	点状
	海洋点要素	石油平台、灯塔、信号台、排污口等	点状
	注记	水系、交通路线名称注记、兴趣点名称注记等	注记

（续表）

类别	名称	地物类型	数据类型
遥感数据	专题数据	背景数据、温度、土地利用等	栅格
统计数据	社会数据	人口、GDP、生产要素流动等	数值
	环境数据	气象数据、空气质量数据、水环境数据等	数值

表15.2 海岸带主要监测数据

类别	名称	监测要素
沿海海岸监测	地理要素	交通、水系、土地利用、土壤土质、湿地、经济开发区等
	气象	降水、降雪、气温、气压、风向、风速、湿度、雾霾等
	水质	pH值、盐度、密度、含氧量、磷酸盐、总磷、总汞、铅、铜、叶绿素-a、浮游植物等
	生物	候鸟迁徙、物种繁衍、植物覆盖等
	社会要素	工业生产、人口流动、交通运输等
	灾害	城市内涝、地下水位、大气质量、海岸侵蚀、海水入侵、地面沉降、海岸淤积、冰雹、台风、污染源等
海洋环境监测	气象	气温、气压、风向、风速、湿度、海浪、海冰、潮汐等
	水文、水质	水速、水温、pH值、盐度、密度、含氧量、磷酸盐、总磷、总汞、铅、铜、油类、叶绿素-a、浮游植物、细菌数量等
	海洋资源	海洋矿产资源，如石油、天然气、煤、硫、磷；海洋生物资源，如鱼、虾、贝、藻等；海洋化学资源，如食盐等
		淡水、溴等；海洋能源，如潮汐发电、波浪发电等
海洋环境监测	灾害	热带气旋、风暴潮、海浪、海雾、地震海啸、海冰等自然灾害；赤潮、废物排放、石油污染、农药污染、重金属污染等人为灾害

海岸带多源数据类型概括有以下五类：

① 几何数据。主要包括多类型地图数据和实测数据。几何数据包含地理

位置和空间关系。如水系、界限、居民地、公共设施点、开发利用区等陆地数据；海岸线、岛屿、等深线、海洋保护区、特殊功能区等海洋数据。几何数据主要由点、线、面三种基本要素组成。

② 影像数据。主要包括卫星遥感、航空航天遥感、摄影测量数据。如"海洋""风云""资源""高分""遥感""吉林一号"等系列卫星遥感数据。

③ 属性数据。主要包括社会统计、调查数据；海岸带陆基、海基、水下监测要素数据；雷达数据、遥感数据、解译数据等。如人口、农业、渔业、资源、浮标数据、绿潮数据、水文和潮汐数据等。

④ 地形数据。主要包括海岸地形数据和海底地形数据。如不规则三角网、规则格网、数字化高程模型等。

⑤ 元数据。主要包括描述以上四类数据的数据。如数据来源、数据采集时间、数据精度、地理参考、数据存储结构等。

针对原始数据系统需要合理进行数据库设计，海岸带时空信息平台采用元数据管理手段，便于管理、维护与应用。

其中地理数据包含在线地图底图数据、气旋数据、浒苔数据、海水流场数据、海表温度数据、渤海湾矢量化数据、中国水系数据、中国沿海区界数据等。

关系型数据包含用户表（User）、Argo表（ArgoData）、气旋总表（Cyclone）、气旋节点表（CyclonePath）、气旋路径表（CycloneTrack）、气旋文件上传表（CycloneFile）、可下载数据文件表（DownFile）、地理服务信息表（GeoRest）、海洋流场数据（OceanCurrent）、船舶信息表（Ship）、船舶总信息表（ShipStoreHouse）、船舶路径节点信息表（ShipPathNode）等。

文件型数据包含以物理路径形式存储的数据，如海洋上传数据、元数据预处理上传数据、气旋官方下载数据、Argo官方下载数据等。

（2）数据库详细设计

① 原始数据。主要指来源其他平台或机构的数据，这些数据往往需要进行符合平台架构设计的解析或转换才能通过使用。原始数据主要指文件型数据和关系型数据，包括卫星影像、监测数据、外业数据、调查数据、地理数据、统计数据等。卫星影像库存储海岸带区域范围内多时相、多分辨率遥感影像。监测数据库存储海岸带大气、土壤、水资源、海洋等环境监测数据，如气象数

据、雷达数据、浮标数据、气旋数据等。外业数据库存储外业勘测数据，主要指测量数据和采集数据。调查数据库存储历史人文、自然、经济的调查数据。地理数据库存储已生成的地理格式文件数据。统计数据库存储人类社会、生产等统计类数据。

② 成果数据。主要指针对原始数据进行重新时空组织、筛选、格式转换、数据融合等生成的符合平台使用的数据，包括影像解析数据、格式化数据、地理数据、关系型数据和结构型数据等。影像解析数据库存储遥感影像波段解译数据。格式化数据库存储地理文件转换存储格式数据。地理数据库存储点、线、面等平台时空对象地理数据，包含商业点数据、水系数据、沿海区界数据等。关系型数据库将调查、统计、行业等数据按需求应用存储关系结构组织数据。结构型数据库存储具有拓展结构和非规范结构数据，如功能区变化数据、监测点检测要素种类等。

③ 运算数据。主要是指系统根据专业应用模型，分布式计算得到的预测数据、模拟数据和搜索数据等。预测数据库存储海岸带气象、水文、环境等预测数据。模拟数据库存储台风、火灾、洪涝等自然或人为灾害的模拟数据。搜索数据库存储用户搜索追踪目标数据结果，如海岸带数据统计、信息检索结果等。

④ 基础资料数据。主要包含系统运行基本数据，包括平台底图、行政数据、用户数据、元数据等。平台底图存储历史时间序列的地理地图、影像地图或混合地图。行政数据存储行政区划数据、行政地址或服务点标记数据等。用户数据存储用户管理数据，如记录用户的增删改操作。元数据存储各类数据库、数据的描述数据。

⑤ 运行日志库。包括日志数据库、追踪任务库、搜索代理库三种。日志数据库记录平台应用运行日志情况，如用户操作内容、应用结果返回时间、数据库增删改等。运算任务库记录运算数据库模型计算数据情况。升级维护库记录平台自身运行情况，如数据库备份、代码维护等。

15.2.3 海岸带时空可视化设计

为了解决海岸带时空数据结构、表达特征的不同和时空对象时态变化表达需要，在结合静态数据可视化表达方法的基础上，构建面向时空的海岸带动态可视化表达方法。海岸带动态可视化表达主要技术设计如下：

（1）场栅格数据可以根据用户对目标兴趣区域数据的时空筛选，利用算法进行局部区域数据追踪检索显示。

（2）标量栅格属性专题可以通过属性种类输出相应栅格数据，可以应用颜色带（黄、红、蓝等）、透明度等设置显示样式。用户可切换属性专题的图层，设置显示顺序和状态。

（3）非地理实体整体移动的时空数据历史过程展示，可以选择透明度渐变或颜色带过渡显示；整体移动的时空数据可以采用插值算法计算间隔位置进行显示，增强时空数据动态变化表达和连续平滑可视化；属性要素变化可采用更新注记或几何图形透明度、颜色带指示。

（4）移动矢量时空对象数据如风、流、气体、水等，可采用射线发射效果和动态符号，结合产生、生长、增强、减弱、结束和颜色、透明度、粗度、长度、速度、方向等表达移动轨迹和数值大小。

（5）针对历史、当前、预测时空对象状态差异时态对比表达，可采用多窗口同区域对比显示（各窗口图层上添加必要的相同位置控制点标注显示）或图层间同区域位置对比显示（设置图层间透明度）或同一图层同区域位置显示（设置不同对象状态颜色）。通过系统计算差异位置，应用图标指示。

（6）设置交互动画参数，显示目标时间间隔粒度，加载时空数据状态。通过设置时间轴进度条、时间粒度和时间比例尺，控制时空数据动画显示时间范围；通过设置暂停、播放、前进、后退、步频，控制动画显示状态；对于几何元素添加鼠标交互事件，便于查看相关数据。

（7）系统提供时空对象状态变化的动画生成。利用插值算法、关键帧等相关设置，可保存为GIF图片。

（8）提供时空专题模板，生成专题数据表达。用户可根据时空对象表达特征，选择时空专题模板在线生成专题图，添加比例尺，指向针，图例等。

15.3 系统实现

15.3.1 时空数据组织与存储

由于数据采集存储样式多样，所以需要将源格式数据按一定标准进行批量数据转换、组织等线性操作获取目标存储格式数据，并将成果数据存入特定时空数据库中。因此需要构建分布式、多线程的分析，协调处理架构。不同的数据种类或数据格式需要不同的数据解析和数据转换，所以数据模式匹配是时空数据组织与存储的关键。数据模式匹配是指将源格式数据映射到目标格式数据的中间处理过程，包含数据解析、数据筛选、数据组织、格式转换等。

源数据格式一般分为结构化数据，如XML文档、关系型数据、常用矢量格式数据、栅格数据；半结构化数据，如文本、图像、JSON文档等。目标格式为海岸带时空对象组织格式数据，即点、线、面、格网等时空对象TGeoJSON数据格式。源数据导出目标数据的流程图如图15.3所示。

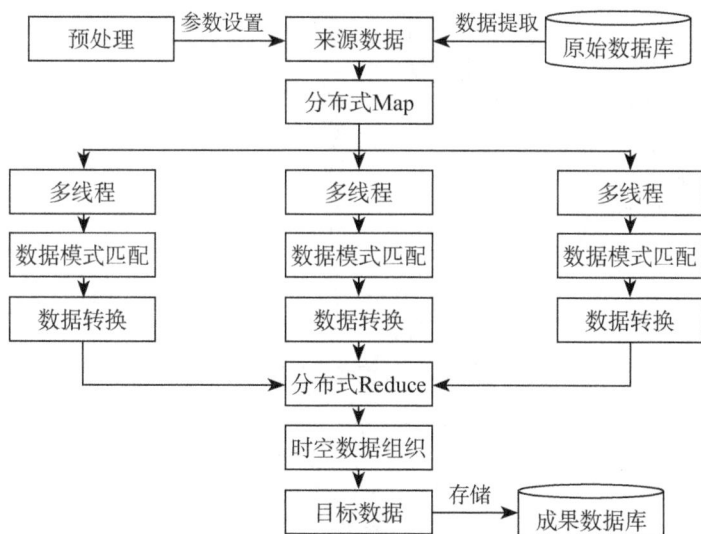

图15.3 源数据导出目标数据流程图

以官方获取的气旋数据为例，通过特定的数据模式匹配，将半结构化数据转换为时空对象数据，存入成果数据库。图15.4为气旋文本半结构数据，图15.5为选择未导出的气旋文本数据界面，图15.6为导出参数设置界面。

CH2015BST.txt - 记事本

文件(F) 编辑(E) 格式(O) 查看(V) 帮助(H)

```
2015092606 9 445 1736 1000          13
66666 0000    36 0022 1521 0 6 Dujuan              20160324
2015092112 1 153 1417 1002          13
2015092118 1 157 1405 1002          13
2015092200 1 164 1394 1000          15
2015092206 1 170 1388 1000          15
2015092212 1 173 1381 1000          15
2015092218 2 175 1375  998          18
2015092300 2 177 1364  998          18
2015092306 2 180 1350  998          18
2015092312 2 182 1342  998          18
2015092318 2 185 1336  995          20
2015092400 2 186 1332  992          23
2015092406 3 186 1328  990          25
2015092412 3 187 1324  990          25
2015092418 3 189 1322  985          28
2015092500 3 192 1320  980          30
2015092506 4 195 1317  975          33
2015092512 4 198 1313  970          35
2015092518 4 202 1309  965          38
2015092600 4 209 1303  960          40
2015092606 5 216 1297  950          45
2015092612 5 220 1289  945          48
2015092618 6 222 1282  940          52
2015092700 6 223 1275  935          55
2015092706 6 225 1267  930          58
2015092712 6 227 1259  930          58
2015092718 6 230 1250  930          58
2015092800 6 233 1239  930          58
2015092806 6 240 1229  935          55
2015092812 4 240 1209  960          40
2015092818 4 241 1200  975          33
2015092900 3 251 1193  982          30
2015092906 2 255 1176  995          20
2015092912 1 264 1164 1000          15
2015092918 0 274 1159 1006          10
2015093000 0 280 1163 1008          10
2015093006 0 287 1166 1010          10
66666 0000    18 0023 1522 0 6 Mujigae             20160324
2015093018 1 130 1264 1002          13
```

图15.4 气旋文本半结构数据

图15.5　气旋源数据选择

图15.6　导出参数设置

　　从格式数据可以发现，设计的数据组织结构完整存储了气旋时空数据的信息，包括元数据、坐标系、时态事件、时态几何、时态属性、时态关系。

　　在时空可视化模块气旋时空数据检索中查看刚执行的数据转换操作，Dujuan（杜鹃）台风的可视化如图15.7、图15.8所示。

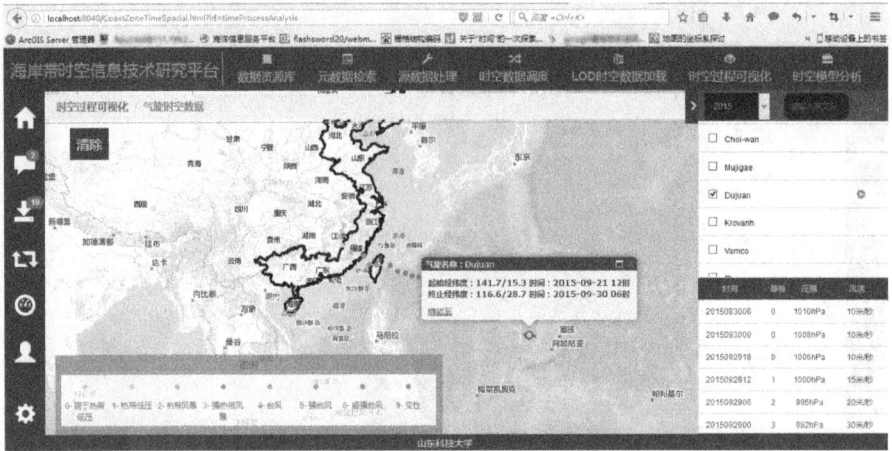

图15.7　Dujuan气旋可视化

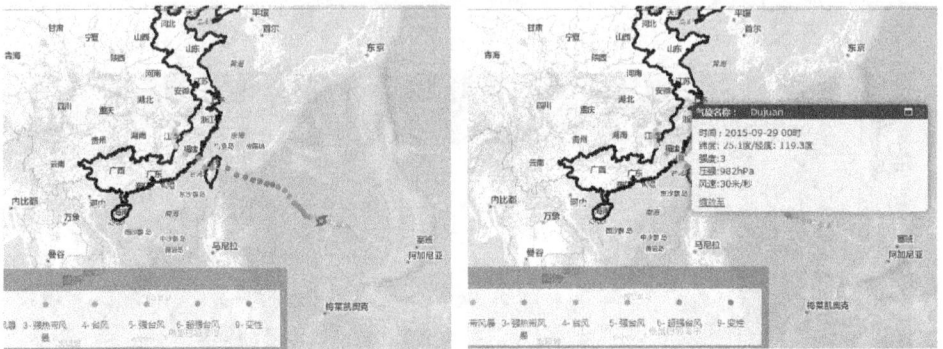

图15.8　Dujuan气旋过程可视化

15.3.2 时空数据管理与调度

　　时空数据管理主要包括：数据的分类、元数据检索、排序、备份等。此模块基于REST（Representational State Transfer）思想架构，构建REST API实现增删查改。数据调度是指在数据管理基础上提取符合要求的目标数据，基本流程为：通过RestAPI预先设置的调度模式匹配，将目标数据集的相关联数据从数据库中进行抽取、运算、合并、排序、重构等一系列处理过程，最终得到TGeoJSON格式目标数据。调度模式匹配针对混合类别的数据请求方案，根据预先设置的请求模式，进行数据的组织与返回。图15.9为时空数据调度流程。

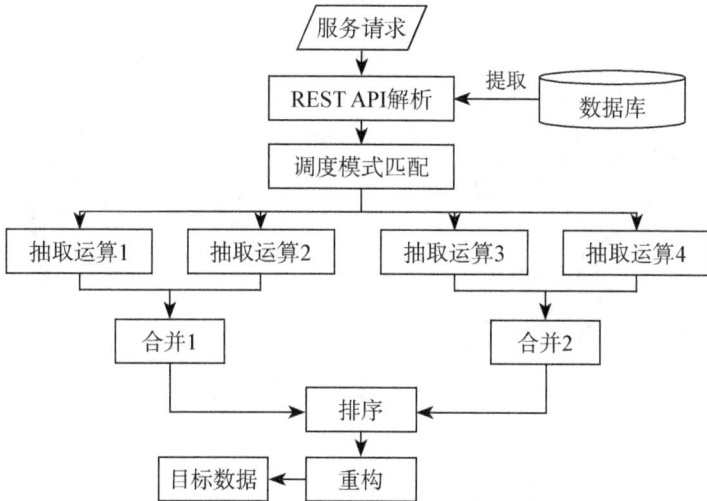

图15.9　时空数据调度流程

　　时空调度主要指根据条件设置，调度时空快照数据，获取海岸带时空对象某一时刻的时空状态数据。以海岸带地物调度应用为例，试验时空数据管理与调度。图15.10为时空数据检索交互界面，通过设置时间段、时间粒度、状态、地物类型、目标区域等参数，获取目标数据。图15.11为时空数据查看。

图15.10　时空数据检索交互界面

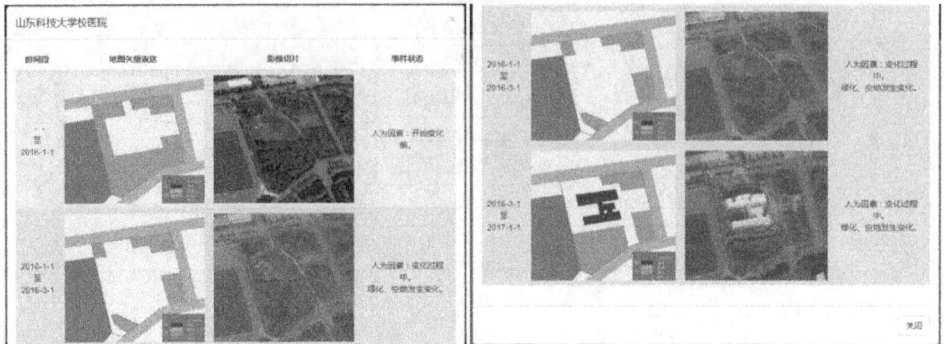

图15.11　时空数据查看

15.3.3 局部细节等级时空数据加载

我国海岸带区域广阔，若加载区域某一时刻或时段数据会造成网络传输压力过大或浏览器崩溃。为了解决此类问题，需要根据当前展示窗口或目标区域，进行时空数据区域内的局部细节等级时空数据的追踪加载，便于加速数据传输，减轻客户端数据加载压力。

区域局部追踪加载方式是指可根据用户设置区域进行局部目标数据提取，并根据时间设置进行追踪显示，如海岸带某月内日平均温度栅格场数据的局部加载。区域细节层级加载方式是指根据当前用户的地图缩放等级，进行数据的抽稀、融合、组合等操作，减少数据传输量，类似影像金字塔显示效果。综合利用以上两种方式，可以减少用户操作反馈时间，提高操作效率。细节层级加载流程图如图15.12所示。

平台操作矢量地物、栅格地理要素的局部数据显示，默认加载区域为当前浏览器地图窗口。用户可配合几何点、线、多边形设置目标区域，进行限制查询。以气旋数据多条件限制检索功能为例，所研发的平台实现了局部区域加载。图15.13为气旋时空数据局部加载交互界面，图15.14为气旋数据查看界面。

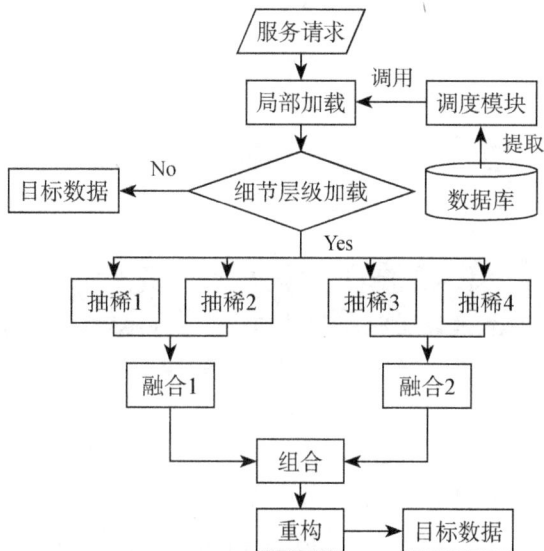

图15.12　细节层次加载流程图

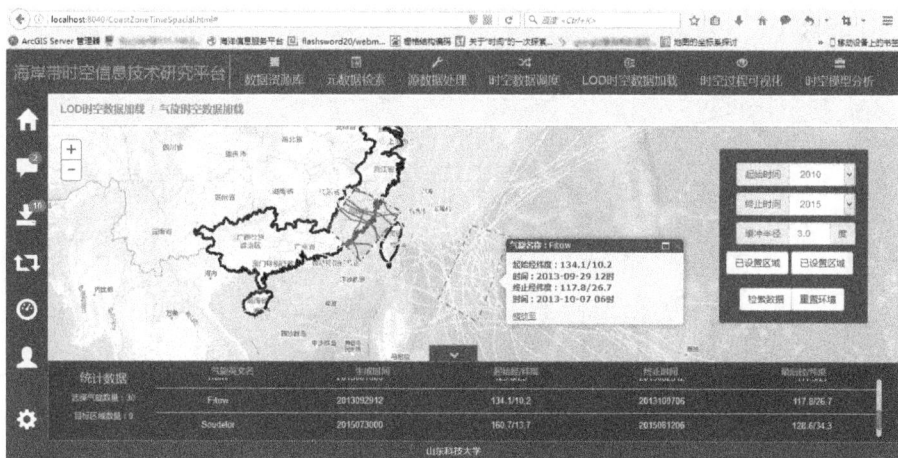

图15.13　气旋时空数据局部加载交互

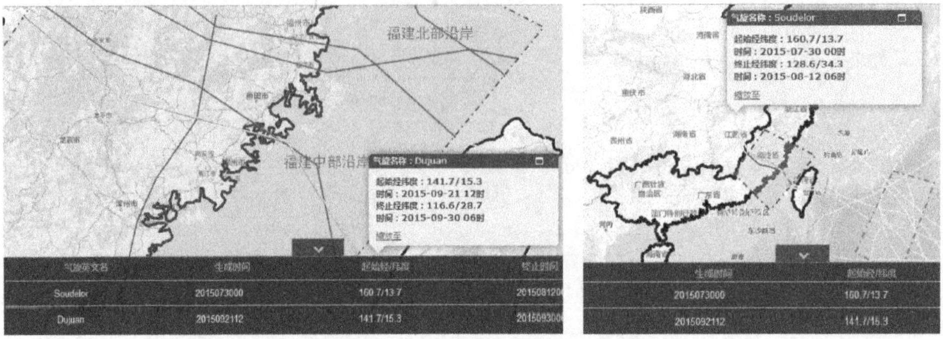

图15.14　气旋数据查看

以栅格的格网细节等级追踪显示（缩放等级）为例，说明局部细节等级追踪设计方案思路。如图15.15中的线L，若将全球切分为64乘以64的格网，获取的数据如图15.16所示。若将全球切分为128乘以128的格网，获取的数据如图15.17所示。

线L坐标序列：{100，20}{105，20}{110，25}{110，30}{120，25}{90，25}{70，30}

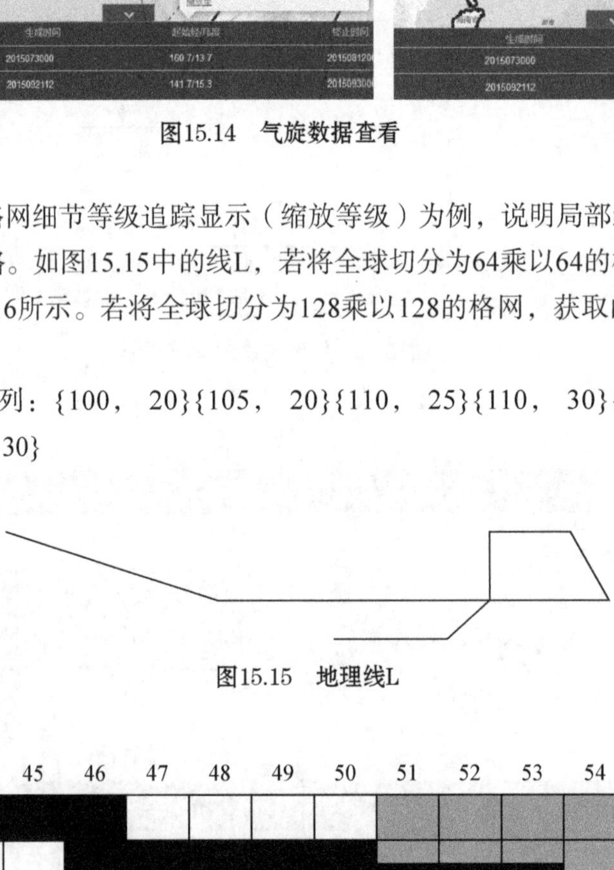

图15.15　地理线L

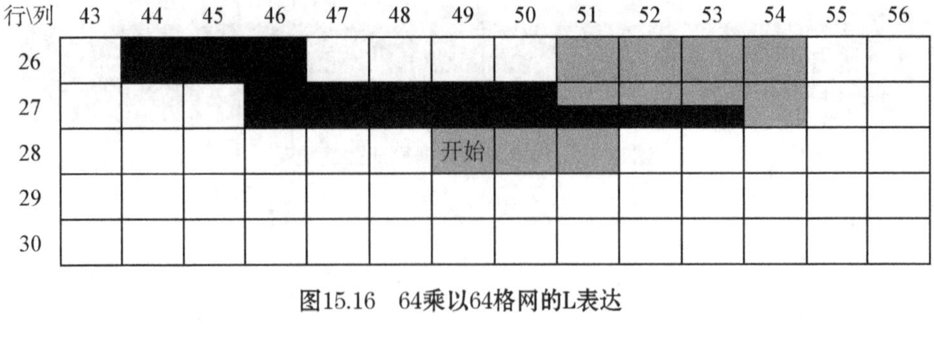

图15.16　64乘以64格网的L表达

行\列	88	89	90	91	92	93	94	95	96	97	98	99	100	101	102	103	104	105	106
52																			
53																			
54																			
55																			
56																			

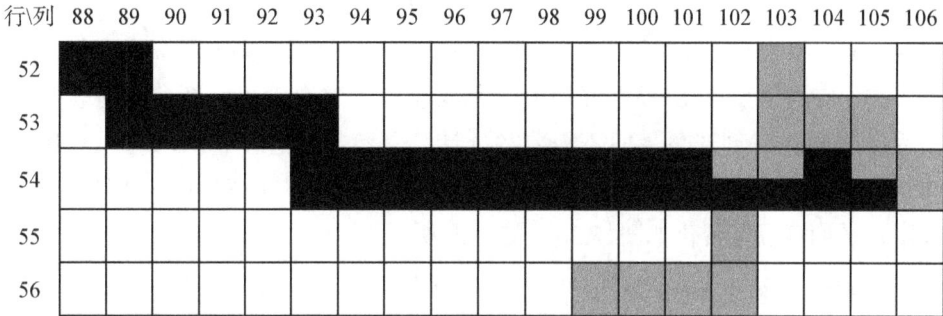

图15.17　128乘以128格网的L表达

15.3.4 时空数据信息可视化

时空数据的信息可视化是海岸带信息服务平台的信息表达。采用二三维联动的时空信息显示有利于全方位、多角度地展示时空数据信息。通过局部细节等级时空数据加载和时空数据调度，将返回的数据传输到客户端，客户端利用海岸带时空可视化模式设计进行数据的解析和信息表达。客户端集成栅格场格网空间运算功能，便于轻量级的栅格运算信息展示。可视化模式分为矢量、格网两大类，每类可视化模式具有多种可视化方案，根据可视化方案渲染数据从而实现信息可视化。由于海岸带时空数据具有时间特性，所以可视化设计必须要有时间控制条要素，以此来展示时空数据的变化。时空可视化流程图见图15.18。

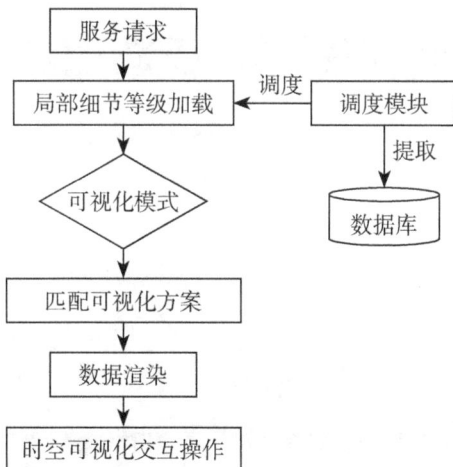

服务请求
↓
局部细节等级加载 ←调度— 调度模块
↓　　　　　　　　　　　↓提取
可视化模式　　　　　数据库
↓
匹配可视化方案
↓
数据渲染
↓
时空可视化交互操作

图15.18　时空可视化流程图

以海岸月平均温度为例，验证时空格网数据可视化。温度颜色分类如表15.3所示。将表15.3颜色转变为图15.19的表达，-36℃至36℃的渐变色带，相当于一个哈希表，然后根据温度值对号入座。构建温度值—颜色映射表，仅在程序初始化时创建色带而不需要额外计算。参数不选择"LOD（Levels of Detail）加载"，则会默认以1KM分辨率加载格网数据。2015年4月、8月、12月海岸月平均气温可视化如图15.20、图15.21所示。

表15.3 温度颜色分类

温度（℃）	颜色
36	
26	
16	
0	
-16	
-26	
-36	

图15.19 颜色渐变带

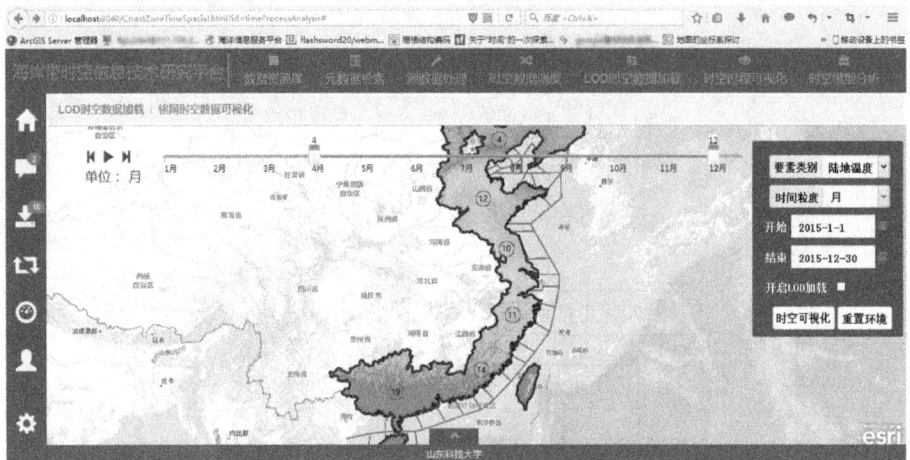

图15.20 2015年4月海岸平均气温数据可视化

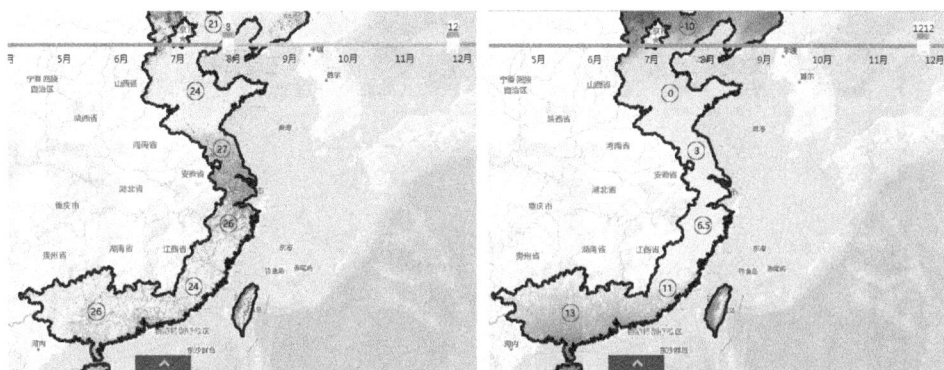

图15.21 2015年8月、12月海岸平均气温数据可视化

选择"LOD加载",则会根据地图缩放等级和地图控件中心行政区级别以20KM、15KM、10KM、5KM、1KM五种分辨率加载格网数据。2015年8月不同缩放等级的海岸月平均气温可视化如图15.22～15.24所示。

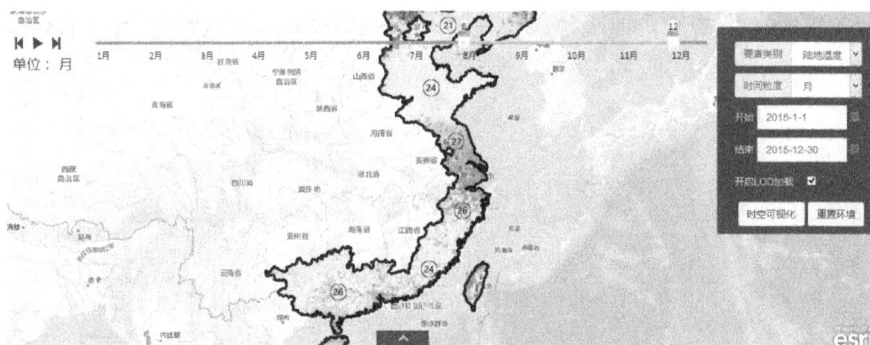

图15.22 2015年8月海岸平均气温缩放等级1可视化

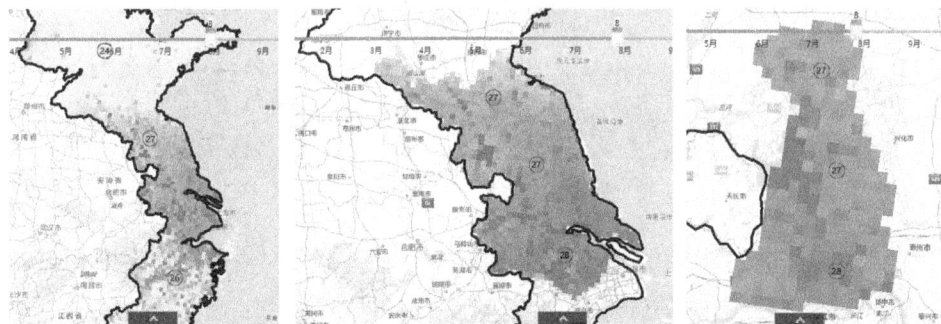

图15.23 2015年8月海岸平均气温缩放等级2、3、4可视化

413

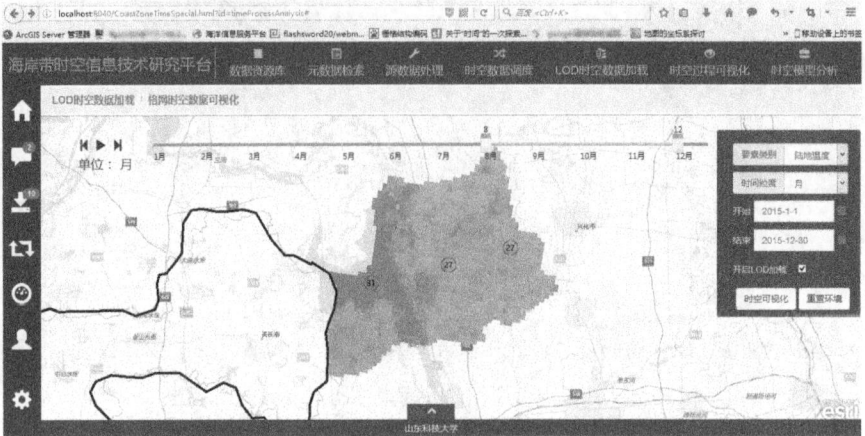

图15.24　2015年8月海岸平均气温缩放等级5可视化

　　格网时空数据可视化自动均匀选择点位置标注属性数值，如图15.20～15.25所示。平台可根据用户地图拾取点位置自动获取格网序列时空数据，并可视化展示，如图15.25所示。

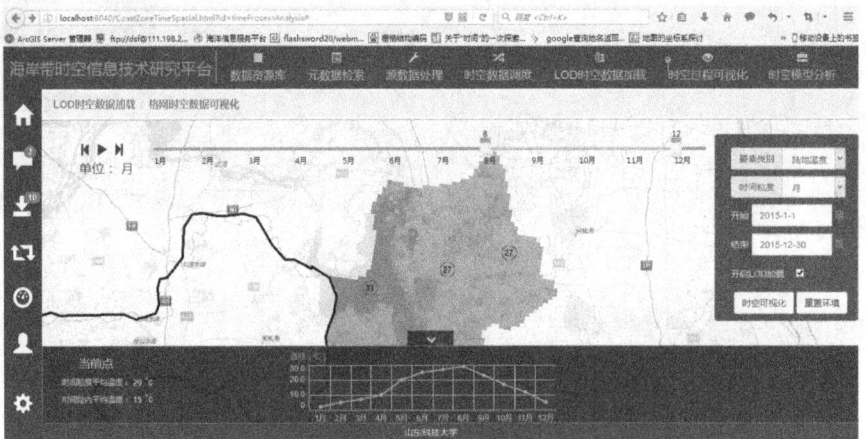

图15.25　点位置获取温度值

　　以浮标为例，进行矢量时空数据可视化表达，浮标时空数据检索可视化如图15.26所示，时空过程可视化如图15.27～15.29所示。

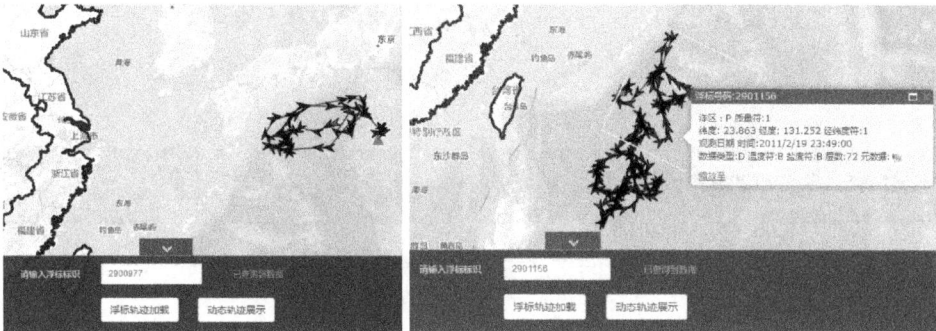

图15.26　浮标检索可视化

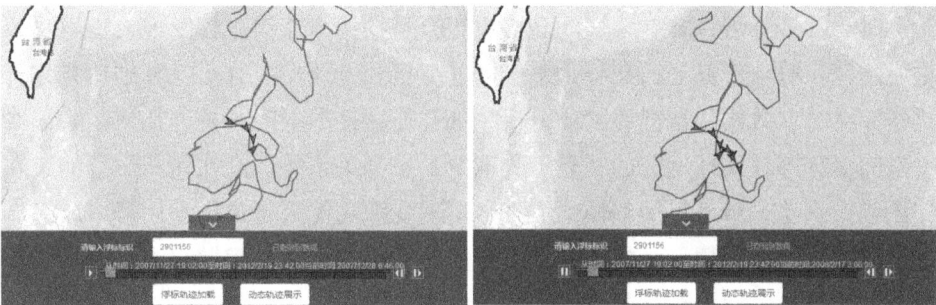

图15.27　浮标时空过程可视化 I

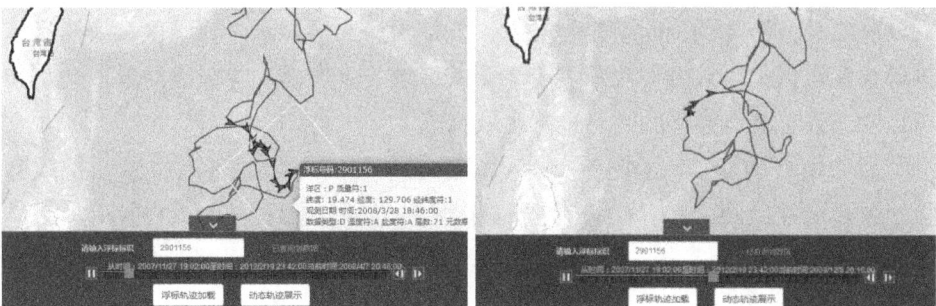

图15.28　浮标时空过程可视化 II

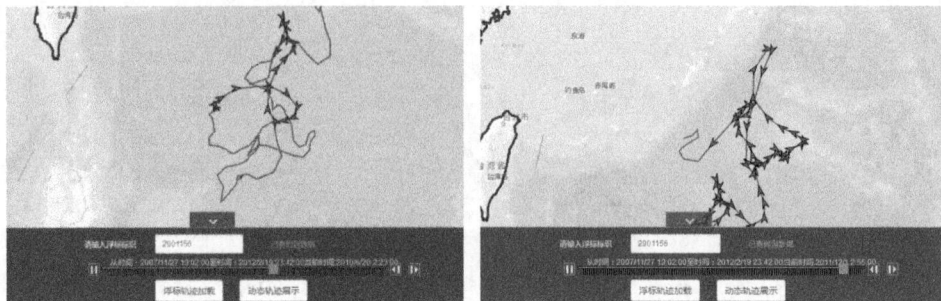

图15.29　浮标时空过程可视化Ⅲ

15.3.5 时空数据分析应用

时空数据分析是时空数据的高级应用，是挖掘隐性信息和发现事物规律的重要途径。时空数据分析又分为基础功能分析和专业功能分析。基础功能分析是指针对时空数据的特征要素的分析，如几何特征的空间分析、几何运算、格网空间运算等；属性特征的统计、提取等；空间关系特征的几何图形查询、几何网络查询等；事件特征的插值、抽取等。专业功能分析是指利用海岸或海洋现象理论实践应用模型，构建时空数据分析功能，如溢油扩散预测模型、气旋移动预测分析模型、浒苔漂移分析模型、天气预测模型、火灾模拟模型等。

气旋移动预测分析模型实现对气旋运行轨迹的预测与影响范围、灾害等级的实时分析。浒苔漂移分析，通过设置海域区域、起始时间、终止时间可以查看浒苔漂移监测与预测时空过程数据。叠加沿海34区界限、养殖区、海洋经济区等要素数据，可以方便决策者查看影响区域、生产活动等影响对象。此功能可以动态查看浒苔漂移监测与预测区域轨迹。

溢油模型构建如图15.30所示。"溢油粒子运算"功能可以将溢油扩散分析结果显示在地图上，并能查看溢油带轨迹，如图15.31至图15.33所示。

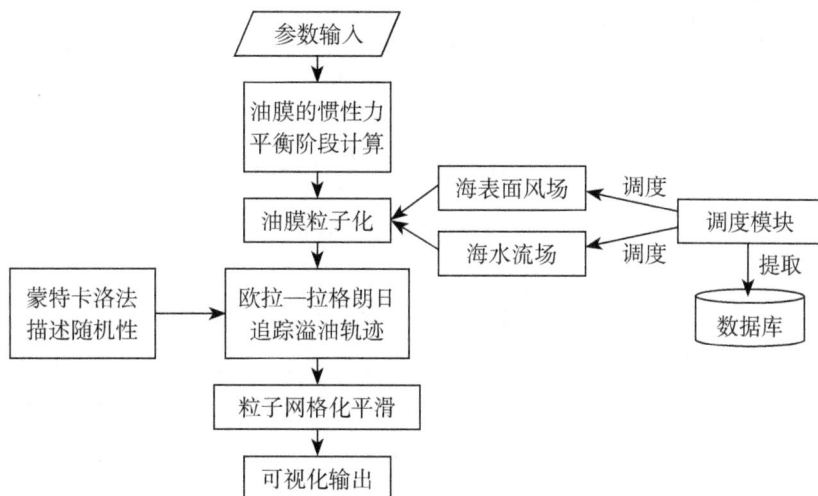

图15.30　模拟溢油扩散模型

图15.31　溢油模型交互可视化界面

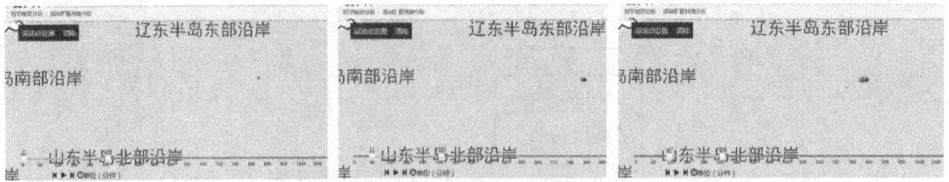

图15.32　模拟溢油时空过程可视化 I

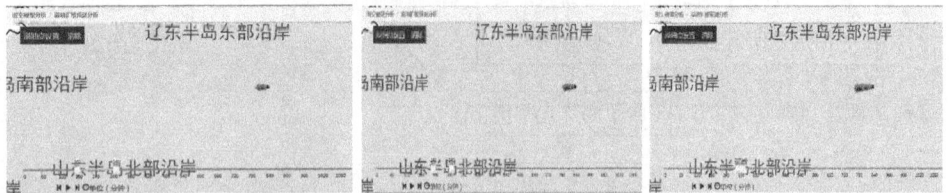

图15.33　模拟溢油时空过程可视化 II

第16章 基于粒子系统的海流三维可视化

16.1 流场可视化及粒子系统

16.1.1 流场可视化方法

相比陆地来说，海洋的信息特征差别非常明显，对海洋信息的描述也远非陆地信息表达那样简单。为了能够更多地揭开海洋奥秘、充分开发与利用海洋资源、更合理地维护海洋生态环境，人类在长时间的观察与研究中，运用诸如直接观察、遥感测量、航空影像、数据统计与分析等研究方法，对海洋已经有了一定的了解并且得到相当数量具有研究价值的海洋信息。其中包括海水温度信息、海水盐度信息、海流信息等海洋物理信息，也包括具有开发利用价值的海洋经济资源信息等等。其中，为了揭示海洋流场的运动现象与规律，对海流信息的准确、直观、动态表达，一直是人们对海洋信息着力研究的热门课题之一。

目前国内外矢量场可视化方法和技术归纳起来可分为直接可视化、基于几何形状的可视化、基于纹理的可视化、特征可视化等几种方法。

（1）直接可视化方法

直接可视化方法（Direct Visualization）在数据与输出结果间建立直接的变换，最常见的方法是通过在网格点上绘制箭头或其他图标来显示整个场。通常箭头的方向代表矢量的方向，箭头的长度代表矢量的大小；或者是箭头的长度保持一致，通过颜色映射表示矢量的大小。

（2）几何可视化方法

几何可视化方法（Geometric Visualization）是利用曲线、面、体等几何元素来描述流场的方法，通常被认为是对矢量场局部细节的中等程度抽象，典型方法有数据探针、矢量线法、矢量面方法以及粒子方法。

（3）基于纹理的方法

基于纹理的方法（Texture-based Visualization）是利用纹理的灰度相关性来反映流体的运动特性。此类方法提供了全局流域的密集表示，可以很好地描绘流场的细节。典型方法有点噪声、LIC（Line Integral Convolution）方法和IBFV（Image Based Flow Visualization）方法。

（4）基于特征的方法

基于特征的可视化方法（Feature-based Visualization）是从大量数据集中抽取仅仅包含特定信息的可视化方法，利用高度抽象的实体描述数据的特征，典型方法有拓扑结构及特定结构抽取的可视化方法。单纯拓扑结构的可视化方法虽然可以把握流场中的本质信息，不过由于高度抽象，往往需要和其他映射方法结合应用。

直接方法虽然计算量最小、直观形象，但其一方面不能揭示出数据的内在连续性，很难体现流场的特征结构；另一方面很容易导致输出结果杂乱无章。所以，直接方法只适合于数据量很小的二维流场。后三类方法在近年来的研究中都得到了一定发展，并逐渐形成两个主流的研究领域，分别是基于纹理的方法与基于特征提取的几何方法。

16.1.2 基于粒子系统的流场可视化

Reeves于1983年最早给出了粒子系统的方法，此后国内外学者专家研究粒子系统的热情始终未减。M.E.Goss根据粒子系统成功实现了从外形上对船行驶过程中产生尾迹的模拟。Matthias Unbescheiden和Andrzej Trembilski根据云的物理原理以及纹理映射技术实现了针对云层模型的创建，该模型的实现主要通过多面体顶点集进行，该云模型可以保证系统里拥有一定数量的粒子，达到实时仿真目的。

我国专家学者在粒子系统领域也进行了深入的探索研究，应用粒子系统已能够实现火焰、烟、云、导弹尾气等复杂景物的效果，王润杰、田景全等人在对粒子系统进行充分研究后给出了模拟雨雪的实时算法；王静秋等人在分析焰火的特点和细节基础上完成了焰火的动态模拟，他们提出了模拟焰火的数据结构，并对焰火的颜色、形状、亮度、尾迹的相关特性旋转等各种特殊显示效果的模拟分别进行了介绍。

当前，不管是Skyline三维可视化软件，还是家喻户晓的Google Earth，由于都是营利性的海外商业软件，不但费用较高，而且用以开发的引擎接口不能被轻易更改，也就很难满足一些特定的功能需要，使得这些商用软件在研究应用中具有很多的局限性。如何打破这种不利局面，充分利用海洋洋流观测数据，动态展现海洋洋流状态，实现洋流三维可视化，乃是海洋领域三维可视化发展的一个重要组成部分。

鉴于粒子系统的诸多优点，通过对三维可视化理论与方法的充分研究与实践，基于OSG三维渲染开源引擎，结合粒子系统相关理论与实践，探索对海洋洋流数据进行实时动态展现的方法，开发相应的三维洋流实时可视化系统，以完成对海洋流场的多维动态表达，以实时地反映海洋流场的动态过程、运动规律以及分布情况，从而提高我国的海洋流场可视化水平。

16.2 三维可视化渲染

16.2.1 渲染引擎的分类

三维渲染引擎是为了实现三维场景图形的结构管理和绘制而提供的一系列API的集合，它应当包括至少两个层次：构建层（Construction Layer）和交互层（Interaction Layer）。前者提供了三维空间中设计和完成所需模型的工具集，或者从外部加载复杂模型的数据接口；后者则提供对三维空间及所含模型的装配、渲染、优化、控制功能。三维渲染引擎可分为低阶引擎和高阶引擎两种。

（1）低阶引擎

低阶引擎是对直接操作硬件的底层API的直接封装，在实现过程中，内部函数直接操作系统硬件，微软的DirectX与SGI（Silicon Graphics）的OpenGL是当前主流的两款低阶引擎。其中，DirectX是微软推出的多媒体API，对平台具有一定的局限性，只限于微软限定的若干平台，而对于达到工业标准级别的

SGI推出的OpenGL则完全实现跨平台特性。但是，OpenGL不能提供标准的模型给图形软件系统的开发，而只是对操作底层图形API的封装。

（2）高阶引擎

不需考虑底层实现是高阶引擎最大的特点，也是其最大的优势，一般是对两种低阶引擎DirectX和OpenGL的封装，除了能够面向对象之外，还对其所渲染的三维场景内各要素的操作规则有详细规定。高阶引擎的出现，使三维图形软件的开发效率大大提高。高阶引擎中较为主流的有OSG、OGRE 3D（Open Source 3D Graphics Engine）、Java 3D等。

16.2.2 三维可视化软件

随着计算机技术不断进步，科学可视化也得到了充分发展，在此背景下，三维可视化软件在漫长的研究与实践中也日渐成熟。下面介绍几种主流的三维可视化软件。

（1）Skyline软件

作为一款流行的三维地理信息系统软件，Skyline是基于地信、遥感、GPS全球定位系统的软件，该软件支持多种格式数据信息，比如矢量格式数据、数字高程模型数据、数字正射影像数据、三维模型等多种数据格式。能够对大存储量数据库完美支持，可以实时可视化分析统计多维数据信息，并且能够对其快速建立可交互的三维渲染场景。

（2）World Wind

作为NASA（National Aeronautics and Space Administration）阿莫斯中心的专业人员研发的开源系统，World Wind能够基于多种卫星信息，结合航天飞机影像，呈现出逼真度非常高的地球三维场景，得到业界广泛关注。World Wind可以对卫星数据进行高效的自动更新，对发展过程较为重要的气象变化等能够实时跟踪。在构建地形方法上，World Wind采用遥感影像作为纹理，SRTM（Shuttle Radar Topography Mission）高程数据作为地形高程，将两者进行叠加组合形成三维地形模型。另外World Wind还具备将全球定位系统传来的坐标信息与软件三维场景融合的功能，使用户与软件有较高的交互性（贾文珏，2006）。

（3）Google Earth

作为一款商业三维软件，Google Earth给用户提供了完全不同的形式来查阅地球信息，Google Earth将海量的卫星影像、航空照片与三维模型完美结合，在三维地球场景中实现可视化。根据性能差异，Google Earth软件一共推出三种不同版本，分别为免费版本、Plus版、超级版本，三个版本的功能一次递增。Google Earth 使用KML（Keyhole Markup Language）格式的文件来描述、保存地理信息并对其进行加以渲染（苏奋振等，2005）。

（4）EV-Globe

作为一款国内三维软件，EV-Globe是北京国遥新天地研发并推出的三维信息渲染软件，在大量三维信息实时可视化领域具有很强的优势，能够对多种格式地理数据进行综合高效的处理与分析，能够对世界范围的遥感信息进行快速渲染，能够提供三维可视化平台常备的基本功能。并且可以基于该平台上进行进一步自定义开发，快速高效地构建特定功能的三维地理信息软件。

（5）OpenSceneGraph

OpenSceneGraph图形系统是一个基于工业标准OpenGL的高阶三维渲染引擎，对OpenGL实现完美封装，OSG的出现使快速高效地搭建高性能、跨平台的自定义三维信息软件成为可能。OSG的代码开源特性使得它一经问世便以很快的速度发展壮大。OSG的应用领域非常之广，从3D游戏开发、三维数字城市平台构建到飞行器模拟仿真、科学可视化等众多领域，都有OSG三维渲染引擎的身影。OSG 的优势非常突出，主要表现在以下几个方面。

① 开发效率高。OSG三维渲染引擎对OpenGL的系统API做了完美封装，开发过程中不必考虑图形在场景中的具体渲染过程。

② 突出的性能。OSG对多种场景技术的良好支持，包括细节层次技术、三维场景的裁切技术、多线程渲染等，使得它具备优良的性能。

③ 代码的质量很高。OSG从Robert负责之后便开放了源代码，让开发人员充分了解源代码成为可能。

④ 良好的可扩展性与可移植性。作为面向对象设计思想的OSG，具备良好的可扩展性，并且支持多种操作系统间的移植性。

⑤ 费用低。由于OSG为开源代码，费用比较低。

16.3 三维地形模型构建

16.3.1 OSG开发环境搭建

作为一款庞大的开源三维渲染引擎，和其他大型开源工程类似，往往需要对源代码进行编译与生成，其中涉及CMAKE（Cross Platform Make）应用设置、编译器设置、环境变量设置、依赖库的调试编译等诸多概念。OSG开发环境搭建过程如下所示。

（1）资源下载

① OSG源代码的下载，OSG 最新版本的源代码可以在http：//www.openscenegraph.org/projects/osg下载。为了维护 OSG 开发者们不断提交的功能特性的更新，OSG 定义了一套严格的版本控制规则，其格式为：〈主版本号〉.〈副版本号〉.〈修订号〉。除了上面给出的网址下载源代码，一种更好的方法是使用能够随时跟踪和更新 OSG 源代码的Subversion（SVN）进行版本控制与管理。

② 为保证 OSG 的正常运行，需要下载 TIFF、JPEG、Libgif、Libpng、freetype等第三方库，下载地址为：http：//www.openscenegraph.org/projects/osg/wiki/Downloads/Dependencies。它根据编译工具及操作系统的不同提供不同的版本，如果需要最新的插件，到其官网查找更新。下载解压后，最好与源文件放在同一个目录当中。

③ 为了更好地运行官方示例，可以下载官方的数据文件，在初学阶段可能需要用到里面的应用示例。

（2）编译环境生成工具CMake

CMake是一个跨平台的安装编译工具，可以用简单的语句来描述所有平台的安装编译过程，它能够输出不同的makefile或者project文件。CMake并不负责生成最终的可执行文件或者链接库，而是产生标准的工程文件，如VisualStudio的.sln解决方案或者 UNIX/LINUX 下的Makefile文件，其编译窗口如图16.1所

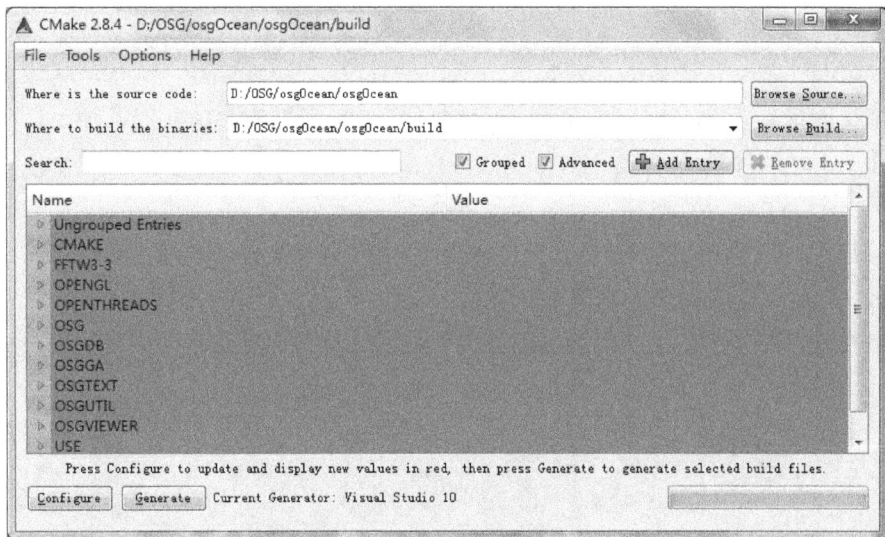

图16.1　CMake编译窗口

示，其基本流程如下：

① CMake负责解析CMakeLists.txt文件，辅助用户进行各种参数和编译选项的配置，根据不同的需求生成Visual Studio的.sln或者UNIX/LINUX下的Makefile文件。

② 用户打开解决方案，使用常规方式编译源代码，得到本机OSG程序、功能模块及插件文件。

③ 用户可以通过INSTALL选项编译安装到指定目录（具体位置在CMAKE_INSTALL_PREFIX中设置），方便后续工作调用。

安装完成后一般有以下几个文件夹：① bin：存放所有功能模块和插件（.dll），以及部分可执行文件（.exe）。② include：存放所有的头文件，OSG头文件严格符合 C++标准，不带任何扩展名后缀。③ lib：存放所有的静态链接库（.lib）。④ share：存放所有的示例程序。

（3）安装调试

在配置好系统变量路径的前提下可以在Windows系统的控制台下输入：#osgversion，如出现类似"OpenSceneGraphLibrary3.2.0"，则代表安装成功。

开发平台环境设置步骤如下。

（1）编译软件

OSG作为一款优秀的开源三维引擎，具有跨平台的特定，可以运行在大多数类型的操作系统之上。为了与这个特点相匹配，在系统设计中选择了QT作为开发编译的环境。

（2）工程环境设置

首先，用户要设置OSG数据文件及相关可执行文件环境变量，如图16.2所示；其次新建工程中指定可执行文件、包含文件、库文件在OSG中的相关路径，在配置属性的依赖库文件名中添加依赖的库文件名。

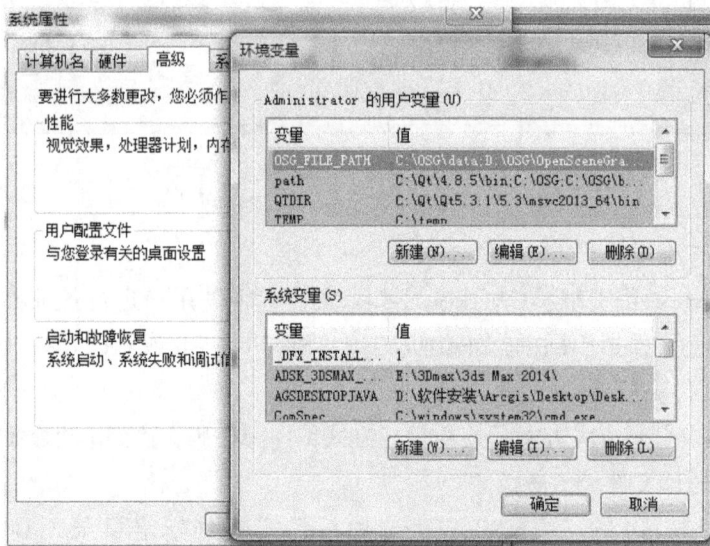

图16.2　Windows环境下设置环境变量

16.3.2 VPB编译

Virtual Planet Builder（简称VPB）是一种地形数据库创造工具，能够阅读各种地理图像和高程数据并建立小面积地形数据库，乃至大规模如整个地球的庞大数据库。这些数据库可以上传到互联网，并能够提供像在线Google Earth一样的风格漫游整个地球的数据库，或保持对本地磁盘高速接入等所需的专业飞行模拟器。

在OSG环境搭建完成的基础之上，可以进行VPB的编译。

（1）gdal编译

VPB编译成功的第一步就是gdal，网上下载gdal源码，根据VS版本需要修改gdal相关参数，找到gdal文件夹下的nmake.opt打开后，修改"MSVC_VER=1500"，表明是VS08下编译。然后开始->运行->cmd，进入命令提示框内。然后注册VC编译环境，输入"cd D：/Program Files/Microsoft Visual Studio 9.0/VC/bin/vcvars32.bat"；然后输入命令进入到gdal文件夹中："cd E：/OSG/gdal"；最后依次输入运行：nmake /f makefile.vc；nmake /f makefile.vc install；namke /f makefile.vc devinstall。

到此，gdal编译完成，为方便起见，可将编译生成的include，lib，data，html，bin文件夹统一放到OSG文件夹下，同时将VPB解压也放在OSG文件夹下。

（2）VPB编译

将VPB源码中的CMakeLists拖放到CMAKE中，配置改写如图16.3所示，然后点击configue。

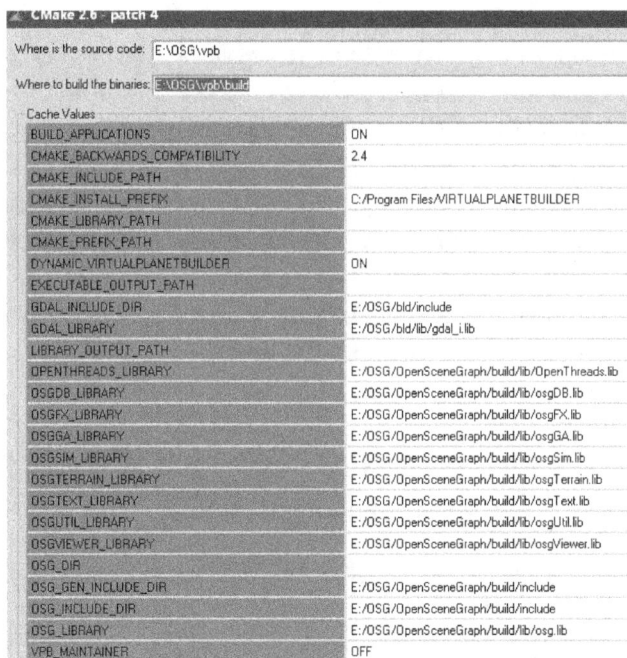

图16.3　VPB编译参数

用VS打开build文件夹下生成的.sln文件，右键点击解决方案，勾选 ALL BUILD 的release和debug，点击生成。将VPB中lib/release中的文件复制到bin/release文件夹下，并且把gdal.dll复制到其中，编译完成。

16.3.3 三维地形模型构建

三维地形构建首先需要准备生成三维地形所需的DEM文件和纹理影像文件，可以从相关网站进行下载，文件精度直接影响到最后所生成的三维模型的精度。然后利用编译完成的VPB，最终生成三维地形模型分页数据库。在osgdem中输入命令行osgdem-t ChinaT.tif -d ChinaD.tif -l 3 -v 0.0001 -o puget.ive -a pegout.osga生成模型文件如图16.4所示，VPB生成的三维地形如图16.5所示。

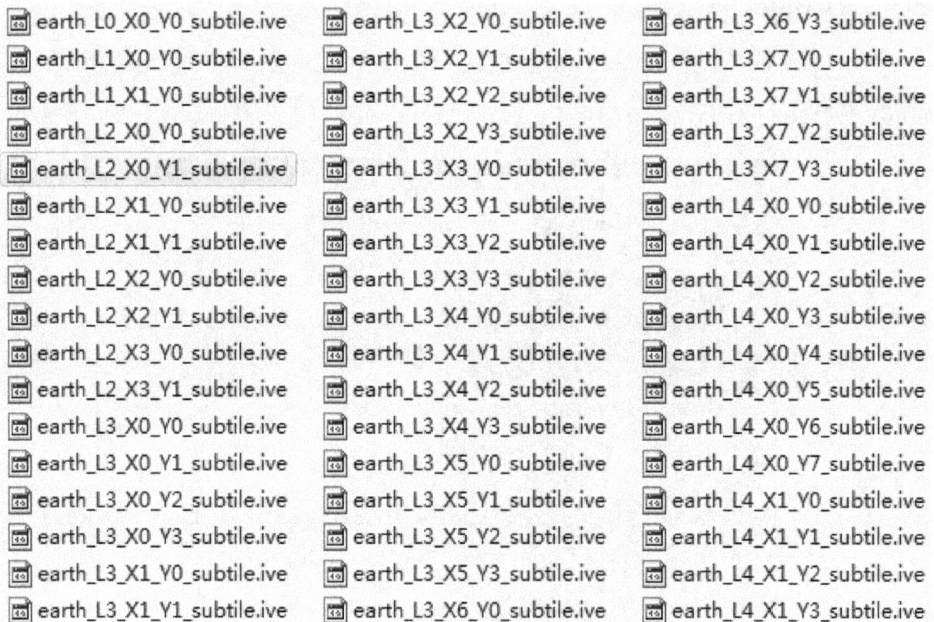

earth_L0_X0_Y0_subtile.ive	earth_L3_X2_Y0_subtile.ive	earth_L3_X6_Y3_subtile.ive
earth_L1_X0_Y0_subtile.ive	earth_L3_X2_Y1_subtile.ive	earth_L3_X7_Y0_subtile.ive
earth_L1_X1_Y0_subtile.ive	earth_L3_X2_Y2_subtile.ive	earth_L3_X7_Y1_subtile.ive
earth_L2_X0_Y0_subtile.ive	earth_L3_X2_Y3_subtile.ive	earth_L3_X7_Y2_subtile.ive
earth_L2_X0_Y1_subtile.ive	earth_L3_X3_Y0_subtile.ive	earth_L3_X7_Y3_subtile.ive
earth_L2_X1_Y0_subtile.ive	earth_L3_X3_Y1_subtile.ive	earth_L4_X0_Y0_subtile.ive
earth_L2_X1_Y1_subtile.ive	earth_L3_X3_Y2_subtile.ive	earth_L4_X0_Y1_subtile.ive
earth_L2_X2_Y0_subtile.ive	earth_L3_X3_Y3_subtile.ive	earth_L4_X0_Y2_subtile.ive
earth_L2_X2_Y1_subtile.ive	earth_L3_X4_Y0_subtile.ive	earth_L4_X0_Y3_subtile.ive
earth_L2_X3_Y0_subtile.ive	earth_L3_X4_Y1_subtile.ive	earth_L4_X0_Y4_subtile.ive
earth_L2_X3_Y1_subtile.ive	earth_L3_X4_Y2_subtile.ive	earth_L4_X0_Y5_subtile.ive
earth_L3_X0_Y0_subtile.ive	earth_L3_X4_Y3_subtile.ive	earth_L4_X0_Y6_subtile.ive
earth_L3_X0_Y1_subtile.ive	earth_L3_X5_Y0_subtile.ive	earth_L4_X0_Y7_subtile.ive
earth_L3_X0_Y2_subtile.ive	earth_L3_X5_Y1_subtile.ive	earth_L4_X1_Y0_subtile.ive
earth_L3_X0_Y3_subtile.ive	earth_L3_X5_Y2_subtile.ive	earth_L4_X1_Y1_subtile.ive
earth_L3_X1_Y0_subtile.ive	earth_L3_X5_Y3_subtile.ive	earth_L4_X1_Y2_subtile.ive
earth_L3_X1_Y1_subtile.ive	earth_L3_X6_Y0_subtile.ive	earth_L4_X1_Y3_subtile.ive

图16.4　VPB生成文件组织格式

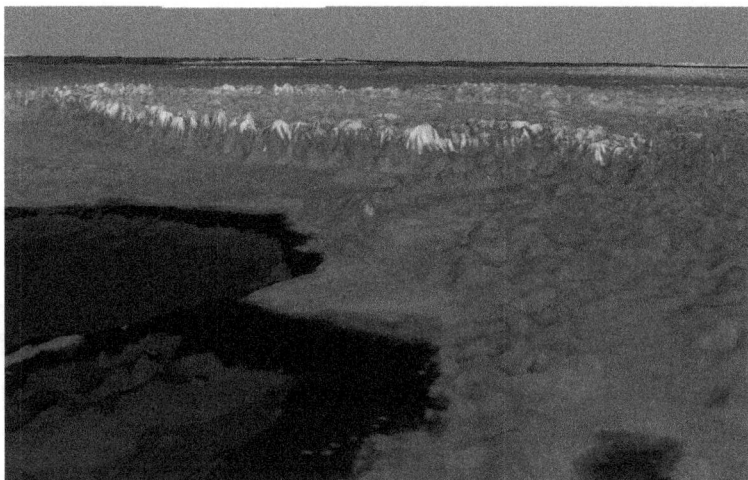

图16.5　VPB生成的三维地形

16.4　海流三维可视化实现

16.4.1 系统框架设计

在对海流可视化现状及三维可视化引擎、可视化关键技术进行相关研究的基础上，利用开源三维引擎和相关软件，构建一个以三维地形数据、海流数据为基础，以信息的可视化表达、实时模拟、综合查询、统计分析为手段，以真实反映海流运动现象的内在规律和为海洋研究提供可视化服务为目的的海流三维可视化系统。其所构建的海流三维可视化系统总体框架包括源数据平台、虚拟地形可视化渲染平台、三维可视化应用平台三部分。其中，源数据平台是海流三维可视化系统基础部分，是可视化数据的来源，它为海流的可视化渲染提供数据组织规则及数据支持；虚拟地形可视化渲染平台在源数据平台的基础上，把海洋环境数据按可视化渲染的标准要求进行数据组织与二次封装，运用三维图形应用接口，通过 OSG三维渲染引擎对数据进行渲染、模拟、显示，为使用者提供一个三维、动态、实时可交互的立体环境；三维可视化应用平台主要根据用户的具体应用需求，基于可视化驱动引擎，提供专业可视化仿真模块，实现海流在三维地形模型下的交互式漫游、动态加载、多视角动态浏览、实时模拟、交互拾取查询、统计分析等功能。

16.4.2 基于粒子流的实现

应用OSG三维渲染引擎加QT界面设计库，辅助以QWT（Qt Widgets for Technical），对海流三维可视化系统进行了自主设计并加以实现。海流三维可视化系统是以粒子系统方式实时、动态、准确展现海流运动状态为核心，以海流统计分析与查询为基础的，旨在将动态海流与三维场景应用结合而开发的软件系统。系统主界面如图16.6所示。

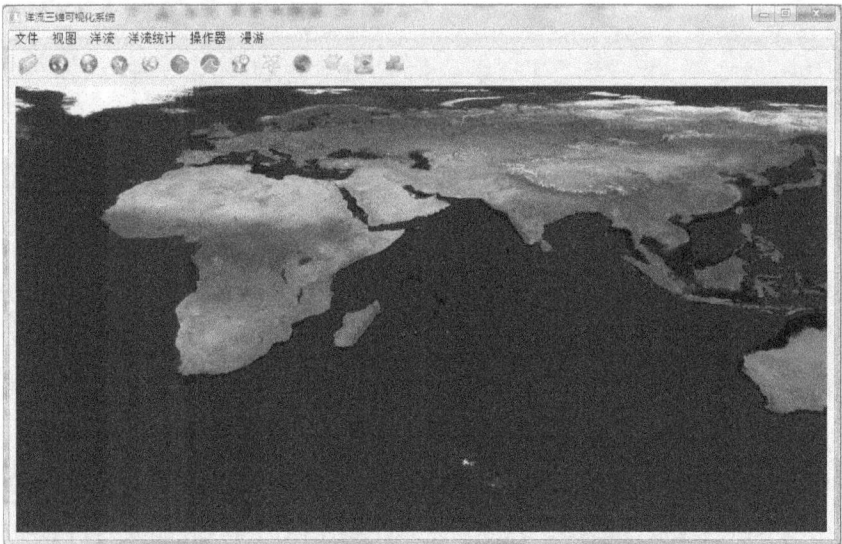

图16.6　海流三维可视化系统主界面

海流三维可视化系统的功能包括以下几个方面。

（1）自定义三维地形模型

允许用户根据系统需求以及分析区域等具体条件，具有针对性地建立三维地形模型并自动加载到系统当中。

（2）三维地形模型空间操作

在系统三维地形模型空间操作中，为方便用户对三维场景的控制，主要采取OSG三维渲染引擎中的osgGA事件处理库来实现用户与系统之间的交互。通常采用GUIEventAdapter类作为OSG三维渲染引擎交互事件和系统交互事件的接口，在程序开发中，通常是通过继承事件类的方式来处理键盘、一般窗口系统中的鼠标、甚至是触摸屏等一切交互事件。在OSG中，可以使用getKey（）函数识别键盘按键事件，相应的，可以使用getX（）、getY（）函数获得当前鼠标位置具体坐标，使用getXnormalized（）、getYnormalized（）将鼠标当前坐标转到（-1，1）之间，此时窗口中心点坐标（0，0）。由于此方法能够获得鼠标相对于窗口的相对位置，所以通常比getX（）、getY（）更方便用于鼠标事件交互。对于三维场景的具体操作，系统通常是通过定义一个操作器来完成的，该操作器继承了osgGA：：GUIEventHandler响应事件类，其主要工作流程如图16.7所示。

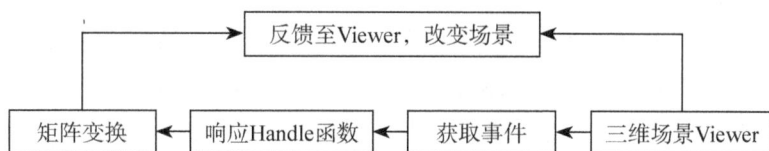

图16.7　操作器控制场景流程

在一个三维渲染场景中，一个对象子节点树下可以定义多个Transform结点，而通过这些变换节点的矩阵级联，可以实现对这个对象中各子对象在三维场景中位置与动态的任意变换，也就是说，局部坐标系下的对象可以通过它的父节点的复合变换，使其转换到世界坐标系下。

OSG三维渲染引擎中通过相机节点来完成对视点的变换，同时，被合称为MVPW（Model View Projection Window）矩阵的投影矩阵和窗口矩阵也是由camera节点建立，由此将三维场景投影到二维屏幕。并且，最终的交互式漫游与三维动态浏览也是通过观察矩阵与MVPW矩阵的变换实现的。

通过系统菜单中"文件"菜单下的"打开"选项或者工具栏中的"打开"按钮，可以加载包括.ive、.osg、.earth在内的三维地形模型作为海流可视化的三维场景。三维地形模型在三维场景中可以通过鼠标一系列操作进行放大、缩小、旋转、漫游等基本操作。例如，通过按下鼠标左键同时拖动可以实现三维场景的旋转，按下鼠标右键同时拖动鼠标、直接滑动鼠标滚轮均可以实现对三维场景的放大缩小，按住鼠标滚轮并拖动鼠标可实现三维场景的漫游操作。

（3）海流数据加载

在海流数据加载功能中，海流数据主要存放于SQL Server数据库中，用户根据需求可以具有针对性地选择需要加载的时空区间，对所需海流数据进行实时加载。由于该系统使用QT图形用户界面程序开发框架，所以用到QT连接SQL Server数据库技术。连接数据库成功后，需要对加载进系统的海流数据进行符号化，系统提供给用户点、短线、三角形、正方形、六边形、箭头等对象，以对海流进行可视化。并且，可以通过海流流向与流速大小设置这些要素的尺寸与颜色。

（4）海流数据动态模拟

在海流动态模拟中，系统采用OSG三维渲染引擎中粒子系统模块，运用数据库实时传递的海流方向与大小，控制该坐标下粒子群的运动状态，实时准确地表达海流运动现象。在OSG三维渲染引擎中，粒子系统是为模拟爆炸、气流、烟火等模糊运动而专门提供的工具，命名空间为osgParticle。在粒子系统中，主要的类包括以下几个：

① osgParticle：：Particle：粒子模版类，决定粒子颜色、大小、生命周期等。

② osgParticle：：ParticleSystem：粒子系统属性类，定义粒子数目、形状和纹理等。

③ osgParticle：：Placer：定义粒子出发点的形状，如点形、圆形、扇形等。

④ osgParticle：：Counter：定义粒子的数目范围。

⑤ osgParticle：：Shooter：定义粒子初速度的粒子发射器类。

⑥ osgParticle：：Emitter：发射器类，Placer、 Counter、Shooter都为此类服务。

⑦ osgParticle：：Operator：控制粒子产生后的运动状态。

⑧ osgParticle：：Program：定义粒子轨迹、矩阵变换等操作。

在OSG三维渲染引擎中定义粒子系统的一般方法如下所示：

① 确定目标，确定需要粒子系统做什么，粒子的状态与运动方式等。② 粒子模版的创建，根据实际需要确定粒子的生命周期与形状等。③ 利用创建的粒

子模版对粒子系统进行创建,设置诸如粒子数目、纹理等粒子属性。④ 设置发射器,对发射点的形状、位置等进行设置。⑤ 添加其他影响粒子群运动的因子,如风力、重力等。⑥ 将创建的粒子系统添加到场景中,持续更新即可。

海流实时模拟功能实现操作如下:

通过系统菜单中"海流统计"菜单下的"实时模拟"选项或工具栏中"实时模拟"按钮,可以打开海流实时模拟模块。在该模块中,窗口左侧是三维渲染场景,用以实时展现海流动态,在右侧上方的参数设置栏中,可以对需要实时模拟的海流时间范围、空间范围、模拟过程中的帧速以及每一帧所代表的时间段进行相应设置。

在模拟过程中,右下方的实时参数栏可以实时展现当前帧所模拟的时间段、当前帧的最大流速以及相应经纬度坐标、当前帧的最小流速以及相应经纬度坐标、当前帧的平均流速和表示当前模拟进度的进度条。左侧三维渲染场景能够实时展现当前帧海流状态,并实时标记出海流最大最小值的地理位置(红色要素为最大流速位置,绿色要素为最小流速位置),如图16.8所示。

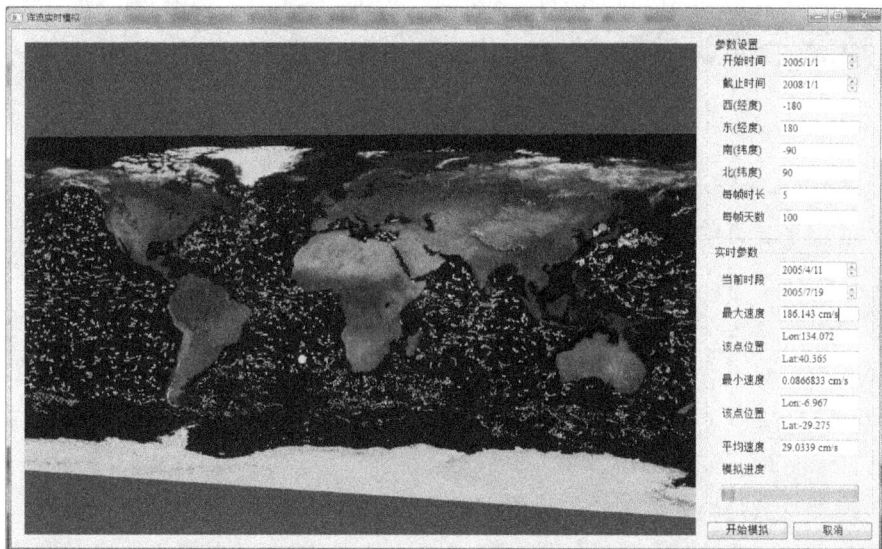

图16.8 海流实时模拟

(5)基于粒子系统的静态海流渲染

通过系统菜单中"海流"菜单下的"静态海流"选项或者工具栏中的"静

态海流"按钮，可以打开静态海流设置对话框，可以实现对需要渲染海域的坐标范围以及表示海流方向的箭头风格、尺寸、颜色的设置。设置完成即可实现对海流方向的静态渲染，如图16.9所示。

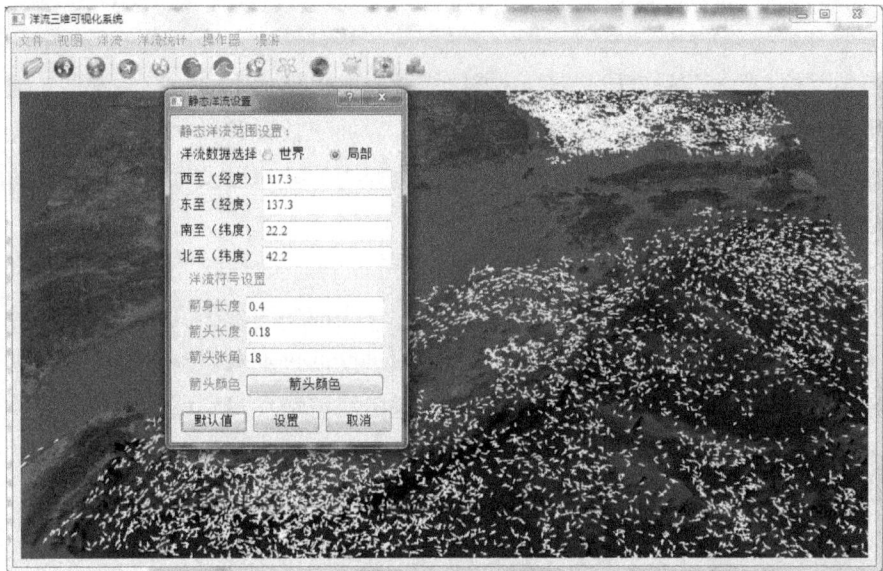

图16.9　静态海流渲染

（6）基于粒子系统的动态海流渲染

通过系统菜单中"海流"菜单下的"动态海流"选项或者工具栏中"动态海流"按钮，可以打开动态海流设置对话框，可以对表示海流的粒子的相关参数进行设置，包括粒子形状、速度系数、颜色范围、尺寸范围、密度范围、透明度范围、粒子寿命、粒子重量、粒子半径等。粒子形状下拉框可选项有点形（Point）、线形（Line）、方形（Quad）、三角带（Quad_Trianglestrip）、六角形（Hexagon）等5项选择。

速度系数是根据渲染效果需要，对实际所测海流速度添加的放大系数，因为现实中的海流速度相比系统模拟范围短时间的移动微乎其微，所以对海流流速进行适当放大，使海流动态渲染效果更加明显。粒子颜色范围中有6个可设参数，分别是粒子颜色Red/Green/Blue三个分量的最大、最小值。粒子密度范围表示当前三维场景中，海流粒子数目范围，以及可以控制场景中粒子的数量。粒子寿命表示的是场景中每个海流粒子自发射器产生后的最大存活时间。假如在最大存活时间内，粒子始终没被杀死，到达粒子寿命时间时，系统将强行杀死该粒子。

（7）海流统计功能

海流统计功能允许用户用两种方式对目标海域海流进行统计分析：用户可以在海流实时动态模拟时在每一帧都可以得到当前时间海流统计信息，包括海流流速最大值、最小值与其对应的位置坐标，并分别在三维场景中实时显示该位置，同时给出该帧所对应的时间段内海流标量平均值；系统允许用户在分析范围内标出一条航线（两点或多点连成的折线），系统可以以图表的形式统计出该航线上的表层海流标量值和相对航线方向的海流方向夹角，通过航线分析可以直观展示航线的逆流与顺流情况。

① 实时动态模拟海流统计。

在海流实时动态模拟中启动海流分析功能，系统在每一帧渲染时，判定当前帧所表示的时间点或时间段，根据时间段信息可以检索数据库中当前时间的海流数据，统计出海流最大值、最小值与其对应的地理坐标、平均值等统计信息，并在系统窗口中实时展现。具体流程如图16.10所示。

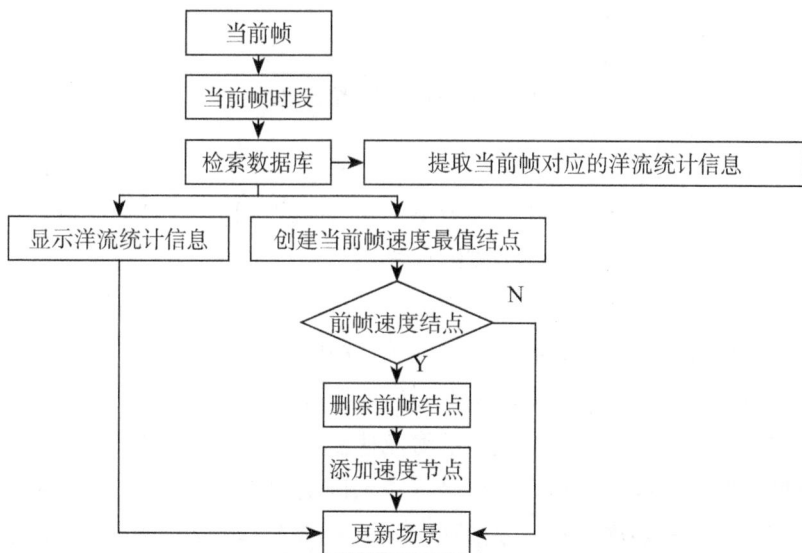

图16.10 海流统计流程

② 航线海流统计。

在航线海流统计中，系统通过用户标出的航线，根据点到直线的距离算法，可以从数据库中检索出距离该航线一定距离范围内的海流数据，将这些海流数据按照航线的走向依次排序，将统计信息以QWT统计图的形式展现出来。具体流程如图16.11所示。

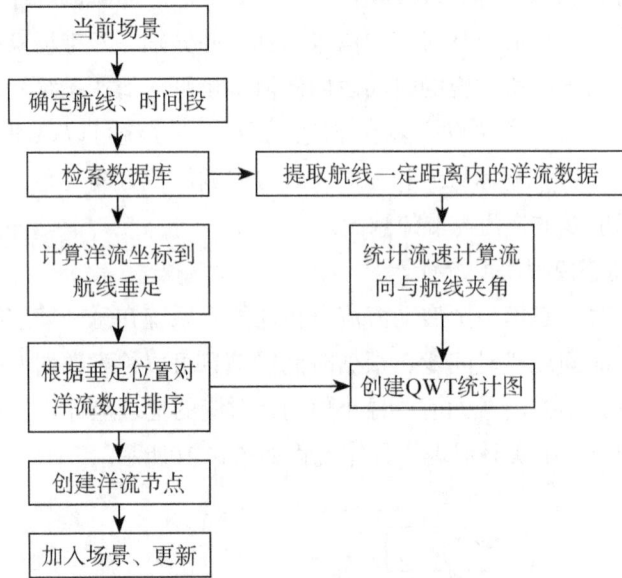

图16.11　航线海流统计流程

航线海流统计操作如下：

通过系统菜单中"海流统计"菜单下的"航线统计"选项或工具栏中"航线统计"按钮，可以打开航线海流统计模块。在该模块中，通过设置窗口右下方时间段、航线坐标的依次输入、航线宽度的酌情设置，系统可以统计出在该时间段内该航线上的海流数据，并以统计图的形式在窗口上方予以展现。同时，在窗口左下方的全球缩略图中对当前航线进行实时可视化。其中，统计图由两个选项组成，分别是该航线上的海流速度统计图和海流角度统计图，横坐标表示航线距离航线起点距离，纵坐标表示该点的海流流速与相对航向的海流夹角。据此可以直观展现在一条航线上某一时间段的海流流速与流向状况，如图16.12、图16.13所示。

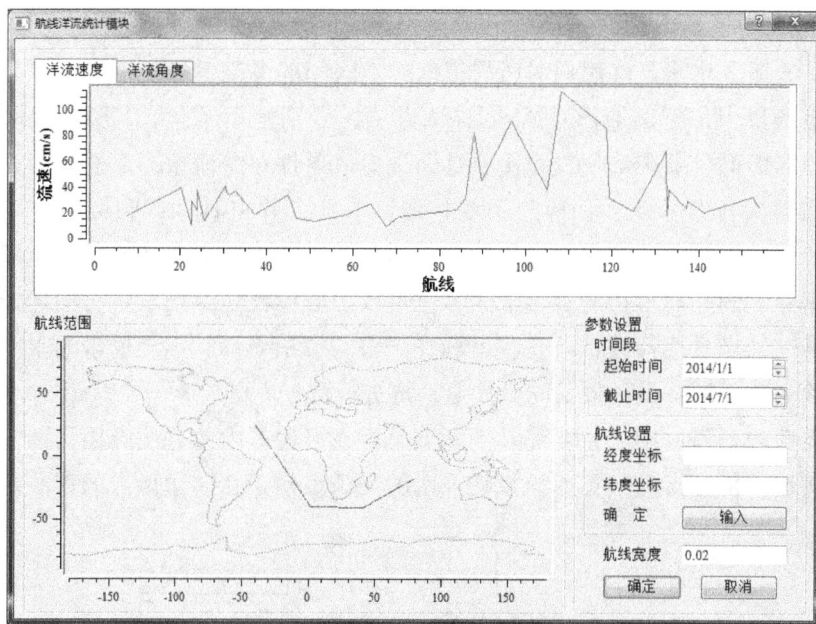

图16.12　航线海流速度统计

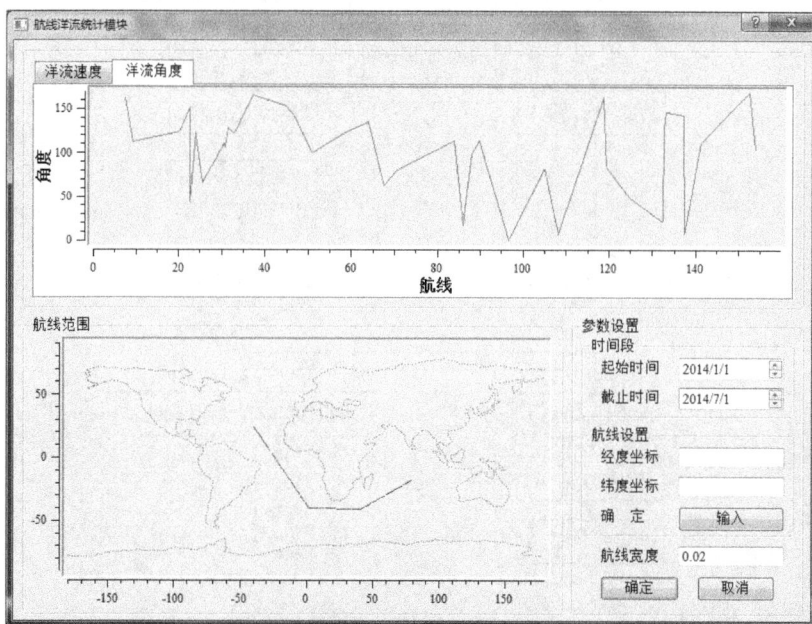

图16.13　航线海流角度统计

437

（8）海流提取功能

海流提取功能允许用户对所需提取时空区间的海流进行自定义提取并加载到三维场景中，可以选择3种不同提取方法，分别是矩形提取、圆形提取、任意多边形提取。系统实现过程主要是通过提取条件对海流数据库进行检索，将检索结果进行符号化，创建三维场景海流节点，并将其加载到场景中进行渲染，从而实现对所选海域海流单独渲染的功能。其中，提取条件可以是多边形顶点坐标、圆心与半径的直接输入，也可以用鼠标在三维场景中直接选择。而鼠标在三维场景选择时，首先将鼠标在屏幕的二维坐标与三维场景的水平面做碰撞检测，得到三维场景下的坐标值，再进行数据库的检索。

在此功能模块中，主要涉及判断点是否在多边形内的算法应用，即提取的是多边形内部的海流数据。该系统采用的判断点是否在多边形内的算法是判断

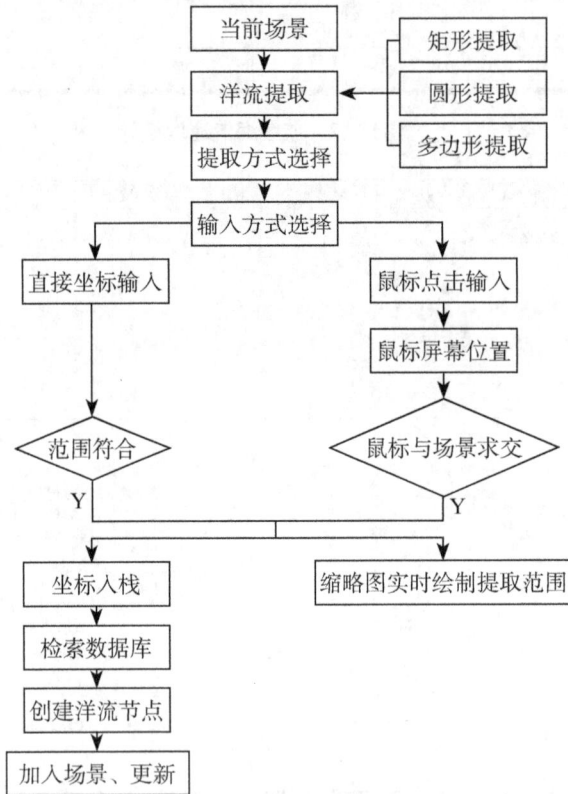

图16.14 海流提取流程图

点所在水平线的某一侧与多边形边界交点个数，若是奇数便在多边形内，若是偶数便在多边形外。海流提取流程如图16.14所示。

海流提取功能实现操作如下：

通过系统菜单中"海流统计"菜单下的"海流提取"选项或者工具栏中"海流提取"按钮，可以打开海流提取模块。在该模块中，左侧主窗口是三维渲染场景，用以显示海流提取结果。右侧上方是简单世界缩略图，用以实时显示海流选择范围，便于对所选海流区域的整体把握。中间部分是所提取海流的时间区域。右下方是海流提取的3种具体方法，分别是矩形提取、圆形提取和多边形提取。在矩形提取中，可以输入经纬度的大小范围进行直接提取；在圆形提取中可以设置圆心与半径进行提取；在多边形提取中可以通过多边形顶点坐标的依次输入，也可以通过鼠标在三维渲染窗口中依次双击选择。具体效果如图16.15所示。

图16.15　海流提取功能模块

（9）海流属性查询

该系统可以实现对海流数据的属性查询，在给定时空区间的情况下，系统能够检索相应条件下的海流数据，并以属性表的形式将海流数据展现出来，包括时间、地理坐标、经向流速、纬向流速等信息。

（10）其他功能

为使系统更加完善，更好地对海流信息进行可视化表达，还可以实现诸如自定义交互式漫游、三维场景背景颜色设置、自定义经纬网格、三维场景截图等辅助功能。其中，自定义交互式漫游可以手动用鼠标在三维场景中设置漫游路径，根据场景效果设置漫游的速度与相机高度，继而达到最好的漫游效果，如图16.16所示。自定义经纬网格可以设置经纬网显示范围，经线与纬线间隔，以及经纬网颜色、透明度等，使系统运行时，三维场景的表达更加完善，如图16.17所示。

图16.16　交互式漫游设置

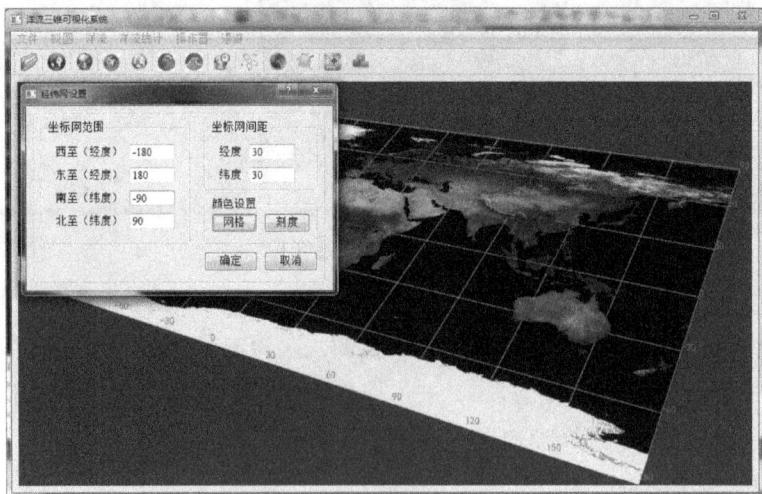

图16.17　经纬网设置

第17章 海洋信息发布平台

17.1 系统设计

17.1.1 系统架构设计

构建海洋信息发布平台，及时发布海洋科普、海洋环境、海洋资源、海洋调查等信息，以满足用户了解海洋、认识海洋、利用海洋的需要。作者及团队所研发的海洋信息发布平台系统由三层框架组成，分别是功能层、应用层、数据服务层，如图17.1所示。

（1）功能层

功能层	海洋科普	海洋资源	海洋调查测绘
	海洋环境	新闻管理	主功能区
应用层	公共应用组件	TerraExplorer API	
	ArcSDE	ADO.NET	
数据服务层	基础地理数据库	业务数据库	专题数据库	产品数据库	其他数据服务

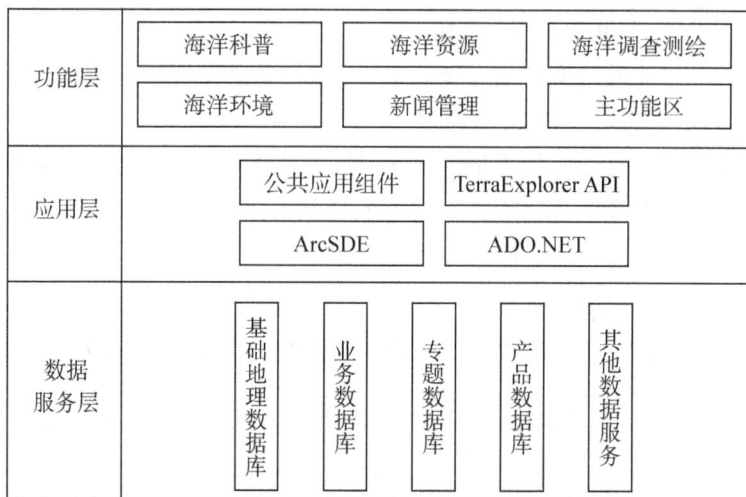

图17.1 系统总体框架设计

用户安装网络浏览器和Skyline TerraExplorer插件即可拥有系统提供的各种服务。该系统主要包括海洋科普、海洋资源、海洋环境、海洋调查测绘、海洋新闻等几个模块，通过多源数据的集成展示海洋数据。

（2）应用层

应用服务层是该系统的核心，是连接数据服务层和客户端功能层的桥梁，主要对海洋数据中心所存储的各类数据进行查询、编辑、统计分析等操作和管理，并根据不同的功能需要调用海洋数据中心中各数据库中的数据，为海洋资源管理、海域使用管理、海洋环境保护、海洋渔业管理、海洋经济管理、辅助决策和海洋信息公众服务等子系统服务。

（3）数据服务层

海洋信息数据中心由基础地理数据、海洋政务数据、海洋环境数据、海洋资源数据和公众服务信息数据组成，分为基础地理数据库、业务数据库、专题数据库、产品数据库和其他数据库。

17.1.2 数据库设计

（1）ArcSDE对矢量数据的存储与管理

一般情况下，ArcSDE 使用压缩的二进制格式来存储要素的几何图形，一个压缩的二进制要素类由商业表（Business Table）、特征表（Feature Table）和空间索引表（Spatialindex Table）组成。

ArcSDE 主要通过商业表（Business Table）进行属性数据和空间数据之间的连接，通过图层表（Layer Table）、特征表（Feature Table）和空间索引表（SpatialIndex Table）存储和管理空间数据。它们之间主要依靠要素进行关联。特征表和空间索引表对用户而言是不可见的，它们通过对图层表和商业表的读写操作，实现对空间数据的存储和管理。

（2）海洋属性数据库设计

根据系统需求，设计各类海洋相关数据属性表，结构如图17.2所示。

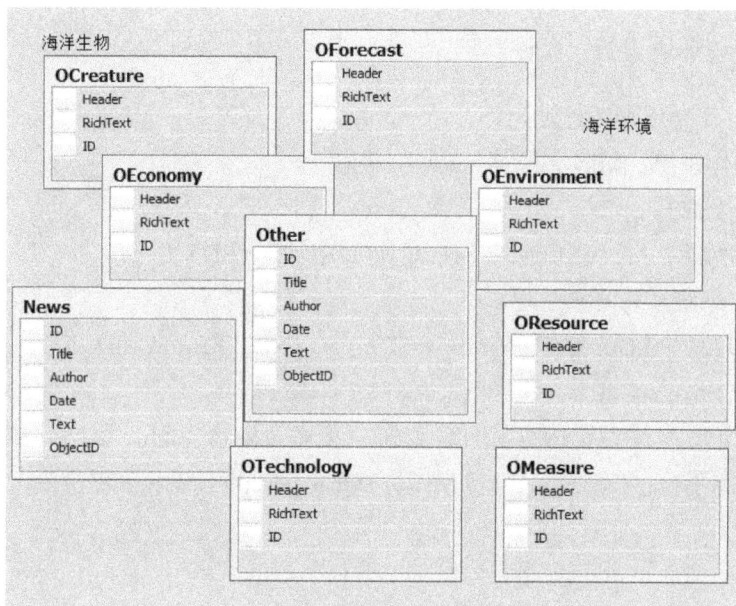

图17.2　数据库结构设计表

17.1.3 系统功能设计

（1）主功能区

在此功能区下对图层进行管理，用户可以在球体模型中浏览最新的海洋新闻，比如对于争议海域的时事新闻的浏览、国家海洋科技的最新进展等等。

（2）海洋科普

主要包括与海洋相关的科普内容，帮助用户了解海洋知识。

（3）海洋资源

海洋资源主要是将海洋中的各种资源数据进行发布和展示。

（4）海洋调查测绘。

发布和展示多种海洋观测数据，例如遥感卫星数据、浮标数据等。

（5）海洋环境。

发布和展示与海洋环境相关的海洋温度、盐度、流场等信息。

（6）新闻管理

在底图中具体的海洋目标位置上设置新闻，也可以进行多媒体的添加等操作。

17.1.4 系统环境设计

（1）系统开发环境设计

① 操作系统：Microsoft Windows 7/8系统。

② 开发语言：C#。

③ 数据库：Microsoft SQL Server 2008 R2，ArcSDE。

（2）系统运行环境

软件环境：Microsoft Windows 7/8、C#.NET Framework 4.0、Arc Info 10.0、Arc Engine 10.0。

硬件环境：1G以上内存并且含有2G以上剩余硬盘空间。

数据库平台：Geodatabase数据库、SQLSever2008，ArcSDE。

17.2 系统实现

17.2.1 系统界面实现

系统界面图如图17.3所示。

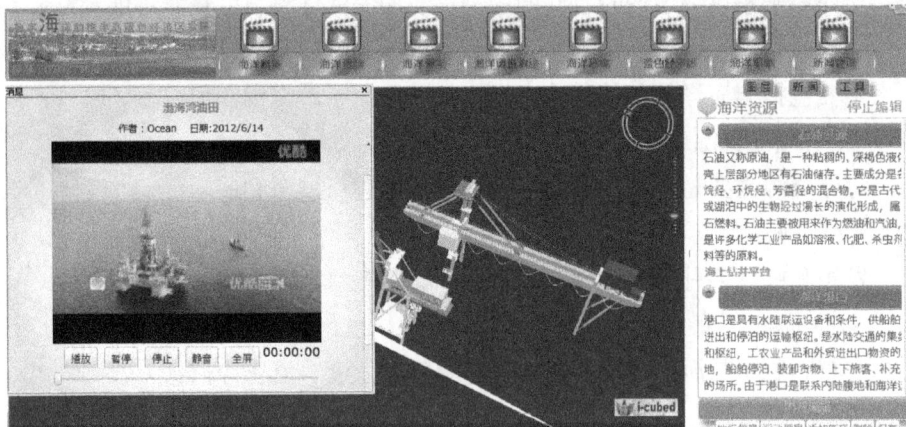

图17.3 系统主界面

软件界面上侧为系统菜单栏，界面中心是功能显示区，界面右侧为图层管理、新闻查看和小工具等。

17.2.2 系统功能实现

（1）主功能区

主功能区界面如图17.4所示。

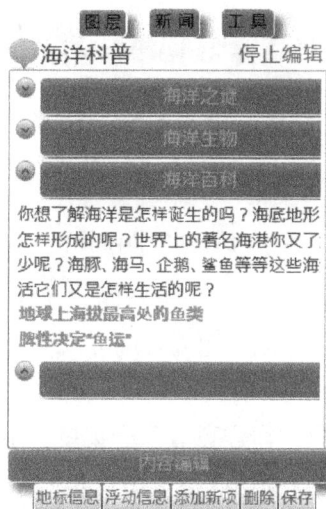

图17.4 系统主功能区

系统右侧是主功能区，用户可以通过点击功能区上方的相应按钮进入对应的功能。

① 图层控制模块。用户点击"图层"按钮，进入图层控制面板，可以对港口、海洋保护区、石油矿藏等图层进行显示，如图17.5所示。

② 工具模块。提供几种常用的地图工具，包括放大、缩小、量算、地下模式等。

图17.5 图层控制

③ 时事新闻浏览模块。点击"新闻"按钮，打开"时事新闻"列表，如图17.6所示。

图17.6　新闻展示

点击"实时新闻"列表中的某一条新闻，在地图中显示该新闻窗口。在"新闻检索"工具栏中输入新闻标题或日期可以检索具体的新闻内容。

（2）海洋科普

在功能区菜单栏中选择"海洋科普"子菜单，系统页面将显示海洋之谜、海洋生物、海洋百科等信息，如图17.7、图17.8所示。

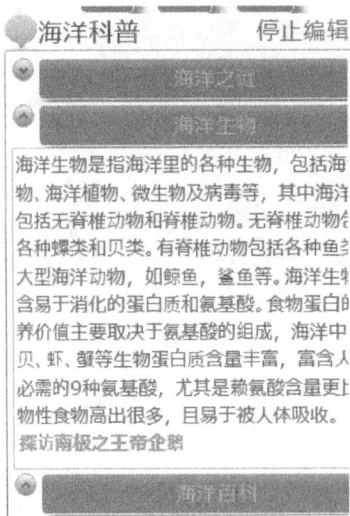

图17.7　海洋科普面板

图17.8　海洋科普信息窗口

（3）海洋资源

在功能区菜单栏中选择"海洋资源"子菜单，界面将显示海洋生物、港口、石油资源、输油管道、钻井平台等海洋资源信息，如图17.9、图17.10所示。

图17.9　港口和油盆

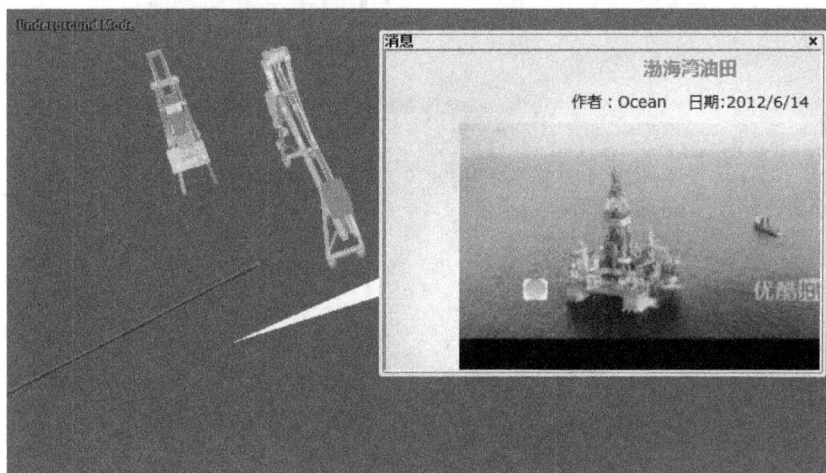

图17.10　海上钻井平台及输油管道

（4）海洋调查测绘

在系统功能区菜单栏中选择"海洋调查测绘"子菜单，系统界面将显示海洋调查的各种手段，发布海洋调查相关数据。

（5）海洋环境

在功能区菜单中选择"海洋环境"子菜单，系统界面将显示与海洋环境相关的内容，包括海洋温度、盐度、海洋污染、海洋自然保护区等内容，如图17.11、图17.12所示。

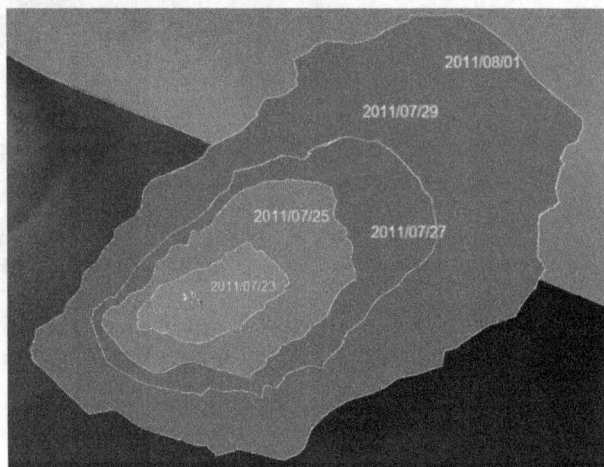

图17.11　渤海湾漏油

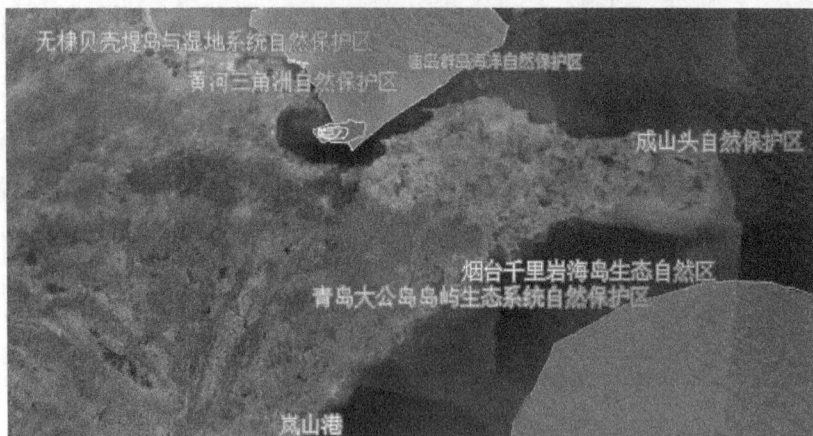

图17.12　海洋保护区

（6）新闻管理

在系统功能区中选择"新闻管理"子菜单，进行标注新闻和添加新闻操作。

① 标注新闻。首先在地图上选择需要标注信息的地物，然后点击"标注新闻"按钮，弹出新闻编辑窗体，可以添加视频、图片、链接、文本等内容，如图17.13所示。

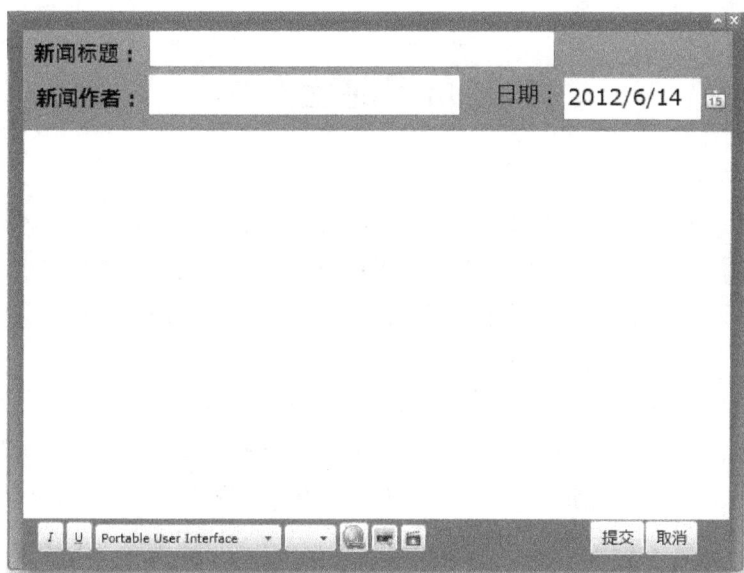

图17.13　标注新闻窗体

② 添加新闻。管理员用户可以在地图上点击地标位置，然后点击"添加新闻"按钮，弹出"添加新闻窗体"，进行新闻添加操作，如图17.14所示。

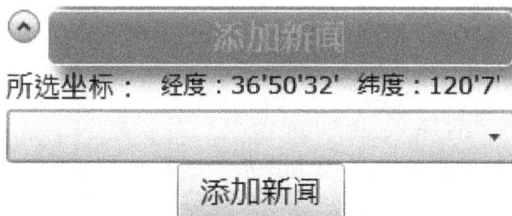

图17.14　添加新闻面板

第18章　海洋旅游信息服务系统

18.1 需求分析

随着青岛市接待旅游规模的扩大、旅游人次的增加和旅游散客比例的提升，对旅游信息咨询、旅游求助服务等旅游公共服务提出了更高的要求，迫切需要进一步完善旅游公众服务系统，提供高质量的旅游信息服务，为青岛市旅游业良性、持续发展提供保障。

近几年，青岛游客数量保持较高增幅，但在旅游业的快速发展中面临着一些突出的问题，集中表现在：一是旅游旺季，沿海一线、主要景区人流如织，造成交通拥堵，出现游客就餐难、入住难、停车难等现象；二是游客咨询、投诉、救援、引导等旅游公共服务建设不完善，旅游指挥调度力度不够，公安、交通、城管等各部门信息协调不畅，游客满意度大幅下降；三是近几年自驾游、自助游、半自助游等新兴出游方式方兴未艾，这些群体对实时的旅游信息需求越来越高。以上现象的出现，表明现有的青岛旅游公共服务功能已经难以满足旅游业快速发展的需要。从旅客和旅游管理者两个角度进行需求分析。

18.1.1 旅客需求分析

通过调查获知游客有以下几方面的需求：

（1）通过网络进行旅游空间信息浏览

游客对感兴趣的旅游点的各类信息最直观的认识手段莫过于通过网络环境来浏览该景区或景点的电子地图。网络作为信息时代的产物，给游客规划旅游计划提供了极大的方便，它是连接旅游主题的新媒介。这种方式不仅方便，而且很便宜，是游客乐于接受和非常喜欢的形式。

（2）旅游资源各类信息的查询

① 在地图上定位已知的旅游资源名称。

② 在地图上定位查询得到符合用户个性化条件的旅游资源。

③ 查询某旅游资源，获得其详细信息。

④ 查询某旅游资源，获得其周边环境的属性和图形信息。例如，用户需要查找景点附近或距离景点最近的宾馆、餐厅、医院等信息的时候就需要此功能。

（3）交通信息的快速获取

① 游客所在位置或者游客选择的出发地点与旅游目的地之间的最优路径查询。

② 旅游项目附近的交通信息查询。

（4）用户个人信息管理需求

注册、登录或者修改电话、邮箱、地址等；浏览历史记录、发布旅游评价等。

（5）旅游方案的个性化推荐服务

根据旅客的意愿或爱好主动向其推荐可能感兴趣的相似旅游项目、出游的景点路线。

（6）票务订购

游客需要进行旅游景点门票、车票、餐厅、宾馆等的预订。

18.1.2 旅游管理者需求

通过调查获知旅游管理者有以下几方面的需求：

（1）旅游资源信息的统一管理

为了宏观全面地了解旅游区的经营概况，对旅游区的发展实现合理的整体规划，必须要对其资源信息进行统一管理。过去的管理手段主要依靠报表等形式的文字记录，无论从查找信息的及时性还是数据维护的可靠性等方面都难以满足要求。随着Internet和计算机技术的普及，数据管理手段已经有了质的飞跃，采用数据库对旅游资源信息进行科学分类、有效管理是旅游管理者的不二选择。

（2）旅游空间信息的发布

为了达到对旅游区的快速有效地宣传，建立旅游信息服务网站是必不可少的环节。旅游信息服务网站可以方便、快捷地发布旅游空间信息，影响面广，对旅游管理者宣传其旅游资源和项目有很大的帮助。

（3）旅游资源信息的查询

管理者的查询需求与游客的查询需求基本一致。

（4）决策功能需求

旅游管理者需要特定功能为其决策提供支持，例如，缓冲区分析功能，可以快速分析一个地物对周围的辐射关系，为景点选址决策、污染源控制决策等提供快速有效的手段。

（5）旅游区数据的统计

旅游区的承载力，特定时间节点旅游区的游客量、景点的访问量、游客偏好等信息对于旅游管理者至关重要，需要通过系统相关功能进行旅游数据统计、并将统计数据以图表的形式直观呈现给旅游管理者，以方便其做出宏观安排和调整。

18.2 个性化推荐算法构建

个性化推荐是针对旅客个性化需求设计的一个推荐方案，目的是让系统变得更加个性化和智能化。具体讲，是根据旅客过去的旅游历史记录、评价记录、个人信息，分析其习惯性旅游动机与需求，挖掘其兴趣点和兴趣度，对其"对症下药"，在繁多的旅游项目中挑选其潜在的感兴趣项目，并向其主动推荐。通过个性化推荐服务，可以扩展服务种类，为游客提供高度个性化的旅游体验，建立他们与目标旅游项目之间的情感联系，激发其新的旅游动机。

个性化推荐服务功能模块由待推荐的旅游项目库、系统所基于的推荐方法、系统所面向的用户以及具体工作模型组成，如图18.1所示。

该系统针对旅游项目的异地性、变化性等特征，以及"信息过载"和"资源迷向"等问题，采用内容过滤和评分预测的混合推荐算法，以提高服务的个性化和智能化，帮助旅客在浩如烟海的旅游信息中找到与其需求、兴趣偏好匹配的旅游项目信息；在基于项目推荐挖掘到的邻居用户集合的基础上，又引入了关联规则技术，主动向旅客推荐景点线路，大大缩短了用户规划旅游行程的时间。

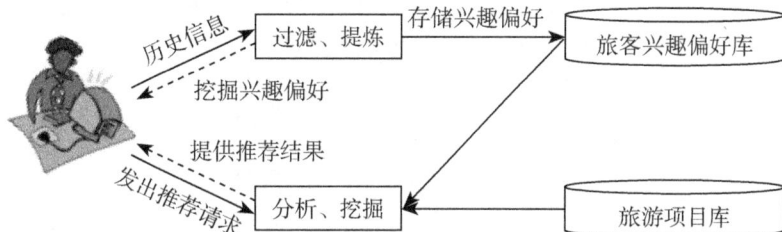

图18.1　推荐系统工作模型

18.2.1 旅游项目推荐算法

基于内容推荐技术不依赖用户的评分数据，只依赖用户偏好的内容和旅游项目的内容，将其与协同过滤推荐相结合，计算相似度，能够很好地解决协同过滤推荐的新用户和新旅游项目的冷启动问题，且推荐过程因不需要评分矩阵而不受矩阵稀疏性的限制。

（1）针对新用户的推荐算法

在推荐系统里一般都是根据目标用户的访问历史为其建立兴趣模型，但新用户没有历史记录，无法通过评分计算相似性对其进行兴趣项目推荐。为了消除新用户冷启动问题，在用户注册的时候，该系统要求用户填入个人背景信息，包括姓名、性别、年龄、教育水平、职业、收入，往往对用户旅游喜好起决定作用的是性别、年龄、学历、职业和收入五个方面，背景越是接近的用户，喜好往往越接近。所以，可以通过计算新用户与其他用户之间的背景相似度，找到新用户的邻居集合，并根据邻居用户对目标项目的评分，预测新用户对该项目的评分值，衡量新用户是否对该项目有兴趣。在此，该算法的原理同基于用户的协同过滤技术的原理是一致的，二者的不同之处在于寻找邻居用户集合时采取的相似度计算策略不同，前者基于用户背景信息，后者基于用户—评分矩阵。图18.2展示了基于新用户背景信息通过基于内容预测的协同过滤方法实现旅游项目推荐的基本过程。

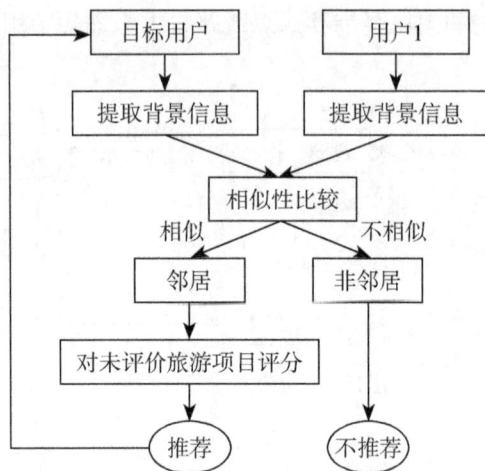

图18.2　基于内容预测的协同过滤推荐

为了找到新用户的邻居集合，每个用户的每条背景信息分别用一个数值表示，如表18.1所示，得到的数值集合被抽象成向量空间模型，用于计算新用户与其他用户之间的背景相似度，相似度越高，代表用户之间背景越相似，计算方法采用余弦相似性算法，公式如下：

$$\text{sim}(x,y)=\cos\theta=\frac{\sum_{i=1}^{5}k_{1i}*k_{2i}}{\sqrt{\sum_{i=1}^{5}k_{1i}^{2}}\sum_{i=1}^{5}k_{2i}^{2}} \tag{18.1}$$

式中，x 和 y 分别代表新用户和其他某用户；k_{1i} 和 k_{2i} 分别是两个用户的第 i 个关键词的取值。

表18.1　用户背景信息—代表数值表

性别	男					女			
代表数值	1					0			
年龄	0~10	11~20	21~30	31~40	41~50	51~60	61~70	81~90	…
代表数值	0	1	2	3	4	5	6	7	…
教育水平	小学以下	小学	初中	高中	专科	本科	硕士	博士	博士后
代表数值	0	1	2	3	4	5	6	7	8

（续表）

收入	0~3千	3千~6千	6千~9千	9千~1.2万	1.2万~1.5万	1.8万~2.1万	2.1万~2.5万	2.5万~2.8万	…
代表数值	0	1	2	3	4	5	6	7	…
职业	系统罗列出了各项职业类型，供用户选择，每个类型一一对应一个数值编号。介于计算相似性时将使用到此编号，给相似的职业设置接近的编号值，而相差较大的职业之间的编号差距设置较大。								

背景信息不仅对用户旅游喜好有影响，而且各自影响程度不完全相同。例如，出于放松心情、寻求刺激或者拜访亲友的目的，女性的旅游需求主要体现在对文化、购物、浪漫方面，而男性旅游的动机更多与体育锻炼、探险、度假等有关；受学历、收入、职业影响，旅客在消费时，对旅游项目的价格比较敏感，甚至有旅客认为旅游项目的价格可以表明自己的社会地位、文化修养、生活情操等，体现了旅客的旅游价值观和消费观念。所以，在计算目标用户与其他用户背景相似度时，该系统对性别、年龄、教育水平、收入、职业这五个关键词赋予不同的权值，在余弦相似性算法计算中引入了权值，公式如下：

$$\text{sim}(x, y) = \cos\theta = \frac{\sum_{i=1}^{5} k_{1i} * k_{2i} * q_i^2}{\sqrt{\sum_{i=1}^{5}(k_{1i}*q_i)^2 \sum_{i=1}^{5}(k_{2i}*q_i)^2}} \tag{18.2}$$

式中，q_i 是第 i 个背景关键词分项所对应的权值。该系统中取性别对应的权值为0.1，年龄对应的权值为0.2，教育水平对应的权值为0.1，收入对应的权值为0.3，职业对应的权值为0.3。为了验证取值的合理性，我们假设三个用户A、B、C，他们的背景信息如表18.2。

表18.2　用户A、B、C背景信息

背景信息　用户/代表数值	性别	年龄	教育水平	收入	职业
用户A	女	28	本科	4 000	老师
代表数值	0	2	5	1	1
用户B	男	24	本科	4 500	老师

455

（续表）

背景信息 用户/代表数值	性别	年龄	教育水平	收入	职业
代表数值	1	2	5	1	1
用户C	男	46	博士	8 000	医生
代表数值	1	4	7	3	21

从表中可以看出用户B的背景信息与用户A的背景信息较为接近，而与用户C相差较远。利用公式18.1计算可得sim（A，B）=0.99、sim（B，C）=0.52，得出A和B相似度很高，而B与C相似度很低，计算结果完全符合他们的实际情况，换句话说A是B的邻居。

基于用户背景相似度找到前 N 个最相似的邻居用户后，就可以根据邻居用户的评分值采用预测算式计算新用户对未评价旅游项目的预测评分，然后将评分靠前的项目推荐给新用户。若两个用户的背景相似度很高，说明值越接近1，两者的背景信息之间越接近线性相关。两用户的评分信息也遵从这种相关性，因此评分值预测算式可以表示为18.3式。

$$\text{pred}（k, p）= \frac{\sum_{m \in \mathbf{N}}（\text{sim}（k, m）* r_{m, p}）}{\sum_{m \in \mathbf{N}} \text{sim}（k, m）} \qquad （18.3）$$

式中，pred（k，p）表示目标用户 k 对项目 p 的预测值；m 表示前 N 个最相似邻居中的一员；sim（k，m）表示用户 k 和用户 m 的背景相似度；$r_{m, p}$ 表示用户 m 对项目 p 的评分。

（2）针对新项目的推荐算法

在原理上，针对新项目的推荐类似于针对新用户的推荐，只是在计算相似性时基于的内容是项目的属性信息，数值化的也是项目的属性内容，属性内容越相似，表示用户喜欢该项目的可能性越大。

新加入系统的项目，没有用户对它的评分信息，因此无法直接通过协同过滤推荐算法将其推荐给用户。在该系统的实现中，首先采用内容过滤技术，提取用户评价过的项目的属性内容以及新项目的属性内容，比较两者的相似度，找到新项目的相似邻居项目集合，根据用户对邻居项目的评分预测用户对新项目的评分，并将评分高的新项目推荐给用户。

（3）针对老用户的推荐算法

针对老用户的推荐采用的算法是基于用户的协同推荐，依赖用户评分。但在很多情况下，推荐项目的数量是非常庞大的，而用户只对其中很少的项目做出过评价，造成用户—项目评分矩阵非常稀疏，不利于项目的推荐。

针对老用户评分稀疏性问题，该系统采用的办法是将用户评价过的项目评分和针对新项目的预测评分填充到了用户评分矩阵中。由于填充后的矩阵中包含用户真实的评分数据和相似度预测得分，所以计算老用户的邻居集合时，针对不同形式的评分来源应该赋予不同的权重（赋予用户的真实评分较大的权重，赋予预测评分的权重低于真实评分的权重），以保证推荐质量。计算老用户与其他用户的余弦相似度的公式应表示为式18.4，而式18.3应改进为式18.5：

$$\text{sim}(u, v) = \cos\theta = \frac{\sum_{i \in I_{uv}} \varphi_u R_{u,i} \varphi_v R_{v,i}}{\sqrt{\sum_{i \in I_{uv}} (\varphi_u R_{u,i})^2} \sqrt{\sum_{i \in I_{uv}} (\varphi_v R_{v,i})^2}} \quad (18.4)$$

式中，I_{uv} 表示用户 u 和用户 v 共同评价的项目个数；$R_{u,i}$ 和 $R_{v,i}$ 分别表示用户 u、v 对第 i 个项目的评分；φ_u 和 φ_v 分别表示评分 $R_{u,i}$、$R_{v,i}$ 的权值。其中，φ 表示评分 $r_{m,p}$ 的权重。

$$\text{pred}(k, p) = \frac{\sum_{m \in N} (\text{sim}(k, m) * r_{m,p} \times \varphi)}{\sum_{m \in N} \text{sim}(k, m)} \quad (18.5)$$

综合上述针对新用户、新项目及老用户的推荐分析，得到旅游项目推荐模型如图18.3。

为了进一步提高推荐质量，系统会记录用户每次访问的评分、评语，不断填充用户的评分矩阵。

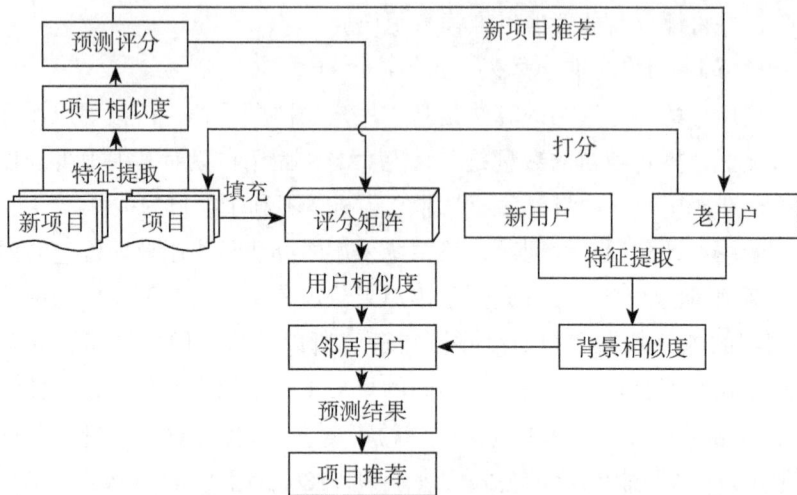

图18.3　旅游项目推荐模型

18.2.2 旅游线路推荐算法

为了旅行顺利，获得最大的观赏效果，许多旅客习惯在出行前做好旅游行程规划。但面对系统的海量旅游信息，用户很茫然，不知怎样进行选择，即使通过简单的搜索，也很难在短的时间内为自己制定一条既方便，又包含了感兴趣的旅游项目的线路。为了解决这个问题，该系统以上述基于项目推荐找到的邻居用户集合作为数据基础，引入了关联规则技术主动向用户推荐线路，大大缩短了用户规划旅游行程的时间。

关联规则算法完成推荐任务分为两步，先从事务中找出频繁项集，然后从频繁项集中寻找符合挖掘约束条件的强关联项目。该系统采用关联规则的核心算法Apriori挖掘频繁项集，约束条件基于最小支持度和最小置信度。为了满足用户需求，最小支持度和最小置信度的取值一般由用户自己规定。假设$E=\{I_1, I_2, I_3, \cdots, I_m\}$是所有旅游项目集合，与任务相关的数据 D 是事务 T 的集合，其中每个旅游事务 T 是项的集合，可以表达为：$T=\{t_1, t_2, t_3, \cdots, t_p\}$，使得$T \subset E$，且 $T \subseteq D$，每个事务有一个标志符，称作TID。E 中的任何子集称为项目集，若项目集 R 的项目个数为 K，则 $R=K-$项集，其支持度support（R）=包含R旅游事务个数/总旅游事务个数。若support（R）不小于用户指定的最小支持度，则称 R 为频繁项目集，简称频集；否则称 R 为非频繁项目集，简称非频集。选择支持度的最终目的就是找出同时被评价的项目，可以提高系统的推荐效率。

置信度就是根据某一个条件，得到一个结论的可信程度、可靠程度。为了方便描述置信度，我们设两个项目集 X 和 Y，$X \cap Y = \emptyset$，且 $X \subset T$，$Y \subset T$，它们的置信度为

$$\text{confidence}\left(\frac{Y}{X}\right) = （同时包含X、Y的旅游事务个数）/（包含了 X 的旅游事务个数）$$

$$(18.6)$$

这表示在包含了 X 的旅游数据集合中，同时包括了 Y 的比率值，即 X 发生的条件下 Y 出现的概率。当 confidence（Y/X）不小于用户指定的最小支持度时，表明 X 和 Y 之间存在一种隐性的强关联规则。

利用 Apriori 算法应用于旅游线路推荐系统中的具体操作过程是：

① 利用算法扫描事务数据库，计算各个项目的支持度，根据最小支持度阈值，从候选集 C_1 找出频繁1-项集，记为 L_1。

② 然后利用 L_1 来产生候选项集 C_2，对 C_2 中的项进行判定挖掘出 L_2，即频繁2-项集。

③ 不断循环迭代直到无法发现新的频繁项集为止。

在实际旅游信息系统中，事务集合 D 的数据非常庞大，在这里只给出部分数据表，如表18.3、表18.4所示。

设定最小支持度为0.2，最小置信度为0.8，算法分析过程如图18.4所示，可看出A景点、B景点、E景点为最终的结果。

表18.3 旅游景点表

项目	编号项目
I_1	A
I_2	B
I_3	C
I_4	D
I_5	E

表18.4 旅游景点路线调查表

TID	用户旅游线路
001	I_1, I_2, I_5
002	I_1, I_4
003	I_1, I_3, I_5
004	I_1, I_2, I_3, I_5
005	I_1, I_2, I_5
006	I_2, I_3
007	I_1, I_3, I_5

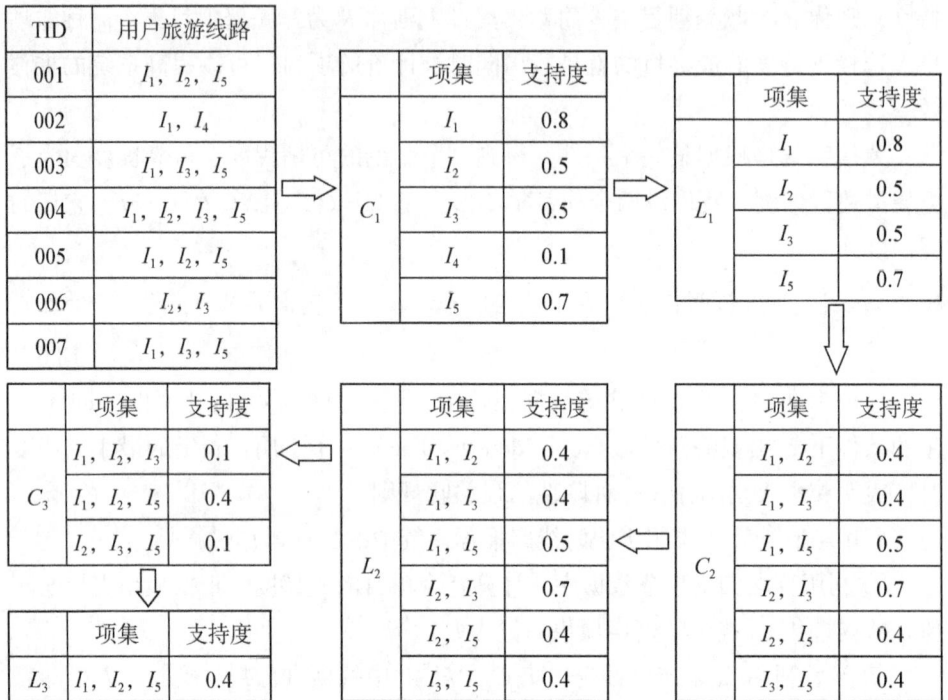

TID	用户旅游线路
001	I_1, I_2, I_5
002	I_1, I_4
003	I_1, I_3, I_5
004	I_1, I_2, I_3, I_5
005	I_1, I_2, I_5
006	I_2, I_3
007	I_1, I_3, I_5

C_1

项集	支持度
I_1	0.8
I_2	0.5
I_3	0.5
I_4	0.1
I_5	0.7

L_1

项集	支持度
I_1	0.8
I_2	0.5
I_3	0.5
I_5	0.7

C_3

项集	支持度
I_1, I_2, I_3	0.1
I_1, I_2, I_5	0.4
I_2, I_3, I_5	0.1

L_2

项集	支持度
I_1, I_2	0.4
I_1, I_3	0.4
I_1, I_5	0.5
I_2, I_3	0.7
I_2, I_5	0.4
I_3, I_5	0.4

C_2

项集	支持度
I_1, I_2	0.4
I_1, I_3	0.4
I_1, I_5	0.5
I_2, I_3	0.7
I_2, I_5	0.4
I_3, I_5	0.4

L_3

项集	支持度
I_1, I_2, I_5	0.4

图18.4　Apriori算法分析过程

　　一般的，旅行数据具有海量、频繁项目集较长两个基本特点，包含的项目不全是用户感兴趣的，这就会造成数据冗余，推荐效果不佳。因此，需要有一种方法能够找出与用户感兴趣的项相关联的所有项。为解决上述问题，该系统以基于项目推荐找到的相似邻居用户集合的旅游路线调查数据为候选集，计算频繁项集。显然，这样做的好处是在挖掘前就获取了与用户兴趣相关联的所有项，并且缩小了挖掘时要扫描数据库的范围，从而缩短了所需时间，很大程度上提高了推荐效率。

　　为了保证系统对项目推荐和线路推荐的实时性，评分矩阵的填充、属性相似项目及背景相似用户的查找都是在后台完成，只将结果推荐给在线用户，以提高用户体验。

18.3 系统设计

18.3.1 系统构架设计

通过对旅游信息公众服务系统的总体分析，确立了整个系统的设计和开发思路，提出了一套系统解决方案。系统总体构架如图18.5所示。

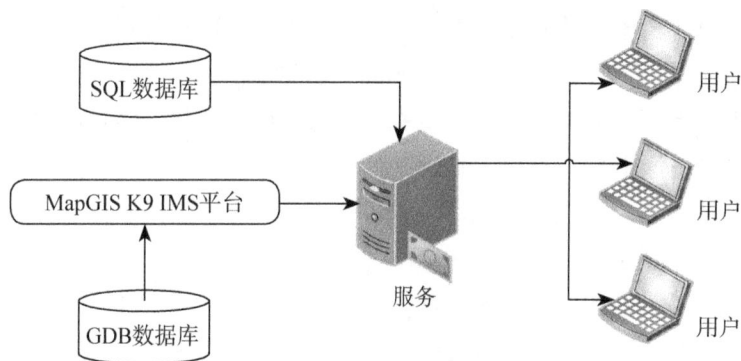

图18.5 系统总体构架图

18.3.2 系统功能设计

该系统的主要功能是提供高质量的旅游信息服务，为青岛市旅游业良性、持续发展提供保障。因此，突出青岛市海滨旅游城市的特点，通过先进的GIS和IT技术手段，形成统一的旅游信息数据共享和服务平台，为用户提供了详尽、独特的景点信息，针对特定用户进行旅游项目、旅游景点路线推荐，满足旅客对旅游信息的需求，构筑起更全面、快捷、智能化的旅游服务体系。

具体功能结构如图18.6所示：

461

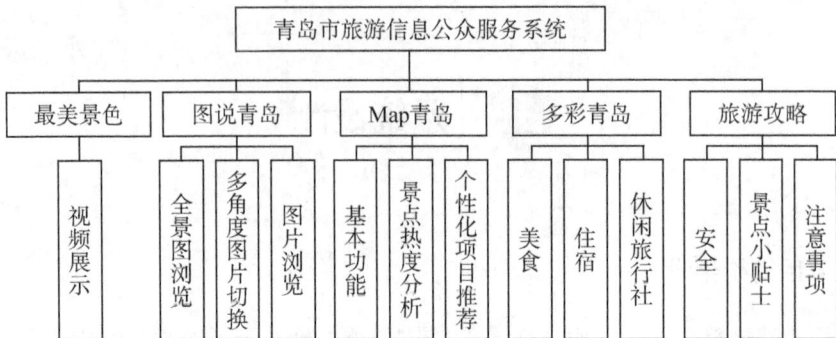

图18.6　系统功能模块图

系统具体功能包括以下部分：

① 地图服务。提供包括沿海地带和海中岛屿等信息的青岛市地图的浏览、放大、缩小等功能，提供标注功能进行信息的共享。

② 景点展示。通过旅游景点的图片、360°全景图片、实景影像、多媒体信息等展示青岛市旅游景点的特色，特别突出海洋旅游的特色。

③ 景点动态。主要介绍旅游景区各景点处最新发生的事件、新增加的活动内容，例如旅游社团、招商、折扣等一系列内容。

④ 旅游攻略。查看当日及未来两天的天气状况，通过图表对比不同月份不同景点的旅游热度，帮助游客进行旅游景点及路线的规划，为旅游出行提供合理优化的方案，让游客用最有效率的方法来统筹安排自己的旅游时间和路线。

⑤ 搜索和查询。进行旅游景点、酒店宾馆、饭店、车站等游客感兴趣的旅游兴趣点的搜索和查询，并在地图上进行高亮显示，根据查询结果提供景点图片、景点视频等资料。提供周边查询功能，根据用户选择的地点和范围，查询出其周围一定范围的景点、酒店宾馆等兴趣点信息。

⑥ 个性化推荐。对不同游客进行旅游景点和线路推荐，根据游客兴趣点的不同，在繁多的旅游项目中挑选他们潜在兴趣点项目，并向其主动推荐。

⑦ 旅游导航。提供公交路线查询，根据用户输入或在图形上选择的起止地点，查询两景点之间的公交旅游路线；提供自驾车旅游导航，用户可以根据自己的喜好选择精品自驾游路线，系统将对旅游路线提供全程模拟。

⑧ 三维模拟。将构建的三维模型进行网络发布，对景区重点建筑或景区进行仿真，使浏览者在网络上预览景点时能获得身临其境的感觉。

18.3.3 系统界面设计

青岛市海洋旅游信息服务系统的界面设计遵循实用性和可操作性双重原则，以创建友好的用户界面为目标。界面最终要达到语义清晰、功能操作简便、展示友好、人性化、符合或贴近用户使用习惯；在用户可能不知道如何操作的地方增加提示；当系统发生错误时，可以进行容错处理并提示用户如何消除错误。该系统采用C/S（Client/Server）结构，使用Silverlight作为客户端，将功能模块按钮分门别类集中放置，在菜单切换、窗体弹出时加入动画效果，淡灰色背景渲染使得界面清晰美观，用户交互性体验好。系统提出了多层次动态模型，将景点模型由空间维扩展到时间维，可以获得随时间变化的动态景点信息，如图18.7所示。

图18.7　系统主界面

18.3.4 数据库设计

（1）数据库总体设计

该系统数据库由两部分构成，空间数据库和属性数据库，系统数据库结构如图18.8所示。

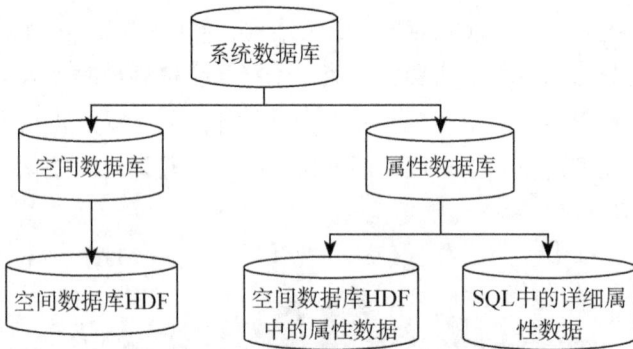

图18.8 系统数据库结构图

考虑到该系统要求数据存储效率高、访问速度快及数据安全性高等特点，对于空间数据，采用了MapGIS的SDE（Spatial Database Engine）实现对空间数据的管理，将数据存储在本地的空间数据库中。空间数据库使用MapGIS 平台的GDB管理器创建"MapGIS Local"数据库（*.HDF）。系统建设过程中从MapGIS平台下数据（wt、wl、wp格式文件），上载到MapGIS Local数据库中（转为简单要素类）。属性数据库即详细属性存储在SQL Server数据表中。

（2）属性数据库设计

该系统中，诸如景点名称、景点介绍、景点位置等都是景点专题图层的属性信息，可以对应空间数据库来设计属性数据库的信息。该系统属性信息主要从以下几个方面来设计：

① 景区景点信息，是游客最感兴趣的因此也是最重要的信息，包括景点名称、景点位置、景点介绍以及景点的价格等几个方面。

② 饭店信息，包括饭店名称、地址、经营项目、容纳人数、联系人姓名以及电话等。

③ 酒店宾馆信息，包括名称、地址、床位数、接待人数、价格、联系人姓

名以及电话等。

④ 景点热度统计信息，包括景点名称和12个月份的旅游人数统计。

分别对以上4种信息设计了属性结构表，如表18.5 ~ 18.8所示，

表18.5　景点属性结构表

字段编号	字段名称	字段类型	字段长度	允许空	字段描述
0	OBJECTID	Int	4	否	ID号
1	NAME	Nvarchar	20	是	景点名称
2	ADDR	Nvarchar	50	是	景点位置
3	INTRO	Nvarchar	255	是	景点介绍
4	PRICE	Money	8	是	景点价格

表18.6　饭店属性结构表

字段编号	字段名称	字段类型	字段长度	允许空	字段描述
0	OBJECTID	Int	4	否	ID号
1	NAME	Nvarchar	20	是	店名
2	ADDR	Nvarchar	50	是	地址
3	CURACOUNT	Nvarchar	10	是	经营项目
4	HOLDNUM	Float	8	是	容纳人数
5	CONTECT NAME	Nvarchar	20	是	联系人姓名
6	PHONE	Float	8	是	联系电话

表18.7　酒店宾馆属性结构表

字段编号	字段名称	字段类型	字段长度	允许空	字段描述
0	OBJECTID	Int	4	否	ID号
1	NAME	Nvarchar	20	是	店名
2	ADDR	Nvarchar	50	是	地址
3	BEDNUM	Float	8	是	床位数

（续表）

字段编号	字段名称	字段类型	字段长度	允许空	字段描述
4	HOLDNUM	Float	8	是	接待人数
5	PRICE	Money	8	是	房间价格
6	CONTECT NAME	Nvarchar	20	是	联系人姓名
7	PHONE	Float	8	是	联系电话

表18.8　旅游热度统计属性结构表

字段编号	字段名称	字段类型	字段长度	允许空	字段描述
0	OBJECTID	Int	4	否	ID号
1	NAME	Nvarchar	20	是	景点名称
2	月份_1	Float	8	是	人流量
…	…	…	…	…	…
12	月份_12	Float	8	是	人流量

18.3.5 系统环境设计

（1）开发环境

开发平台：MapGIS。

操作系统：Windows 7。

开发语言：C#语言。

NET环境：Microsoft Visual Studio .NET 2010（.NET Framework 4.0）、Silverlight 4.0。

数据库系统：Microsoft SQL Server 2008。

（2）运行环境

软件：Microsoft Windows系列，包括Windows Server 2003、Windows 7等版本。

硬件：512M以上内存，分辨率800×600以上，1GB以上硬盘剩余空间；其他硬件配置根据业务需求，比如地图出图需要配套的打印机、绘图仪。

（3）系统平台配置

运行系统前需安装的内容如表18.9所示：

表18.9　系统平台配置

序号	软件名称
1	MapGIS 许可证
2	MapGIS基础平台
3	MapGIS IMS增量包

系统配置流程图如图18.9所示：

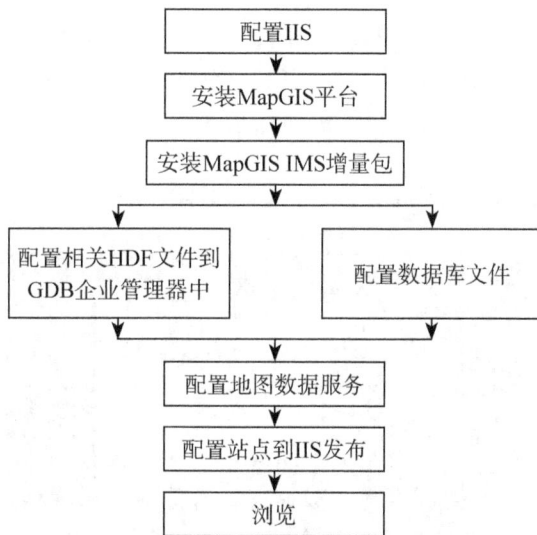

图18.9　平台配置流程

18.4　系统实现

青岛市海洋旅游信息服务系统采用富客户端技术，构建友好美观的用户界面，在旅游地图服务和信息查询的基础上，挖掘旅游要素深度属性数据，以保证系统的实用性和易用性；增加多媒体信息，以保证系统的形象性和趣味性；采用全景模型等方式，使得旅游信息系统的表现形式更加丰富、灵活，界面更加友好，对用户有更强的吸引力。

该系统充分发挥GIS的空间分析和可视化功能，针对特定用户进行旅游项目、旅游景点路线推荐，满足了旅客对旅游信息的需求，满足了公众对实时旅游信息的需求，构筑起更全面、方便、快捷、智能化的海洋旅游服务体系，对打造海滨城市旅游服务品牌、提升城市综合竞争力具有重要作用。

青岛市海洋旅游信息服务系统主要包括最美景色、图说青岛、Map青岛、多彩青岛、旅游攻略等5大模块，具体功能如下。

（1）最美景色模块

最美景色模块可以通过视频浏览景点，可以播放服务器上的青岛市旅游视频，类似当地的视频播放软件，具有开始、暂停等功能，可以从天上、陆地以及水中等不同角度欣赏各色美景，如图18.10所示。

图18.10　视频浏览景点

（2）图说青岛模块

图说青岛模块可以进行近景、全景图浏览，可以多角度、多方位切换图片对相应景点进行浏览，如图18.11、图18.12所示。

实现了360° 3D图片的查看，通过左右两侧的箭头实现图片的旋转查看；如果想要更加深入地了解该图片所代表的景点，单击该图片会出信息框，获取更多的景点信息，如图18.13所示。

图18.11 全景图浏览

图18.12 景点切换

图18.13 360° 3D图片查看

（3）Map青岛模块

Map青岛模块实现了地图浏览的基本功能，如放大、缩小、前后视图、鹰眼、全屏、量算等功能。图18.14为地图的基本浏览功能，图18.15为地图的量算功能，包括长度、面积量算。

该系统实现了最短路径查询、空间查询及缓冲分析等功能。最短路径查询是当用户在地图上确定两个以上的位置点时，自动生成他们之间的最短路径。可以根据用户的喜好，选择要浏览的景点，即可生成这几个景点间的最短路径。如图18.16所示，三角形为用户标识的位置点。空间查询包括鼠标交互查询和条件查询。可以按照选定的空间范围查询所涉及的兴趣点，即根据在地图客户区所选定的矩形或者多边形，给出该矩形或者多边形区域内的兴趣点分类以及属性列

图18.14　地图浏览功能

图18.15　量算功能

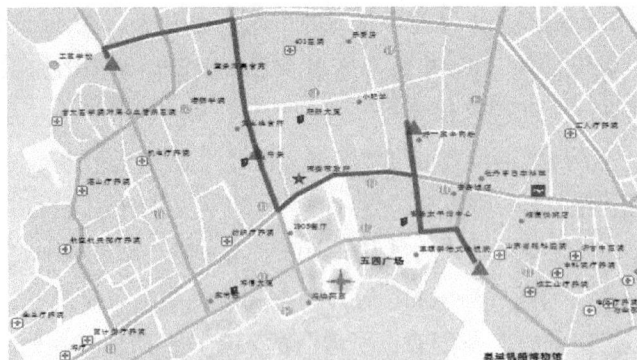

图18.16　最短路径功能

表。可以对查询结果进行二次周边查询和缓冲分析（图18.17）。对查询到的景点可直接点击进入查看景点全景图或查看其周边情况，如图18.18所示。

该系统实现了青岛市各景点的旅游热度统计分析功能，包括旅游景点趋势图和景点月份热度对比功能。旅游景点趋势图（图18.19）以折线图的形式表示了12个月份中的每个景点的旅游人数变化，景点月份热度对比功能根据选定的旅游景点和选定的月份生成柱状和饼状对比图（图18.20）。

图18.17 空间查询及缓冲分析

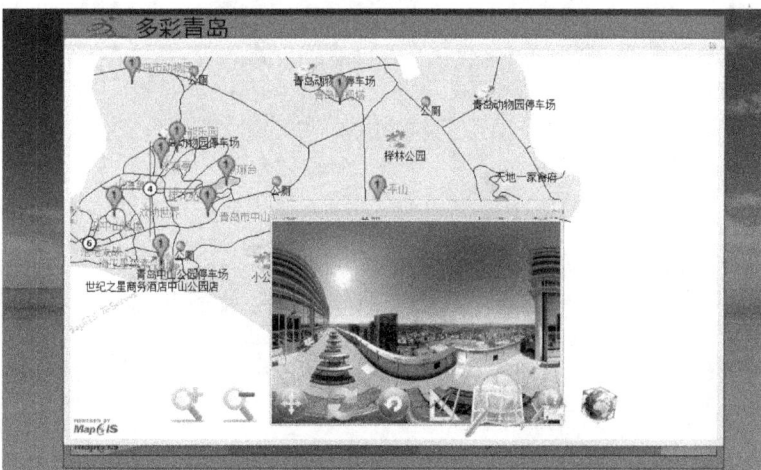

图18.18 景点及周边情况二次查询

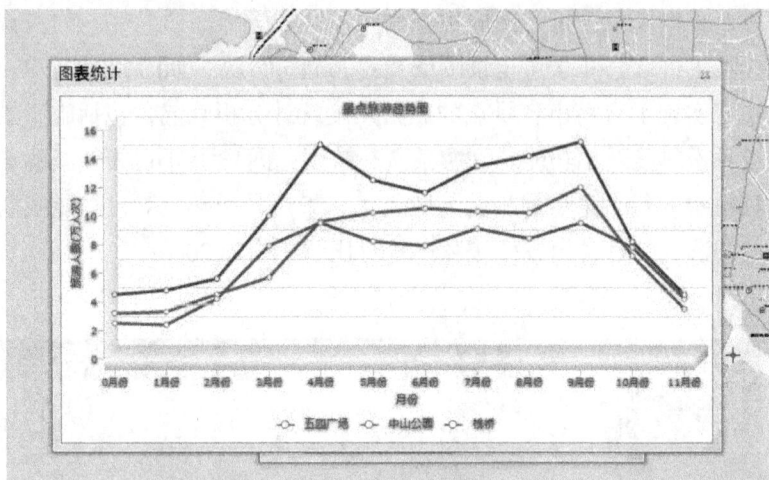

图18.19　景点旅游趋势图

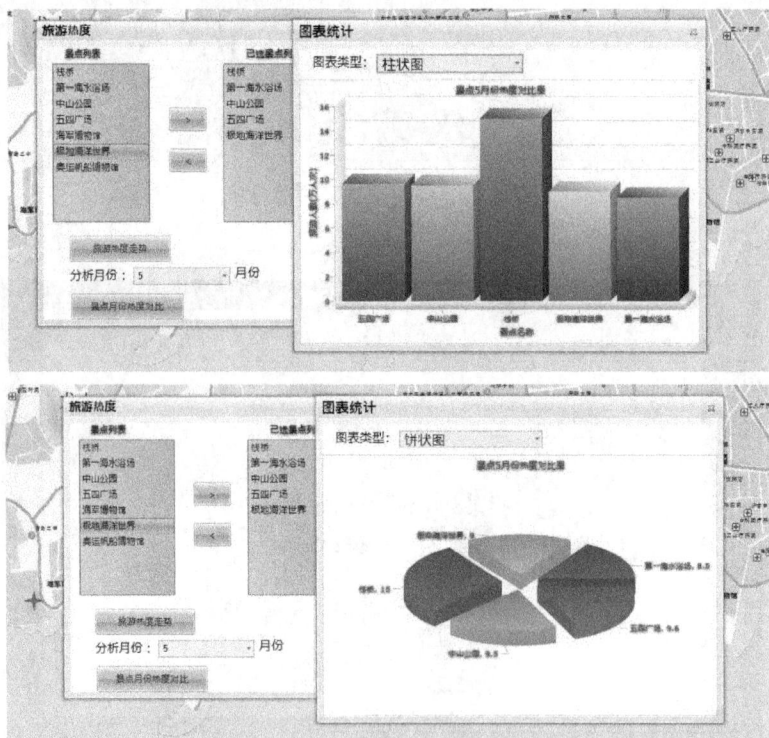

图18.20　景点月份热度对比图

　　该系统实现了旅游项目个性化推荐功能，是根据游客过去的记录，分析其兴趣度，采用18.2节所提出的算法分析，挖掘其旅游动机与需求，在众多的旅游项目中挑选潜在感兴趣的项目向其主动推荐，满足了旅客对旅游信息的个性化需求。推荐服务包括旅游方案推荐和旅游景点推荐，图18.21为旅游方案推荐结果，图18.22为旅游景点推荐服务选择窗口，图18.23为基于个性化的景点推荐结果，图18.24为基于位置的景点推送结果。

图18.21　旅游方案推荐结果

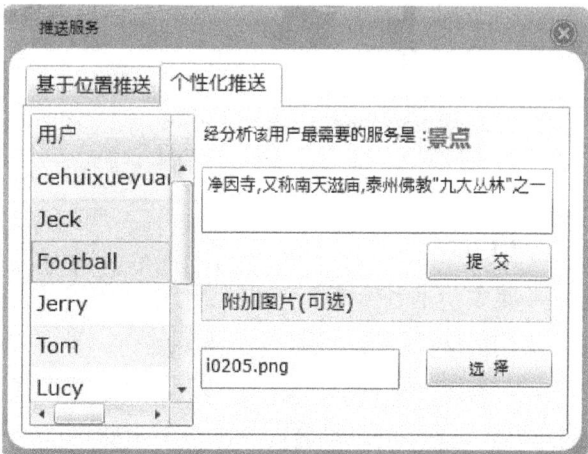

图18.22　旅游景点推荐服务选择窗口

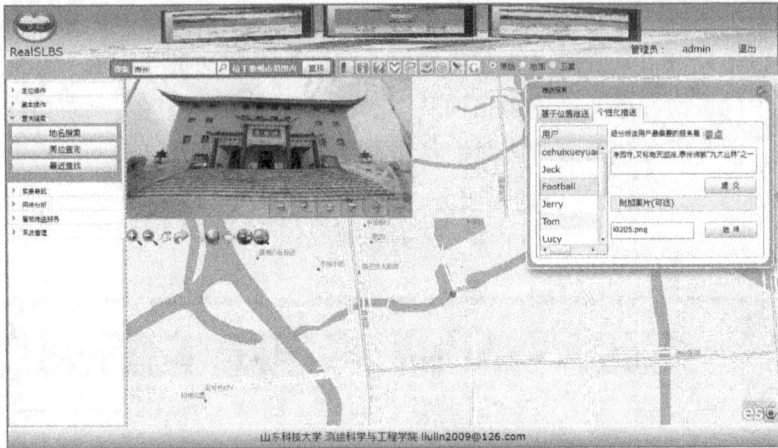

图18.23　旅游景点个性化推荐结果

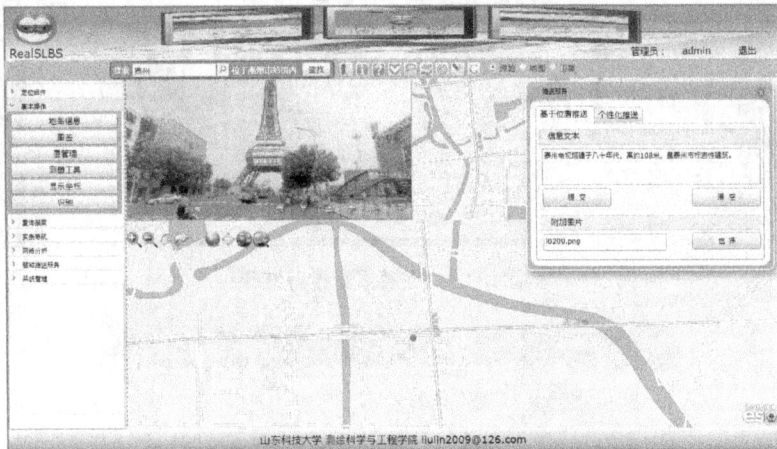

图18.24　旅游景点基于位置的推送结果

（4）多彩青岛模块

多彩青岛模块中主要包括餐饮美食（图18.25）、休闲娱乐（图18.26）、住宿等内容，方便用户查阅。该模块实现了针对景点、酒店、餐饮、购物娱乐等项目的信息查询，以照片、地图、街景图、文字、视频、音频等形式，全面介绍青岛市旅游风貌，包括青岛市主要的风景名胜、酒店、购物娱乐场所、饮食等的图片、文字介绍及音频、演示视频等，以满足旅游者的消费品位和个性化需求。

图18.25　餐饮美食

图18.26　休闲娱乐

（5）旅游攻略模块

旅游攻略模块包括安全常识知识、景点小贴士以及旅游过程中的注意事项，如图18.27所示，给予旅客出行提示，从而服务于广大游客。

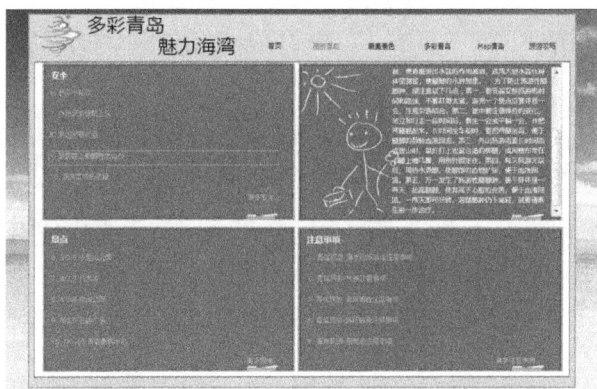

图18.27　旅游攻略

参考文献

［1］林绍花.制定海洋信息化规划加快海洋信息化发展［J］.海洋信息，2007（01）：1-5.

［2］周宏仁，信息化论［M］.北京：人民出版社，2008.

［3］程骏超，何中文.我国海洋信息化发展现状分析及展望［J/OL］.海洋开发与管理，2017，34（02）：46-51.

［4］许莉莉，汤海荣，张燕歌.海洋信息化标准体系研究［J］.中国标准导报，2015（01）：49-51，54.

［5］韩伟涛，于晓丽.海洋信息化技术在沿海地市海洋管理中的应用［J］.海洋信息，2012（04）：24-26.

［6］梁斌，董瑞，邓云，等.关于海洋信息化工作的若干思考［J］.海洋开发与管理，2011，28（08）：76-80.

［7］何广顺.海洋信息化现状与主要任务［J］.海洋信息，2008（03）：1-4.

［8］胡伟，刘壮，邓超．"一带一路"空间信息走廊建设的思考［J］.工业经济论坛，2015（5）：125-133.

［9］赵宁.共同推动实施国家海底长期科学观测系统项目［N］.中国海洋报，2015-03-27（001）.

［10］百度文库.海洋信息化工作进展情况［EB/OL］.https：//wenku.baidu.com/view/573469f8fd0a79563d1e723e.html，2014-03-25.

［11］孙小礼.数字地球与数字中国［J］.科学学研究，2000，18（4）：20-24.

［12］郭华东.数字地球：10年发展与前瞻［J］.地球科学进展，2009，24（09）：955-962.

［13］李四海.浅谈海洋信息化与数字海洋［A］.中国遥感应用协会环境遥感分会.第十八届中国环境遥感应用技术论坛论文集［C］.中国遥感应用协会环境遥感分会，2014：7.

［14］崔爱菊，曲媛媛，韩京云.浅谈"908专项"档案整理工作［J］.海洋开发与管理，2013，30（12）：46-48.

［15］姜晓轶，石绥祥，胡恩和，等.我国数字海洋建设中几个问题的思考［J］.海洋开发与管理，2013，30（3）：14-17.

［16］张春红，王刚."感知中国"——中国下一代信息化和信息服务社会的关键技术［J］.电信网技术，2010（01）：8-11.

［17］梅方权.智慧地球与感知中国——物联网的发展分析［J］.农业网络信息，2009（12）：5-7，21.

［18］王晶.以"透明海洋"为"海丝"护航［N］.中国海洋报，2015-12-15（003）.

［19］吴立新.努力将海洋变成"透明海洋"［N］.经济日报，2015-05-05（011）.

［20］吴立新."透明海洋"拓展中国未来［N］.光明日报，2015-01-15（011）.

［21］倪国江.对"透明海洋"建设的理论认识［N］.中国海洋报，2017-01-11（002）.

［22］石绥祥主编.中国数字海洋 理论与实践［M］.北京：海洋出版社，2011.

［23］周立.海洋物联网展望［A］.地理信息与物联网论坛暨江苏省测绘学会2010年学术年会论文集［C］.江苏省测绘学会、江苏省通信学会、江苏省仪器仪表学会、江苏省电子学会、江苏省计算机学会、江苏省遥感与地理信息系统学会、江苏省公路学会，2010：3.

［24］李杰，邱伯华.工业大数据：工业4.0时代的工业转型与价值创造［M］.北京：机械工业出版社，2015.

［25］王辉，刘娜，逄仁波，等.全球海洋预报与科学大数据［J］.科学通报，2015，60：479-484.

［26］李杰.以CPS为核心的智能化大数据创值体系［J］.中国工业评论，

2015（12）：50-58.

　　［27］张立国.基于本体论的三维空间关系描述［A］.中国地理信息系统协会、云南省政府信息化领导小组办公室、云南省测绘局.第四届海峡两岸GIS发展研讨会暨中国GIS协会第十届年会论文集［C］.中国地理信息系统协会、云南省政府信息化领导小组办公室、云南省测绘局，2006：7.

　　［28］杨骏."数字城市"中的空间本体数据库研究［D］.西南交通大学，2007.

　　［29］吴乃鑫.本体理论在Web服务中的应用［D］.合肥工业大学，2008.

　　［30］张上.基于本体的地理空间信息移动位置服务关键技术研究［D］.中国地质大学（北京），2014.

　　［31］孙敏，陈秀万，张飞舟.地理信息本体论［J］.地理与地理信息科学，2004（03）：6-11+39.

　　［32］刘凯，汤茂林，刘荣增，秦耀辰.地理学本体论：内涵、性质与理论价值［J］.地理学报，2017，72（04）：577-588.

　　［33］吴立新，龚健雅，徐磊，赵学胜.关于空间数据与空间数据模型的思考——中国GIS协会理论与方法研讨会（北京，2004）总结与分析［J］.地理信息世界，2005（02）：41-46，51.

　　［34］李德仁，姚远，邵振峰.智慧城市中的大数据［J/OL］.武汉大学学报（信息科学版），2014，39（06）：631-640.

　　［35］李涛，曾春秋，周武柏，周绮凤，郑理.大数据时代的数据挖掘——从应用的角度看大数据挖掘［J］.大数据，2015，1（04）：57-80.

　　［36］张引，陈敏，廖小飞.大数据应用的现状与展望［J］.计算机研究与发展，2013，50（S2）：216-233.

　　［37］张锋军.大数据技术研究综述［J］.通信技术，2014，47（11）：1240-1248.

　　［38］程陈.大数据挖掘分析［J/OL］.软件，2014，35（04）：130-131.

　　［39］陶雪娇，胡晓峰，刘洋.大数据研究综述［J］.系统仿真学报，2013，25（S1）：142-146.

　　［40］邹蕾，张先锋.人工智能及其发展应用［J］.信息网络安全，2012（02）：11-13.

［41］王治刚，陈和平，刘心雄.基于粒子系统和纹理映射的火焰模拟［J］.工程图学学报，2002（04）：49-53.

［42］李剑桥.实施"透明海洋"，支撑海上丝路［N］.大众日报，2015-12-04.

［43］吴立新.透明海洋：可持续发展的必经之路［N］.社会科学报，2014-11-27（002）.

［44］李昭.虚拟海洋环境时空数据建模与可视化服务研究［D］.浙江大学，2001.

［45］Langran G.Time in Geographic Information Systems［M］.London：Taylor & Francis Ltd，1992.

［46］苏奋振，周成虎.过程地理信息系统框架基础与原型构建［J］.地理研究，2006，03：477-484.

［47］周成虎，苏奋振，等.海洋地理信息系统原理与实践［M］.北京：科学出版社，2013.

［48］刘长东.海洋多源数据获取及基于多源数据的海域管理信息系统［D］.中国海洋大学，2008.

［49］朱光文.海洋监测技术的国内外现状及发展趋势［J］.气象水文海洋仪器，1997，02：1-14.

［50］高亚辉，罗金飞，骆巧琦，等.数学形态学在海洋浮游植物显微图像处理中的应用［J］.厦门大学学报（自然科学版），2008，47：242-244.

［51］文亮.分数傅里叶变换及其应用［D］.重庆大学，2008.

［52］李振红.傅里叶变换域大尺度图像配准算法研究［D］.南京信息工程大学，2013.

［53］郭彤颖，吴成东，曲道奎.小波变换理论应用进展［J］.信息与控制，2004，33（01）：67-71.

［54］张振锋，游广永，赵元杰.基于马尔科夫链模型的岱海地区气候变化周期研究［J］.地理与地理信息科学，2010（03）：82-86.

［55］郎宇宁，蔺娟如.基于支持向量机的多分类方法研究［J］.中国西部科技，2010（17）：28-29.

［56］朱珍.基于神经网络集成分类器预处理的支持向量机分类算法［J］.

科技通报，2013（04）：26-27，30.

［57］巨正平，郭广礼，张书毕，齐建伟. 最佳曲线拟合［J］. 江西科学，2009，27（01）：25-27.

［58］吴开兴，杨颖，张虎. 基于聚类的字典压缩技术在GIS中的应用研究［J］. 微计算机信息，2006（13）：279-281.

［59］黄雪梅. 基于人工神经网络的图像压缩方法研究［D］. 重庆大学，2005.

［60］柳林，李万武，唐新明，等. 实景三维位置服务的理论和技术［M］. 北京：测绘出版社，2012.

［61］陶长武，蔡自兴. 现代图像压缩编码技术［J］. 信息技术，2007（12）：53-56.

［62］云娇娇. 几种分形图像压缩方法研究［D］. 大连理工大学，2011.

［63］国兴. 基于分形理论的图像压缩方法研究［D］. 大连理工大学，2013.

［64］孙日明. 几种图形图像压缩方法［D］. 大连理工大学，2013.

［65］付东洋，潘德炉，丁又专，等. 海洋遥感L3A数据的优化行程及其组合无损压缩算法研究［J］. 广东海洋大学学报，2012（03）：70-75.

［66］韩勇. 基于矢量量化的高光谱遥感图像压缩［D］. 重庆邮电大学，2014.

［67］王成. 高光谱图像压缩的方法研究［D］. 南京理工大学，2014.

［68］陈浩，王延杰. 基于拉普拉斯金字塔变换的图像融合算法研究［J］. 激光与红外，2009（04）：439-442.

［69］袁立成. 基于XML的海洋环境信息数据格式转换［D］. 中国海洋大学，2009.

［70］李杨，李天文，崔晨，等. 多源空间数据集成技术综述与前景展望［J］. 测绘与空间地理信息，2009，32（01）：102-106.

［71］易善桢，李琦，承继成. 空间信息的共享与互操作［J］. 测绘通报，2000（08）：17-19.

［72］张峰. 基于本体的海洋数据集成方法研究［D］. 中国海洋大学，2008.

［73］郑义东.海图制图综合研究的历史、现状和发展趋势，海洋测绘，1998（4）：12-16.

［74］应申，李霖，王明常，等.计算几何在地图综合中的应用［J］.测绘科学，2005，30（03）：64-68.

［75］崔伟宏，张显峰.时态地理信息系统研究［J］.上海计量测试，2006，04：6-12.

［76］张勇.基于GIS的长江口及邻近海域环境时空多维分析［D］.中国海洋大学，2008.

［77］王劲峰，葛咏，李连发，等.地理学时空数据分析方法［J］.地理学报，2014（09）：1326-1345.

［78］张人禾，朱江，许建平，等.Argo大洋观测资料的同化及其在短期气候预测和海洋分析中的应用［J］.大气科学，2013（02）：411-424.

［79］Pei T，Zhou C H，Zhu A X et al. Windowed nearest-neighbour method for mining spatio-temporal clusters in the presence of noise. International Journal of Geographical Information Science，2010，24（6）：925-948.

［80］王劲峰.空间分析［M］.北京：科学出版社，2006.

［81］Fischer MM， Getis A. Handbook of Applied Spatial Analysis［M］.Berlin：Springer，2010.

［82］邓敏，刘启亮，王佳，等.时空聚类分析的普适性方法［J］.中国科学：信息科学，2012（01）：111-124.

［83］贾民平，凌娟，许飞云，等.基于时序分析的经验模式分解法及其应用［J］.机械工程学报，2004（09）：54-57.

［84］孙星亮，汪稔.自适应时序模型在地下工程位移预报中的应用［J］.岩石力学与工程学报，2004（09）：1465-1469.

［85］葛利，印桂生.基于小波和过程神经网络的时序聚类分析［J］.电机与控制学报，2011，15（12）：78-82.

［86］张凤烨，魏泽勋，王新怡，等.潮汐调和分析方法的探讨［J］.海洋科学，2011，35（06）：68-75.

［87］杨勇，张楚天，贺立源.基于贝叶斯最大熵的多因子空间属性预测新方法［J］.浙江大学学报（农业与生命科学版），2013（06）：636-644.

［88］李爱华，柏延臣. 基于贝叶斯最大熵的甘肃省多年平均降水空间化研究［J］.中国沙漠，2012（05）：1408-1416.

［89］徐智. 基于最大熵原理的贝叶斯法在测量数据分析中的应用［J］.内蒙古农业大学学报（自然科学版），2013（01）：116-122.

［90］王景雷，康绍忠，孙景生，等. 基于贝叶斯最大熵和多源数据的作物需水量空间预测［J］.农业工程学报，2017（09）：99-106，315.

［91］喻蔚然. 基于最大熵原理的贝叶斯方法在水库渗漏预测上的应用［J］.中国农村水利水电，2012（10）：95-97，101.

［92］张贝，李卫东，杨勇，等. 贝叶斯最大熵地统计学方法及其在土壤和环境科学上的应用［J］.土壤学报，2011（04）：831-839.

［93］杨勇，张若兮. 贝叶斯最大熵地统计方法研究与应用进展［J］.土壤，2014（03）：402-406.

［94］徐英，夏冰. 综合BME和BNN法的农田土壤水分与养分分布空间插值［J］.农业工程学报，2015（16）：119-127.

［95］张楚天. 贝叶斯最大熵方法时空预测关键问题研究与应用［D］.华中农业大学，2016.

［96］Xue CJ*，Dong Q，Ma WX. Object-oriented spatial-temporal association rules mining on ocean remote sensing imagery［C］.IOP Conf. Series：Earth and Environmental Science，17，（2014）012109.

［97］Lin H，Chen M，Lu G N，et al. Virtual geographic environments（VGEs）：A new generation of geographic analysis tool［J］.Earth-Science Reviews，2013,126：74-84.

［98］Chang Kang-tsung. 地理信息系统导论［M］.陈健飞，张筱林，译. 北京：科技出版社，2003.

［99］Saaty T L.The Analytic Hierarchy Process［M］.New York：McGraw-Hill，1980.

［100］王兴菊，卢岳，郝玉伟. 基于GIS指数模型的山洪灾害防治区划方法研究［J］.水电能源科学，2011，09：54-57.

［101］张道军. 逻辑回归空间加权技术及其在矿产资源信息综合中的应用［D］.中国地质大学，2015.

［102］孟梅. 多准则决策模型在新疆优势矿产资源评价中的应用［D］. 新疆农业大学，2005.

［103］余海. 基于GIS的地热资源潜力评价［D］. 吉林大学，2016.

［104］戴特奇，刘毅. 重力模型系数时间变化路径分析——以中国城际铁路旅客交流为例［J］. 地理科学进展，2008（04）：110-116.

［105］彼得·尼茨坎普. 区域和城市经济学手册（第1卷区域经济学）［M］. 北京：经济科学出版社，2001.

［106］傅云凤. 基于GIS的城市空气质量数值预测及预报显示研究［D］. 西安科技大学，2015.

［107］刘彦呈，殷佩海，林建国，等. 基于GIS的海上溢油扩散和漂移的预测研究［J］. 大连海事大学学报，2002，3：41-44.

［108］张存智，窦振兴，韩康，等. 三维溢油动态预报模式［J］. 海洋环境科学，1997，1：26-33.

［109］李崇明，赵文谦，罗麟. 河流泥沙对石油的吸附、解吸规律及影响因素的研究［J］. 中国环境科学，1997，1：25-28.

［110］庄学强，陈坚，孙倩. 海面溢油数值模拟及其可视化实现技术［J］. 中国航海，2007，1：97-100.

［111］过杰，孟俊敏，何宜军. 基于二维激光观测的溢油及其乳化过程散射模式研究进展［J］. 海洋科学，2016，2：159-164.

［112］周成虎，欧阳，马廷，等. 地理系统模拟的CA模型理论探讨［J］. 地理科学进展，2009，6：833-838.

［113］欧敏，张永兴，胡居义，等. 基于Geo-CA和GIS的滑坡稳定性分析［J］. 中国地质灾害与防治学报，2004，4：4-9.

［114］罗平，耿继进，李满春，等. 元胞自动机的地理过程模拟机制及扩展［J］. 地理科学，2005，6：6724-6730.

［115］杨建强. 海洋溢油生态损害快速预评估技术研究［M］. 北京：海洋出版社，2011.

［116］国家海洋局. 海洋石油勘探开发溢油事故应急预［EB/OL］. http://www.soa.gov.cn/zwgk/yjgl/hyyjya/ 201211/t20121115_5682.htm，2008-05-12.

［117］陈为，张嵩，鲁爱东. 数据可视化的基本原理与方法［M］. 北

京：科学出版社，2013.

［118］席茂.矿山地面灾害监测数据可视化表达和实现技术［D］.太原理工大学，2015.

［119］李嘉靖，刘鲁论，房云峰，等.Cartogram图的制作与应用研究［J］.科技创新导报，2014（2）：94-97.

［120］于家潭.基于GIS的海洋大气信息数据可视化关键技术的研究与实现［D］.中国海洋大学，2010.

［121］高锡章，冯杭建，李伟.基于GIS的海洋观测数据三维可视化仿真研究［J］.系统仿真学报，2011，23（6）：1186-1180.

［122］李军.利用OPENGL构建海洋三维景观的方法研究［J］.海洋测绘，2003，23（5）：51-54.

［123］丁绍杰.虚拟海洋环境生成及场景特效研究［D］.哈尔滨工程大学，2008.

［124］贾文珏.Google Earth和World Wind比较研究［J］.国土资源信息化，2006，05：45-48，22.

［125］苏奋振，周成虎，杨晓梅，等.海洋地理信息系统——原理、技术与应用［M］.北京：海洋出版社，2005.